Fabian Kohlbecker

„Projektbegleitendes Öko-Controlling" – Ein Beitrag zur ausgewogenen Bauprojektrealisierung beispielhaft dargestellt anhand von Tunnelbauprojekten

Reihe F, Forschung

Institut für Technologie und Management im Baubetrieb,
Karlsruher Institut für Technologie
Hrsg. Prof. Fritz Gehbauer

Heft 67

Das Institut für Technologie und Management im Baubetrieb (TMB) befasst sich
in Forschung und Lehre mit dem gesamten Bereich des Baubetriebs von der
Maschinen- und Verfahrenstechnik bis hin zum Management der Projekte,
Facilities und Unternehmen.
Weitere Informationen und Kontakte unter www.tmb.kit.edu

Eine Übersicht der Institutsveröffentlichungen finden Sie am Ende des Buches.

„Projektbegleitendes Öko-Controlling" – Ein Beitrag zur ausgewogenen Bauprojektrealisierung beispielhaft dargestellt anhand von Tunnelbauprojekten

von
Fabian Kohlbecker

Dissertation, Karlsruher Institut für Technologie
Fakultät für Bauingenieur-, Geo- und Umweltwissenschaften
Tag der mündlichen Prüfung: 07.06.2010
Hauptreferent: Prof. Dr.-Ing. Fritz Gehbauer, M.S.
              Institut für Technologie und Management im Baubetrieb
              Karlsruher Institut für Technologie
Korreferent: Prof. Dr.-Ing Dr. h.c. Ralf Roos
              Institut für Straßen- und Eisenbahnwesen
              Karlsruher Institut für Technologie

Impressum

Karlsruher Institut für Technologie (KIT)
KIT Scientific Publishing
Straße am Forum 2
D-76131 Karlsruhe
www.ksp.kit.edu

KIT – Universität des Landes Baden-Württemberg und nationales
Forschungszentrum in der Helmholtz-Gemeinschaft

KIT Scientific Publishing 2010
Print on Demand

ISSN 1868-5951
ISBN 978-3-86644-556-7

Vorwort des Herausgebers

Die Bedürfnisse der Menschen erfordern Bautätigkeiten in vielfältiger Weise. Bauen bedeutet aber immer auch, dass die Umwelt belastet wird und Veränderungen ausgesetzt ist. Diese Umwelt ist der Lebensraum des Menschen und alle, die sich mit Bauen beschäftigen, müssen abwägen, ob ein Projekt, das hinsichtlich der wirtschaftlichen, freizeitgestalterischen oder mobilitätsrelevanten Aspekte von Nutzen sein soll, nicht andererseits dem natürlichen Lebensraum in unzulässiger Weise Schaden zufügt. In der Genehmigungsphase wird diese Abwägung durch die Umweltverträglichkeitsprüfung vorgenommen. Außerdem werden die Ausführungsprozesse in umweltrelevanter Art und Weise überwacht. Die Umweltverträglichkeitsprüfung findet in frühen Projektphasen statt und geht von den dann bekannten Ausführungskonzepten und auch oft schon von verfahrenstechnischen Festlegungen aus. Damit ist der Plan dann im Grunde festgelegt und es ist schwer, später erkannte verfahrenstechnische oder sonstige Optimierungen in ökonomischer und ökologischer Hinsicht ohne eine komplizierte neue Planfeststellung zu realisieren. Daher setzt sich Herr Kohlbecker das Ziel, eine projektbegleitende, ganzheitliche und den Lebenszyklus umfassende Beachtung der Umweltverträglichkeit unter paralleler Betrachtung der ökonomischen Aspekte zu ermöglichen.

Nach der Einführung werden in Kapitel 2 die Grundlagen von Ökologie, Ökonomie und Technik, die in den Lebenszyklusphasen bei Tunnelprojekten eine Rolle spielen, erläutert. In Kapitel 3 werden die Projektbeispiele, die als Grundlage der Untersuchung und der Ergebnisgestaltung dienen, in ihren technischen, ökonomischen und ökologischen Aspekten beschrieben. In Kapitel 4 werden mögliche Verbesserungen erörtert. Im Kapitel 5 werden die daraus abgeleiteten Vorschläge in ein systematisches Vorgehen zusammengefasst und als projektbegleitendes Öko-Controlling vorgeschlagen. Das Kapitel 6 diskutiert die Vorschläge hinsichtlich Bedarf,

Handhabung und Wirkungen. Kapitel 7 fasst zusammen und gibt einen Ausblick.

Die grundlegende These der Arbeit besteht darin, dass es Verbesserungspotenziale sowohl in ökologischer als auch ökonomischer Hinsicht gibt, wenn man die Vorgehensweise ganzheitlich gestaltet. Daher werden schon im Kapitel 2 neben den Grundlagen und Definitionen Vorschläge präsentiert, wie man die wesentlichen Einflüsse auf die Auswirkungen in ökologischer Hinsicht systematisch erfasst. Dies geschieht in so genannten Ishikawa-Diagrammen. Auch wird auf die Hindernisse, die ein früher Planfeststellungsbeschluss eventuell späteren Optimierungen entgegen stellt, hingewiesen und die rechtlichen Grundlagen diskutiert.

Weitere Verbesserungsvorschläge können nur dann von Substanz sein, wenn sie auf der Analyse konkreter Projekte aufbauen. Dabei stand Herr Kohlbecker vor der Schwierigkeit, dass Tunnelbauprojekte insgesamt sehr unterschiedlich sind und in der Anzahl nicht so häufig, dass man statistisch gesicherte Aussagen treffen kann. Er hat die Projekte daher so ausgewählt, dass insgesamt eine möglichst breite Informationsbasis zur Verfügung stand. Es wurden verschiedene Typen von Tunneln (Straße und Eisenbahn), verschiedene Stadien des Lebenszyklus (Planungsphase, Ausführungsphase, Betriebsphase), verschiedene Umweltbedingungen (Stadt, Land), verschiedene Bauherren (Städte, Regierungspräsidien, Deutsche Bahn AG) und verschiedene Länder (Deutschland, Schweiz, Schweden) berücksichtigt. Daraus ergeben sich noch keine statistisch gesicherten Daten, aber eine breite Informationsbasis, die Herr Kohlbecker nutzt, um durch sorgfältige Bewertungen und Analysen zu seinen Vorschlägen zu kommen. Vor der Präsentation der Verbesserungsvorschläge steht die Diskussion von möglichen einsetzbaren Verfahren und Methoden, wie zum Beispiel die Risikoanalyse, die Kosten-Nutzen-Analyse, die Nutzwert-Analyse, die ökologische Balanced Score Card und andere. Herr Kohlbecker entwickelt dann das projektbegleitende Öko-Controlling. Es besteht aus Elementen, deren Informationen im Umweltinformationsmanagementsystem (UIMAS) vernetzt werden. Ein Abwägungssystem bezüglich der Auswirkungen schließt sich an. Datenbanken und softwaretechnische Handhabung des Systems werden vorgeschlagen. Da das System davon ausgeht, dass auch schon in der Planungsphase die Belange der Ausführung und des Betriebes berücksichtigt werden und diese Aspekte besonders in der so genannten Lean Construction gefördert werden, macht sich Herr Kohlbecker auch Gedanken, wie man diese Aspekte im Gesamtsystem berücksichtigt. Da dies im gegenwärtigen Vergaberecht nicht immer in vollem Umfang möglich ist, macht sich Herr Kohlbecker auch Gedanken über vergaberechtliche und organisatorische Fragen und ihre Beantwortung.

Fritz Gehbauer

Vorwort des Verfassers

Für meine Eltern Jaqueline und Lorenz und

meinen Großvater Hans-Jürgen

„Ich kann freilich nicht sagen, ob es besser werden wird
wenn es anders wird; aber so viel kann ich sagen, es
muß anders werden, wenn es gut werden soll."
Georg Christoph Lichtenberg (1742 – 1799)
Schriftsteller und Professor der Physik, Mathematik und Astronomie

Die vorliegende Arbeit ist während meiner Anstellung am Institut für Technologie und Management im Baubetrieb der Universität Karlsruhe (TH), aufbauend auf dem DFG Forschungsprojekt „Entwicklung eines Managementmodells zur ganzheitlichen Optimierung der Umweltverträglichkeit als Teil der Projektrealisierung am Beispiel des Tunnelbaus", entstanden. Drei komplexe Themengebiete - der Tunnelbau, die Umweltverträglichkeit und das deutsche Genehmigungsverfahren - mussten zunächst erfasst werden, um den hier vorgestellten Ansatz entwickeln zu können. Für den Einstieg in die Thematik und die Entwicklung der neuen Methode waren viele Gespräche, Besichtigungen und ein umfangreiches Literaturstudium erforderlich. Vor allem die Gespräche mit Praktikern und Wissenschaftern haben einen großen Anteil zum Gelingen dieser Arbeit beigetragen. Ich danke der DFG sowie allen Personen und Institutionen, die mich bei meiner Forschung unterstützt haben. Unter anderen die Mitarbeiter der Regierungspräsidien (Tübingen, Karlsruhe, Freiburg), der DB Netz AG (Frankfurt, Karlsruhe), der DB ProjektBau (Freiburg, Frankfurt), den Mitarbeitern der Tunnelprojekte (Katzenbergtunnel, Neuer Ramholztunnel, Neuer Kaiser-Wilhelm-Tunnel, Felderhaldentunnel, Wattkopftunnel, Gotthard Basistunnel Los Amsteg, Citytunnel Malmö) und den beteiligten Baufirmen, Planungs- und Ingenieurbüros. Namentlich danken möchte ich Frau Ludwig, Herrn Ilg, Herrn Bierschenk, Herrn Simon und Herrn Prof. Heidemann, die mich besonders unterstützten.

Bedanken möchte ich mich ebenfalls bei meinem Doktorvater Herrn Prof. Gehbauer und den Mitgliedern der Promotionskommission Herrn Prof. Roos, Herrn Prof. Vogt und Herrn Prof. Fröhlich für die Betreuung der Arbeit sowie die konstruktiven Ratschläge und Anregungen.

Meiner Familie insbesondere meiner Frau Monica gilt mein größter Dank für den Rückhalt, die Geduld und den Zuspruch während der Erstellung meiner Dissertation.

Fabian Kohlbecker

Abstract (Deutsch)

Infrastrukturprojekte sind im Interesse der Allgemeinheit erforderlich. Dabei entstehende Umweltauswirkungen sind unvermeidlich, jedoch unter ökonomischen und ökologischen Aspekten zu minimieren. Das Genehmigungsverfahren mit der darin integrierten Umweltverträglichkeitsprüfung (UVP) steht im Spannungsfeld zwischen Ökologie und Ökonomie und der Entscheidung, was einerseits ökologisch erforderlich und andererseits ökonomisch angemessen ist.

Eine zügige und ökologisch-ökonomisch ausgewogene Umsetzung der erforderlichen Infrastruktur wird mit der bestehenden Herangehensweise in Deutschland bisher nicht erreicht. Genehmigungsfestlegungen erfolgen auf Basis eines sehr frühen und unscharfen Planungsstandes und schränken durch verfrühte Festlegung technischer und verfahrenstechnischer Details den Handlungsspielraum für innovative und ausgewogene Alternativlösungen in der weiteren Projektrealisierung ein. Eine projektbegleitende, ganzheitliche und den Lebenszyklus umfassende Beachtung der Umweltverträglichkeit unter paralleler Betrachtung der ökonomischen Aspekte wird unter der derzeitigen Vorgehensweise nicht verfolgt.

Mit der vorliegenden Arbeit wurde am Beispiel des Tunnelbaus mit dem „Projektbegleitenden Öko-Controlling" ein grundlegendes Managementmodell entwickelt, das eine ökologisch-ökonomisch ausgewogene Projektrealisierung fördert. Dies wird durch eine kontinuierliche Erfassung und Bereitstellung von ökologisch und ökonomisch relevanten Daten, der Begleitung der Entscheidungsprozesse in allen Projektphasen sowie einer kontinuierlichen und auf vorangegangenen Ergebnissen aufbauenden Abwägung bewirkt. Eine stufenweise Planung unter Beteiligung aller Interessensgruppen und die Verschiebung der Entscheidungszeitpunkte auf den jeweils letztmöglichen Zeitpunkt (mit entsprechender Verantwortungsweitergabe) ermöglichen innovative Lösungsansätze. Erste Verbesserungen können bereits durch die Anwendung einzelner Ansätze des neuen Managementmodells (bspw. Audits) erreicht werden.

Die Einsatzmöglichkeit des „Projektbegleitenden Öko-Controllings" beschränkt sich nicht nur auf den Tunnelbau, sondern ist in angepasster Form auch für alle anderen Infrastrukturprojekte sinnvoll. Die Anwendung sollte dabei unabhängig von der Projektgröße erfolgen, da auch von kleinen Projekten wesentliche ökologische Auswirkungen ausgehen können.

Abstract (English)

Infrastructure projects are necessary in the public interest. Resulting environmental impacts are inevitable, but have to be minimized under economic and environmental aspects. The approval process with the therein integrated Environmental Impact Assessment (German UVP) is thus standing in the conflict between ecology and economy and the decision of what is ecologically necessary and economically reasonable.

The accelerated and ecologically-economically balanced realisation of the necessary infrastructure is, so far, not achieved with the existing approach in Germany. Additional requirements resulting from the approval process are based on a very early and vague planning state and are limiting the scope for innovative and more balanced alternative solutions in the further project states by premature setting technical and procedural details. A project accompanying holistic and comprehensive consideration of the environmental sustainability under a parallel consideration of economic aspects is not achieved with the current scheme.

Using the example of tunnels a basic management model, the "Project accompanying Eco-Controlling", was developed with the present work which promotes an ecologically and economically balanced project realisation. This is achieved by a continuous collection and provision of ecologically and economically relevant data, the monitoring of the decision-making processes in all project phases as well as an ongoing assessment of values considering previous decisions. A phased planning involving all stakeholders and the shift of decision points to the last possible moments (each with a corresponding transfer of responsibility) are permitting innovative solutions. First Improvements are also possible while implementing single parts of the new management model (for example audits).

The possible application of the "Project accompanying Eco-Controlling" is not limited to tunnel projects. A transfer to all infrastructure projects is reasonable. The application should be carried out independently of the project size, because substantial environmental impacts can also arise with small projects.

Inhaltsverzeichnis

1 Einführung und Problemstellung

1.1 Einführung

Ausgangspunkt der vorliegenden Arbeit ist der Bedarf an einer kontinuier-lichen und ganzheitlichen Berücksichtigung der Umweltauswirkungen bei Infrastrukturprojekten. Die Umweltverträglichkeit rückt zunehmend in das öffentliche Interesse und wird zukünftig eine Schlüsselfunktion bei der Projektrealisierung einnehmen, wie die Entwicklungen und Innovationen in Industrie und Wohnungsbau schon jetzt zeigen [vgl. Sche90 S.44ff]. Mit Blick auf das Ausland ist es nur noch eine Frage der Zeit, bis eine projekt-begleitende ganzheitliche Optimierung der Umweltverträglichkeit über den gesamten Projektlebenszyklus als Teil der Projektrealisierung von Geneh-migungsbehörden und Auftraggebern bzw. der Öffentlichkeit gefordert wird, um bestehende Probleme bei der Umsetzung zu lösen [vgl. ÖIAV02]. In den Bereichen Qualitätsmanagement sowie Sicherheits- und Gesund-heitsschutz ist dies infolge eines Entwicklungsprozesses teilweise schon zum Standard geworden [vgl. Maidl04b S.293ff und ITA08].

Die baubetriebliche Forschung konzentriert sich bisher auf die Bereiche Baubetriebstechnik im Hinblick auf Ausführungsmethoden und -verfahren, Baubetriebswirtschaft im Hinblick auf Qualität, Kosten, Zeit und Bau-management mit Blick auf die Betriebsorganisation [vgl. Gehb00a&b; Gehb01]. Letztgenanntes befasst sich mit den Prozessen und Strukturen sowie der Kommunikation zwischen den Projektbeteiligten von der Pla-nung bis zum Betrieb für eine reibungslose, Zeit und Kosten sparende Realisierung von Bauprojekten [vgl. Gehb00a S.1ff]. Durch das Erforschen und Beschreiben der Praxis und das Erkennen von Möglichkeiten können in diesen Bereichen neue Ansätzen und Methoden entwickelt werden, die zu einer verbesserten Projektrealisierung beitragen.

In der vorliegenden Arbeit wurden Straßen- und Bahntunnel in geschlossener Bauweise als Untersuchungsbereich gewählt. Nachdem ab 1830 der Verkehrstunnelbau in Deutschland überwiegend für den schienengebundenen Verkehr eingesetzt wurde, wurden durch den starken Anstieg des Individualverkehrs und erhöhter Umweltschutzanforderungen seit den 70er Jahren des 20. Jahrhunderts auch Straßentunnel verstärkt realisiert [Haac08a S.224ff]. Der steigende Güter- und Personenverkehr [Dest08] und erhöhte Umweltschutzbedingungen werden, wie die Tunnelbaustatistik der STUVA belegt, weitere Tunnelbauprojekte fordern. In Deutschland waren nach der STUVA zum Jahreswechsel 2007/2008 86 km Fernbahn- und Straßentunnel mit ca. 9,5 Millionen m³ Ausbruch in Bau, weitere 368 km Verkehrstunnel mit ca. 41,8 Millionen m³ Ausbruch planfestgestellt sowie weitere 100 km Straßentunnel in der Vorplanungsphase überwiegend in geschlossener Bauweise projektiert [Haac08b S.14ff].

Obwohl der geschlossene Tunnelbau bei Infrastrukturprojekten oft aus Umweltschutzaspekten (z.B. Landschaftsschutz und Lärmschutz) geplant wird, resultieren aus den verfahrenstechnischen Prozessen und dem Betrieb erhebliche Umweltauswirkungen. Hierauf wird vereinzelt in Standardwerken des Tunnelbaus hingewiesen [vgl. Eich00; MJSP97; Maid04a&b]. Diese Sonderbauwerke mit hoher Komplexität, unterschiedlichsten Realisierungsvarianten und hohem Kapitalbedarf werden intensiver betrachtet als die „freie Strecke" und fordern umfangreiche Planungen und Gutachten im Zuge der Genehmigungsanforderungen sowie immer häufiger auf Nachhaltigkeit gerichtete begleitende Maßnahmen.

Die Möglichkeit die vorhandenen Ansätze zu ergänzen/vertiefen, um so zu einer umweltbewussten und nachhaltigen Umsetzung von Tunnelbauprojekten beizutragen, ist die Motivation der nachfolgenden Arbeit.

1.2   Problemstellung

Bei Tunnelprojekten besteht ein ausgeprägtes Spannungsfeld zwischen Ökologie und Ökonomie. Dieser Zielkonflikt ist in den Planungs- und

Realisierungsprozessen aufzugreifen, um einerseits eine umweltverträgliche Realisierung sicherzustellen, andererseits unnötige Kosten und Zeitverzögerungen ohne äquivalenten Mehrgewinn für die Umweltverträglichkeit zu vermeiden und so eine nachhaltige Umsetzung sicherzustellen. Durch unzureichende Berücksichtigung der Umweltaspekte bei früheren Projekten und restriktiveren Umweltgesetzen ist es im Zuge der Vorhabenvorbereitung und Vorhabengenehmigung zu immer weiter reichenden Forderungen bzgl. Umweltuntersuchungen, -schutzauflagen und -schutzmaßnahmen gekommen, die eine spätere wirtschaftliche aber auch ökologische Optimierung behindern können.

Das bei Tunnelprojekten erforderliche öffentlich-rechtliche Genehmigungsverfahren, einschließlich dem seit Ende der 80er Jahre in dieses eingebettete unselbständige Verfahren der Umweltverträglichkeitsprüfung (UVP) bietet mit der derzeitigen Methode keine ausreichenden Möglichkeiten, um eine ganzheitliche und kontinuierliche Berücksichtigung der Umweltverträglichkeit und des Spannungsfeldes zwischen Ökologie und Ökonomie zu sichern. Wesentliche Schwierigkeiten wurden u.a. im Rahmen der vom Verfasser bearbeiteten DFG-Forschung [GeKo08] erkannt und werden nachfolgend kurz aufgeführt.

Die Umweltverträglichkeitsprüfung und die dafür erforderliche Umweltverträglichkeitsstudie konzentrieren sich bei den im Umweltverträglichkeitsprüfungsgesetz (UVPG) vorgegebenen Schutzgütern verstärkt auf lokale Effekte ohne Berücksichtigung von Nachhaltigkeit. Verbindliche Normen oder Richtlinien, die den Nachhaltigkeitsgedanken bei Infrastrukturprojekten enthalten, sind derzeitig nicht vorhanden.

Die Bewertung der Umweltverträglichkeit erfolgt im Genehmigungsverfahren mithilfe der UVP und wird durch die Festlegung von Umweltschutzauflagen und -maßnahmen im Planfeststellungsbeschluss abgeschlossen. Um die dafür erforderlichen technischen Details zu erhalten, müssen Festlegungen getroffen werden, die oftmals zu verfrühten Entscheidungen führen. Notwendige Annahmen zu Bau- und Betriebsprozessen sind durch die geringe Planungstiefe der Genehmigungsplanung problematisch. Die unzureichende Betrachtung aller Lebenszyklusphasen - z.B. wird der Baubetrieb nicht oder nur unzureichend berücksichtigt - und die teilw. fehlende Einbindung von Stakeholdern wirken sich auf eine ökologisch-ökonomisch optimierte Gesamtprojektbetrachtung negativ aus.

Bei Tunnelbaumaßnahmen vergehen zwischen Genehmigungsplanung und Realisierung gewöhnlich mehr als 10 Jahre. Gründe hierfür sind überwiegend auf eine mangelnde Beteiligung der Betroffenen [ÖIAV03 S.1ff] und auf fehlende öffentliche Finanzierungsmittel für parallele Umsetzungen mehrerer Tunnelprojekte zurückzuführen. Eine kontinuierliche Aktualisierung der Rahmenbedingungen, spätere Abwägungen z.B. im Zuge der Vergabephase sowie Optimierungen sind in den verzögerten Verfahren nicht mehr vorgesehen und werden auch nicht gefördert.

Die Sicherung der Umweltverträglichkeit erfolgt auf der Grundlage von Umweltverträglichkeitsstudien, Beschränkungen und Festlegungen von Umweltschutzmaßnahmen aus der frühen Planungs- und Genehmigungsphasen. Durch den teilweisen Mangel an späteren Kontrollen zur Einhaltung der Umweltschutzauflagen und Umweltschutzmaßnahmen kommt es zu Vollzugsdefiziten [SRTT04, BLfU06 S.3ff]. Veränderungen der Umweltrahmenbedingungen, neue politische Forderungen, Aktualisierungen des Standes des Wissens und der Technik führen dazu, dass sich die Vorteilhaftigkeit von festgelegten Konzepten gegenüber anderen Varianten verschlechtern kann [vgl. ÖIAV02 S.14]. Dies kann auch durch bei Tunnelprojekten unvermeidbare Unsicherheiten, z.B. der Geologie eintreten. Kontinuierlich aktualisierte Frühwarn- und Kontrollsysteme sind daher notwendig, um schleichende negative Umweltveränderungen aus Umweltrisiken, noch nicht bekannten Auswirkungen oder Fehlverhalten in der Realisierungs- und Nutzungsphase frühzeitig zu erkennen und Informationen hieraus Dritten zugänglich zu machen. Dass Verbesserungen, zumindest in Bezug auf die Wirtschaftlichkeit, möglich sind, ist anhand häufiger Änderungswünsche in der Realisierungsphase (technische Verfahren,

Logistik, Flächenbedarf...) zu erkennen, die derzeitig meist aus ökonomischen Überlegungen hervorgehen. Aufgrund fehlender Transparenz der umweltrelevanten Ausgangsdaten und ggf. langwierigen und aufwändigen Änderungsverfahren bleiben allerdings viele Optimierungsmöglichkeiten unberücksichtigt [vgl. Bart02 S.53].

Zuletzt sei erwähnt, dass die Bewertung der Wirtschaftlichkeit, insbesondere der wirtschaftlichen Folgen von Festlegungen in den derzeitigen Planungs- und Genehmigungsverfahren nicht zusammen mit der Umweltverträglichkeitsabwägung erfolgen. Die Wirtschaftlichkeit steht bei der Auswahl einer Vorzugsvariante im Vordergrund. Anhand dieser erfolgt eine vertiefte Umweltverträglichkeitsuntersuchung und eine überwiegende Beachtung ökologischer Aspekte im Planfeststellungsverfahren, bei dem wiederum die wirtschaftlichen Aspekte bis auf den Punkt der Verhältnismäßigkeit ausgeklammert werden. Nach der Genehmigung wird in den nachfolgenden Phasen abermals vor allem die Wirtschaftlichkeit verfolgt. Durch die fehlende parallele Betrachtung von Umwelt und Wirtschaftlichkeit kann es daher zu einem ökologisch-ökonomischen Ungleichgewicht kommen. Zudem kommt es zu unnötigen Mehrfachplanungskosten infolge von zu detaillierten Vorplanungen und durch später notwendige Anpassungen [ÖIAV02 S.35ff].

Um negativen Umweltauswirkungen von Projekten zu begegnen, stehen verschiedene Möglichkeiten zu Verfügung. Dies sind „End of Pipe" Technologien, integrierte Technologien und innovationsorientierte Instrumente [Jaco08 S. 1ff], wobei erstgenannte momentan im Tunnelbau z.B. bei Wasserreinigungsanlagen im Vordergrund stehen. Die in dieser Arbeit entwickelte Methode soll dazu beitragen, auch die anderen Instrumente im Tunnelbau vermehrt zum Einsatz zu bringen und damit bei der Bewältigung der angesprochenen Probleme und Reduzierung der Umweltauswirkungen zu helfen.

Einen projektbegleitenden Ansatz, der Umweltaspekte und Wirtschaftlichkeit kontinuierlich auf der Grundlage eines aktuellen Wissenstandes betrachtet und so zu einer Optimierung beitragen kann, hat es bisher noch nicht gegeben. Ziel ist es nicht, die derzeitigen Verfahren insbesondere das Planfeststellungsverfahren und die UVP zu ersetzen, sondern diese durch eine neue Methode zu ergänzen. Ein nicht zum öffentlich-rechtlichen Genehmigungsverfahren gehörendes Umweltmanagementsystem soll, unter Zuhilfenahme eines online verfügbaren Umweltinformationsmanagement- und Abwägungssystems parallel zur Planung und zum Genehmigungsverfahren laufen, dieses unterstützen und nach der Genehmigung weiter verwendet werden, um Anpassungs- und Änderungsprozesse zu fördern. Dieser Lösungsansatz wird verfolgt und dessen mögliche Einbindung in die bestehende Praxis betrachtet.

Offene Fragen, die in der Arbeit betrachtet werden, sind:

- Welches sind die vorrangig zu behebenden Defizite?
- Wie können Realisierungs- und Betriebsmöglichkeiten aller Lebenszyklusphasen besser im Genehmigungsprozess berücksichtigt werden?
- Wie wird ein Konsens zwischen Ökonomie und Ökologie erreicht?
- Wie können aktuelle Entwicklungen in bestehende Planungen einfließen?

Um diese Fragen zu klären, werden zunächst wesentliche ökologische und ökonomische Aspekte und deren Hintergründe sowie die momentane Methode der Umweltverträglichkeitssicherung und der Verfahrensverlauf von Tunnelprojekten betrachtet. Die Basis bilden dabei Literaturstudien, empirische Untersuchungen, Gespräche mit Praktikern entlang des gesamten Lebenszyklus von Tunnelprojekten, Betrachtungen von aktuellen Tunnelprojekten in unterschiedlichen Projektphasen sowie begleitende Schwachstellenanalysen. Dabei werden Defizite aufgedeckt, Bedürfnisse ermittelt, Möglichkeiten identifiziert und eine mögliche Einbindung des Umweltmanagementansatzes in bestehende Prozesse entwickelt.

Nachfolgend werden anhand von Tunnelprojekten insbesondere die Phasen nach der Bedarfsermittlung und einer ggf. in einem Raumordnungsverfahren (ROV) erfolgten Linienbestimmung betrachtet, wobei alternative

Umsetzungsmöglichkeiten z.B. durch andere Verkehrskonzepte nicht berücksichtigt werden. Es werden vor allem die Möglichkeiten für eine ökonomisch ausgewogene Minimierung der Umwelteinflüsse aus dem Baubetrieb betrachtet.

1.3 Aufbau der Arbeit

Tabelle 1.1: Aufbau der Arbeit

Einführung und Problemstellung (**Kapitel 1**)			
Grundlagen (**Kapitel 2**)			
Begriffs-bestimmung	ökologische Aspekte und Auswirkungen	Lebenszyklusphasen Verfahrensschritte, Methoden, Beteiligte	Rechtliche Grundlagen in Deutschland
Projektbetrachtungen (**Kapitel 3** + **Anhang**)			
Betrachtungen anhand von Beispielprojekten			
Ausgangslage für Verbesserungen (**Kapitel 4**)			
Methoden	Besonderheiten bei Tunnelprojekten	Verbesserungsbedarf -Erkenntnisse aus Theorie und Praxis	Ansätze
Vorstellung des „Projektbegleitenden Öko-Controllings" (**Kapitel 5**)			
Allgemeine Beschreibung	Bestandteile und Aufbau		Umsetzung im Projektverlauf
Diskussion (**Kapitel 6**)			
Zusammenfassung und Ausblick (**Kapitel 7**)			

2   Grundlagen

Die Bedeutung der zu betrachtenden Aspekte Ökologie, Ökonomie und Technik werden im Folgenden dargelegt und die Zusammenhänge zwischen diesen Aspekten bei Tunnelprojekten verdeutlicht, um das Verständnis des neuen Ansatzes und den damit verfolgten Zielen zu fördern. Ebenso wird in diesem Abschnitt die Ausgangssituation, d.h. das momentane Vorgehen und die dabei eingesetzten Methoden vorgestellt, um darauf aufbauend Defizite aufzuzeigen und einen neuen Ansatz sowie Umsetzungsvorschläge zu entwickeln.

2.1   Begriffsbestimmung

Die Problemstellung greift das Spannungsfeld zwischen „Ökologie" und „Ökonomie" auf. Der untersuchte Ansatz zielt auf eine intensivere Berücksichtigung des Spannungsfeldes bei einer Verknüpfung mit dem weiteren Aspekt „Technik". Unter „ganzheitlich" wird im Weiteren die gemeinsame Beachtung ökologischer, ökonomischer und technischer Belange verstanden.

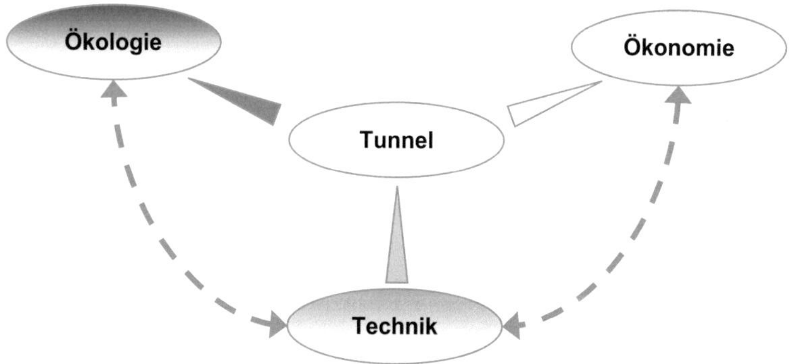

Bild 2.1:   Ökonomie – Ökologie – Technik

2.1.1 Ökologie

Ursprünglich steht der Begriff Ökologie für ein Teilgebiet der Biologie, die

> *„Lehre von der Beziehung der Lebewesen untereinander und mit der unbelebten Natur"*

[BPS00 S.835]. Mit wachsendem Umweltbewusstsein erweiterte sich das Bedeutungsspektrum und schließt heute mit der angewandten Ökologie die Lehre bzw. Handlungsweisen ein, die dem Natur- und Umweltschutz dienen [vgl. Simo03 S.147f]. So steht die Bauökologie bzw. ökologisches Bauen für die Berücksichtigung ökologischer Belange bei Planung, Errichtung und Betrieb von Gebäuden. Das Ziel sind möglichst geringe Umweltschädigungen durch die Bautätigkeit, die verwendeten Materialien und die Baukonstruktion sowie infolge des späteren Gebrauchs. Wichtige Kriterien bei dieser Betrachtung sind die Minimierung von Flächen-, Ressourcen- und Energieverbrauch, die Abfallreduzierung des Weiteren die Umweltbelastungen bei den vorgelagerten Herstellungsprozessen, der Erstellung und Nutzung sowie den insg. erforderlichen Transporten. Die Optimierung der Gebäudefunktionen und der -lebensdauer sind weitere Vorsätze [vgl. ZwMö06; Schu96].

In Anlehnung an dieses Begriffsverständnis und das des Umweltverträglichkeitsprüfungsgesetzes [UVPG §1ff] werden nachfolgend unter Ökologie die unmittelbaren oder mittelbaren, anlagen-, bau- und betriebsbedingten Wechselwirkungen mit den nachfolgend aufgeführten **ökologischen Teilbereichen** unter Berücksichtigung der durch diese gebildeten **ökologischen Rahmenbedingungen** eines Tunnelprojektes verstanden.

Die ökologischen Teilbereiche sind die im UVPG genannten Schützgüter:

> *1. Menschen, einschließlich der menschlichen Gesundheit, Tiere, Pflanzen und die biologische Vielfalt,*

> *2. Boden, Wasser, Luft, Klima und Landschaft,*

> *3. Kulturgüter und sonstige Sachgüter*

und die Nachhaltigkeit bzgl. der endlichen Ressourcen sowie Wechselwirkungen zwischen den vorgenannten Punkten. Eine getrennte Behandlung dieser Teilbereiche ist bei der Entwicklung des neuen Ansatzes nicht zweckmäßig. Zur Verdeutlichung erfolgt hier und in Kapitel 2.2 dennoch eine differenzierte Erläuterung.

Um eine im ökologischen Sinn ausgewogene Projektrealisierung zu erreichen, sind demnach folgende Aspekte über alle Phasen des Projektlebenszyklus zu beachten sowie Einwirkungen auf diese zu kontrollieren und zu vermeiden bzw. zu vermindern:

- Das Wohlbefinden und die Gesundheit der Menschen [vgl. UVPG]

- Einflüsse auf vorhandene soziale Beziehungen des Menschen innerhalb von Siedlungssystemen (Wohnen, Arbeiten, Versorgung, Bildung, Verwaltung, Kultur und Freizeit) [vgl. Hilp84] sowie auf Eigentum, Sach- und Kulturgüter [vgl. UVPG]

- Die vorhandene Natur und Landschaft auf Grund ihres eigenen Wertes und als Lebensgrundlage des Menschen in Bezug auf die Leistungs- und Funktionsfähigkeit des Naturhaushaltes, die Regenerationsfähigkeit und nachhaltige Nutzungsfähigkeit der Naturgüter, die Tier- und Pflanzenwelt einschließlich ihrer Lebensstätten und Lebensräume sowie die Vielfalt, Eigenart und Schönheit als auch den Erholungswert von Natur und Landschaft [vgl. BNatSchG und UVPG]

- Die Nachhaltigkeit bzgl. der Verwendung endlicher Ressourcen,

    o durch die Vermeidung von Emissionen und Abfällen, die über das natürliche Reinigungs-, Regenerations- bzw. Aufnahmevermögen hinausgehen sowie die Minimierung der Flächeninanspruchnahme, des Transportbedarfs und des Verbrauchs von Energie, Wasser und Rohstoffen [vgl. Enqu98; Bund01].

    o durch eine Optimierung des Verhältnisses zwischen tatsächlich erforderlichen Projektnutzen sowie sinnvollen Nutzungserweiterungen (Synergien) und den dadurch insgesamt hervorgerufenen und ggf. auch vermiedenen ökologischen Auswirkungen.

Eine Übersicht über die derzeitigen Schutzziele bei den UVP-Schutzgütern und den jeweiligen Empfindlichkeiten findet sich in [RWHS05b S.79ff].

2.1.2　Ökonomie

Ökonomie ist allgemein eine Bezeichnung für die Wirtschaftswissenschaften, die sich mit dem Verhalten der Menschen in Volkswirtschaften und Betrieben beschäftigen. Tunnelprojekte sind Betriebe im erweiterten Sinn. Während früher die reine Gewinnmaximierung als oberstes rationales Prinzip galt, werden heutzutage auch die optimale Verwendung von (knappen) Ressourcen sowie die Berücksichtigung der sozialen Verantwortung und des ökologischen Nutzens als ergänzende Prinzipien berücksichtigt [vgl. Sche03]. So befasst sich ein Teilgebiet der Wirtschaftswissenschaften - die Umweltökonomie - mit externen Umwelteffekten des Wirtschaftens und deren Einbezug in das Kalkül der einzelnen Wirtschaftsakteure, z.B. durch die Internalisierung externer Kosten im Sinne des Verursacherprinzips [vgl. Simo03 S.213]. Die „ökologische Ökonomie" [vgl. Simo03 S.149] geht darüber noch hinaus und verfolgt einen interdisziplinären Ansatz zur Integration der Ökonomie und Ökologie durch nachfolgende Prinzipien:

- Entwicklung effizienter Reduktionsmaßnahmen zur Berücksichtigung der Grenzen des Wachstums (Materiendurchsatz und Energiekonsum) und der Irreversibilität des Umwandlungsprozesses von Ressourcen, um das Wirtschaftsystem aufrechtzuerhalten.

- Veränderung des ökonomisch-ökologischen Gesamtsystems durch einen gesellschaftlichen Lernprozess in Richtung umweltorientierter Werterhaltungen und einen Zuwachs an Wissen zu Schadensursachen.

- Berücksichtigung der Verteilungsgerechtigkeit und der Folgen von Umweltschäden für spätere Generationen bei der Nutzung von Umweltgütern.

- Entwicklung multikriterieller Bewertungsverfahren, die ein realitätsnahes Bild der gesellschaftlichen Präferenzen liefern können.

Ziel der Ökonomie ist es nachfolgend aufgelistete, betriebliche Kenngrößen unter Berücksichtigung der genannten Prinzipien zu optimieren.

- Produktivität　　　　=　　　Ausbringungsmenge zur Einsatzmenge

- Wirtschaftlichkeit　=　　Ertrag zum Aufwand

- Rentabilität　　　　=　　　Gewinn zum Aufwand

In diesem Zusammenhang sind das Minimal- und das Maximalprinzip heute noch aktuell [vgl. Tied07 S.21ff]. Das Minimalprinzip verfolgt eine Minimierung des Mitteleinsatzes für ein vorgegebenes Ergebnis und spiegelt die derzeitige Situation bei der Berücksichtigung ökologischer Belange bei Tunnelprojekten wider. Das Maximalprinzip strebt hingegen eine Ergebnismaximierung bei gegebenem Mitteleinsatz an. Der optimale Einsatz von Mitteln, die bei einem Projekt für ökologische Belange zur Verfügung stehen, würde diesem Prinzip entsprechen, wird bei Tunnelprojekten allerdings bisher noch nicht verfolgt.

Die Faktoren Qualität, Kosten und Zeit sind im Produktionsprozess untrennbar miteinander verwoben und ergeben zusammen ein „magisches Dreieck" [vgl. Gehb92 S.237]. Sie bilden durch ihren Einfluss auf Produktivität, Wirtschaftlichkeit und Rentabilität auch bei Tunnelprojekten die Rahmenbedingungen einer ökonomischen Realisierung. Ökonomie bezeichnet in vorliegender Arbeit unter Berücksichtigung der bereits aufgeführten Prinzipien diese drei Faktoren sowie Einwirkungen auf diese, worunter auch (Entscheidungs-)Risiken fallen, die mit der Ökologie in Zusammenhang stehen.

Die Ökonomie, d.h. hier also die Elemente des „magischen Dreiecks" (**ökonomische Aspekte**), kann auf verschiedene Weise durch die Ökologie beeinflusst werden. Allgemein bekannt ist, dass ökologische Rahmenbedingungen die technisch möglichen Projektrealisierungen beeinflussen und zu unterschiedlichen Vorgaben durch einzuhaltende Umweltnormen oder im Zuge der Genehmigungsprozesse in Form von Auflagen zu Prozessen der Erstellung und des Betriebs (Gebote und Verbote) oder durch Festlegung von Umweltmaßnahmen, die eigenständige Handlungen darstellen, führen. Ebenso beeinflussen ökologische Planungsbestandteile die Ökonomie z.B. Umweltuntersuchungen und -gutachten sowie Umweltprüfungs- und Genehmigungsverfahren.

Durch diese Einflüsse werden Kosten generiert, die Verzögerungen bei der Projektrealisierung hervorrufen können. Bisher wurde zu wenig beachtet, dass durch Festlegungen in frühen Planungsphasen auch die Ökonomie der nachfolgenden Phasen (Folgekosten und Verzögerungen in späteren Prozessen) beeinflusst wird. Durch Entscheidungen auf der Grundlage ungesicherter Annahmen kann es zu Mehrfachbearbeitungen von Planungsbestandteilen in Folge von Abweichungen und/oder Technikfortschritt kommen. So können wirtschaftlichere und ggf. auch ökologischere Umsetzungsmöglichkeiten be- bzw. verhindert werden [vgl. ÖIVA02 S.1ff].

Weiterhin resultieren aus externen Kosten, die von der Art der Projektrealisierung in Zusammenhang mit den ökologischen Rahmenbedingungen abhängen, unter volkswirtschaftlicher Betrachtung Einflüsse auf die Ökonomie. Externe Kosten sind z.B. nicht direkt zuzuordnende Umweltschadenskosten sowie volkswirtschaftlich gesehene Transportkosten bzw. Nutzerkosten [vgl. UBA07 S.7ff]. Ergänzend seien noch indirekte ökonomische Effekte, wie qualitative oder quantitative Einflüsse auf das Image, die Marktlage, das Mitarbeiterklima und die Kreditbeschaffungsmöglichkeiten der Projektbeteiligten erwähnt [vgl. SeMa07 S.68].

Die **ökonomischen Auswirkungen**, d.h. die aufgrund der Ökologie ausgehenden Beeinflussungen der Ökonomie, können grundsätzlich unterteilt werden in [vgl. BrKä06 S.25ff]:

- zusätzliche Investitionen und nicht verrechenbare Zusatzarbeit
- zusätzlicher administrativer Aufwand und Bedarf an Know-how
- Behinderungen und Verzögerung der Projektrealisierung
- Verhinderung wirtschaftlicherer Optionen

Bei den Beeinflussungen muss es sich nicht immer um negative Auswirkungen handeln. Auch gegenseitige Begünstigungen bspw. bei Ressourceneinsparungen mit gleichzeitigen Kostenvorteilen sind möglich.

Eine **ökologisch-ökonomisch ausgewogene Projektrealisierung** im Sinne des neuen Ansatzes wird dann erreicht, wenn die Ökologie und Ökonomie sowie Wechselwirkungen zwischen diesen kontinuierlich bei allen Entscheidungen entlang des gesamten Lebenszyklus gleichermaßen berücksichtigt werden und verhältnismäßige Beeinträchtigungen der Ökonomie nachvollziehbar durch zweckdienliche und realisierbare Nutzen bei der Ökologie (Umweltverträglichkeit) ausgeglichen werden.

> *„Umweltschutz kostet Geld: nicht nur bei Natur-; Luft-, Boden- und Gewässerschutz, sondern auch beim Bauen." [Schu96 S.18].*

Ökologische Belange verursachen oft zunächst „Kosten". Es setzt sich allerdings zunehmend die Erkenntnis durch, dass bei einer ganzheitlichen Betrachtungsweise die ökonomischen Auswirkungen notwendig sind und neben volkswirtschaftlichen sogar betriebliche Vorteile wirksam werden können. Einschnitte bei der Ökologie finden jedoch nur dann nicht statt, wenn ökologisches Bewusstsein über alle Lebenszyklusphasen vorhanden ist und der geplante ökonomische Rahmen eingehalten wird.

2.1.3 Technik

Um eine ganzheitliche und kontinuierliche Berücksichtigung der Ökologie und Ökonomie zu erreichen, wird im Folgenden die Technik als Bindeglied herangezogen. Der Begriff steht grundsätzlich für die rationale Anwendung von Methoden und Prinzipien, einzeln oder in Kombination, um bestimmte Ergebnisse zu erreichen [DWDS09]. Im engeren Sinn sind hier Maßnahmen, Objekte und Verfahren gemeint, die durch Anwendung naturwissenschaftlicher Erkenntnisse der Erreichung eines speziellen Zwecks dienen und denen ein gedanklicher Problemlösungsprozess vorausgeht [vgl. Füss78 S.6ff]. Die (Tunnel-)Konstruktion bildet dabei einen Teilbereich der hier betrachteten Technik. Daneben ist die (Tunnel-) Bautechnik, d.h. die Herstellung der Konstruktion durch Fertigung und Zusammenfügen der Bauelemente, einschließlich aller notwendigen Transporte [vgl. Gebh00a S.1] und die (Tunnel-) Betriebstechnik als Bereich der Betriebs-, Wartungs- und Unterhaltsmaßnahmen ein Teil der zu betrachtenden Technik.

Unter dem Begriff **Element** werden für den neuen Ansatz die technischen Möglichkeiten in Form von Konstruktionsaspekten, Verfahren, Vorgehensweisen und Konzepten zur Erfüllung eines speziellen Nutzens verstanden, sobald verschiedene Realisierungsarten möglich sind. Elemente können die Tunnellage als horizontale und vertikale Ortsfestlegung, das Vortriebsverfahren zur Erstellung und Sicherung des Hohlraums, die Ausbruchbewirtschaftung zur Behandlung der Ausbruchmassen oder die Tunnelbelüftung zur Erfüllung der Lüftungsanforderungen im Betrieb sein.

Weiterhin werden im neuen Ansatz unter **Optionen** die verschiedenen technischen Umsetzungsmöglichkeiten innerhalb eines Elements zur Erreichung dessen Ziels verstanden. Dabei unterscheiden sich bspw. die Optionen des Elements Vortriebsverfahren durch das angewendete Bauverfahren, gekennzeichnet durch die Vortriebsart, die Bau- und Betriebsweise und durch die Art der vorübergehenden sowie endgültigen Hohlraumsicherung [vgl. Maid04a S.22ff].

Im Zusammenhang mit der Technik wird im Baubereich oft das Konzept **„Stand der Technik"** (SdT) verwendet. Dieses steht für ein entwickeltes Stadium der technischen Möglichkeiten zu einem bestimmten Zeitpunkt, basierend auf entsprechend gesicherten Erkenntnissen von Wissenschaft, Technik und Erfahrung. Das technisch „Machbare" im Sinne des SdT unterscheidet sich von den „anerkannten Regeln der Technik" dadurch, dass die Praxisbewährung nicht vorliegen muss [vgl. DIN 45020]. Die Richtlinie 96/61/EG (IVU-Richtlinie) führte im Umweltbereich die europäische Technikklausel „beste verfügbare Technik" (BVT) ein, die allgemein dem in Deutschland traditionell verwendeten Konzept SdT entspricht. In der weiteren Arbeit wird SdT unter Einbezug der Auslegung im Sinne der Umweltgesetze, national z.B. aufgegriffen in WHG, KrW-/AbfG, BImSchG, TA-Lärm, TA-Luft und GefStoffV, verwendet:

> *„Stand der Technik ist der Entwicklungsstand fortschrittlicher Verfahren, Einrichtungen oder Betriebsweisen, der die praktische Eignung einer Maßnahme zur Begrenzung von Emissionen in Luft, Wasser und Boden, zur Gewährleistung der Anlagensicherheit, zur Gewährleistung einer umweltverträglichen Abfallentsorgung oder sonst zur Vermeidung oder Verminderung von Auswirkungen auf die Umwelt zur Erreichung eines allgemein hohen Schutzniveaus für die Umwelt insgesamt gesichert erscheinen lässt."* [KrW-/AbfG §3 Abs. 12]

In Anhang IV der Richtlinie 2008/1/EG (ersetzt Richtlinie 96/61/EG) ist zur Bestimmung der BVT eine Kriterienliste aufgeführt [vgl. Anhang 1].

2.2 Ökologische Aspekte und deren Auswirkungen bei Tunnelbauprojekten

Tunnelprojekte wirken in vielfältiger Weise auf die Ökologie, wobei die Relevanz der einzelnen ökologischen Aspekte und in der Folge die umweltrelevanten Kosten seit den 70er Jahren immer weiter ansteigen [vgl. Sche90, S.44ff].

Für die Betrachtung ist es sinnvoll, angelehnt an Umweltmanagementsysteme nach DIN 14001, in **ökologische Aspekte** und **ökologische Auswirkungen** zu unterscheiden. Ökologische Aspekte sind chemische oder physikalische Eigenschaften von Optionen, die auf die Umwelt unmittelbar oder mittelbar einwirken und ökologische Auswirkungen hervorrufen können [vgl. DIN 14001 S.27f]. Als Eigenschaften von Optionen gehen ökologische Aspekte von direkten oder indirekten (in vorgelagerten Prozessen) technischen Bestandteilen der Optionen aus, die nachfolgend als **technische Ursachen** bezeichnet werden und aus der Planung, dem Bau, dem Betrieb und der Nutzung resultieren können.

Ökologische Aspekte und Auswirkungen stehen in einem Ursache-Wirkungs-Verhältnis zueinander. Sobald durch einen oder mehrere ökologische Aspekte bzw. Wechselwirkungen zwischen den Aspekten ökologische Teilbereiche [vgl. Kapitel 2.1] direkt oder indirekt beeinflusst werden, handelt es sich im Sinne des neuen Ansatzes um ökologische Auswirkungen. Dabei können negative oder positive Veränderungen bzw. Beeinflussungen der Umwelt auftreten.

Generell denkbar sind negative Auswirkungen aufgrund nicht vorhandener (politischer) Vorgaben, fehlender besserer Optionen bzw. deren Verhinderung und Fehlverhalten [vgl. GOMA06] sowie durch Stör- und Unfälle oder in Folge der Nichtberücksichtigung veränderter Rahmenbedingungen. Eine Zuordnung der Auswirkung zu den einzelnen ökologischen Teilbereichen sowie die Einteilung in anlagen-, bau- und betriebsbedingte Auswirkungen aufgrund der unterschiedlichen technischen Ursachen sind entsprechend der gängigen Praxis bei UVS und UVP sinnvoll.

Die ökologischen Auswirkungen unterscheiden sich aufgrund des Zeitpunkts (Bau, Betrieb), der Art (ständig, vorübergehend), des Ausmaßes (gering bis gravierend) und der Dauer (kurz-, mittel-, langfristig) ihres Auftretens, sowie der Möglichkeit zur Wiederherstellung des ursprünglichen Zustandes (aufhebbar, nicht aufhebbar). Auch lassen sich die ökologischen Auswirkungen grob in lokale Auswirkungen an den Tunnelportalen und Lüftungsbauwerken, lokale Auswirkungen entlang der Tunneltrasse [Hill02] sowie regional bis globale Auswirkungen einteilen.

Tabelle 2.1:   Ökologische Aspekte bei Tunneln

Veränderung von Boden und Grundwasser	Abwasser und Gewässerveränderungen	Transporte und Verkehr
Gebirgsbeeinflussung	Luftschadstoffe und Staub	Restmassen (insb. Ausbruch)
Flächeninanspruchnahme	Lärm und Erschütterungen	Ressourcenbedarf
	Beeinträchtigung der Menschen während Bau und Betrieb	

Ausgehend von den Ergebnissen des 2004 abgeschlossen D.A.R.T.S. Projekts [vgl. Geld04 S.199ff, DARTS04a,b,c], das den Fokus auf die Betriebsphase von Tunneln (Dauerhaftigkeit und Zuverlässigkeit) setzte, und nach eigener Literaturstudie, Gesprächen mit Projektbeteiligten entlang des Lebenszyklus von Tunnelprojekten sowie aufgrund ausgewerteter Planfeststellungsunterlagen können die in Tabelle 2.1 genannten ökologischen Aspekte als potentiell wesentlich bezeichnet werden.

Im [Anhang 2] befindet sich eine ausführlichere Tabelle. Neben den ökologischen Aspekten sind in dieser mögliche Ursachen und ökologische Auswirkungen sowie die Beeinflussbarkeit von Ursachen und Auswirkungen in den einzelnen Projektphasen dargestellt. Bei allen angesprochenen Punkten besteht in unterschiedlichem Umfang die Möglichkeit diese zu beeinflussen und zu optimieren, wobei die Relevanz der einzelnen Punkte im Wesentlichen von den vorhandenen ökologischen Rahmenbedingungen und dem jeweiligen Blickwinkel entweder bezogen auf den Bauprozess oder die Betriebsphase abhängt.

Ausgewählte Aspekte, Ursachen und Auswirkungsmöglichkeiten werden im Folgenden allgemein betrachtet. Einflüsse auf die Ökonomie bzw. die ökonomischen Aspekte [vgl. Kapitel 2.1] werden dabei angesprochen.

Potentielle Ursachen und Auswirkungen, die Einfluss auf die betrachteten Aspekte haben können, werden mit den möglicherweise beeinflussten Schutzgütern jeweils am Ende der folgenden Unterkapitel in Fischgrätendiagrammen (Ishikawa Diagrammen) zusammengefasst dargestellt. Auf der Grundlage dieser Diagramme können Projektbeteiligte mögliche Wechselbeziehungen identifizieren und die im Zuge einer ökologisch-ökonomisch ausgewogenen Projektrealisierung erforderlichen Daten ableiten.

2.2.1 Abwasser und Gewässerbeeinflussung

Festgestein			Lockergestein		
hohe Festigkeit	mittlere Festigkeit	niedrige Festigkeit	bindige	rollig	fließend
Sprengvortrieb					
	Tunnelbohrmaschine (TBM)		Schildmaschine (SM)		
	Teilschnittmaschine (TSM)				
	Baggervortrieb				

Bild 2.2:   Anwendbarkeit von Vortriebsverfahren [Mitr07 S.34]

Insbesondere im Grundwasserbereich, sind bei Tunneln Abwasser und Beeinträchtigung von Grundwasserspiegel, Grund- und Oberflächengewässern bedeutende ökologische Aspekte. Einfluss darauf haben in erster Linie die Tunnellage (Geologie, Hydrologie), das Vortriebsverfahren, das wiederum von der Geologie und Hydrologie sowie der Länge des Tunnels (Vortriebskosten) abhängig ist [Bild 2.2; Bild 2.3], die Tunnelkonstruktion und insbesondere bei Straßentunneln auch der Tunnelbetrieb.

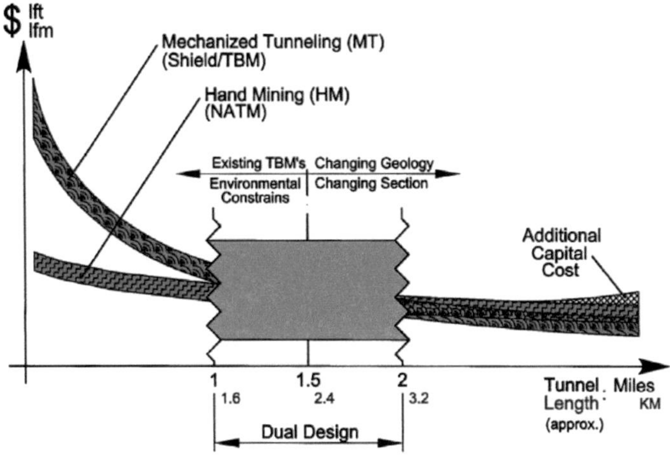

Bild 2.3:   Wirtschaftlichkeit von Vortriebsverfahren [Toan06 S.31]

Der Vortrieb erfordert häufig temporäre Grundwasserabsenkungen, die z.B. durch geringfügige Tunnellageänderungen, Vereisungen und Injektionen oder Vortrieb mit gestützter Ortsbrust [vgl. DÖF00] vermindert werden können. Solche Maßnahmen haben wiederum Auswirkungen auf die Kosten und Vortriebsleistung [vgl. DARTS04c S.63ff], den Ressourcenverbrauch und emittieren ggf. zusätzlich wassergefährliche Stoffe z.B. durch Injektionen, wobei diese Einflüsse bspw. durch verbesserte Verfahren [vgl. ZiBa07] optimierbar sind. Mögliche Auswirkungen einer Absenkung sind Beeinträchtigungen der Grundwasserversorgung, Verlust von Brunnen und Oberflächengewässern [vgl. KvSn08] sowie Setzungen der Geländeoberfläche [BrSS02, Toan06 S. 129ff]. Überwachungen der Grundwasserpegel und der Geländeoberflächen sind daher unerlässlich [vgl. GLMG07].

Bau- und anlagenbedingte Verunreinigungen von Berg- und Prozesswasser (Tunnelwasser) entstehen durch Schwebstoffe infolge der Wasserhaltung im Vortrieb, Kohlenwasserstoffe aus Hydrauliköllecks, Schalungsöl und Tropfverlusten sowie erhöhte pH-Werte durch den Kontakt mit Spritz- oder Frischbeton während der Erstellungsphase. Bei Sprengarbeiten kommen abhängig vom verwendeten Sprengstoff Belastungen bspw. mit Nitrit,

Ammonium und Ammoniak hinzu [vgl. Schr03, Stäu03]. Über das Tunnelwasser und den Ausbruch kann es bei zu großen Belastungen und ungenügender Reinigung zu langfristigen, gravierenden Beeinträchtigungen von Gewässern (Verschlammung der Gewässersohle, Fischsterben durch Nitrit…), Grundwasser und Boden kommen [Scho02].

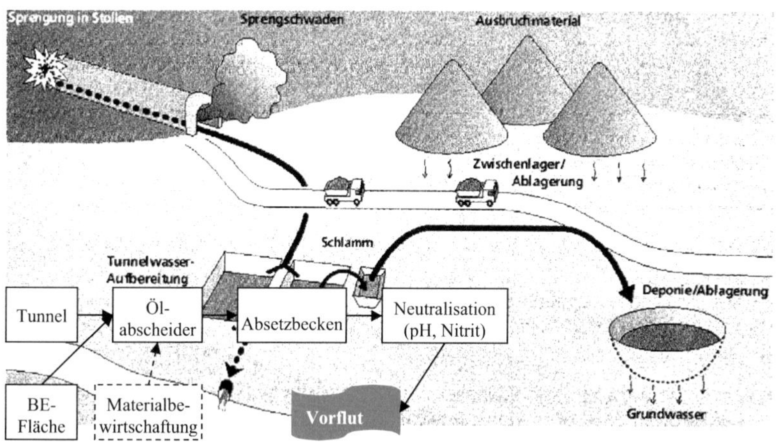

Bild 2.4:   Sprengauswirkungen und Wasseraufbereitung [MaDe01 S.61 mod.]

Deshalb sind Wasseraufbereitungsanlagen [Bild 2.4] bei Tunnelprojekten grundsätzlich notwendig. Abhängig von den Konzepten und dem Umfang der Reinigung variieren die Kosten der Abwasserreinigung [vgl. Stol98; Hage05].

In der Betriebsphase sind anlagenbedingte, permanente Grundwasserabsenkungen durch Drainagesysteme [Bild 2.5], insbesondere in sensiblen Gebieten, kaum noch genehmigungsfähig. Die Alternative sind wasserundurchlässige Tunnelschalen, die durch den Wasserdruck und die Dichtigkeit größer dimensioniert werden müssen und zu Mehrausbruch und erhöhtem Ressourcenbedarf führen [vgl. Hoek01 S.736]. Vereinzelt können Bergwasserdrainagen in der Betriebsphase für die lokale Trinkwasser- oder Wärmeversorgung genutzt werden. Bei Straßentunneln sind auch die Betriebsabwässer zu nennen, die durch Straßenabwässer und Tunnelreinigungen (ø 2mal pro Jahr) anfallen und mit organisationsabhängigem Aufwand, beeinflusst auch durch die Anzahl der Reinigungen, Verwendung von Reinigungsmitteln (Tenside) und Verschmutzungsgrad, behandelt werden müssen [vgl. HoBo05; BUWAL91].

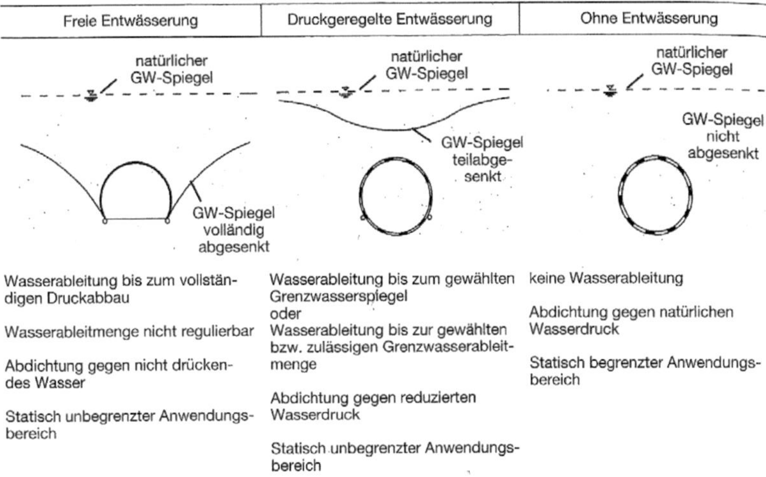

Bild 2.5:   *Möglichkeiten bei Bergwasserandrang [Maid04b S.202]*

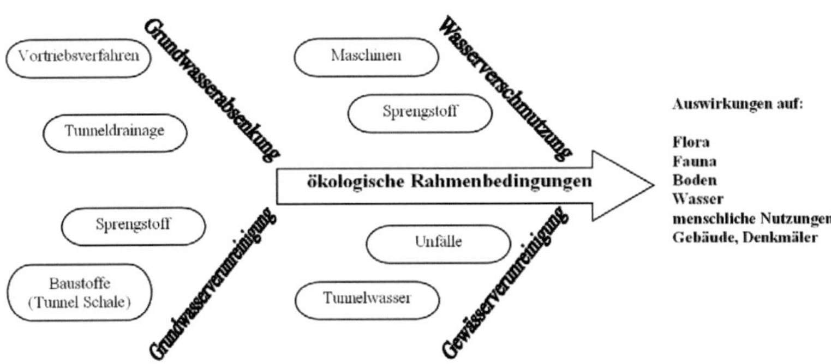

Bild 2.6:   *ökologische Aspekte, Ursachen, Auswirkungen (Wasser)*

2.2.2 Luftschadstoffe und Staub

Bekannte Folgen von Luftverunreinigungen sind Gesundheitsschäden und Minderungen des menschlichen Wohlbefindens, Schädigung von Gebäuden und Denkmälern, Beeinträchtigungen der Flora und Fauna (z.B. durch sauren Regen) und Klimabeeinflussungen [vgl. HeHa04].

Hauptsächlich entstehen Schadstoffe (CO_2, NO_x, SO_2, CO, HC, Partikel, Ozon, PAH) bisher betriebs- und anlagenbedingt durch den Straßenverkehr während der Betriebsphase [vgl. BuEn99a S.26ff]. Durch die Faktoren Verkehrsaufkommen, Fahrzeugschadstoffklasse (EURO 1-6), Verkehrszusammensetzung, Geschwindigkeit sowie Steigung [Bild 2.7] werden die Konzentrationen im Tunnel beeinflusst [vgl. HBEFA04]. Mit unterschiedlichen Lüftungssystemen und -konzepten sowie Art und Lage von Lüftungsbauwerken (Immissionsorte und Konzentrationen) können die lokalen Beeinträchtigungen gesteuert werden. Mehrausbruch infolge des zusätzlichen Platzbedarfs im Querschnitt, zusätzliche Flächeninanspruchnahme für Lüftungskamine und erhöhter Energie- und Ressourcenverbrauch sowie Anlagen- und Betriebskosten sind Folgen steigender Anforderungen [vgl. MüSt]. Im Schienenverkehr sind die Emissionen überwiegend auf den Ort der Energieproduktion verlagert und daher in Bahntunneln Belüftungsanlagen selten.

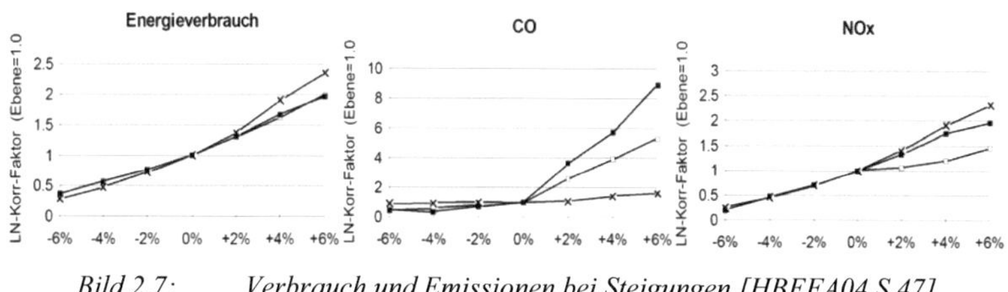

Bild 2.7:   Verbrauch und Emissionen bei Steigungen [HBEFA04 S.47]

Weitere anlagenbedingte Emissionen entstehen während der Baustoffproduktion für die Tunnelkonstruktion – bspw. in Form von CO2-Emissionen bei der Zementherstellung. Durch die Auswahl von Baustoffen mit einer guten Ökobilanz (z.B. optimierte Spitzbetonrezepturen) sind diese Emissionen zu reduzieren [vgl. RiFC07].

Luftverschmutzungen bei der Tunnelherstellung wurden in Deutschland bisher wenig beachtet, obwohl durch den Dieselmaschineneinsatz bei Vortriebs- und Erdarbeiten (DME), Sprenggase (CO, CO2, NOx, HC, PAH, Feinstaub) und erforderliche Transporte von Kies, Beton und Ausbruch (DME) erhebliche Verunreinigungen auftreten und Optimierungsmaßnahmen möglich sind [vgl. StKr02].

Tabelle 2.2: Schadstoffe der Sprengstoffarten [Girm08 S.83 mod.]

Sprengstoff	Dichte	Schadstoffanteil		Wasser-festigkeit	Spezifischer Sprengstoffbedarf
	g/cm^3	**CO** (l/kg)	**NO$_X$** (l/kg)		Näherungsformel nach Langefors und Kihlström
Gelatinöse	1,5	16-24	3,5-4,0	gut	**q = 14/A + 0,8 [kg/fm³]**
ANFO	0,85	5,1	3,0	keine	
Emulsion	1,15-1,2	1,1 - 4,6	0,1 – 0,2	sehr gut	(A in m² Ausbruchfläche)

Allein durch den Treibstoffverbrauch ist bei Großbaustellen nach [LeSp01 S. 22] bei LKW-Transport mit Emissionen von CO_2 (1200 – 2500 g/m³), NO_X (10-20 g/m³) und Partikeln (0,3 – 0,7g/m³) bezogen auf die Ausbruchmenge zu rechnen. Die Wahl des Transportmittels (LKW, Zug, Förderband, Binnenschiff) hat auf diese einen ausschlaggebenden Einfluss, wobei kein System als generell vorteilhaft bezeichnet werden kann [vgl. IFSG02], allerdings häufig der LKW-Transport vermieden werden soll [vgl. 2.2.6].

Auch von Vortriebsverfahren abhängige DME-Emissionen von Dieselbaumaschinen [vgl. Chro06] sind unter Inkaufnahme von Anschaffungs- und Zusatzkosten bspw. durch organisatorische und betriebliche Maßnahmen, Motortyp, Biotreibstoffe, Partikelfilter oder Ersatz durch elektrisch- oder gasbetriebene Maschinen steuer- und reduzierbar [NFF01]. Zusätzliche positive Effekte entstehen Untertage bei der Verwendung von Partikelfiltern, die im Vergleich zu den Kosten zu wesentlich höheren Energieeinsparungen bei der Bewetterung [VERT06] und Reduzierung der gesundheitlichen Folgen (auch Kosten) führen [KeSZ03].

Mit der Auswahl emissionsarmer Sprengstoffe und der Optimierung des spezifischen Sprengstoffbedarfs, der zwischen 0,2 kg/m³ (Vollausbruch, leicht sprengbar) und >3kg/m³ (Kalottenvortrieb, extrem schwer sprengbar) liegt [vgl. ThPl03 S.3], können weitere Emissionen vermieden werden [vgl. Tabelle 2.2].

Staub spielt nicht nur in besiedelten Gebieten durch Verschmutzung und Belästigungen eine Rolle, sondern auch auf der „Grünen Wiese" durch seine negativen Auswirkungen auf Flora und Fauna. Zu Emissionen kommt es nur baubedingt während der Erstellungsphase durch Erd- und Vortriebsarbeiten sowie Transport, Lagerung und Bearbeitung staubiger Stoffe (z.B. Ausbruch) [vgl. StKr02 S.14]. Je nach Ursache sind verschiedene Vermeidungs- und Verminderungsmaßnahmen, die immer zusätzlichen Aufwand bedeuten, möglich und in [UBA05] und [SUDu03] beschrieben.

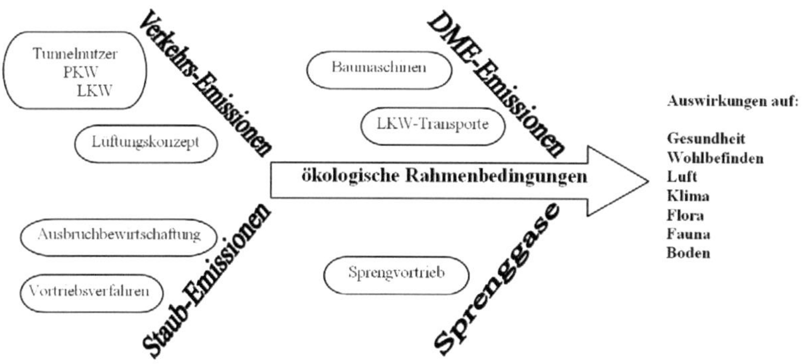

Bild 2.8:   ökologische Aspekte, Ursachen, Auswirkungen (Luft)

2.2.3   Ressourcenverbrauch

Unumgänglich sind der Verbrauch von Primärenergie, mineralischen Rohstoffen, Stahl und Wasser für die Konstruktion, deren Erstellung, den Betrieb/Unterhaltung und die Nutzung. Während der Primärenergiebedarf in der Betriebsphase durch die Traktion (Beispiel: 63,9% des Gesamtbedarfs) deutlich höher ist, als für die Konstruktion und deren Erstellung, verhält sich der Verbrauch der Massenrohstoffe (Beispiel: Konstruktion und Erdbewegungen ca. 59,1% des Gesamtbedarfs) genau umgekehrt. Übertragbar auch für Straßentunnel geht dies aus einem Ökoprofil hervor, in dem die Schnellbahntrasse Hannover-Würzburg (insg. 325 km, davon ca. 37% im Tunnel) mithilfe von Primärenergiefaktoren (KEA) und Materialintensitätsfaktoren (MIPS) bewertet wurde [RoKS02]. Bei ausschließlicher Betrachtung der Tunnel wären Konstruktion und Erstellungsprozess, aufgrund des hohen Herstellungsaufwands, im Vergleich zum Betrieb noch wesentlicher.

Auswirkungen des Ressourcenverbrauchs sind die Reduzierung der Rohstoffmenge, auch für die nachfolgenden Generationen sowie die indirekt mit dem Verbrauch einhergehenden Auswirkungen aufgrund der Rohstoffgewinnung, Transporte und Produktherstellung (Flächenverbrauch, Emissionen, Wasserverschmutzung, Abfall...), worauf die Art und Menge der verwendeten Ressourcen wesentlichen Einfluss hat [vgl. Schu96 S.159ff]. Dabei werden die Kosten einerseits direkt über den Verbrauch (Produktpreise) sowie die ggf. damit erforderlich werdenden Zusatzkosten durch Transporte, Lagerung und Verarbeitung beeinflusst, andererseits sind jedoch auch die bisher nur teilweise, z.B. über Umweltsteuern, berücksichtigten externen Kosten (vgl. Kapitel 2.1) zu nennen.

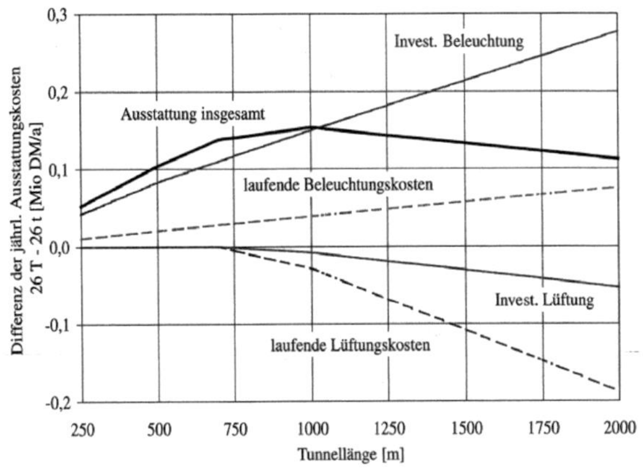

Bild 2.9:   Anlagen- und Betriebskosten für Querschnitte [BrLe00 S.101]

Der Treibstoff-/Energiebedarf des Verkehrs in der Betriebsphase ist durch die Art und Menge des Verkehrs und der erlaubten Fahrgeschwindigkeit

(Optimum 60-80 km/h) [vgl. BrLe00 S.108f] betriebsbedingt sowie durch die evtl. vorhandenen Steigungsstrecken auch anlagenbedingt, wobei Gefällestrecken den Mehrverbrauch bei Steigungen nicht kompensieren können [vgl. Bild 2.7]. Der Energiebedarf bei Straßentunneln durch die Beleuchtung (ca. 80%) und Belüftung (ca. 20%) ist von den Verkehrsbedingungen, der Tunnellänge, dem Querschnitt [Bild 2.9], den Lichtverhältnisse an den Portalen und der Helligkeit von Fahrbahn und Wänden (Material und Reinigung [vgl. 2.2.1]) abhängig [vgl. DIN 67524]. Für deren ökonomische Optimierung wird in [HaSM83] eine Methode vorgestellt.

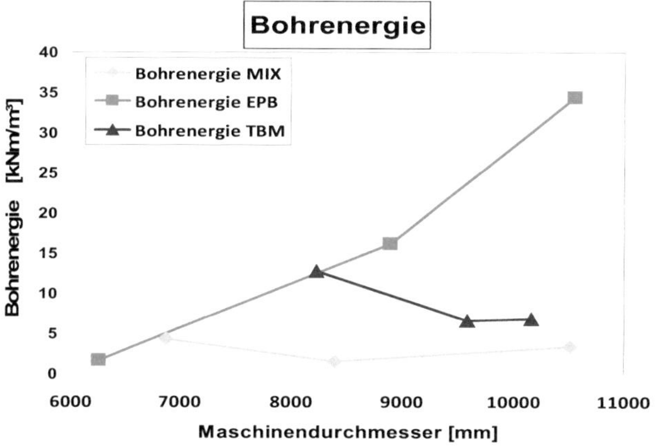

Bild 2.10:   Bohrenergie nach Maschinentypen [Mitr07 S.109]

Während der Erstellung erfordern Vortriebsverfahren, Bewetterung, BE-Anlagen (bspw. Feldfabriken, Tunnelwasserreinigungsanlage, Ausbruchaufbereitung) und Transporte [vgl. 2.2.2] den höchsten Energiebedarf. Den spezifischen Energiebedarf beim Vortrieb [vgl. ThPl03] beeinflussen das gewählte Vortriebsverfahren [vgl. Bild 2.10], die Gebirgsfestigkeiten, der Ausbruchquerschnitt sowie die Werkzeug- und Maschinenwahl. Grundlegende Formeln zur Berechnung des Energiebedarfs sind in [Anhang 3] aufgeführt. Durch ein geeignetes Energiemanagementsystem für Maschinen und BE-Anlagen sind weitere Optimierungen realisierbar [vgl. BGKS04]. Um den Energiebedarf für die Bewetterung zu senken, kommen neben emissionsmindernden Maßnahmen [vgl. 2.2.2] auch Belüftungssysteme mit automatischer Anpassung an die tatsächliche Schadstoffkonzentration im Tunnel [BiSc00] in Frage.

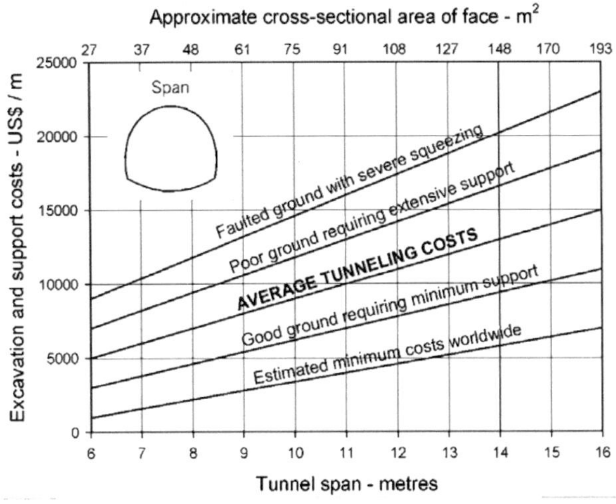

Bild 2.11:   Vortriebs- und Sicherungskosten [Hoek01 S.737]

Massenrohstoffe werden überwiegend anlagen- und baubedingt für die Konstruktion (Tunnelschale und Fahrbahn) und die Hohlraumsicherung benötigt. Die Menge an Sicherungsmitteln (Spritzbeton, Anker, Bögen) wird durch die gebirgsbedingten Vortriebsklasse z.B. nach DIN 18312 und die Querschnittsunterteilung (Bauweise) bestimmt [vgl. HoKB93 S.34]. Die Kostensteigerung mit dem Ausbruchquerschnitt, in [Bild 2.11] für den konventionellen Vortrieb dargestellt, kann auf die beiden Faktoren Primärenergie- und Ressourcenbedarf und damit verbundenen Arbeiten zurückgeführt werden.

Bedingt durch den Tunnelquerschnitt und der Dimensionierung (ein-/zwei-schalig, Lasten aus Gebirge [vgl. 2.2.1] und Bauzustand, erforderliche Be-wehrung) sowie der Qualität der Bauausführung [vgl. Bild 2.13] ändert sich der Ressourcenbedarf für die Tunnelschale [vgl. DAUB01]. Vor- und Nachteile der einschaligen Tunnelschale sind in [Tabelle 2.3] aufgeführt.

Ein Vergleich des Ressourcenverbrauchs für Vortrieb, Schutterung, Sicherung und Innenschale bei Spritzbetonvortrieb (NÖT) und maschinellem Vortrieb (TVM) anhand von Planungsunterlagen des neuen Schlüchterner Tunnels wurde in [Mitr07] vorgenommen, dessen Zusammenfassung in [Tabelle 2.4] aufgeführt ist. Die Ergebnisse decken sich im Grundsatz mit den Erkenntnissen aus dem parallelen Röhren in NÖT- und TVM-Vortrieb des Baulos Raron (Lötschberg-Basistunnel) [vgl. AeSe03; Bert03]. Allgemeingültige Vor- und Nachteile gibt es allerdings nicht, da diese von den Rahmenbedingungen jedes einzelnen Projekts abhängen.

Tabelle 2.3:   Ein- und zweischaligen Konstruktion [Brux06 S.47]

	einschalig	zweischalig
Ausbruchquerschnitt und Betonbedarf	+	-
Baustahl	-	+
Vortriebsgeschwindigkeit	-	+
Zeitersparnis durch Wegfall der Innenschale	+	-

Tabelle 2.4:   Ressourcenbedarf bei NÖT und TBM [Mitr07 S.162]

	NÖT	TVM	
Mineralstoffverbrauch	60,32	24,24	[t/m]
Stahlverbrauch	2,06	1,10	[t/m]
Wasserbedarf	42	38	[m³/m]
Primärenergie	10.911,99	11.886,85	[kWh/m]

Weiteren großen Ressourcenbedarf erfordern die verschiedenen Umsetzungsmöglichkeiten von Rettungswegen (Schächte und Stollen, Querschläge, im Querschnitt integriert) und Lüftungsanlagen [vgl. 2.2.2] sowie die betriebs- und anlagenbedingte Tunnelinstandhaltung, -Modernisierung und Sanierungsmaßnahmen durch Schäden an der Tunnelschale (z.B. Risse). Schäden an der Tunnelschale, Schadensmechanismen und Einflüsse sind in [DARTS04] und [Haac87 S.2ff] erläutert. Für die Verkehrstunnelunterhaltung wird nach [Haac87 S. 11] mit einem jährlichen Aufwand (inkl. Betrieb) von 1-1,5% der Herstellungskosten gerechnet. Hierin enthalten ist die mehrmalige Erneuerung technischer Ausstattungen während der Betriebszeit der Tunnel (80-120 Jahre) [vgl. Gjær08 S.69]. Die ökonomische Lebenszeit der meisten Anlagen liegt zwischen 10 und 20 Jahren.

Um den Ressourcenbedarf zu reduzieren und das Ökoprofil zu verbessern, können bei Tunneln, je nach den lokalen Bedingungen folgende Ansätze verfolgt werden:

- Hochwertige Ausbruchverwertung, bspw. als Betonzuschlag zur Einsparung von Rohstoffen [vgl. 2.2.4]

- Tunnelabwässer zur Wärmegewinnung oder gereinigt als Baustellenbrauchwasser nutzen [vgl. Hage05]

- Drainagewasser aus dem Betrieb (reines Bergwasser) für die Trinkwasserversorgung oder Wärmegewinnung nutzen

- Geothermie für lokalen Wärmebedarf nutzen [AdMO06; SSSV07].

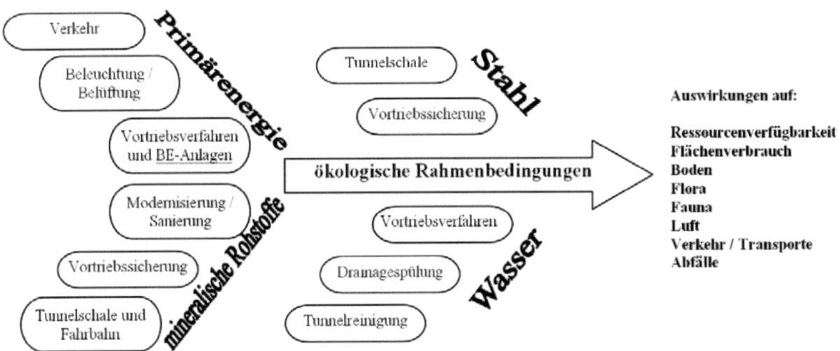

Bild 2.12:   ökologische Aspekte, Ursachen, Auswirkungen (Ressourcen)

2.2.4   Restmassen und Weiterverwertung

Mengenmäßig ist Tunnelausbruch bei den Restmassen, die Abfall nach [Krw-/AbfG] darstellen, am bedeutendsten. Schlamm aus der Tunnelwasserreinigung (Bauzeit) und aus den Abwasserauffangbecken (Betriebsphase) sowie Straßenkehricht und ggf. anlagenbedingt Spülgut durch Drainageversinterungen [GGKM03] sind weitere Restmassen. Außerdem entstehen Bauabfälle [vgl. ZwLU02 S.36f] während der Realisierung und bei Sanierungs- und Modernisierungsmaßnahmen [FGSV03 S.11ff].

Die „Entsorgung" ist der Hauptpunkt bei diesem ökologischen Aspekt. Es gilt knappe Deponiekapazitäten zu schonen und Folgeeffekte wie Flächenverbrauch [vgl. 2.2.5], Emissionen in Boden und Gewässer [vgl. 2.2.1], Staubentwicklung [vgl. 2.2.2], Ressourcenbedarf sowie Lärm und Erschütterungen [vgl. vgl. 2.2.6] zu vermeiden. Die ökonomischen Aspekte sind dabei einerseits durch die Kosten für die Abfallbeseitigung (Deponiekosten und Administration) betroffen, die 2006 bei Bauabfällen zwischen 150 - 200 Euro/Tonne (Erdaushub ca. 50 Euro/Tonne) lagen und bei Vermischung verschiedener Abfallarten erheblich ansteigen [Prüf06]. Andererseits können für die Ausbruchaufbereitung Anlagenkosten bspw. für Brecher- und Sortieranlagen, Verladestellen und Zwischendepots im zweistelligen Millionenbereich entstehen [vgl. SiKW02]. Durch zusätzliche Transporte kommt es zu weiteren Aufwendungen für system- und ortsabhängige Transportkosten, externe Kosten des Transports (Luftverschmutzung, Boden- und Wasserbelastung, Lärm, Trennwirkung, Flächenverbrauch) [vgl. Plan91] und Unfallkosten [vgl. HKKM05]. Eine Transportleistung von über 795 Mio. tokm war bei einer niedrig angenommenen Transportentfernung von 30 km allein im Zuge der „Ausbruchentsorgung" für die ca. 12,05 Mio. fm³ Tunnelausbruch (2,2t/fm³) in 2007 [Haac08b] erforderlich. Dies entspricht mehr als 1% der gesamten in 2007 angefallenen deutschen Gütertransporte von Erde und Steinen [vgl. Dest07]. Durch die Verwertung der Abfälle insbesondere des Ausbruchs, anfallender Schlammmassen sowie des Straßenkehrichts [vgl. FGSV03 S.11ff] kann es infolge eingesparter Ressourcen auch zu positiven ökonomischen Effekten kommen. Ideal ist eine ortsnahe, direkte und hochwertige Verwertung, jedoch sind in den meisten Fällen Kompromisse einzugehen.

Ausbruch entsteht vor allem durch den betriebsbedingt benötigten Hohlraum für Tunnel und zugehörige Anlagen [vgl. 2.2.2]. Dies kann auch durch Komfortkriterien wie z.B. zur Vermeidung von Druckschwankungen im Zug beeinflusst werden [vgl. WABB91].

Die Ausbruchmenge hängt auch von der Konstruktion ab [vgl. 2.2.3]. Bei einer Innenschale aus Stahlbeton (Innendurchmesser 11m) erfordert bspw. die Bewehrungsüberdeckung (>5cm) unter Verwendung der Werte in [DAUB01], [DBAG06] und [Bild 2.11] knapp 2m³/lfm zusätzlichen Ausbruch und >65€/lfm Zusatzkosten für Vortrieb und Entsorgung.

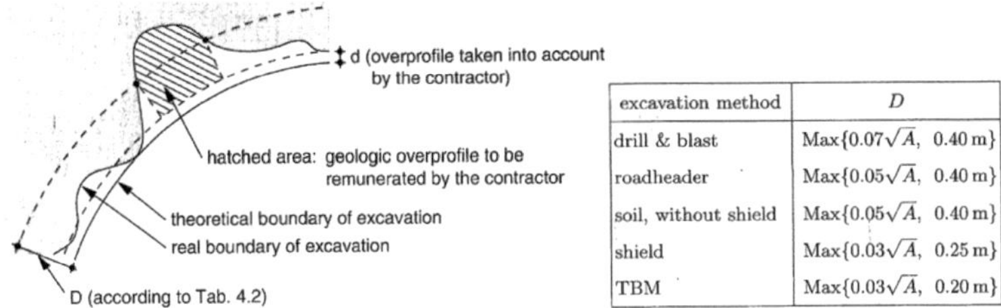

excavation method	D
drill & blast	$\text{Max}\{0.07\sqrt{A},\ 0.40\,\text{m}\}$
roadheader	$\text{Max}\{0.05\sqrt{A},\ 0.40\,\text{m}\}$
soil, without shield	$\text{Max}\{0.05\sqrt{A},\ 0.40\,\text{m}\}$
shield	$\text{Max}\{0.03\sqrt{A},\ 0.25\,\text{m}\}$
TBM	$\text{Max}\{0.03\sqrt{A},\ 0.20\,\text{m}\}$

Bild 2.13:   *Mehrausbruch nach SIA 198 [Koly05 S. 127 mod.]*

Verfahrensbedingt kommt es zu weiterem Mehrausbruch, der je nach Vortriebsverfahren, Qualität der Vortriebsarbeiten und Gebirge unterschiedlich hoch ausfällt [Bild 2.13]. Durch die vortriebsbedingte Querschnittsform, z.B. Hufeisen bei konventionellem und Kreis bei maschinellem Vortrieb erhöhen sich die Ausbruchmassen bis zu 25% (beim Baulos Raron [Bild 2.14] etwa 6% [Bert03 S.13f]). Gebirgsbedingter Nachbruch und in Extremfällen auch Tagbrüche führen zu weiteren Übermassen [vgl. Stall06].

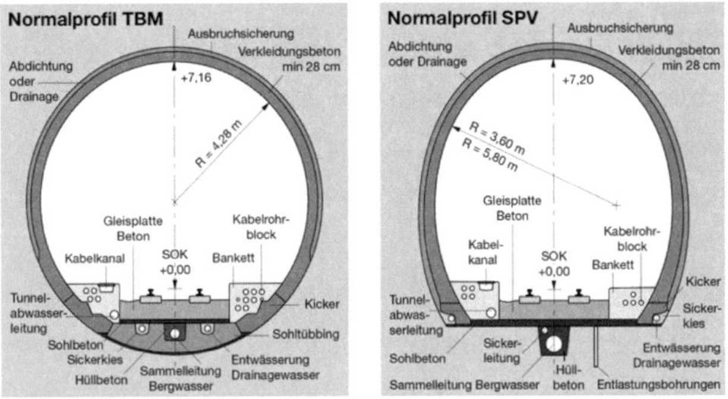

Bild 2.14:   *Profile für TBM und SPV (Baulos Raron) [Rade05 S.14]*

Im Regelfall handelt es sich beim Ausbruch um natürliches, unbelastetes Gestein oder Boden. Regional können geogene Belastungen (Arsen, Asbest, Schwermetalle...) oder industrielle Kontaminierungen auftreten. Anthropogene Verunreinigungen, z.B. durch Spritzbetonrückprall, Nitrit, Tenside, Bentonit, Dichtungsfett und Kohlenwasserstoffe, entstehen allerdings grundsätzlich bei den Vortriebsarbeiten [vgl. auch 2.2.1], wobei die Art und der Umfang system- und ausführungsabhängig sind. Viele dieser baubedingten Belastungen können an der Quelle reduziert bzw. separiert werden, was jedoch meist zu Zusatzkosten und/oder einer verminderten Vortriebsleistung führt. Je nach Belastungsgrad bestehen verschiedene Restriktionen für die Verwertung, die bspw. über die Einbauklassen in [LAGA M20] geregelt sind. In dieser Regelung gilt Ausbruch mit mineralischen Fremdbestandteilen (z. B. Spritzbeton) < 10Vol.-%. noch als Bodenmaterial mit den in [Bild 2.15] dargestellten Verwertungsmöglichkeiten. Der Belastungsgrad hängt von der geforderten Separierung ab, die vom fast vollständigen Auffangen des Spritzbetonrückpralls bis zur Vermischung mit dem gesamten Ausbruch reichen kann.

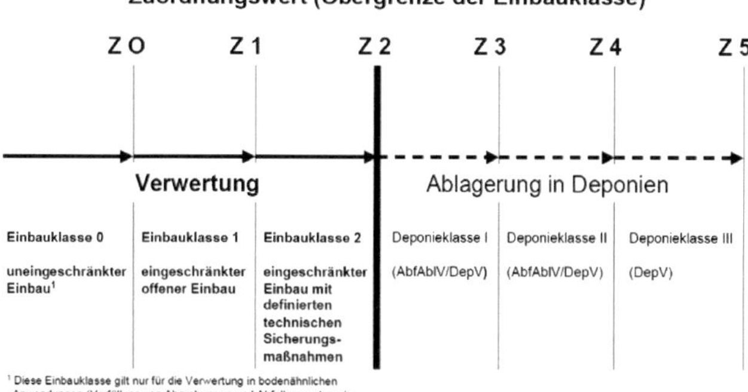

Bild 2.15:   *Darstellung der Einbauklassen nach [LAGA M20 S.14]*

Neben der Verwendung als Erdbaustoff (Massenschüttgut) im Straßenbau, zur Deponieabdeckung oder zur Verfüllung von Abgrabungen (Kies- und Tongruben) kann geeigneter Ausbruch auch hochwertiger als Baustoffersatz (z.B. Betonzuschlag) oder Rohstoff (z.B. Kalkstein) verwendet werden [vgl. HaWo92 S.38ff]. Vor allem die hochwertigen Verwertungsmöglichkeiten fördern die Ressourcenschonung. Die ökologischen und ggf. ökonomischen Vorteile werden wesentlich von der Wirtschaftlichkeit, d.h. Ressourcenkosten bzw. Weiterverkaufswert und dem Aufwand für die Verwertung bestimmt [vgl. LUBW99 S.12ff]. Daher sollten frühzeitig bei der Gesamttrassenauswahl auch Untersuchungen zum Massenausgleich und zur zeitlichen Bedarfsprognose vorgenommen werden, um unnötigen Aufwand zu vermeiden.

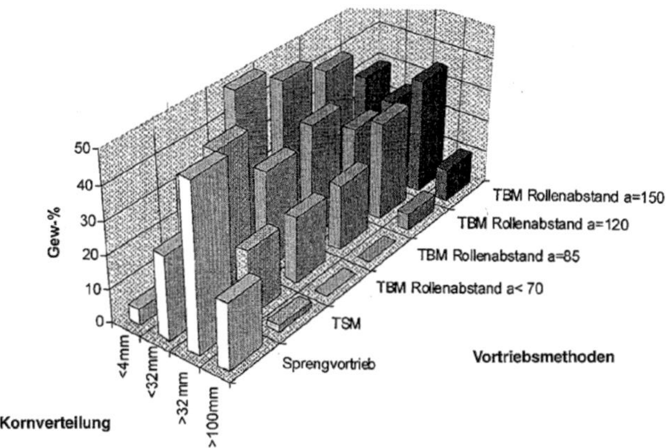

Bild 2.16:   *Korngrößenverteilung Vortriebsverfahren [Girm08 S. 443]*

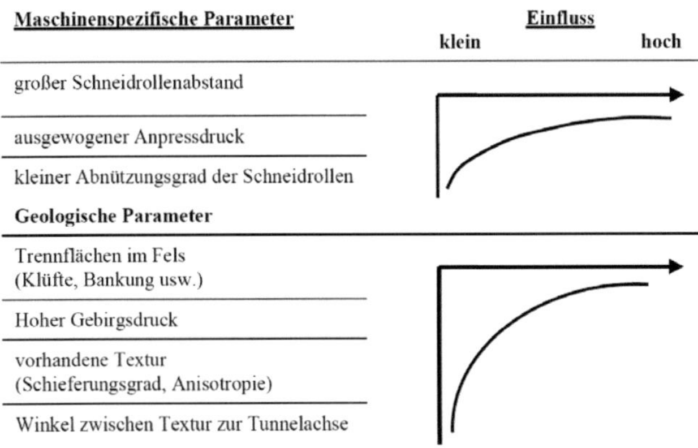

Bild 2.17:   *Weiterverwertbarkeit von TBM-Ausbruch [Thal97 S.26]*

Die Verwertung des Ausbruchmaterials als Spritzbeton- oder Ortbetonzu-
schlag wurde im Zuge der Tunnelgroßbaustellen der Alptransit-Trassen gefordert und eingehend untersucht [vgl. Thal96]. Hierbei wurde festgestellt,
dass neben dem Gebirgseigenschaften (Petrografie) auch das gewählte
Bauverfahren einen wesentlichen Einfluss auf die Verwertbarkeit hat.
Unterschiede der einzelnen Vortriebsverfahren bzgl. der Ausbrucheigenschaften sowie die beeinflussenden Faktoren sind in [Bild 2.16] und [Bild
2.17] dargestellt. Aufgrund der erhöhten feinkörnigen und plattigen
Anteile des TBM-Ausbruchs ist dieser im Vergleich zum Sprengausbruch
weniger geeignet, kann jedoch mit erhöhten Aufbereitungsaufwand verwendet werden [Thal97 S.32f; AeSe03 S.26]. Bei geeignetem Gebirge können so nach [Thal95 S.25] bis zu 80 % des Ausbruchmaterials zu Betonzuschlag aufbereitet werden. Die bisherigen Großprojekte Lötschberg-
Basistunnel und Gotthard-Basistunnel erreichten Verwertungsquoten von
22% und 58% [TTFC07 S.6; Bild 2.19].

Bild 2.18:   Planungsaufgabe Materialbewirtschaftung [ZbHi95 S. 1081]

Es bedarf einer zweckdienlichen Materialbewirtschaftung und Abstimmung
mit anderen Planungsaufgaben, um den Ausbruch verwerten zu können
[Bild 2.18]. Die ersten Untersuchungen sind anfänglich von Annahmen
zum Ausgangsmaterial und den möglichen Rahmenbedingungen abhängig
und werden im Prozessfortschritt konkretisiert. Daneben beeinflussen die
Verwertungskosten und die genehmigungsproblematischen ökologischen
Aspekte wie Flächenbedarf und Transporte die Wahl bzw. Umsetzbarkeit
der Ausbruchverwertung [vgl. LUBW99 S.20ff]. Unvermeidliche geolo-

gische Unsicherheiten wie z.B. innerhalb von Ausbruchquerschnitten nicht
unübliche Petrographiewechsel sowie vortriebsbedingte Verunreinigungen
erfordern kontinuierliche Untersuchungen, um die Parameter für die vorgesehene Verwertung einzuhalten [vgl. Thal97 S.26ff].

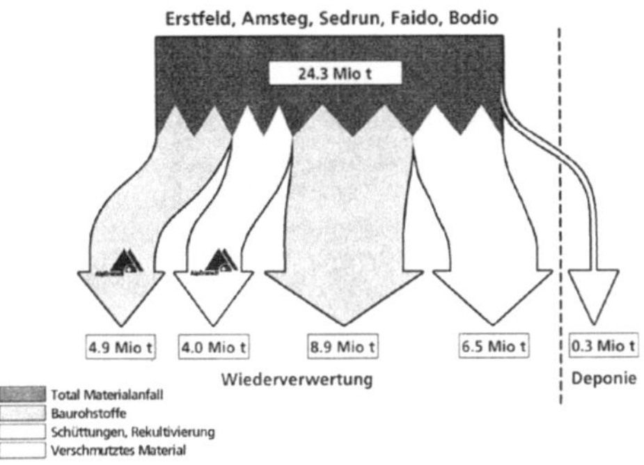

Bild 2.19:   Ausbruchverwertung am Gotthard-Basistunnel [ZbHi95 S.1081]

Die bei einer Aufbereitung des Ausbruchs anfallenden Schlammmengen
aus der Abwasserreinigungsanlage können als Deponieabdichtung oder
Mehlkornersatz bei der Zementherstellung und in der Ziegelindustrie
verwertet werden. Dabei beeinflussen mögliche Verunreinigungen bspw.
mit Kohlenwasserstoffen, Nitrit und Chromat die Verwertungsmöglichkeiten [Ursachen vgl. 2.2.1]. Daher sind [vgl. ScHR06] die strikte Trennung
der Schlämme nach Herkunft und Belastung, eine optimale Entwässerung
und konsequente Beprobung wesentliche Anforderungen an die Baustelle.

Bild 2.20:   ökologische Aspekte, Ursachen, Auswirkungen (Restmassen)

2.2.5 Flächenbedarf

Flächen werden temporär während der Erstellung für die Baustellenein-richtung, Ausbruchzwischenlagerung, Baugruben und Transportwege in Anspruch genommen. Der Umfang hängt dabei von den örtlichen Gegebenheiten, dem gewählten Vortriebsverfahren, der Art der Ausbruchbewirtschaftung, dem zeitlichen Ablauf und der Größe des Bauvorhabens ab [vgl. Gehb00a S.8]. Dauerhafter Bedarf besteht hingegen bei Endablagerungen des Ausbruchs, anlagenbedingt für Einschnittbereiche an den Portalen und abhängig von den Tunneleigenschaften auch für Betriebsgebäude, Lüftungsanlagen, Rettungsplätze und Zufahrten.

Durch die veränderte Flächennutzung bei vorübergehender Inanspruchnahme während der Bauzeit bzw. bei der dauerhaften Nutzung kann es zu Bodenverunreinigungen, Bodenverdichtungen und Versiegelungen sowie Beeinträchtigungen von Landschaftsbild, menschlichen Nutzungen (z.B. Infrastruktur, Baugebiete, Land- und Forstwirtschaft), Flora (z.B. Rodungen) und Fauna (Wechselbeziehungen) kommen. Die Art und Bedeutung dieser Auswirkungen hängt von der Nutzungsart und den vorhandenen bzw. zukünftigen Gegebenheiten ab. Für die ökologische Bewertung gibt es dabei verschiedene Ansätze, bspw. [UMBW95] für die Leistungsfähigkeit von Böden oder [KV2005] für verschiedene Flächenarten.

Flächeninanspruchnahmen müssen genehmigt werden. Im Genehmigungsbescheid können Verbote der Inanspruchnahme oder Auflagen wie Schutzmaßnahmen, separater Oberbodenabtrag, Zwischenlagerung und Pflege, Rekultivierungs- und Wiederherstellungsmaßnahmen bis hin zu Ausgleich- und Ersatzmaßnahmen eines Landschaftspflegerischen Begleitplans (LBP) ausgesprochen werden. Neben den direkt zuordenbaren Kosten für Schutzmaßnahmen, Zusatzarbeiten und Flächenerwerb können infolge beengter Verhältnisse oder ungeeigneter Flächen durch so genannte Restflächenverwertungen die Kosten der Erstellung ansteigen. Zusätzlich kann es zu Störungen des Bauablaufs (Verzögerungen) kommen, wenn benötigte Flächen noch nicht genehmigt sind oder erforderliche Rodungen temporär

(Brutzeit) nicht vorgenommen werden dürfen. In sensiblen Gebieten kann es zu weiteren Kosten durch eine zusätzliche ökologische Baubegleitung kommen, die die Einhaltung der Auflagen kontrolliert und zur Abwehr von weitergehenden ökologischen Auswirkungen die Bauüberwachung berät [Sche97]. Letztendlich dürfen auch die Unterhaltungskosten von LBP-Maßnahmen während der Betriebsphase nicht außer Acht gelassen werden.

Die Wertigkeit der zur Verfügung stehenden Flächen wird durch die Lage des Tunnels und die vorhandenen Gegebenheiten bestimmt. Der Umfang der erforderlichen Flächen kann dagegen in großen Teilen bei der Planung und während der Bauausführung gesteuert werden. Der Flächenbedarf ist dabei vor allem abhängig von der Vortriebstechnik und -geschwindigkeit [vgl. Mitr07 S.65ff], die die Größe der erforderlichen Lagerflächen für Baustoffe bzw. Bauteile und die Versorgungsart (Vorhaltung oder Just in time) bestimmen. Die benötigten Anlagen (z.B. Betonwerk) hängen dagegen von der gewählten Versorgungsart und den vorhandenen lokalen Möglichkeiten ab. Großen Flächenbedarf benötigt häufig die Ausbruchbewirtschaftung. Bei direktem Abtransport sind nur geringe Zwischenlagerungsflächen notwendig, bzw. weitere Flächen für den direkt zu verwertenden Anteil, die bspw. durch steilere Böschungen reduziert werden können.

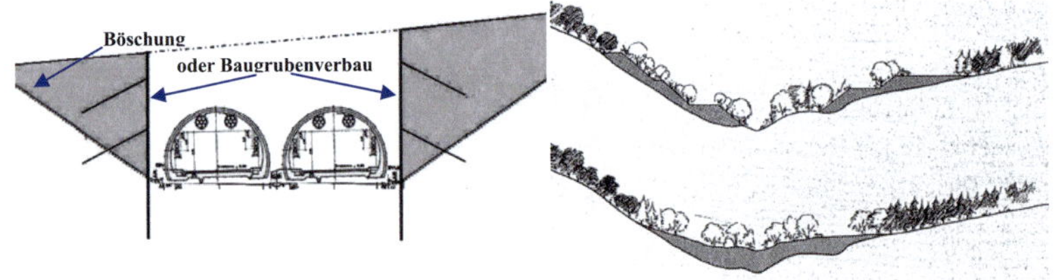

Bild 2.21:   Endablagerungskonzepte für Ausbruchmaterial [Gälz96 S.17]

Bild 2.22:   Flächenbedarf bei Baugruben und Tunneleinschnitten

Endablagerungen verursachen je nach Ausführung unschiedlichen Flächenbedarf, Auswirkungen auf das Landschaftsbild und Transportkapazitäten [vgl. Gälz96, Bild 2.21]. Oft wird in der Planungsphase eine Variante festgelegt und somit für die Ausführung verbindlich.

Portalbereiche erfordern im Allgemeinen Böschungseinschnitte. Die notwendigen Flächeninanspruchnahmen hierzu können z.B. durch steilere Böschungen, Baugrubenverbau [Bild 2.22] oder Reduzierung der erforderlichen Baugruben für die Vortriebsarbeiten durch innovative Lösungen (z.B. fliegende Schildanfahrt in [vgl. DoKB07 S.81]) reduziert werden.

Weiterhin kann [vgl. KV2005] durch die Überlagerung von vorübergehenden und permanenten Flächeninanspruchnahmen die Gesamtinanspruchnahme reduziert und die ökologischen sowie ökonomischen Folgen durch Verkürzung der Beanspruchungsdauer, Schonung während der Inanspruchnahme und Wiederherstellung des Ausgangszustandes vermieden werden.

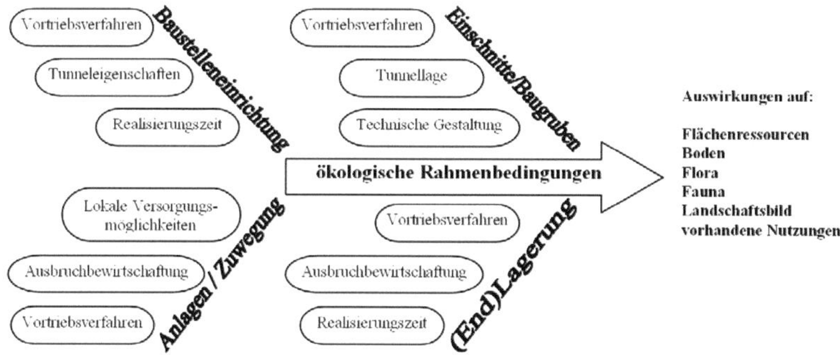

Bild 2.23:   ökologische Aspekte, Ursachen, Auswirkungen (Flächen)

2.2.6   Schall und Erschütterungen

Schall und Erschütterung gehören zu den Emissionen, die nach Art, Ausmaß und Dauer Gefahren, erhebliche Nachteile und/oder erhebliche Belästigungen für die Allgemeinheit oder die Nachbarschaft verursachen können [vgl. BImSchG].

Direkte Schallemissionen und sekundärer Luftschall (Körperschall) wirken sich auf die Kommunikationsmöglichkeiten und das Wohlbefinden der Mitarbeiter und Anwohner sowie die Fauna aus. Gesundheitliche Schäden und Kosten [vgl. MüHo03] sowie ökologische Veränderungen wie Brutrückgang und Abwanderung bei Vögeln können entstehen [vgl. BuEn99a

S.26ff]. Erschütterungsimmissionen können Bodenumlagerungen mit Oberflächenbeeinflussungen (Setzungen, Rutschungen…), Schäden durch Risse und Strukturversagen an Denkmälern und anderen baulichen Anlagen oder Beeinträchtigungen von besonderen Nutzungen (empfindliche technische Geräte und Einrichtungen) erzeugen [Fend07 S.785ff].

Bei vorhandener Bebauung oder in ökologisch sensiblen Gebieten finden Schall und Erschütterungen besondere Beachtung und führen zu zahlreichen Auflagen mit ökonomischen Auswirkungen durch zusätzliche Schutzmaßnahmen, die Investitionen, Beeinträchtigungen des Ablaufs oder administrativen Aufwand nach sich ziehen.

Schall und Erschütterungen haben während der Bauphase oft ähnliche Quellen. Baustelleneinrichtungen, Erd- und Rammgeräte im Zuge der Baugrubenerstellung sowie Materialbewirtschaftungsmaschinen sind die Hauptverursacher, jedoch sind auch eher unscheinbare Emittenten wie Kühlanlagen der Wasseraufbereitungsanlage zu beachten [vgl. Hage05]. Die optimierte Gestaltung der BE-Fläche (Abschirmungseffekte), Auswahl von schonenden Techniken (z.B. Einpressungen von Rammgut), gut gewartete Maschinen und optimierte Ausführung sind hierbei relativ einfache Möglichkeiten zur Minimierung der Emissionen [vgl. AVV Baulärm].

Bild 2.24: Einflussparameter auf Sprengauswirkungen

Da der Vortrieb mit Baggern, Teilschnittmaschinen oder Tunnelvortriebsmaschinen relativ schall- und erschütterungsarm ist, steht bei den Vortriebsarbeiten der Sprengvortrieb (SPV) im Fokus. Immissionsstärke, Ausbreitung und Frequenz einer Sprengung werden durch die Lademenge, Sprengfolge und die örtlichen geologischen Verhältnisse stark beeinflusst, nehmen jedoch mit der Entfernung ab [vgl. DIN 4150]. Durch die Reduzierung der Sprengstoffmenge pro Zündstufe, die Erhöhung der Zündstufenzahl, Reduzierung der Abschlaglänge und Unterteilung des Querschnittes kann die Emission stark beeinflusst werden. Des Weiteren bestehen mit dem Ausbruch eines Pilotstollens, „schonendem Sprengen" oder mechanischen Ausbruchverfahren weitere wirkungsvolle Möglichkeiten zur Herabsetzung der Emissionsstärke [vgl. Maid04a, S.204ff, 262].

Durch das Lösen des Gesteins mit den Schneidwerkzeugen von TVM werden kontinuierlich Erschütterungen und Schall auf das Gestein übertragen und durch die Bohrkopfdrehfrequenz und Vorschubkräfte beeinflusst. Die Schwingungsamplituden sind wesentlich geringer als bei Sprengungen, dafür permanent während einer Unterfahrung vorhanden [vgl. Mitr07 S.120ff]. Aus diesem Grund werden für die einzelnen Vortriebsverfahren unterschiedliche Grenzwerte gefordert [vgl. Bild 2.25].

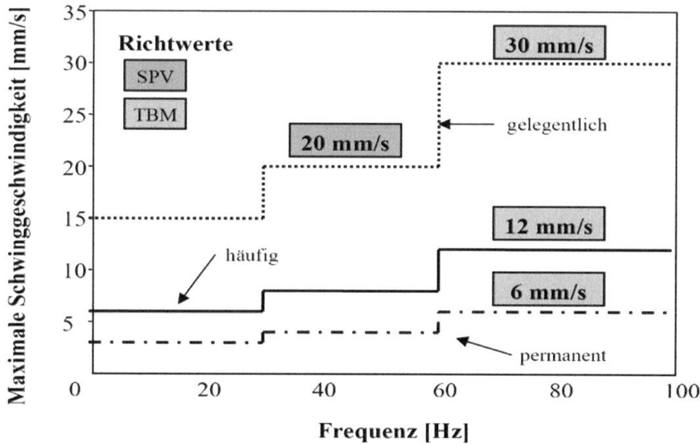

Bild 2.25:   Grenzwerte für Erschütterungen nach SN 640 312a [IGBT04 mod.]

Von Transporten können ebenfalls erhebliche Belastungen ausgehen. Vor allem der LKW-Transport löst hohe Schallemissionen und Erschütterungen bei welliger oder unebener Fahrbahn aus. Sind Transporte durch sensible Gebiete geplant, werden diese in der Regel durch Auflagen stark reglementiert. Neben der Festlegung alternativer Transportsysteme vorzugsweise

Band, Bahn und Binnenschiff [vgl. TTFC07] können auch belastungsärmere Transportrouten und temporäre Lärmschutzwände bzw. Einhausungen vorgeschrieben werden. Die Emissionen können durch bituminös befestigte, ebene Oberflächen, geringe Steigungen, kontinuierliche Fahrbahnunterhaltung, Reduzierung der Geschwindigkeit und regelmäßige Wartung der Transportmaschinen stark vermindert werden. Auch für die Schutterung innerhalb des Tunnels und die Materialtransporte gilt das vorgenannte, wobei der Band- dem Rad- und Gleistransport vorzuziehen ist.

Lärm und Erschütterungen werden subjektiv wahrgenommen. Nach einer Toleranzzeit kann sich eine emotionale Abwehrhaltung aufbauen. Daher ist es unerlässlich, durch eine frühzeitige und gute Informationskultur und Kommunikation mit den Betroffenen Verständnis für die Maßnahmen zu entwickeln. Da temporäre und niedrigere Belästigungen eher toleriert werden, ist eine Verminderung durch die Beschränkung der Arbeitszeiten, zusätzliche Maßnahmen wie Einhausungen sowie Abschirmungen und Verkürzung der Bauzeit ratsam [vgl. Hill02]. Eine weitere Möglichkeit ist die vorübergehende „Umsiedlung" von Betroffenen, die z.B. den Anwohnern beim Bau des Brisbane Tunnels angeboten wurde [vgl. CNNB08].

Zur Überwachung und Vermeidung von schädlichen Auswirkungen während der Bauzeit werden immer häufiger Systeme eingesetzt, die Kosten in Millionenhöhe verursachen können [vgl. GLMG07; Thal00]. Neben dem Nachweis der Einhaltung von Vorgaben/Vorschriften ermöglicht eine lückenlose Dokumentation ungerechtfertigte Unterlassungsklagen und mögliche Bauunterbrechungen zu vermeiden.

Während des Betriebs (Nutzung) können Emissionen nicht nur im Portalbereich auftreten, sondern auch zu Störungen an der Oberfläche über der Tunneltrasse führen [Bild 2.26]. Mit spürbaren Erschütterungen ist bei offenen Strecken bis zu einer Entfernung von 200m [vgl. VDI 3837] zu rechnen. Bei Tunneln beeinflussen die Überdeckung (Tunnel bis Fundamente), die Tunnelkonstruktion und das Gebirge die Ausbreitungen [vgl. Fend07 S.785ff]. Bei Bahntunneln sind Erschütterungen durch das Rad-

Schiene System (Unwucht Räder, Abweichungen Schienenlage, Fahrweg-
steifigkeit) häufiger als bei Straßentunneln anzutreffen [vgl. DIN 4150].

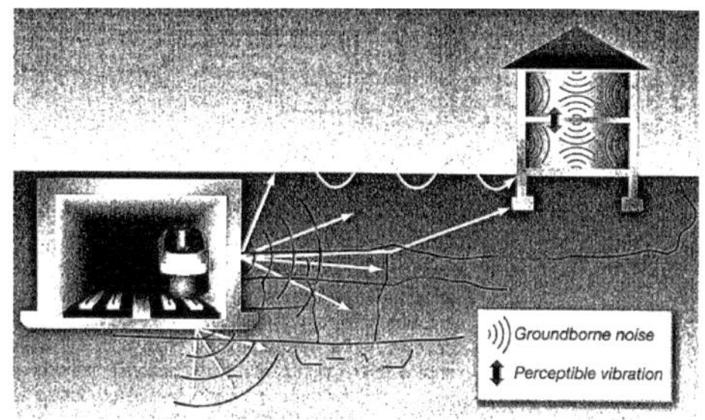

Bild 2.26:   Schall und Vibrationen durch den Tunnelbetrieb [Hill02 S. 31]

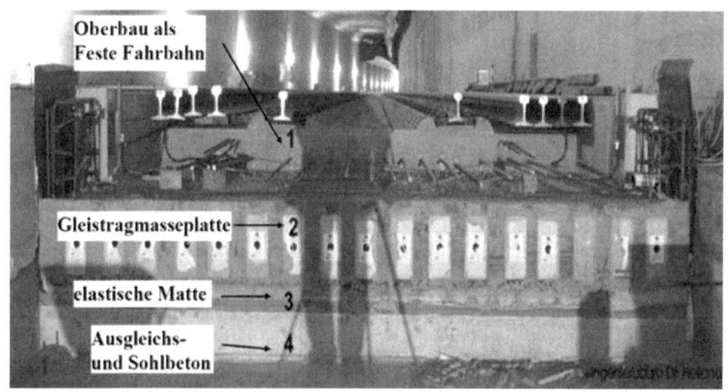

Bild 2.27:   leichtes MFS [Ing.-Büro Dr. Heiland in Fend07 S.809 mod.]

Notwendige Schutzmaßnahmen sind immer Einzelfalllösungen, wobei
Maßnahmen an den Transportmitteln von den Vorhabenträgern nur sehr
bedingt beeinflusst, Lärmschutzwände, Masse-Feder-Systeme (MFS) [Bild
2.27] oder das besonders überwachte Gleis (BüG) jedoch gefordert werden
können [vgl. Fend07 S.806ff]. Masse-Feder-Systeme bilden dabei für den
Erschütterungsschutz durch die Entkopplung von Verkehrsweg und Tunnelkonstruktion nach dem derzeitigen SdT die maximal möglichen Maßnahmen, sind jedoch gleichzeitig auch die aufwändigsten und führen durch
den zusätzlichen Raumbedarf im Regelquerschnitt zu Mehrausbruch, erhöhtem Ressourcenverbrauch und steigenden Realisierungskosten [vgl.
LeSS07; MaPP07].

Ansätze zur Abschätzung von Erschütterung und Schall befinden sich in [Anhang 4 / 5]. Gesamtlärmbetrachtungen bei Baustellen in Verbindung mit anderen vorhandenen Emittenten werden bisher nicht vorgenommen. Standardisierte Verfahren fehlen hierfür [vgl. Dold00]. Überblicke über Maßnahmen während der Bau- und Betriebsphase und über resultierende Kosten finden sich in [DARTS04c S.58ff] und [AVV Baulärm].

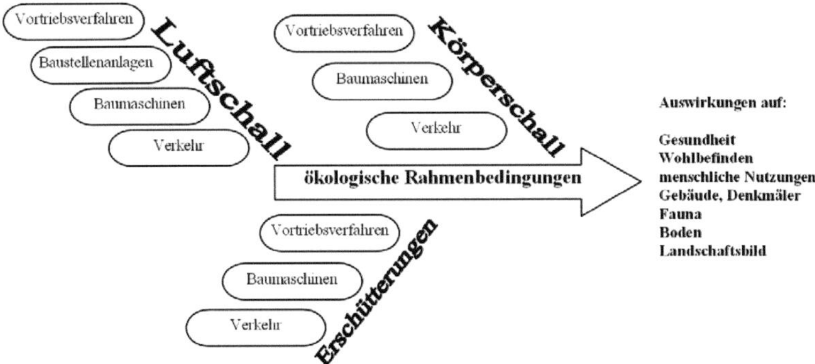

Bild 2.28:   ökologische Aspekte, Ursachen, Auswirkungen (Schall/Erschütterung)

2.3   Lebenszyklusphasen bei Tunnelprojekten

Bevor es zum Bau und Betrieb eines Tunnels und den damit einhergehenden ökologischen und ökonomischen Auswirkungen kommt, durchläuft das Projekt mit dem Gesamtinfrastrukturvorhaben die nachfolgend idealisiert beschriebenen Projektphasen [Übersicht in Anhang 6]. Das Gewicht der ökonomischen Aspekte überwiegt dabei in den meisten Phasen i.d.R. die ökologischen Betrachtungen. Lediglich bei der Projektzulassung, die die ökologischen Auswirkungen in den Mittelpunkt stellt, spielen die ökonomischen Belange eine sehr untergeordnete Rolle. Vorwiegend beziehen sich die Ausführungen auf Bundesfernstraßenmaßnahmen, können dem Prinzip nach jedoch auch auf Schienenwege übertragen werden. Abweichend von den hier zeitlich klar getrennt dargestellten Planungsstufen sind in der Praxis Auslassungen und/oder parallele Bearbeitungen aufeinander folgender Stufen die Regel.

2.3.1 Bedarfsplanung

Zu Beginn einer Maßnahme steht der Verbindungsbedarf zwischen zwei Punkten. Die Prüfung der Umsetzungsmöglichkeiten erfolgt bspw. im Zuge des Bundesverkehrswegeplans (BVWP), in dem verschiedene Verkehrsträger betrachtet und neben einer Kosten-Nutzen-Analyse (KNA) sowie einer Raumwirksamkeitsanalyse (RWA) auch eine Umweltrisikoeinschätzung zu erstellen ist [vgl. BMVBW03]. Dabei ist seit 2005 eine Umweltverträglichkeitsprüfung über den Plan (SUP) erforderlich und eine FFH-Verträglichkeitsprüfung (FFH-VP), wenn Natura 2000-Gebiete betroffen sein können.

Der BVWP stellt vorwiegend einen Investitionsrahmenplan für die begrenzten Investitionsmittel dar und legt die Reihenfolge der Projekte nach Weiterverfolgungswürdigkeit (Dringlichkeit) aufgrund der Ergebnisse der Wirtschaftlichkeitsuntersuchungen (grobe Projektkosten) und unter Berücksichtigung der mutmaßlichen Auswirkungen auf die UVP-Schutzgüter fest. Werden erhebliche Auswirkungen erkannt, können zudem Planungsempfehlungen für die weiteren Planungsphasen gegeben werden.

Durch die Aufnahme in das Fernstraßenausbaugesetz [FStrAbG] wird der Bedarf des Projektes gesetzlich festgestellt und nur noch in besonderen Fällen bei der späteren Vorhabenzulassung hinterfragt. In dieser Phase werden keine verbindlichen Aussagen über die Finanzierung, den Zeitpunkt der Realisierung, den Trassenverlauf einzelner Maßnahmen oder abschließende Entscheidungen über die Zulässigkeit getroffen. Erst bei der Linienbestimmung und Planfeststellung werden eingehendere Untersuchungen veranlasst, die einzelne ökologische Belange vertieft in die Abwägung einfließen lassen, um die umweltverträglichste Trassenvariante zu bestimmen. Falls unüberwindbare Probleme auftreten, muss vom Vorhaben abgesehen werden [vgl. FüSc08 S.125ff, BuEn99b S.3ff, HNL S-99 S. 6ff].

2.3.2 Vorplanung

Die Vorplanungsphase dient der Linienfindung, die bei raumbedeutsamen Projekten i.d.R. im Rahmen eines Raumordnungsverfahrens (ROV) erfolgt.

Der Untersuchungsraum wird festgelegt und basierend auf einer Raumempfindlichkeitsuntersuchung (Ermittlung, Beschreibung und Bewertung der Schutzgüter), dem ersten Schritt der Umweltverträglichkeitsstudie (UVS) (gemäß dem „Merkblatt zur Umweltverträglichkeitsstudie in der Straßenplanung" [MUVS]) aus Umweltsicht konfliktarme Korridore bestimmt. Innerhalb dieser Korridore entwerfen Straßenplaner verkehrsgünstige Varianten, die den zuvor bestimmten Entwurfs- und Betriebsmerkmalen (Verkehrsaufkommen, Geschwindigkeit, Verkehrsart) genügen müssen. Die Varianten unterscheiden sich in ihrer Trassenlage, dem Höhen- und Lageplan (Troglagen, Radien, Steigungen) sowie der Querschnittsgestaltung und grundsätzlichen Abmessungen von Ingenieurbauwerken [vgl. Bild 2.29]. Im Rahmen einer Voruntersuchung wird die generelle geotechnische und wirtschaftliche Durchführbarkeit geklärt.

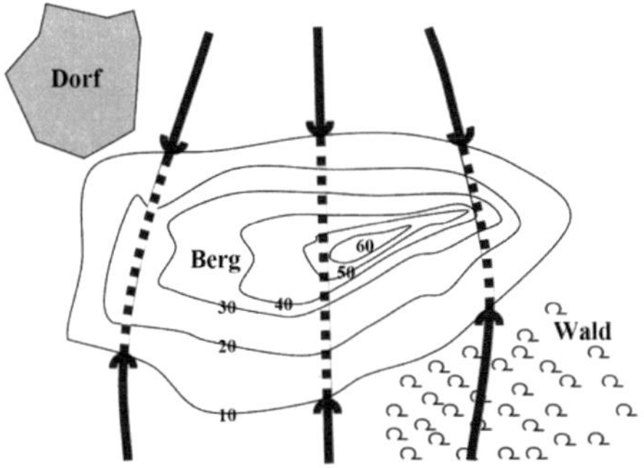

Bild 2.29:   mögliche Tunneltrassen

Im zweiten Schritt der UVS [vgl. Bild 2.30] erfolgt ein Variantenvergleich der anlagen-, bau- und betriebsbedingten Auswirkungen anhand des aktuellen Zustandes der UVP-Schützgüter. Unter Berücksichtigung der prognostizierten Verkehrszahlen werden Lärm- und Schadstoffuntersuchung und grobe Angaben zu den Bauwerken, der Bautechnik sowie dem Lage- und Höhenplan der Varianten ermittelt. Anpassungen der in dieser Phase ermittelten Ausgangs- und Zustandsdaten erfolgen in späteren Projektphasen nur bei offenkundigen, erheblichen Veränderungen.

Parallel zur UVS wird, in Anwendung der „Hinweise zur Berücksichtigung des Naturschutzes und Landschaftspflege beim Bundesfernstraßenbau" (HNL-S 99), die Eingriffsregelung nach §§18f BNatSchG vorbereitet und Möglichkeiten zur Vermeidung von Eingriffen untersucht. Bei möglichen Beeinträchtigungen von Natura 2000-Gebieten ist zudem eine FFH-Verträglichkeitsprüfung (FFH-VP) durchzuführen.

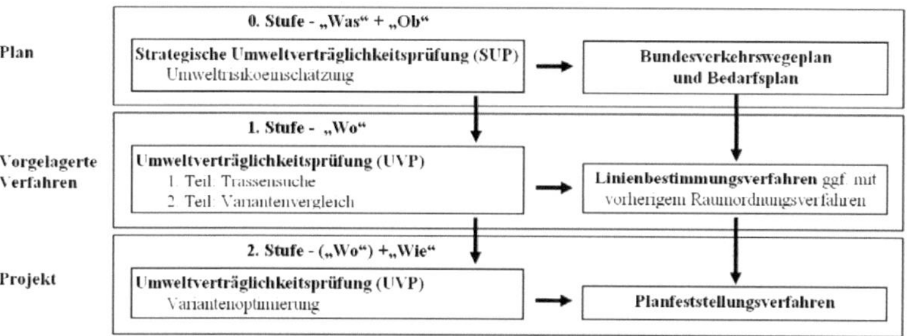

Bild 2.30:   Umweltverträglichkeitsprüfung [FüSc08 S.113; KöPW04 S.183mod.]

Ausgehend von einer Vorzugsvariante wird eine Linienvariante unter verkehrlichen, bautechnischen, wirtschaftlichen, raumordnerischen und umweltbezogenen Gesichtspunkten in einem Linienbestimmungsverfahren nach §16 FStrG festgelegt. Die Umweltverträglichkeit ist dabei in einer UVP nach UVPG zu prüfen, in die alle ernsthaft in Betracht kommenden Varianten, darunter ggf. auch die „Nullvariante", d.h. der Ausbau des Bestandes, nach dem Stand der Planung einzubeziehen sind. Auf diesen Schritt kann bei einer vorliegenden, ausreichend detaillierten UVP aus einem Raumordnungsverfahren verzichtet werden [vgl. FüSc08 S.125ff; BuEn99b S.3ff; RAA08].

2.3.3 Entwurfsplanung

Nachdem die Variantendiskussion mit der Linienbestimmung abgeschlossen und der grundsätzliche Verlauf der Linie mit den wesentlichen Merkmalen des geplanten Verkehrs festlegt ist, wird in der Entwurfsplanung (RE-Entwurf) die Vorzugsvariante unter Anwendung der technischen

Regelwerke [z.B. RAA08, RAS] konkretisiert. Die Kriterien Umsetzbarkeit, Genehmigungsfähigkeit und Wirtschaftlichkeit werden besonders beachtet und mit Hilfe der „Richtlinien für die Gestaltung von einheitlichen Entwurfsunterlagen im Straßenbau" [RE 85] die technischen Details festgelegt. Hierzu können Untersuchungen, z.B. die geotechnische Hauptuntersuchung nach [DIN 4020] erforderlich werden.

Bei Tunnelstrecken werden u.a. folgende Details geklärt und festgelegt:

- Prüfung planerischer und technischer Alternativen mit dem „Leitfaden für die Planentscheidung Einschnitt oder Tunnel" [BMVBS98]

- genaue Tunnellage und Tunnellänge (Lage der Portale)

- bau- und anlagenbedingter Flächenbedarf

- Tunnelquerschnitt nach dem „Verfahren für die Auswahl von Straßenquerschnitten in Tunneln" [vgl. BrLe00]

- Ausstattung (Lüftung, Beleuchtung, Rettungskonzept) nach [RABT]

- Bergwasserdrainage oder Tunnelabdichtung [vgl. Eich00 S.313ff]

- Ausbruchverwertung und Transportkonzept [vgl. LUBW99]

- Einleitstellen für anfallendes Wasser aus Bau und Betrieb

Für die technischen Planungen und Auswirkungsbetrachtungen sind der Grobbauablauf und das Vortriebskonzept zu bestimmen. Dabei kann im Zuge der Entwurfsplanung die Trasse um wenige hundert Meter verschoben werden, um technische Verbesserungen, Kosteneinsparungen oder neue Belange zu berücksichtigen, wenn örtliche Gegebenheiten (Zwangspunkte) einer Verschiebung nicht entgegenstehen.

Parallel zu den technischen Planungen werden für das nachfolgende Zulassungsverfahren die Auswirkungen auf die UVP-Schutzgüter sowie die Eingriffe in Natur und Landschaft und ggf. vorhandene Natura 2000-Gebieten erfasst. Hierdurch wird einerseits die technische Planung durch Modifizierungen zur Vermeidung von Eingriffen direkt beeinflusst, andererseits werden erforderliche Maßnahmen zur Vermeidung, Verminderung, Ausgleich oder Ersatz während der Realisierungsphase in einem Landschaftspflegerischen Begleitplan (LBP) nach [HNL-S 99; RAS] beschrieben, graphisch dargestellt und in tabellarischer Form den erwarteten Eingriffen vergleichend gegenübergestellt.

Die Methoden zur Bestimmung der erforderlichen Kompensationsmaßnahmen variieren wegen fehlender verbindlicher Vorgaben von Biotopwertverfahren z.B. [KV2005] über Verfahren mit Kompensationsflächenfaktoren bis hin zu verbal-argumentativen Verfahren [vgl. FüSc08 S.485ff]. Sonstige technische Schutzmaßnahmen sind je nach Bedarf auf der Grundlage verschiedenster Richtlinien und Merkblätter zu erarbeiten (Lärmschutzmaßnahmen nach [RLS-90], Amphibienschutz nach [MAmS] und Maßnahmen in Wasserschutzgebieten (WSG) nach [RiStWag]…).

Zum RE-Entwurf wird eine Kostenberechnung nach [AKS 85] erstellt, mit der Kostenschätzung aus der Vorplanungsphase verglichen und der Kostenrahmen für die spätere Veranschlagung im Haushaltsplan bestimmt. Auf Grundlage des RE-Entwurfs und der Kostenberechnung durchläuft das Projekt ein verwaltungsinternes „Haushaltstechnisches Genehmigungsverfahren" (§24 BHO), wobei die zu beteiligenden Stellen von Projektgröße und -kosten abhängen [vgl. ARS 41/01]. Bei kostenmäßiger und fachtechnischer Freigabe kann die Vorhabenzulassung eingeleitet werden. Für die Planungsschritte der Vor- und Entwurfsplanung werden etwa vier Jahre benötigt [RP Tübingen], falls keine außergewöhnlichen Untersuchungen, Störungen und Ressourceneinschränkungen auftreten [vgl. FüSc08 S.125ff; BuEn99b S.3ff; RAA08 S.14ff].

2.3.4 Genehmigungsplanung und Planfeststellungsverfahren

Für die Vorhabenzulassung, die gewöhnlich im Zuge eines Planfeststellungsverfahrens (PlafeV) erfolgt, werden der RE-Entwurf sowie der LBP weiterentwickelt, ergänzt und rechtlich maßgebende Details in ausreichender Genauigkeit dargestellt, so dass letztendlich Art und Umfang aller Betroffenheiten klar erkennbar sind. Die erforderlichen Unterlagen zur Antragstellung [vgl. Anhang 7] sowie das Zulassungsverfahren sind im VwVfG allgemein geregelt und werden im FStrG und den „Richtlinien für die Planfeststellung nach dem Bundesfernstraßengesetz" [PlafeRL07] konkretisiert.

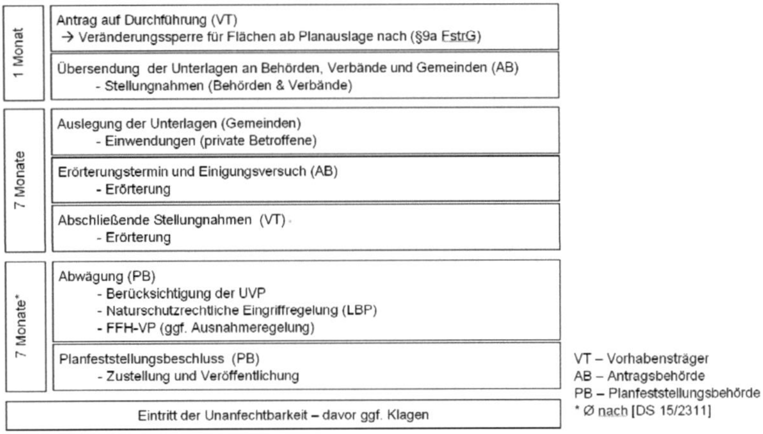

Bild 2.31:   *Planfeststellungsverfahren [FüSc08 S.103; Ziek04 S.10; DS15/2311]*

In dieser Phase muss die Öffentlichkeit (Behörden, Verbände und Betroffene) zwingend beteiligt werden [Bild 2.31], was ggf. auch schon bei einer UVP in der Vorplanung erforderlich war oder bei informellen, vorhergehenden Beteiligungen stattgefunden hat. Art und Umfang der Beteiligungen variieren von der Einhaltung rechtlicher Anforderungen, d.h. der Möglichkeit zur Einsicht und Stellungnahme zu einem fertigen Plan, bis hin zu tatsächlicher Partizipation mit vorhandenen Gestaltungsspielräumen [vgl. FüSc08 S. 161ff]. Wie aus [Tabelle 2.5] ersichtlich sind die Ziele der einzelnen Beteiligten sehr heterogen und können zu Konkurrenzsituationen der unterschiedlichen Ziele führen [vgl. Ziek04 69ff].

Bei veränderten Grundlagen und/oder Einwendungen, bei denen keine einvernehmlichen Lösungen ohne Planabweichungen gefunden werden können und dies absehbar zu einer Zulassungsverweigerung führt, ist eine Antragsänderung nach §17a FStrG erforderlich. Auch bei dem erneuten Verfahren sind die Öffentlichkeit und die Betroffenen zu beteiligen [vgl. Ziek04 S.53ff].

Tabelle 2.5: Beteiligte und deren Ziele über den Projektlebenszyklus

Ziele / Beteiligte	Ökologie	Ökonomie	Technik	Zielbeschreibung
Vorhabenträger	B(X)	XX	XXX	Technisch hochwertige und zuverlässige Infrastruktur, die wirtschaftlich erstellt und betrieben werden kann. Ökologisch verträgliche Umsetzung in Anbetracht der Genehmigungsfähigkeit verfolgt (ggf. auch in begrenztem Umfang aus einem ökologischen Verantwortungsbewusstsein heraus).
Technische Planer und Gutachter	B	XX	XXX	Technisch einwandfreie und wirtschaftliche Planungen (Reputation über Einhaltung der Planungsangaben) - abhängig auch von einer angemessenen Vergütung. Berücksichtigung ökologischer Vorgaben und normativer Bestimmungen.
Umweltplaner und Gutachter	XXX	B	X	Verantwortlich für die ökologische Umsetzung und Einhaltung normativer Bestimmungen. Beteiligung bei der Auswahl geeigneter Lösungen. Ökonomie wird unter dem Gesichtspunkt der Verhältnismäßigkeit berücksichtigt.
Träger - öffentlicher Belange - privater Belange	XXX	B	XX	Vermeidung „eigener" Betroffenheiten stehen im Vordergrund. Zudem Wunsch nach einer hochwertigen und verfügbaren Infrastruktur. Ökonomie wird unter dem Gesichtspunkt der Verhältnismäßigkeit berücksichtigt.
Baufirma	B	XXX	XX	Unternehmensziel ist die wirtschaftliche Realisierung. Technologie und Qualität unterstützen dies und bilden einen Teil des Firmenkapitals. Die Ökologie wird über die Einhaltung von Auflagen und normativen Bestimmungen berücksichtigt.
Betreiber	B	XX	XXX	Verfügbarkeit und Sicherheit der Infrastruktur stehen im Vordergrund. Daneben ist der wirtschaftliche Betrieb ein fast gleichbedeutendes Ziel. Betreiber gehen von einem für die Ökologie verträglichen Betrieb aus, wobei Auflagen und normative Bestimmungen berücksichtigt werden.

XXX – Hauptziel / XX-wesentliches Nebenziel /
X – Nebenziel zur Erreichung des Hauptziels / B – Beachtung

Aufgabe der unparteiischen Planfeststellungsbehörde ist die öffentlichen und privaten Belange im Rahmen der Ermessensentscheidung gegeneinander und untereinander abzuwägen. In die Abwägung fließen neben den

Stellungnahmen und Einwendungen sowie etwaigen Absprachen (Zusagen), auch die Ergebnisse der naturschutzrechtlichen Eingriffsregelung nach §§18ff BNatSchG (LBP), der FFH-VP und der UVP mit ein, die als unselbständige Verfahren in das PlafeV integriert sind.

Die UVP baut auf den Grundlagen und Ergebnissen der vorausgegangenen Stufen (z.B. UVS zur Linie) auf, deren Plausibilität vor Verwendung geprüft werden muss (UVS alle 5 Jahre), und berücksichtigt weitere, in der Entwurfsplanung erstellte Gutachten (z.B. Schall, Luftverunreinigungen). In der Prüfung kann an dieser Stelle nach §15 UVPG eine Beschränkung auf zusätzliche oder andere erhebliche Umweltauswirkungen des Vorhabens erfolgen, wenn bereits während der Linienbestimmung eine UVP 1. Stufe stattgefunden hat [Bild 2.30]. Anders als der LBP (Kompensationspflichten) und die FFH-VP (Zulässigkeit und Auflagen), hat die UVP keine eigene Rechtswirkung nach außen [vgl. BuEn99b S.72ff], sondern den Charakter einer „komplexen gutachterlichen Klärung" (Vorsorgeinstrument), in der die gesetzliche Zulässigkeit unter Anwendung der einschlägigen Fachgesetze geprüft wird und die bei der Entscheidungsfindung zu berücksichtigen ist [FüSc08 S.571]. Gewissheit, ob die Auswirkungen des Projektes für Natur und Umwelt noch verträglich sind, kann die UVP jedoch nicht geben, da u.a. die komplexen Ursachen-Wirkungszusammenhänge naturwissenschaftlich teilweise nicht geklärt sind [FüSc08 S. 263].

Den Abschluss des Genehmigungsprozesses, der auch eine politische Entscheidung darstellt, bildet der Planfeststellungsbeschluss (PFB), der über die Projektzulassung (Duldungswirkung), die Art und Weise der Umsetzung, die Flächeninanspruchnahme sowie alle öffentlich-rechtlichen Beziehungen (Gestaltungswirkung) entscheidet. Der PFB umfasst alle erforderlichen Genehmigungen inkl. der Baugenehmigung (Genehmigungswirkung), so dass es keiner weiteren behördlichen Zustimmung bedarf (Konzentrationswirkung) [vgl. Ziek04 S. 127ff].

Als Folge der Abwägung werden dem Vorhabenträger mit dem PFB gewöhnlich Auflagen erteilt, die dem Schutz von Natur und Umwelt dienen. Vorbehalte nach §74 VwVfG können zu noch nicht entschiedenen, untergeordneten Punkten ausgesprochen werden. Die Entscheidungen werden auf einen späteren Zeitpunkt verschoben und durch ein Planergänzungsverfahren nach §17d FStrG mit dem ursprünglichen Plan zu einer Einheit verschmolzen. Dies kann z.B. für die Ausbruchentsorgung oder Vortriebserschütterungen durch Verpflichtung zu einer gesonderten Bauausführungsgenehmigung anhand der Ausführungsplanungen erfolgen.

Die Bauausführung wird üblicherweise nicht beim PlafeV betrachtet, da die Umweltverträglichkeit durch die Einhaltung entsprechender „Umweltnormen" z.B. Emissionsgrenzwerte bei Baumaschinen als gesichert angesehen wird. Bei Bauausführungen mit planerischer Qualität (z.B. neue Betroffenheiten durch Änderung des Bauverfahrens) erfolgt der Bauausführungsbeschluss im Rahmen eines Planergänzungsverfahrens durch die Planfeststellungsbehörde [vgl. Ziek04 106ff]. Ebenso können Vorbehalte für nachträgliche Schutzmaßnahmen (z.B. Lärmschutz) oder die Art der Umsetzung naturschutzrechtlicher Ausgleichs- und Ersatzmaßnahmen ausgesprochen werden.

Die Planfeststellungsbehörde übernimmt die rechtliche Verantwortung für den PFB und ist bei eventuellen Gerichtsprozessen die Beklagte, der Vorhabenträger wird nur beigeladen. Daher versucht die Behörde alle Konflikte, die zu einer späteren gerichtlichen Entscheidung führen können, im Vorfeld zu klären und durch Auflagen in den Beschluss aufzunehmen. Dabei stehen die wirtschaftlichen Interessen (Projektkosten, Realisierungszeit) des Vorhabenträgers nicht im Vordergrund, da die Kostenberechnung oder Kostenbetrachtung nicht Teil der Genehmigungsplanung oder des PlafeV ist [vgl. Ziek04 S.71]. Lediglich die Verhältnismäßigkeit ist zu beachten. Bis zum PFB herrscht daher für den Vorhabenträger Unsicherheit über Art und Umfang von Auflagen, die gravierende terminliche und finanzielle Auswirkungen haben können [vgl. BuEn99b S.69ff].

Der PFB wird den Betroffenen zugestellt und Inhalte teilw. im Internet veröffentlicht. Durch das Umweltinformationsgesetztes (UIG) ist zukünftig eine Ausweitung der Umweltinformationspflicht zu erwarten [vgl. FüSc08 S.100ff; BuEn99b S.19ff; Ziek04 S.6ff]. Das Eisenbahnbundesamtes (EBA) informiert heute schon tabellarisch über PFB und deren wesentliche Umweltauswirkungen in kurzen Stichworten.

2.3.5 Ausführungsplanung

Bild 2.32:   Projektverlauf Planfeststellung bis Betrieb

Den Abschluss der Planungsphase bildet die Ausführungsplanung, bei der die Auflagen und Regelungen des PFB in die bisherige Planung einzuarbeiten sind. Der Ausführungsplan enthält alle notwendigen Angaben, die für die Ausschreibung und Bauausführung erforderlich sind und umfasst neben den Bauplänen auch einen Bauablaufplan sowie weitere Fachplanungen.

Des Weiteren wird der LBP zum Landschaftspflegerischen Ausführungsplan (LAP) nach [RAS] weiterentwickelt. Der LAP sichert die Umsetzung der Landschaftspflegerischen Kompensationsmaßnahmen z.B. durch die in der Praxis eher seltene Anwendung der Broschüre „Landschaftspflegerische Kompensationsmaßnahmen im Straßenbau" [UMBw99].

Nach Ablauf der Einspruchsfrist bzw. rechtskräftigen Urteilen wird der PFB unanfechtbar, behält nach §17c FStrG für 10 Jahre sein Gültigkeit und darf in der genehmigten Weise und unter weitestgehender Ausblendung veränderter Rahmenbedingungen umgesetzt werden [vgl. Sits08]. Falls innerhalb dieser Frist nicht mit der Umsetzung z.B. durch Projektflächenankauf mit mehr als nur geringfügiger Bedeutung begonnen wird, tritt der

PFB automatisch außer Kraft. Eine Unterbrechung der Planumsetzung nach Beginn der Planverwirklichung bleibt unberücksichtigt. Der Vorhabenträger kann zudem eine Verlängerung um 5 Jahre bei der Planfeststellungsbehörde beantragen. Vor einer Entscheidung ist eine beschränkte Anhörung nach Maßgabe des §17a FStrG durchzuführen. Der materielle Inhalt des bestandskräftigen PFB wird dabei allerdings nicht überprüft [vgl. Ziek04 S.152f; PlafeRL07].

Zu Änderungen des PFB, die nach Möglichkeit mit einem „reparierenden" Planergänzungsverfahren eingebracht werden, kann es durch Vorbehalte, erfolgreiche Klagen, bei erkannten Abwägungsfehlern oder bisher unbekannten erheblichen Beeinträchtigungen, z.B. durch nicht eingetretene Prognosen kommen [vgl. HüHo03].

Ist eine Behebung durch eine Planergänzung nicht möglich, wird ein Planänderungsverfahren nach §76 VwVfG (§17d FStrG) erforderlich, das den PFB in den zu ändernden Teilen aufhebt und die Änderungen feststellt. Bei unwesentlichen Änderungen, die den Umfang und Zweck des Plans nicht verändern, Belange anderer nicht berührt oder zu denen bereits die Zustimmung der Betroffenen vorliegt, kann dies durch ein vereinfachtes Verfahren erfolgen. Dies hängt vom Ermessen der Planfeststellungsbehörde ab, die bei Grenzfällen eher zum förmlichen Verfahren tendiert [vgl. Ziek04 S.153ff; HüHo03]. Die dann durchzuführende UVP konzentriert sich nur auf die Folgen der Änderungen. Auswirkungen von realisierten oder nicht betroffenen Bestandteilen werden auch bei gegenüber früheren Annahmen veränderten ökologischen Rahmenbedingungen nicht betrachtet. Gleiches gilt für den LBP, bei dem allein durch die Vergrößerung der Eingriffe infolge der Änderung auch eine Ergänzung der Kompensationsmaßnahmen erforderlich werden kann [vgl. Sits08].

Daneben können neue Entwicklungen zu einem Planänderungsverfahren führen. Dies wird nur bei großen ökonomischen Vorteilen oder politischen/ rechtlichen Zwängen eröffnet, da die Beteiligten die damit verbundenen Risiken, Kosten und den (Kommunikations-)Aufwand vermeiden wollen.

Ein Beispiel für den ersten Fall wäre der Verzicht auf einen Abluftkamin infolge verminderter Schadstoffemissionen durch neue Abgasnormen. Hierdurch können einerseits höhere Immissionen und damit Betroffenheiten an den Portalen entstehen, andererseits wesentliche Investitions- und Betriebskosten eingespart werden.

Im zweiten Fall ist die neu eingeführte Änderung der „Richtlinien für die Ausstattung und den Betrieb von Straßentunneln [RABT] zu nennen, an deren Umsetzung die Straßenbaubehörden verwaltungsintern gebunden sind (Haftungsfrage) und die bei vielen Tunnelprojekten einen zusätzlichen Rettungsweg fordert.

In der oft langen Zeitspanne zwischen UVS bzw. UVP und Planrealisierung können neue bzw. veränderte ökologische Rahmenbedingungen auftreten. Eine Planänderung ist zurzeit nur bei nachträglich auftretenden, artenschutzrechtlichen Problemen möglich [vgl. BVerwG07]. Diese haben seit kurzem eine besondere Relevanz, wohingegen andere ökologische Veränderungen noch außer Acht gelassen werden, da deren Zustand mit dem PFB „eingefroren" wird (time-Lag Effekt). Eine kontinuierliche Beobachtung und Nachverfolgung von ökologischen Veränderungen im PFB findet nicht statt. Dies wird mit dem hohen wirtschaftlichen und personellen Aufwand sowie durch die bisher nicht transparente Vernetzung der einzelnen Genehmigungsbestandteile (Veränderungsfeindlichkeit) begründet.

Bei Planänderungsverfahren werden in einer neuen UVS ggf. veränderte Rahmenbedingungen erfasst und die zusätzliche Auswirkungen (z.B. geänderte Schadstoffbelastung an den Portalen) auf der neuen Grundlage geprüft, die bereits genehmigten Auswirkungen jedoch nicht erneut bewertet. Gleiches gilt übertragen auch für eine geänderte Rechtslage, da der PFB als Verwaltungsakt in der Praxis Recht schafft, d.h. auch die Rechtsposition und den Rechtsstand ab diesem Zeitpunkt „einfriert" [RP Karlsruhe].

Mit der abgeschlossenen Ausführungsplanung, dem unanfechtbaren PFB und der Finanzierung durch Bereitstellung der Haushaltmittel kann das Projekt in die Ausschreibungsphase übergehen. Fehlende Finanzierungen sind ein Hauptgrund für verzögerte Realisierungen abgeschlossener Verfahren. Lange Einigungs- und Genehmigungsprozesse, veränderte politische Verhältnisse, Zurücksetzung der Dringlichkeitsstufe (z.B. nach der Wiedervereinigung) und Personalmangel in den Planungsbehörden verhindern oftmals den Baubeginn und verursachen einen immer weiter steigenden Investitionsstau. Klagen gegen das Vergabeverfahren durch unterlegene Bieter können darüber hinaus zu weiteren Verzögerungen führen.

2.3.6 Ausschreibung und Vergabe

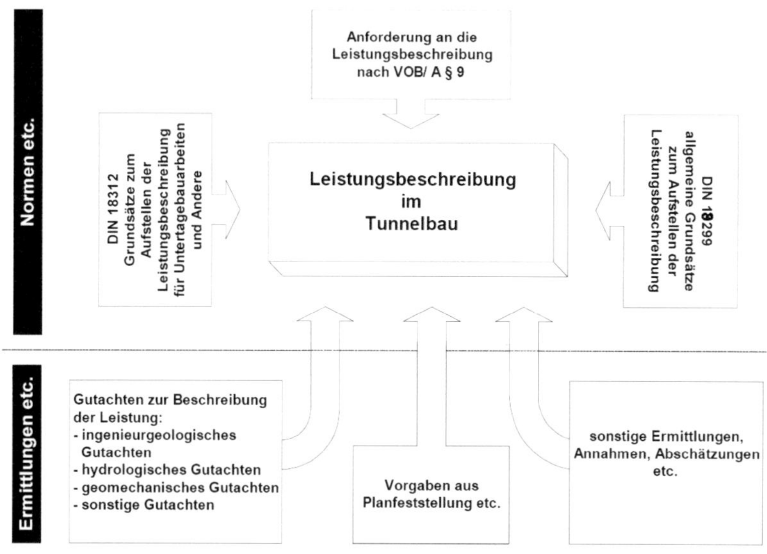

Bild 2.33:   Leistungsbeschreibung [Bart02 S.37]

Die Ausschreibung, Angebotsbewertung und Vergabe der Bauleistung wird nach der „Vergabe- und Vertragsordnung für Bauleistungen" [VOB] und dem „Handbuch für die Vergabe und Ausführung von Bauleistungen im Straßen- und Brückenbau [HVA B-StB] ausgeführt. Für die i.d.R. über dem Schwellenwert liegenden Aufträge sind das offene Verfahren oder nicht offene Verfahren nach einem vorangehenden Präqualifikationsverfahren mit Einheitspreisvertrag nach §3a VOB/A üblich. Funktionale Leistungsbeschreibungen [vgl. DAUB97] oder Verhandlungsverfahren als Öffentlich-Private-Partnerschaften-Modelle (PPP-Projekte) [vgl. Kohl06] sind in Deutschland bisher selten und aufgrund mangelnder Erfahrungen auf Seiten der Auftraggeber und Auftragnehmer mit Schwierigkeiten verbunden.

Die Aufstellung der Vergabeunterlagen [vgl. Anhang 8] erfolgt auf der Grundlage der Ausführungsplanung und ist im HVA B-StB und der DIN 18299 geregelt. Erforderliche Angaben zu ökologischen Belangen werden i.d.R. in die Vorbemerkungen aufgenommen, oft mit Verweisen auf die Planfeststellungsunterlagen. Regelmäßig ist der PFB Teil der Verdingungsunterlagen, für die sonstigen planfestgestellten Unterlagen werden i.d.R. nur Einsichtmöglichkeiten eingeräumt, die nach Aussage der befragten Stellen sehr selten wahrgenommen werden. Für die anbietenden Baufirmen ist bisher nur der Inhalt des Bauvertrages, der alle für die Leistungserbringung erforderlichen Angaben enthalten muss, relevant. Daneben beachten die Baufirmen zur Vermeidung rechtlicher Folgen, z.B. nach dem StGB und USchadG, die bei der Ausführung zu berücksichtigenden Umweltgesetze, auf die teilw. in den Vergabeunterlagen hingewiesen wird.

Einheitspreispositionen werden für technisch und wirtschaftlich einheitliche Teilleistungen gebildet und im Zuge der Ausschreibung von den Bietern verpreist. Leistungen für Umweltschutzmaßnahmen werden nur dann als eigenständige Position aufgenommen, wenn sie ausnahmsweise selbständig vergütet werden sollen oder erheblichen Einfluss auf die Preisbildung nehmen (Einsatz von Biotreibstoff, Reifenwaschanlagen, Krötenunterführung). In den meisten Fällen sind die Kosten der ökologischen Auflagen aus dem PFB oder sonstigen ökologischen Rahmenbedingungen in die vorhandenen (technischen) Einheitspreispositionen ohne gesonderte Ausweisung einzurechnen.

Aufgrund von Reputations- und Haftungsfragen [vgl. Hilk08] wird die Ausführungsplanung eher konservativ aufgestellt. Baufirmen unterbreiten daher neben der ausgeschriebenen Leistung gewöhnlich auch optimierte Lösungen. An solche Nebenangebote stellt der Auftraggeber zur Risikominimierung konkrete Anforderungen, wie die Übernahme von dadurch aufkommenden Baugrundrisiken [vgl. FuEn08] und die Einhaltung des mit dem PFB genehmigten Rahmens [vgl. DGGT95 S.35ff].

Innovative Lösungen oder ein neuer SdT, die zu veränderten, d.h. bisher nicht untersuchten oder in Teilbereichen erhöhten Betroffenheiten führen, werden dadurch auch bei absehbaren ökologischen und/oder ökonomischen Vorteilen quasi ausgeschlossen. Gründe dafür sind die Vermeidung von Planänderungsverfahren und vergaberechtliche Bedenken. Fehlende Mindestanforderungen für Sondervorschläge, fehlende Angaben zum Baugrund und/oder fachliche Unsicherheiten bei den Verantwortlichen verhindern zudem bessere Umsetzungen. Beispielsweise fehlen i.d.R für einen maschinellen Vortrieb die notwendigen Angaben, Anforderungen und Kriterien, wenn ein konventioneller Vortrieb ausgeschrieben wird [vgl. Maid04b S.331ff]. Notwendige Planungs- und Verdingungsunterlagen für ein Angebot mit maschinellem Vortrieb werden in [Maid04b S.338ff] aufgeführt und erfordern i.d.R. eine parallele Ausschreibung.

Vor der Bewertung der Angebote nach HVA B-StB sind der Nachweis und die Überprüfung der technischen Qualifikation, Leistungsfähigkeit und Zuverlässigkeit der Anbieter nach §8 VOB/A durch die hohen technischen Anforderungen bei Tunnelbauprojekten zu führen. Die Vergabe erfolgt anschließend unter dem Blickwinkel des wirtschaftlichsten, i.d.R. des niedrigsten Angebotspreises; als weiteres Kriterium ist in Zukunft der „technische Wert" zwingend anzuwenden [vgl. HVA B-StB].

Sollen zusätzlich umweltrelevante Zuschlagskriterien (vergabefremd) berücksichtigt werden, muss dies im vorangehenden politischen Entscheidungsprozess festgelegt und von den Finanzbehörden im Vorfeld genehmigt werden, wofür derzeitig die rechtlichen „Verpflichtungen" fehlen [vgl. BeHW03 S.86]. Generell sind ökologische Bewertungskriterien möglich, in der VOB sogar erwähnt und im Ausland, z.B. bei der Bewertung des Transportaufkommens [vgl. Anhang 9] teilweise angewendet. Bewertet werden die Angebote letztendlich auf Basis der mit den Ausschreibungsunterlagen bekannt gegebenen Verfahren, Kriterien und Gewichtungen [vgl. HVA B-StB]. Nach Ermittlung des „wirtschaftlichsten" Angebots wird vor der Beauftragung eine Kostenweiterschreibung/Kostenkontrolle durchgeführt und der Vergabeentscheid freigegeben.

Die wirtschaftlich größten Risiken - das Baugrund- und Entsorgungsrisiko - verbleiben in Deutschland auch nach der Vergabe aufgrund von §9 VOB/A (ungewöhnliches Wagnis) beim Auftraggeber (Vorhabenträger), der vor allem aus diesem Grund zusätzliche Störfallkataloge für technische Vorkommnisse (z.B. Verrollung bei TVM-Vortrieb) im Rahmen des Qualitätsmanagements des Auftragnehmers im Vertrag verlangt und Verfahren zur außergerichtlichen Einigung bei Streitigkeiten vorsieht.

2.3.7 Arbeitsvorbereitung und Erstellungsphase

Die Vorlaufzeit bis zum Beginn des Tunnelvortriebs beträgt wegen der Baugrubenerstellung und der notwendigen Maschinenbeschaffung zwischen 3 Monaten (konventioneller Vortrieb) und 14 Monaten (Fertigung projektspezifischer Vortriebsmaschinen). Die Dauer der gesamten Bauausführung hängt zudem wesentlich von der Tunnellänge, der verfahrensabhängigen Vortriebsleistung, die von <1m/Tag im konventioneller Vortrieb und schwierigem Gebirge, bis >30m/Tag bei günstigen Geologien und maschinellem Vortrieb reichen kann sowie der erreichbaren Ausbaugeschwindigkeit ab. Die Bauzeiten liegen i.d.R. zwischen 2 und 4 Jahren.

Die Ausführung ist in der VOB Teil B und C sowie ergänzend in den „Zusätzlichen Technischen Vertragsbedingungen und Richtlinien für Ingenieurbauten" [ZTV-ING] geregelt. Während der Arbeitsvorbereitung konkretisiert und optimiert die ausführende Baufirma (AN) ggf. nach Zustimmung des Auftraggebers (AG) die angebotene Bauleistung und den Bauablauf innerhalb des aus dem Genehmigungsverfahren vorgegebenen Rahmens [vgl. DGGT95 S.51ff]. Dabei werden neben der Modifizierung des Bauverfahrens auch die Baustelleneinrichtung, erforderliche Anlagen und die Baustellenversorgung sowie ggf. offene Abstimmungen mit Behörden, z.B. bzgl. der Einleitwerte in Gewässer endgültig festgelegt. Oft kommt es dabei zu zusätzlichen oder geänderten Eingriffen, z.B. durch Betonanlagen für die Eigenversorgung, Anpassungswünschen bei den zur Verfügung gestellten BE-Flächen (andere oder zusätzliche Flächen) und Änderungsvorschlägen bzgl. der Ausbruchverwertung. Zusätzlich erforderliche Genehmigungen holt der AN nach Rücksprache und ggf. unter Mithilfe des AG eigenverantwortlich bei den zuständigen Behörden ein und trifft ggf. auch direkte Absprachen mit den Betroffenen.

Das Hauptziel des AN ist die kostenminimierende Realisierung des Bauvertrags unter Einhaltung der Qualitätsanforderungen der Bauvertrages, Auflagen des PFB und für Baustellen allgemein geltenden rechtlichen (Umwelt-) Bestimmungen. Der AG oder in Vertretung die Bauüberwachung (BÜ) achtet hingegen während der Ausführung auf das Kostenbudget, die Einhaltung des Terminplans sowie die Einhaltung der geforderten Qualität [QuMi S.66ff].

Regelmäßig kommt es zu Verzögerungen und deutlich höheren Schlussrechnungen, als in der Planungsphase veranschlagt und in der Vergabe bezuschlagt. Untersuchungen von abgeschlossenen Tunnelprojekten [vgl. bpi90] zeigen, dass hierfür meist veränderte geotechnische Verhältnisse als angenommen verantwortlich waren. Aus Gründen der unvermeidbaren Unsicherheiten bzgl. der Gebirgsverhältnisse, dem Gebirgsverhalten und dem Systemverhalten der Konstruktion [vgl. John03] kann die mengenmäßige Verteilung der Vortriebsklassen erst im Zuge der Bauausführung mit den vor Ort angetroffenen Situationen festgelegt werden.

Sowohl beim AG als auch beim AN werden daher i.d.R. Qualitätsmanagement- (QMS), Kostencontrolling- und Risikomanagementsysteme angewendet. Ziele der Systeme sind die ausgeschriebenen Qualitäten zu sichern, Kostenrisiken oder Kostenabweichungen frühzeitig zu erkennen (Soll-Ist-Vergleich), um durch Abweichungsanalysen und darauf aufbauenden Optimierungsmaßnahmen Verschlechterungen zu vermeiden (Controlling-Regelkreis) [vgl. Blin89; QuMi S.67; HaPf06]. Im Zuge des Qualitätsmanagements werden dabei Monitoringmethoden verwendet, die einerseits das Gebirgsverhalten und andere Einflüsse erfassen, um dadurch die Anforderungen an die Bauausführung zu ermitteln und andererseits der Beweissicherung dienen. Beispiel dafür sind Setzungs- und Grundwasserstandsmessungen sowie das Gebäudemonitoring.

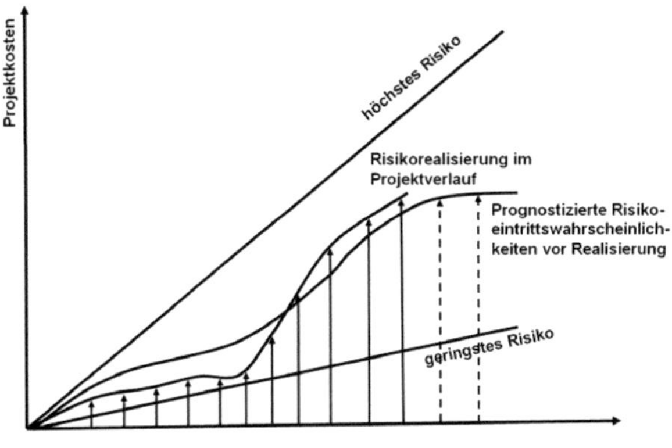

Bild 2.34:   Risikoverlauf [QuMi03 mod.]

Spezielle ökologische Aufnahmen z.B. Abwasser- und Lärmmessungen oder Flächenmonitoring werden nur bei Auflagen ausgeführt und dienen meist einer Beweissicherung. Ereignisse können hierdurch meist nicht verhindert werden. Die ökologischen Auswirkungen (durch Realisierung von Umweltrisiken) werden oft zuerst durch Dritte bemerkt und gemeldet. Ein begleitendes Umweltmanagement nach DIN 14001, das Optimierungs- und Vorsorgemaßnahmen unterstützt, wird derzeitig in Deutschland nicht gefordert, wurde jedoch z.B. bei potentiellen Risiken für NATURA-2000-Gebiete (fehlgeschlagene Prognosen) bereits in Gerichtsurteilen angesprochen [vgl. BVerwG07 S.25+36]. Ebenso werden klare Verantwortlichkeiten und entsprechende ökologische Kompetenzen auf Seiten des AN i.d.R. nicht verlangt bzw. überprüft und erst nach Schadensfällen gefordert.

Die derzeitig wirksamste Auflage zur Sicherung der Umweltverträglichkeit bildet in Deutschland die Umweltbaubegleitung (UBB), die allerdings bei Straßentunneln bisher nur selten im PFB gefordert wird. Die UBB ist für die Kontrolle und Einhaltung ökologisch relevanter Auflagen verantwortlich und dient meist zur Entlastung der „Umweltschutzbehörden", die ihren Kontrollaufgaben wegen Personalmangels und/oder fehlender spezieller Kompetenzen nicht nachkommen können. Die UBB kann ggf. zwischenzeitlich veränderte ökologische Rahmenbedingungen oder bisher nicht berücksichtigte Auswirkungen erkennen und Optimierungen bzw. Maßnahmen vorschlagen. Deren Realisierung darf im Normalfall den Maßnahmenumfang des PFB jedoch nicht überschreiten, da der AG sich sonst auf die Umsetzung des PFB beruft. Durch die bereits erwähnten Unsicherheiten oder im Zuge von ökonomischen Optimierungen kann die UBB außerdem bei „ad hoc" Entscheidungen beratend mitwirken. Einflussnahmen sind aber nur durch eine Integration in die BÜ und den damit verbundenen Rückgriffsmöglichkeiten auf deren Weisungsbefugnis möglich.

Die ökologischen Folgen von Handlungen und Entscheidungen werden bei baubetrieblichen Anpassungen oder Ergänzungen (z.B. zusätzliche Rodungen oder Fläche für Sprengstoffbunker) und schleichenden Veränderungen im Zuge des Bauablaufs (z.B. Ausweitung von Waschplätzen) selten wahrgenommen und bleiben daher in der Praxis oft unbemerkt. Auch die Ressourcenschonung wird meist nicht beachtet oder wirtschaftlichen Aspekten nachgeordnet; der Verbrauch wird bisher i.d.R. nur pauschal und nicht nach „Verursachern" getrennt im Kostencontrolling erfasst. Ähnliches gilt für Mehrausbruch. Selbst für den Fall nach DIN 18312, in dem die dadurch entstehenden Kosten vom AN zu tragen sind, wird dieser oft für einen scheinbar wirtschaftlicheren und schnelleren Vortrieb hingenommen. Der Nachhaltigkeitsgedanke ist bisher in keiner verbindlichen Vorschrift zu finden. Auch bezüglich der Umweltverträglichkeit verwendeter Stoffe werden allenfalls Mindestanforderungen z.B. alkaliarmer Spritzbeton in der ZTV-ING gefordert. Untersuchungen von Baustoffen und die Suche nach alternativen, umweltverträglicheren Stoffen werden bisher nicht verlangt. Folgenschwere Anwendungen von Bauprodukten oder Chemikalien werden, wenn überhaupt erst bei Havarien festgestellt und dann im Auftrag der Staatsanwaltschaft untersucht. Auflagen aus dem PFB mit gravierenden ökonomischen Folgen für den Bau und Betrieb werden eher als störend empfunden und möglichst über Anpassungen reduziert.

Für den Fall von ökologisch bedeutsamen Änderungen (Änderung der Ausbruchverwendung, Vortriebsanpassungen durch unvorhergesehene geologische Verhältnisse, zusätzliches Sprengen in bewohnten Gebieten) oder bisher unberücksichtigte Auswirkungen bedarf es unter juristischer Betrachtung eines Planänderungsverfahrens. Um den damit verbundenen sehr hohen Aufwand zu reduzieren, wird nach vorherigen Absprachen mit den Betroffenen möglichst auf eine isolierte Genehmigung (fachbehördliche Einzelfallentscheidung) zurückgegriffen.

Mit der Abnahme und nach der Mängelbeseitigung endet die Realisierungsphase. Bei der Abnahme wird die Fertigstellung und Qualität der Leistungserbringung sowie die Vollständigkeit der Bauwerksunterlagen nach DIN 1076 und ZTV-ING (Bauwerksakte - erforderliche Angaben für den Betrieb des Tunnels, Bauwerksbuch - wesentliche Daten und Pläne, Kurzdokumentation - wesentliche Angaben zu Planung und Bau) überprüft. Endkontrollen bzgl. der tatsächlich eingetretenen Umweltauswirkungen und damit der Umweltverträglichkeit sowie der Verhältnismäßigkeit zwischen ökonomischen Auswirkungen und ökologischen Nutzen erfolgen nicht. Allerdings werden immer häufiger Abnahmen und Erfolgskontrollen zu den LBP-Maßnahmen unter Hinzuziehung ehemals fachlich Beteiligter (z.B. Naturschutzbehörden) durchgeführt und spätere Kontrollen (z.B. Grundwasserstand) vorgenommen, die allerdings bereits im PFB angesprochen werden müssen [vgl. BuEn99b S.83f + 141f]. Verfolgt werden damit eine Bewertung der ökologischen Wirkung und Zielerreichung sowie die Sammlung von Erfahrungen für spätere Projekte.

Trotz der UVP, Auflagen aus dem PFB und dem LBP kommt es dennoch oft zu unnötigen ökologischen Auswirkungen und Umsetzungsdefiziten bei ökologischen Schutz-, Ausgleichs- und Ersatzmaßnahmen. Gründe dafür sind fehlende Informationsweitergaben oder Kontrollen, Unwissenheit, „Übersehen" bei der Übertragung in nachfolgende Pläne und spätere unkontrollierte Anpassungen durch Absprachen mit unteren Behörden ohne Einbezug der Planfeststellungsbehörde. Auch werden Rekultivierungen und LBP-Maßnahmen wegen Einsparungen oder Desinteresse nicht oder nur in stark reduziert ausgeführt [vgl. Bech03; DRL07 S.6; RP Tübingen].

Zwischen Projektbeginn und der Inbetriebnahme der Infrastruktur vergingen bei PPP-Projekten ca. 8,5 Jahre, bei Projekten der DEGES (besondere Finanzierungssituation und Beschleunigungsgesetz) 10-12 Jahre und bis zu 20 Jahre bei normalen Projekten [DS 15/2311 S.9; BUNG]. Eine Aussage zur Qualität der Planung und Ausführung kann über die Verfahrensdauer nicht getroffen werden, allerdings ist anzunehmen, dass Verfahren unter Zeitdruck und sehr verzögerte Projekte eher schlechtere Planungslösungen hervorbringen, als solche in einem straff durchgezogenen Verfahren.

2.3.8 Betriebsphase

Mit der Verkehrsübergabe beginnt die Betriebsphase, in der ein sicherer und wirtschaftlicher Betrieb sowie die hohe Verfügbarkeit des Tunnels maßgebende Ziele sind [vgl. ScGl91]. Insbesondere die Wirtschaftlichkeit spielt wegen der hohen laufenden Unterhaltungskosten nach [Haac87] von jährlich 1-1,5% der Herstellungskosten eine bedeutende Rolle. Zahlreiche spektakuläre Havarien in Tunneln haben auch die Sicherheitsaspekte in das Blickfeld der Öffentlichkeit und Politik gerückt. Dies hat bei bestehenden Tunneln zu Risikoanalysen mit anschließenden Risikobewertungen und Maßnahmenkatalogen geführt, die sich in der fortgeschriebenen RABT widerspiegeln. Die neuen Vorschriften führen ggf. zum Ausschluss von Gefahrguttransporten im Tunnel, Geschwindigkeitsreduktionen und anderen, den Betrieb beeinflussenden Maßnahmen bis hin zu umfangreichen baulichen Anpassungen und Nachrüstungen [vgl. Bast06 S.18ff].

Bei den Betriebs- und Unterhaltungsarbeiten (vor allem in der RABT geregelt) gehen die Betreiber von der generellen Umweltverträglichkeit der resultierenden ökologischen Auswirkungen aus. Im Betrieb wird daher die Umweltverträglichkeit nur durch die Einhaltung von gesetzlichen Bestimmungen berücksichtigt, z.B. bei der Entsorgung von Abwasser und Straßenkehricht aus der Tunnelreinigung, und die Pflege und Unterhaltung der LBP-Maßnahmen, mit den bereits angesprochenen Kontrollen und ggf. erforderlichen Nachbesserungen durchgeführt. Die jeweiligen Maßnahmen und Verantwortlichkeiten sind im LAP geregelt [vgl. BuEn99b S.159ff].

Optimierungen der Umweltverträglichkeit werden, wenn überhaupt nur auf höherer Ebene betrachtet und im letzteren Fall z.B. in allgemeinen „Leitfäden" veröffentlicht. Nur bei „Klagen" Dritter, die auf Probleme hinwiesen, erfolgen ggf. noch Kontrollen und Nachbesserungen. Darüber hinaus ist bei erheblichen baulichen Veränderungen ggf. ein neues PlafeV durchzuführen und die Umweltverträglichkeit erneut zu prüfen, falls die Erteilung von Einzelgenehmigungen nicht mehr möglich ist. Da betriebliche Änderungen (z.B. Verkehrsaufkommen, Emissionswerte) generell keine Änderung im Sinne des §76 VwVfG darstellen und damit nicht zu einer Planänderung und neuen Umweltverträglichkeitsuntersuchungen führen, werden dahingehend bisher auch keine Kontrollen durchgeführt.

Die wesentlichsten Aufgaben zur Aufrechterhaltung eines sicheren Betriebs sind die Verfügbarkeit der Tunnelbeleuchtung, -belüftung, CO- und Brandmeldesysteme sowie regelmäßige Reinigungs- und Wartungsarbeiten.

Der Betrieb hängt dabei hauptsächlich von den Entscheidungen im Vorfeld und der Bauausführung ab. So beeinflusst die Helligkeit (Himmelsanteil und Himmelsrichtung) und die Fahrbahnhelligkeit die Kosten für die Adaptionsbeleuchtung [vgl. DIN 67524] oder verringern leicht zu reinigende, helle und reflektierende Tunnelwände, asymmetrisch angeordnete Tunnelbeleuchtung sowie Tunnelabdichtungen ohne Drainageleitung die Wartungs- und Reinigungsarbeiten. Durch die Abstimmung der sich gegenseitig beeinflussenden Kostenquellen Tunnelbeleuchtung, Tunnelbelüftung (Trübung) und Tunnelreinigung (Reflexion) oder durch die Verwendung von Tensiden bei der Tunnelreinigung können sowohl ökologische als auch ökonomische Optimierungen erreicht werden [vgl. HoBo05; HaSM83].

Häufig müssen technische Anlagen nach 10-20 Jahren ausgetauscht werden [vgl. Gjær08 S.69]. Die Gründe liegen in der geringen Restlebensdauer, wirtschaftlicheren Systemen und nicht mehr zu beschaffenden Ersatzteilen z.B. bei Lüftungssystemen [vgl. RPKA06]. Um Verkehrsstörungen und Kosten zu minimieren, werden Wartungs- und Instandsetzungsarbeiten oft gebündelt ausgeführt. Eine ökobilanzielle Betrachtung erfolgt dabei nicht.

Innerhalb der langen Betriebszeit von 80 - 120 Jahren [vgl. Gjær08 S.69] werden neben den Betriebsarbeiten regelmäßige Begehungen zur Kontrolle des Tunnelzustandes sowie Feststellung und Beurteilung von Schäden nach DIN 1076 durch Tunnelbeauftragte durchgeführt. Schäden können viele Ursachen [vgl. SaLM07; DARTS04] haben und durch Planungsfehler, mangelhafte Erstellung, mangelhafte Wartung oder Instandsetzung, infolge der Nutzung (z.B. Streusalz, Unfälle) oder aufgrund geologischer sowie hydrologischer Gegebenheiten (z.B. aggressives Grundwasser, Gebirgsverformungen) entstehen. Werden Schäden (Baumängel) vor Ablauf der Verjährungsfristen festgestellt, fallen diese unter die Mängelhaftung nach VOB/B und müssen vom AN zu seinen Lasten behoben werden. Die Behebung unter laufendem Betrieb führt zu unnötigem Ressourcenverbrauch, Behinderungen des Verkehrs und wesentlich höheren Kosten, als bei einer vertragskonformen Ausführung während der Bauphase.

Für Schäden gibt es verschiedene Methoden und Hilfsmittel, die bei der Schadenserfassung, Risikoeinschätzung und Entscheidung unterstützen, ob Sicherungsmaßnahmen, Reparaturen oder Erneuerungen vorgenommen werden müssen. Durch modulare Aufnahmen und eine systematische Dokumentation sind diese Systeme den Tunnelbeauftragten auch bei der Suche nach Schäden und deren Ursachen behilflich. Ein Beispiel dafür ist das Handbuch „Schäden und ihre Ursachen in alten Tunneln" [vgl. MeFS05]. Andere Ansätze verfolgen eine zentrale Erfassung der Tunneldaten z.B. [SaLM07] geschildert. Allerdings können mit solchen Systemen bisher nur bereits eingetretene Schäden erkannt werden. Bei bekannten kritischen Bereichen (z.B. Störzonen oder quellendes Gebirge) werden daher häufig kontinuierliche Überwachungen eingerichtet, um drohende Schädigungen frühzeitig erkennen und rechtzeitig Maßnahmen zu deren Abwehr treffen zu können. Zukünftig sollen auch vermehrt Verfahren zum Einsatz kommen, die durch physikalische Messmethoden beim Abfahren des Tunnels, kritische Situationen vor Schadenseintritt erfassen können [vgl. ScGl91].

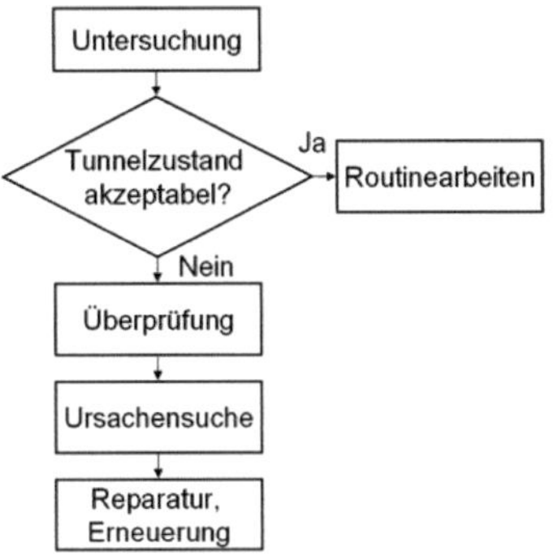

Bild 2.35:   Betriebsaufgaben [QuMi03]

Obwohl die Lebenszykluskosten seit einigen Jahren betrachtet werden und zumindest der ökonomisch optimale Zeitpunkt von Maßnahmen theoretisch ermittelt werden kann, besteht der hier nicht belegbare, jedoch von anderen geteilte Eindruck, dass Maßnahmen meist erst zum letztmöglichen Zeitpunkt, d.h. bei bestehenden gravierenden Sicherheitsrisiken und Betriebseinschränkungen, ergriffen werden. Scheinbar ist die Mittelbereitstellung ausschlaggebend und nicht die Betriebsanforderungen oder die Priorität der Maßnahme. Hierdurch kommt es zu erhöhten Kosten und erheblichem Mehraufwand (Ressourcen) infolge der dann erforderlichen Großmaßnahmen oder in Extremfällen zu Ersatztunneln, wenn diese wirtschaftlicher als Tunnelmodernisierungen sind. Für die systematische Zustandserfassung und Maßnahmendurchführung besteht noch deutlicher Verbesserungsbedarf, um neben den bisher verfolgten ökonomischen und sicherheitstechnischen Zielen auch positive ökologische Wirkungen z.B. durch den geringeren Ressourcenaufwand bei frühzeitiger Schadenserkennung und -behebung zu erzielen.

Bei besonderen Geologien, technischen Fragen und Bauverfahren, bei denen nur wenige Erfahrungen vorhanden sind, werden vereinzelt zusätzliche Messprogramme aufgesetzt bzw. ermittelte Daten nachträglich ausgewertet, um erweitertes Wissen über die Technik, das Verhalten und die Wirtschaftlichkeit zu erhalten. Betreiber bzw. Vorhabenträger sehen sich allerdings nicht als Forschungsstellen, sind aber durch das ökonomische Eigeninteresse zu einer Kooperation und Datenweitergabe bereit.

Forschungen werden selten in den Lebenszyklus integriert und beschränken sich auf punktuelle Auswertungen vorhandener Daten [vgl. ScGl91]. Umweltauswirkungen werden nur sekundär festgestellt. Bei Ausbleiben von Beschwerden wird angenommen, dass Maßnahmen zum Umweltschutz erfolgreich waren. Forschungen zur Verbesserung der Umweltverträglichkeit, bzw. des ökonomisch-ökologischen Verhältnisses sind schwierig und bisher selten. Technische und ökonomische Erkenntnisse aus dem Betrieb fließen bisher durch den Austausch auf Fachtagungen und Veröffentlichungen in Fachartikeln in die Planung zurück. Bei gesicherten Erkenntnissen werden in Richtlinien und Vorschriften entsprechende Angaben aufgenommen.

Seit einigen Jahren werden immer wieder Möglichkeiten für die Verwendung von anfallenden Ressourcen im Betrieb untersucht, wie z.B. Geothermie und Bergwassernutzung. Allerdings stehen die ökonomischen Interessen zunächst im Vordergrund. Zusätzliche Planungen, Untersuchungen und Anlagen, z.B. für die Nutzung von Geothermie erzeugen Kosten, denen Annahmen zu Erlösen aus einer möglichen Energieausbeute und Abnehmerbedarf gegenüberstehen. Ausschlaggebend sind die ökonomischen Vorteile, jedoch kommen ökologische Aspekte z.B. in Form von Ressourceneinsparungen immer mehr in die Wertung. Insbesondere die Kostenvorteile beim Heizen mit Geothermie, werden in Zukunft Entwicklungen fördern und damit die Ökobilanz von Tunneln verbessern [vgl. AdMO06].

2.4   Rechtliche Grundlagen in Deutschland

Wie aus den vorangehenden Kapiteln hervorgeht, sind bei Tunnelprojekten eine Vielzahl von verfahrens-, umwelt- und technikrelevanten Normen und Richtlinien (gesetzliche oder außergesetzliche) zu berücksichtigen. Einige dieser Vorgaben stehen aufgrund der unterschiedlichen Ziele in Konkurrenz zueinander und können sich widersprechen. Besonders deutlich wird dies bei den Forderungen des KrW-/AbfG nach einer hochwertigen Verwertung und damit verfolgter Ressourcenschonung und den Bodenschutzforderungen des BBodSchG, die einer Verwertung ggf. im Wege stehen.

Bei den einzelnen Beteiligten werden zur Übersicht der anzuwendenden Normen oft „Auflistungen" geführt, deren Aktualität allerdings immer wieder zu überprüfen ist. Es werden auch zentrale Zusammenstellungen mit zusätzlichen Informationen angeboten, z.B. die Loseblattsammlung „Straßenbau A-Z", die alle Normen im Straßenbau bereitstellt [FGSV09], in einem Leitfaden des EBA, der Aufstellungen für die einzelnen UVP-Schutzgüter gibt [EBA08 S.116ff], oder die Auflistung der betriebsdienstrelevanten Regelwerke auf den Internetseiten des FGSV [FGSV08].

Eine umfassende Zusammenstellung aller wesentlichen Normen und Richtlinien bei Tunnelbauprojekten gibt es nicht. Ein Grund liegt darin, dass die Beteiligten nur die Normen in ihrem Aufgabenbereich sehen, viele Normen länderabhängig (Föderalismus) sind oder nur verwaltungsintern gelten.

Aufgrund der Schnelllebigkeit der Normen, die in den letzten Jahren insbesondere im Umweltbereich zu beobachten ist, ist nur eine zentral verwaltete, allen zugängliche Datenbank mit ergänzenden Informationen und Suchfunktionen sinnvoll, die immer auf dem aktuellsten Stand gehalten wird. Einige der wesentlichsten Normen werden in [Anhang 10] aufgeführt, um das weite Feld zu verdeutlichen.

3 Projektbetrachtungen

3.1 Herangehensweise

Im Rahmen der Forschungsarbeit wurden verschiedene Tunnelprojekte untersucht, um die Umsetzung der beschriebenen Theorie in der Praxis zu erforschen. Von Interesse waren Hintergründe der Methoden und Vorgehensweisen, auftretende Schwierigkeiten und Defizite bzw. zukunftsweisende Entwicklungen. Besonderes betrachtet wurden Varianten zur Sicherstellung einer möglichst umweltverträglichen Realisierung. Dabei standen mit den Projekten einhergehende ökologische Aspekte, Ursachen und Auswirkungen, potentielle oder eingetretene Änderungen und Planabweichungen sowie Verbesserungsmöglichkeiten im Vordergrund.

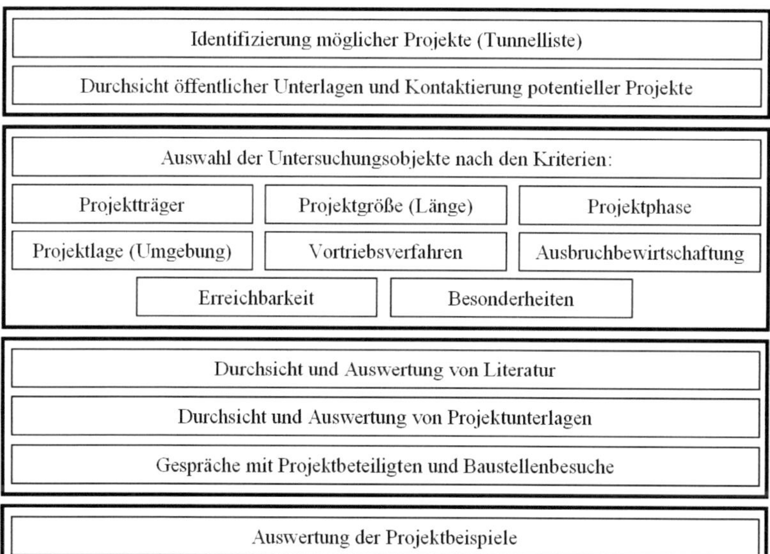

Bild 3.1:   Projektauswahl und Ablauf

Für die Projektbetrachtungen [Bild 3.1] wurden Projekte unterschiedlicher Vorhabenträger aus den Bereichen Straßen- und Bahntunnel in geschlossener Bauweise ausgewählt. Die Projekte unterscheiden sich hinsichtlich der zur Anwendung kommenden Techniken sowie ökologischen und ökonomischen Rahmenbedingen. Um die Einflüsse auf die natürliche Umwelt besser erfassen zu können, wurden ferner Tunnel in ländlichen Bereichen bevorzugt, bei denen aufgrund der dichten Siedlungsstruktur in Deutschland auch Auswirkungen auf Menschen zu erwarten waren und untersucht werden konnten. Zudem wurde bei der Auswahl davon ausgegangen, dass bei größeren Projekten die ökologischen Faktoren mehr Beachtung finden, spezielle Methoden eher zum Einsatz kommen und die Untersuchung aufgrund der Rahmenbedingungen (Personalkapazität…) erleichtert wird.

Da wegen der langen Phasen bei keinem Projekt der gesamte Lebenszyklus betrachtet werden konnte, wurde jeweils ein Projekt für die Phasen Planung, Ausführung und Betrieb ausgewählt. Die umfangreichsten und zeitlich komprimiertesten Auswirkungen treten in der Bauphase auf. Da diese Phase bisher wenig betrachtet wurde und ein guter Zugang zu Unterlagen und Beteiligten möglich ist, wurden die weiteren Projekte aus der Ausführungsphase gewählt, bei denen auch Ausschreibungs- und Vergabephase eingesehen werden konnte.

Tabelle 3.1:   betrachtete Projekte

Projekt	**Projektphase bei Betrachtung**
Neuer Kaiser-Wilhelm-Tunnel	Planungsphase
Felderhaldentunnel	Ausführungsphase
Katzenbergtunnel	Ausführungsphase
Neuer Ramholztunnel	Ausführungsphase
Wattkopftunnel	Betriebsphase
Gotthard-Basistunnel Los Amsteg	Ausführungsphase
Malmö Citytunnel	Ausführungsphase

Neben Projekten in Deutschland konnten zwei Projekte im europäischen Ausland untersucht werden, denen der Ruf einer besonders umweltschonenden Realisierung vorausging und bei denen die Betrachtung ggf. zukunftsweisender Ansätze unter anderen Rahmenbedingungen und Forderungen möglich war.

Im Zuge der Projektstudie wurden neben Fachartikeln zu den Projekten die erhaltenen Planfeststellungsunterlagen, Ausschreibungsunterlagen und Pläne gesichtet, anschließend meist im Zuge von Baustellenaufenthalten Gespräche mit den Beteiligten geführt sowie eigene Beobachtungen vorgenommen. Die Untersuchungen wurden aufgrund fehlender Anforderungen vor allem durch fehlende ökologisch-ökonomisch relevante Aufnahmen und Auswertungen erschwert. Da das Ziel keine Datensammlung für ein datengestütztes Expertensystem war, reichten qualitative Ermittlungen aus.

Anzumerken ist, dass die Untersuchungen nur einen Ausschnitt der Projektrealität abbilden und durch das Wissen sowie die Einstellung der Befragten geprägt sind. Durch vorangegangene Untersuchungen und parallele projektunabhängige Gespräche mit Beteiligten aller Bereiche entlang des Lebenszyklus von Tunnelbauwerken, konnten die Einzeleinflüsse allerdings innerhalb der Forschung relativiert werden. Mit den betrachteten Projekten wurde zudem ein Querschnitt abgebildet, der die wesentlichen Unterschiede bei Tunnelbauprojekten umfasst. Eine statistische Aussage ist aufgrund der geringen Anzahl der betrachten Projekte nicht möglich.

3.2   Ergebnis der Projektbetrachtungen

Die Anforderungen an die Umweltverträglichkeit, deren Betrachtung sowie der Methoden- und „Werkzeugeinsatz" unterscheiden sich bei den betrachteten Tunnelprojekten wesentlich. Besonderes im Vergleich zu den ausländischen Projekten sind in Deutschland Verbesserungsmöglichkeiten deutlich erkennbar, die sicherlich in absehbarer Zeit zu Veränderungen bei der Planung und Realisierung führen werden. Dabei ist ein Mittelweg zwischen den zum Teil nicht mehr zweckmäßigen bzw. verhältnismäßigen Forderungen im Ausland und den fehlenden Vorgaben in Deutschland wahrscheinlich. Dieses Ziel kann nicht nur durch die Verschärfung von eigentlich ausreichenden Normen und Grenzwerten, sondern vor allem durch ein

Umdenken bei allen Beteiligten und einer Sensibilisierung für das Thema erreicht werden. Angelehnt an die Grundgedanken der Lean Construction [vgl. GeKi06] sollte auch für den Umweltschutz eine enge und kooperative Zusammenarbeit und nicht die Risikoweitergabe im Vordergrund stehen. Durch Kooperation von AG, AN, Umweltbehörden und Genehmigungsstellen sowie verantwortlichem Handeln kann die Umweltverträglichkeit bestmöglich und auch ökonomisch sinnvoll erreicht sowie unnötige Auswirkungen verhindert werden. Besonders die persönliche Verantwortungsübernahme wird eine wesentliche Verbesserung der Umweltverträglichkeit und eine verantwortungsvolle Projektrealisierung erzielen. Das „Lernen im Projekt" als ein weiteres Prinzip der Lean Construction und der (zentrale) Wissensaufbau sollten zudem verstärkt und unterstützt werden, um Fehler zukünftig zu vermeiden und bspw. über Benchmarks Vergleiche anzustellen sowie Ziele für zukünftige Planungen formulieren zu können. Auch bei den finanzierenden Stellen ist ein Umdenken notwendig, da im Normalfall nachträgliche Maßnahmen teurer sind als die Kosten einer vorbeugenden Planung und Ausführung. Ein Weg weg von der vorherrschenden Wirtschaftlichkeitsbetrachtung ist zukünftig für die Umweltverträglichkeitssicherung sinnvoll.

Derzeitig fehlen kontinuierliche und detaillierte Betrachtungen der ökologischen Aspekte. Ebenso fehlen eine detaillierte Erfassung ökonomischen Konsequenzen und genauere Abwägungen zwischen ökologischen Vorteilen und ökonomischen Auswirkungen. Besonders fehlende Einheitspreise oder Pauschalverträge ohne Anforderungen zur detaillierten Aufschlüsselung der angefallenen Kosten für ökologische Leistungen begünstigen diesen Missstand. Diese ökonomischen Aspekte sollten zukünftig aufgenommen werden und für die Planung, Angebotsbewertung und Umsetzung auch bei folgenden Projekten zur Verfügung stehen. So stehen in absehbarer Zeit ausreichend Informationen zur Verfügung, um Kostenschätzungen und Verhältnismäßigkeitsfragen besser bewerten sowie ausreichende Finanzmittel und Zeit vorsehen zu können. Durch dieses Vorgehen können Einsparpotenziale erkannt werden, die zurzeit in Form von administrativem Aufwand durch einen unzureichenden Informationsfluss und un-koordiniertes Berichtswesen zu unnötiger Mehrarbeit führen.

Letztendlich sollte nicht der maximal mögliche Umweltschutz bei einem Projekt im Vordergrund stehen, sondern die effiziente Verwendung der für Umweltschutzmaßnahmen begrenzten Mittel verfolgt werden. Die „letzten" Maßnahmen- und Umsetzungsanforderungen, die keinen wesentlichen Mehrwert für die Umwelt bringen, sind daher zu überdenken und stattdessen das eingesparte Geld bei anderen Projekten effektiver zu verwenden.

Ein kooperatives Projektverhalten und die Verfolgung gemeinsamer Ziele könnte in Form von „Construction Alliances" erreicht werden, die in Australien seit Ende der 1990er auch bei Infrastrukturprojekten erfolgreich angewendet werden. Die kooperative Zusammenarbeit wird dabei wesentlich durch die Bildung <u>eines</u> Teams aus allen Beteiligten erreicht, das nach der Teamzusammenstellung die Ziele (key result areas) und die zu erreichenden Zielgrößen festlegt. Die gemeinsamen Leistungen werden anschließend anhand der Erreichung der gesteckten Ziele beurteilt sowie Vor- und Nachteile durch bessere (gain) bzw. schlechtere (pain) Ergebnisse nach einer im „Project Alliance Agreement" vereinbarten gain-/painshare Regelung geteilt. Hierdurch werden alle Ziele gemeinsam verfolgt, wozu auch die maximale Transparenz (offene Bücher) und die gemeinsame Risiko-tragung beitragen [vgl. Ross09; JBRC06].

Im Anhang werden einzelne Beobachtungen und Ergebnisse der näher betrachteten Projekte vorgestellt, wobei Sachverhalte, die bei anderen Projekten in ähnlicher Art aufgetreten sind, nicht wiederholt werden.

4 Ausgangslage für Verbesserungen

In diesem Kapitel werden im Baubereich angewendete und übertragbare Instrumente mit Bezug zum verfolgten Ansatz kurz vorgestellt und diskutiert. Im Anschluss daran folgen in kompakter Form Besonderheiten von Tunnelprojekten und der wesentliche Verbesserungsbedarf, der zukünftig für eine ökologisch-ökonomische Umsetzung berücksichtigt werden sollte.

4.1 Angewendete bzw. übertragbare Methoden

4.1.1 Ökologische Risikoanalyse und verbal-argumentative Bewertung

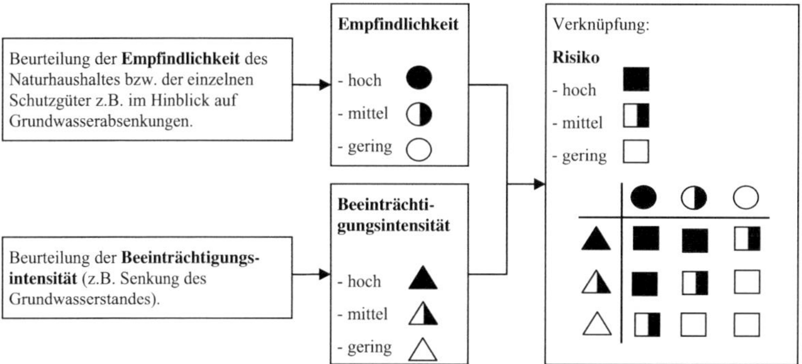

Bild 4.1:   Grundstruktur der Ökologischen Risikoanalyse [KöPW04]

Bei Umweltplanungen werden derzeitig i.d.R. verbal-argumentative Ansätze im Zuge der Bewertung von Eingriffen und zur Bestimmung erforderlicher Maßnahmen eingesetzt. Bei der Bewertung von ökologischen Rahmenbedingungen, Projektauswirkungen und damit einhergehenden Eingriffsrisiken kommt zudem die Ökologische Risikoanalyse (ÖRA) nach Bachfischer [Bach78] bzw. modifizierte Formen davon als standardisierte Verfahren hinzu. Nur in wenigen Bereichen erfolgt die Bewertung anhand komplexer Prognosetechniken (z.B. Schallberechnungen, bei denen quantitative Abschätzung aufgrund vorhandener Daten, Methoden und Grenzwerte möglich ist) [vgl. KöPW04 S.230ff; FüSc08 S.458ff]. Diese können durch fehlende Details zum Zeitpunkt der Bewertung jedoch meist nur Abschätzungen geben und sind daher auch verbal-argumentativ zu unterlegen.

Bei der ÖRA werden ermittelte Empfindlichkeiten der einzelnen Schutzgüter und prognostizierte Projektwirkungen (Beeinträchtigungen) aufgrund verbal-argumentativer Bewertungen in Ordinalskalen eingeordnet. Als Hilfsmittel dienen meist Indikatoren und fachliche Zielvorstellungen, seltener werden aufwändige Relevanzbäume [vgl. FüSc08 S.409ff] verwendet, die zu mehr Transparenz beitragen können. Die Ermittlung des ökologischen Risikos erfolgt danach anhand einer Präferenzmatrix [Bild 4.1] durch Verknüpfung der Empfindlichkeiten und Beeinträchtigungen, jeweils getrennt für jedes Schutzgut. Eine Gesamtaggregation über alle Schutzgüter findet nicht statt, da die Abwägung zwischen den Schutzgütern und unterschiedlichen Umsetzungsvarianten nicht durch die bearbeitenden Gutachter getroffen werden soll. Diese erfolgt im Anschluss meist über verbal-argumentative Gewichtungen und Vergleiche durch den Entscheidungsträger.

Hierbei anwendbare standardisierte Verfahren wie die Rangfolgebildung bzgl. der einzelnen Schutzgüter oder der paarweise Vergleich und die SWOT-Analyse, die besonderes für die Bewertung von Umsetzungsvarianten geeignet sind, sind selten anzutreffen [vgl. FüSc08 S. 503ff]. Bei der ÖRA wird mit den Aufnahmen zunächst eine Sachebene aufgebaut und diese in einem anschließenden Schritt durch die Klassifizierung und danach durch die Abwägungen in eine Wertebene gehoben. Die Bewertung erfolgt auf der Grundlage unvollständiger Informationen bzgl. der Wirkungszusammenhänge und Prognosen bei den Beeinträchtigungen. Für bereits zur Verfügung stehende Hilfsmittel in Form von Checklisten und Bewertungsindikatoren bspw. vom EBA in Leitfadenform [vgl. RWHS05b] oder durch Expertensysteme (z.B. UVP-Expert) fehlen einheitliche Vorgaben und Standards zu Indikatoren, Relevanzbäumen und der Abwägungsmatrix. Daher ist die Wertung subjektiv von den Gutachtern geprägt, die über die

Auswahl von Indikatoren, erfasste Beeinträchtigungen und Ermittlung der Risiken einen großen Einfluss auf die letztendliche Entscheidung nehmen. Besonders bei der Präferenzmatrix wird oft keine nähere Erläuterung des Matrixaufbaus und damit dem Bewertungshintergrund der Risiken gegeben. Kontrollen und Audits durch zentrale, unabhängige Stellen fehlen, die zu einer Vereinheitlichung des Vorgehens beitragen könnten.

Positiv zu werten ist bei dieser Methode die detaillierte Erfassung und Beschreibung von Schutzgütern, Empfindlichkeiten und potentiellen Auswirkungen des Vorhabens sowie die Möglichkeit der Bewertung der oft qualitativen Sachverhalte.

Negativ ist, dass mit der Methode keine ökonomischen Aspekte betrachtet und so auch nicht bewertet werden. Ebenso fehlen aufgrund nicht vorhandener normativer Vorgaben die Aspekte des Ressourcenverbrauchs in der Erfassung und Abwägung.

Mit dieser Methode werden die ökologischen Risiken nicht mit technischen Planungsbestandteilen verknüpft, da nach Schutzgütern gegliedert und die Beeinträchtigungen pauschal und nicht nach Ursachen differenziert berücksichtigt werden. Oft fehlen Indikatoren oder Checklisten, die ökologische Unterschiede einzelner Umsetzungsmöglichkeiten (z.B. Vortriebsverfahren) sicher erfassen. Durch die frühe Planungsphase, unvollständiges technisches Fachwissen der Umweltgutachter und fehlende kompetente Kontrollen können Beeinträchtigungsunterschiede möglicher technischer Ausführungsmöglichkeiten in der Abwägung unberücksichtigt bleiben.

Da derzeitig die Anwendung mit der Planungsphase endet, werden keine Systeme verwendet, die eine Weiterverwendung der Daten in der Ausführungsphase ermöglichen würden. Erste Ansätze mit GIS-Systemen gibt es, die einen Flächenbezug herstellen und Datenbanken verwenden. Diese können z.B. bei der Überlagerung von Empfindlichkeitskarten und Beeinträchtigungskarten und damit auch bei der Ermittlung der Verträglichkeiten von Flächennutzungen eingesetzt werden [vgl. KöPW04 S.238ff].

Bei der Bestimmung der erforderlichen Kompensationsmaßnahmen im Zuge der Eingriffsregelung nach §18ff BNatSchG [vgl. Anhang 22] werden meist verbal-argumentative Bewertungen und in einigen Bundesländern zusätzlich auch Wertpunktverfahren eingesetzt. Bei der momentanen Anwendung ist die Transparenz durch eine Gegenüberstellung der Eingriffe und Kompensationsmaßnahmen in Form einer tabellarischen Gegenüberstellung (Eingriff-Ausgleich-Bilanz) nur teilw. gegeben, da Hintergrundinformationen und Begründungen im Text zum LBP nicht gebündelt oder nicht detailliert angegeben werden. Eine Verknüpfung mit einzelnen technischen Umsetzungsaspekten erfolgt nicht.

Spätere Anpassungen aufgrund geänderter Eingriffe oder ökologischer Rahmenbedingungen sind daher schwierig und Systeme, die eine kontinuierliche Weiterschreibung unterstützen nicht im Einsatz. Erste Systeme bzgl. der Kompensationsmaßnahmen gibt es bisher nur in Form von Kompensationsflächenkatastern, mit denen die Umsetzung und Pflege von Maßnahmen verfolgt werden, die in der Vergangenheit oft nicht sichergestellt waren [vgl. KöPW04 S.114ff].

4.1.2 Kosten-Nutzen Analysen (KNA)

Als Vorbereitung von Entscheidungen werden in verschiedenen Planungshasen KNA gefordert. Bei dieser Analyse werden anhand eines vorgegebenen Betrachtungsrahmens und Zielsystems alle voraussichtlich anfallenden Kosten (Nachteile) und alle prognostizierten Nutzen (Vorteile) monetär in Form von Barwerten (Kapitalwertmethode) ausgedrückt. Anschließend wird ein Verhältnis

$$\sum Nutzen / \left(\sum Investitionskosten + \sum Betriebskosten \right)$$

gebildet, das zum Vergleich unterschiedlicher Projekte, Umsetzungsoptionen bzw. zur Entscheidungsfindung über erwogene Maßnahmen verwendet wird. Eine gesamtwirtschaftliche Betrachtung unter Einbezug von ökologischen Aspekten wird verfolgt, wobei die Berechnung der einzelnen ökologischen Nutzenanteile schwierig ist. Lösungsansätze wurden im Rahmen der Umweltökonomie entwickelt und bestehen in einfachster Form durch Gleichsetzung vermiedener Kosten durch Umweltverschmutzungen („externen Kosten") mit dem Nutzen von Umweltschutzauflagen. Wo dies nicht möglich ist, wurden Ansätze zur Ermittlung von „Schattenpreisen" über die Zahlungsbereitschaft zur Vermeidung von ökologischen Auswirkungen entwickelt. Insbesondere bei ökologischen Aspekten, die dem Schutz der Natur um ihrer selbst willen dienen und für die zur Zahlungsbereitschaft Befragten daher ohne direkten Nutzen sind, sind diese Methoden jedoch umstritten [vgl. Mühl94].

Die KNA wird bspw. innerhalb des BVWP bei der Auswahl vorzugswürdiger Verkehrssysteme und Projekte sowie deren Priorisierung eingesetzt, wobei monetarisierbare Umweltkriterien (z.B. Schall- und Schadstoffemissionen, Klimaveränderung) in das Kosten-Nutzen-Verhältnis integriert sind. Daneben erfolgt unter Berücksichtigung nicht monetarisierbarer ökologischer Effekte zusätzlich eine Umweltrisikoeinschätzung, die vom Ansatz her der ÖRA entspricht, jedoch eine raumbezogene Betrachtung verfolgt [vgl. BMVBW03].

Die innerhalb des D.A.R.T.S Projektes entwickelte KNA, kann bei der Auswahl effektiver Maßnahmen zur Vermeidung negativer ökologischer Effekte eingesetzt werden, wobei jeder Effekt unabhängig betrachtet wird und die ausgewählten Maßnahmen ggf. Ursache für andere ökologische Auswirkungen sein können [vgl. DARTS04b]. Der Vergleich erfolgt anhand der Kosten für die Abwendung von Ursachen für ökologische Effekte mit den Kosten für deren Abschwächung bzw. Behebung mithilfe eines auf MS-Excel basierenden Bewertungsprogramms [vgl. Anhang 23]. Für die Berechnungen werden vom Benutzer neben den Kostenansätzen auch Angaben zum Anteil der einzelnen Ursachen am jeweiligen ökologischen Effekt und der Effektivität möglicher Vermeidungs- und Behebungsmaßnahmen oder Kombinationen davon verlangt. Eine Sensitivitätsanalyse wird über die Variation der eingegebenen Parameter vorgeschlagen. Der Bezug zur Technik und Unterschieden verschiedener technischer Optionen wird bei diesem Verfahren deutlich verfolgt, wobei auch hier die Hintergründe bei der Abwägung verloren gehen und qualitative Daten nicht berücksichtigt werden können. Auch bei dieser Methode wird nach ökologischen Effekten gegliedert. Der Einsatz ist für die Planungsphase ausgelegt, in der im Verlauf eine zunehmende Detaillierung erfolgt. Bei geeigneter Strukturierung und Weitergabe ist ein Einsatz in späteren Phasen z.B. während der Realisierung vorstellbar.

Die Stärken der KNA liegen in der Berücksichtigung ökonomischer Folgen von ökologischen Aspekten und der Darstellung der Verhältnismäßigkeit und dem Wert bzw. der Effektivität eines Projekts, einer Option oder einer Maßnahme. Positiv ist die Möglichkeit einer an der Technik orientierten Wertung, da hierdurch die technischen Ursachen berücksichtigt werden können.

Eine umfassende ökologisch-ökonomische Bewertung kann durch eine reine KNA nicht erfolgen, da im Umweltbereich entscheidungsrelevante, überwiegend nicht monetarisierbaren Aspekte nur nachrichtlich berücksichtigt oder ganz vernachlässigt werden. Durch die Ausrichtung der KNA als Methode zur bestmöglichen Zuweisung begrenzter Mittel bzw. Erreichung von Zielen mit dem geringsten Aufwand eignet sich diese Methode nur bedingt für eine ökologisch-ökonomische Bewertung.

Weitere Kritikpunkte sind die intransparente Beeinflussbarkeit der Methode durch die Auswahl des Betrachtungsbereiches bei positiven und negativen Effekten, der Wahl des Diskontierungssatzes bei der Barwertberechnung sowie der Anwendung fraglicher Schattenpreise, die z.B. durch die Art der Fragenstellung im Zuge der Zahlungsbereitschaft beeinflusst werden. Ebenso ist die Substituierbarkeit von Nachteilen bei einem Effekt, mit Vorteilen bei einem anderen Effekt durch die Verrechnung der monetären Werte im ökologischen Bereich kritisch und sollte nicht ohne eine detaillierte Abwägung erfolgen.

Einige dieser Schwächen können durch Sensitivitätsanalysen abgemildert werden, jedoch verbleiben wesentliche Nachteile. Es ist daher eher fraglich, eine ökologische Vorteilhaftigkeit mit dem Verfahren der KNA zu begründen. Im Extremfall wird eine aufwändige Ortsumgehung als ökologischer dargestellt, als gar keine Straße zu bauen. Solche Zweifel können aufgrund der üblichen Intransparenz und mangelnder Nachvollziehbarkeit durch die Transformation vieler qualitativer Aspekte, in wenige monetäre Werte und letztendlich einen Endwert und dem damit einhergehenden Informationsverlust nicht ausgeräumt werden [vgl. Gren03; FüSc08 S. 415ff]

Allgemeine Kritik äußerte PORTER [vgl. Port95] an der oft anzutreffenden Forderung nach quantitativer Bewertung, insbesondere an der KNA. Eine Quantifikation wird oft als objektiv aufgefasst und blindes Vertrauen in die Zahlen gesetzt. Es verleitet dazu, scheinbar auf objektiven Grundlagen Entscheidungen treffen zu können und wird der Problembewertung und bestmöglichen Umsetzung nicht gerecht. Weitere Kritik wird an der Möglichkeit der „Zahlenspielerei" angebracht, da durch Zahlenanpassungen und Sensitivitätsanalysen eine Betrachtung der tatsächlichen Hintergründe und Probleme evtl. nicht erfolgt. So wird ein positives Verhältnis (> 1) bei einer KNA von 1,03, insbesondere nach einer Sensitivitätsanalyse, nicht weiter hinterfragt, obwohl die knappe Vorteilhaftigkeit zu Zweifeln führen sollte. Hintergründe werden durch Quantifikation immer weniger beachtet und damit eine optimale Problemlösung nicht unterstützt.

Eine Orientierung zur vermehrten verbalen Begründung und Diskussion der Probleme auf transparenter Grundlage, wird als der bessere Weg zur Erreichung einer optimierten Projektumsetzung gesehen. Eine Kombination von Monetarisierung sowie weiterer quantitativer und qualitativer Aspekte in einer multikriteriellen, verbalen Abwägungsmethode ist für ökologisch-ökonomische Bewertungen vorteilhafter.

4.1.3 Nutzwertanalysen (NWA)

ZANGEMEISTER [Zang70] entwickelte eine häufig zur Vorbereitung von Planungsentscheidungen angewendete NWA, die für den Umweltbereich von den Beteiligten nicht akzeptiert ist. Den zu vergleichenden Optionen werden in der NWA über „Nutzenfunktionen" Nutzenpunkte zu ausgewählten Bewertungskriterien zugeordnet und in einer Zielertragsmatrix eingefügt. Über vorab festgelegte prozentuale Gewichtungen der Kriterien werden anschließend zu den jeweiligen Kriterien die Nutzenwerte durch Multiplikation der Nutzenpunkte mit den Gewichtungen ermittelt. In einem letzten Schritt werden je Option die einzelnen Nutzenwerte zu einer Endpunktezahl addiert, die als Vergleichsmaßstab dient [vgl. Anhang 24].

Angesichts zunehmender Ausgaben für den Bau und den Betrieb von Straßentunneln wurde im Straßenbau der „Leitfaden für die Planungsentscheidung Einschnitt oder Tunnel" eingeführt [vgl. BMVBS98]. Anhand vorgegebener Kriterien, die jeweils zu überprüfen und ggf. anzupassen sind, sowie einer standardisierten Kostenwirksamkeitsanalyse, die die KNA mit einer NWA verknüpft, werden damit alternative technische Lösungen bewertet. Durch die NWA können so auch nicht monetarisierbare qualitative Aspekte in die Bewertung aufgenommen werden. Auf eine Gesamtaggregation wird verzichtet. Die Gesamtvorteilhaftigkeit wird durch Unterschiede der Optionen bzgl. der einzelnen Kriterien verbal vorgenommen, als deren Grundlage eine Abwägungsmatrix mit den einzelnen Bewertungen dient. Die Abwägungen finden zwischen dem ROV und dem PlafeV statt, wobei die Bewertungen mit zunehmender Planungstiefe überprüft werden sollen. Mit dieser Methode kann die Planungsentscheidung „Einschnitt oder Tunnel" (technische Optionen) vorbereitet und transparenter bzw. nachvollziehbarer gestaltet werden.

Die von HOMES entwickelte NWA dient zur Bewertung der Umweltbelastungen bei innerstädtischen Bauprozessen [vgl. Anhang 24]. Auf der Grundlage einer Untersuchung solcher Prozesse hinsichtlich ihrer Umweltbelastungen und deren Ursachen wurden grobe Indikatoren für eine Bewertung entwickelt. Mit dem einfachen Bewertungsverfahren werden die Ursachen für ökologische Effekte der zu vergleichenden Optionen bewertet, um Wege zu einer umweltschonenden Baudurchführung aufzuzeigen. Da sich die Untersuchungen auf eine verfahrenstechnische Analyse der

Bauprozesse beschränkten, werden Zusammenhänge zu Planung und Betrieb des Bauwerkes nur ansatzweise betrachtet [vgl. Home84].

Eine ähnliche, etwas detailliertere Methode verwendet eine Präferenzmatrix und Wertmaßstäbe und wurde für die Auswahl umweltschonender Bauverfahren zur Herstellung unterirdischer Infrastruktur an der Ruhr-Universität Bochum entwickelt und wird derzeitig weiter aufgebaut. Auch dieses Verfahren ist bisher nur zur Unterstützung der Planungsphase und der UVP vorgesehen, um in den Planungsphasen den Überblick über technische Möglichkeiten und damit einhergehende Ursachen für ökologische Effekte zu verbessern [vgl. BiTh08].

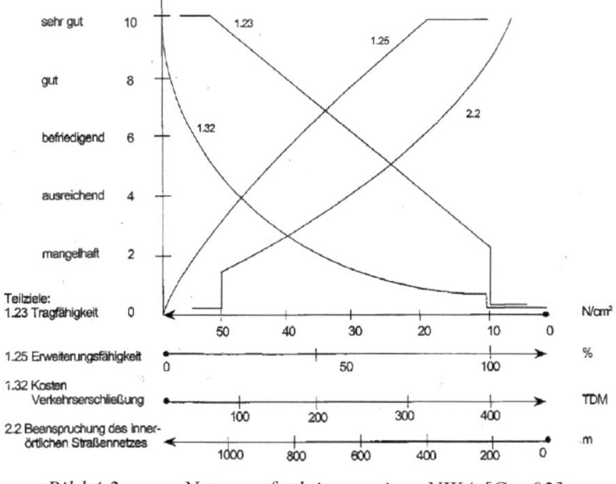

Bild 4.2:　　　*Nutzwertfunktionen einer NWA [Gett02]*

Im Bereich des Wohnungsbaus wurde an der Bergischen Universität Wuppertal mit zwei Dissertationen eine Lebenszyklusphasen umfassende NWA entwickelt [vgl. Gett02; Stre04]. Anhand sich verdichtender Informationen zu ökonomischen und ökologischen Aspekten wird dabei in drei Stufen - jeweils am Ende der Vor-, Genehmigungs- und Ausführungsplanung - die Planung bewertet und die Ergebnisse mit einer Bewertungsmatrix (Gebäudepass) einzeln und als Gesamtpunktzahl angegeben, die mit Referenzwerten verglichen wird. Über Erfüllungspunkte aus entwickelten Bewertungshilfen in Form von Fragekatalogen, Flussdiagrammen und Transformationsfunktionen, die den gesamten Lebenszyklus von Gebäuden abdecken, werden die Planungen bewertet, jedoch die eigentlichen Bau- und Betriebsprozesse vernachlässigt. Mit den Fragekatalogen, die bewertende Checklisten darstellen, werden ökologische und ökonomische Aspekte der technischen Umsetzung in der Planung berücksichtigt. Die zur Bewertung hinterlegten Nutzenfunktionen sind jedoch intransparent [vgl. Bild 4.2].

Vorteile dieser NWA sind die leichte Handhabbarkeit und die Einheitlichkeit der Bewertungen, die zu einem hohen Bekanntheitsgrad und der weiten Verbreitung beigetragen haben. Für die häufig unter Zeitdruck stehenden politischen Entscheidungsträger ist eine Entscheidung anhand eines einzigen Punktewertes erfreulich. Zudem können die Ergebnisse mit Referenzwerten verglichen werden, wobei jedoch kritisch betrachtet ein einzelner Referenzwert nicht ausreicht, sondern aufgrund der Substituierbarkeit auch Referenzwerte bzgl. der einzelnen Kriterien betrachtet werden sollten. Positiv sind die Strukturierung des Entscheidungsproblems und die nähere Betrachtung der technischen Ursachen z.B. durch Checklisten, wobei diese nicht statisch sein sollten, um besondere oder bisher nicht bedachte Aspekte aufnehmen und die Checklisten an das jeweilige Projekt anpassen zu können. Eine Optimierung der Projekteigenschaften kann generell unterstützt werden, da die technischen Ursachenquellen (z.B. Nutzwerte verschiedener Vortriebstechniken) näher betrachtet werden können.

Neben der bereits erwähnten kritischen Substitution werden in Teilbereichen der NWA auch unzulässige Rechenoperationen verwendet, z.B. wenn bei häufig zur Zuordnung von Nutzwerten verwendeten Ordinalskalen weiterhin addiert wird. Außerdem täuschen immer weitere Verfeinerungen (weitere Hierarchiestufen im Zielsystem) und ausgefeilte Nutzenfunktionen durch Scheingenauigkeiten über Unsicherheiten bei den Daten hinweg. Hierdurch wird kleinsten Zahlenunterschieden eine unangemessene Bedeutung zugeordnet. Die a priori Gewichtung der Kriterien ist an vielen Stellen im Umweltbereich nicht möglich, da sich die genaueren Präferenzen erst im Zuge der Betrachtung des Entscheidungsproblems herausbilden. Ein schrittweises Vorgehen durch Ausschluss von Optionen und detailliertes Abwägen ist daher zur Problemlösung sinnvoller [vgl. EkHS81; Stra84]. Des Weiteren wird auf die Kritik bei der KNA verwiesen, die überwiegend auch für die NWA gilt. Durch die Abgrenzung von Klassen innerhalb der Ordinalskalen oder die Nutzenfunktionen kann das Ergebnis wesentlich beeinflusst werden und durch fehlende Transparenz sowie Zahlengläubigkeit Manipulationen oder inadäquate Entscheidungen fördern.

Die verschiedenen NWA sind i.d.R. unangemessen für komplexe planerische Entscheidungen, bei denen unterschiedliche und gegensätzliche Aspekte miteinander und gegeneinander abgewogen werden müssen.

4.1.4 Ökobilanzen im Bauwesen

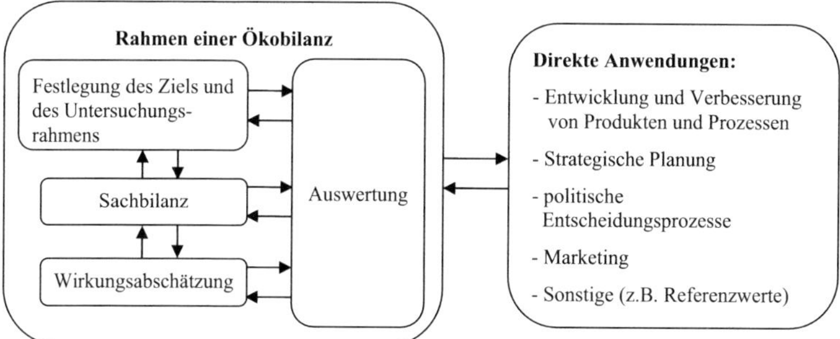

Bild 4.3:   Phasen einer Ökobilanz [DIN 14040 mod.]

Mit der Ökobilanz (englisch deutlicher: „Life Cycle Assessment") werden Umwelteigenschaften eines Produktes oder Prozesses durch die Zusammenstellung und Beurteilung von Input- und Outputflüssen sowie potentiellen ökologischen Effekten über den Lebenszyklusverlauf bewertet und ggf. globale Auswirkungen sowie soziale und ökonomische Aspekte berücksichtigt [vgl. Fink08].

Nach DIN 14040 besteht die Ökobilanz aus vier Phasen:

Der erste Schritt ist die Festlegung des Ziel- und Untersuchungsrahmens sowie des Detaillierungsgrades durch Systemgrenzen. Daran anschließend erfolgt die Zusammenstellung und Quantifizierung von stofflichen und energetischen Flüssen innerhalb des Untersuchungsrahmens, die in einem Inventar zusammengefasst werden. Bei der Wirkungsabschätzung werden die einzelnen Inventarbestandteile Wirkungskategorien zugeordnet und entsprechend ihrer potentiellen ökologischen Effekte gewichtet. Auch hier sind quantitative Gewichtungsmethoden umstritten. Bei Sachbilanzstudien entfällt dieser Schritt. Am Ende steht eine Auswertung zur jeweiligen Fragestellung, mit der die maßgeblichen Größen aus der Sachbilanz und (soweit erfolgt) der Wirkungsabschätzung identifiziert und möglichst nachvollziehbar dargestellt werden. Die Gewinnung eines (Gesamt-) Werturteils wird in diesem Schritt nicht verfolgt, sondern Schlussfolgerungen bzgl. der zu Grunde gelegten Ziele abgeleitet und Empfehlungen gegeben.

Durch die systematische Erfassung der Energie- und Stoffströme und der primären Betrachtung der Ursachen, anstatt der ökologischen Wirkungen, können Handlungsmöglichkeiten aufgezeigt werden, wie ökologische Auswirkungen im untersuchten Bereich vermieden oder verbessert werden können. Auch können durch die Methode ökologische Unterschiede von Umsetzungsmöglichkeiten bspw. zur Erfüllung einer betrachteten Funktion ermittelt werden oder ein Vergleich mit anderen Bilanzen aus demselben Bereich erfolgen.

Bei Vergleichen von Ökobilanzen untereinander muss jedoch sorgfältig geprüft werden, was jeweils untersucht, welche Daten dabei herangezogen wurden und ob eine Normierung auf einen gemeinsamen Nenner (z.B. Tunnelmeter) möglich und sinnvoll ist.

Die Ökobilanz eignet sich besonders zur Betrachtung des haushalterischen Umgangs mit Ressourcen und stellt eine sinnvolle Ergänzung der eher flächen- und schutzgutbezogenen traditionellen Umweltanalysemethoden dar.

Mögliche Anwendungen bestehen bei der Wahl der Tunneltrasse, der Tunnelkonstruktion oder bei der Auswahl von Bauverfahren, Entsorgungskonzepten und zu verwendenden Produkten. Daten für die Ermittlung von ökologischen Aspekten von Prozessen (z.B. Transporte) oder Produkten (z.B. Baustoffe) stehen dafür in teilw. öffentlich zugänglichen Datenbanken und Softwarelösungen zur Verfügung.

Ökobilanzen wurden bereits zur Bewertung der Ressourcenintensität der Neubaustrecke Hannover-Würzburg verwendet. Wegen der Komplexität einer Gesamtbewertung wurden nur der Material- und Energieverbrauch im direkten Einflussbereich der DB AG in einer Sachbilanz einbezogen und zwei Indikatoren, dem KEA (kumulierter Energieaufwand) und dem MIPS (Materialinput pro Serviceeinheit) zugeordnet. Bei der Auswahl einzelner Optionen zu technischen Elementen eines Tunnels (z.B. Konstruktion, Vortriebsverfahren...), die sich gegenseitig beeinflussen können und daher nicht in allen Kombinationen umsetzbar sind, sind auch weiter gefasste Ökobilanzen denkbar. Ein Vergleich unterschiedlicher Projekte anhand normierter Einzelbilanzen oder einer Gesamtbilanz aus den weniger komplexen Einzelbilanzen ist generell vorstellbar.

Im Rahmen einer Dissertation wurde eine Ökobilanz-Methode zur vergleichenden Bewertung von Planungs- und Wettbewerbsentwürfen von Brückenbauwerken entwickelt. Die Umweltauswirkungen aus dem Bau und der Nutzung des Bauwerkes werden nur ansatzweise berücksichtigt, da die notwendigen Einflussparameter zur Beurteilung alleinig aus dem Vorentwurf einer Brücke abgeleitet werden [vgl. Lüns99].

Mit Ökobilanzen im Hochbau haben sich u.a. auch LÜTZKENDORF und KOHLER näher befasst und eine Bilanzierungssoftware (LEGEP) für den Gebäudebereich entwickelt, mit der ökonomische und ökologische Aspekte abgedeckt werden können [vgl. KoLü04]. LEGEP ist ein Werkzeug zur Unterstützung der Planung und Entscheidungsfindung während der Planungsphase. Aufbauend auf einem CAD-System sind zu Bauteilkatalogen (Funktionale Einheiten) Sachbilanzen zu Materialien und weitere Datensätze hinterlegt. Durch die Auswahl von Eigenschaften eines Bauteils (z.B. Betonwand) und der Dimensionierung (z.B. 20cm dick) werden in der Software automatisch mit der Planung oder bei Planänderungen Ökobilanzen, Energiebedarf und Lebenszykluskosten ermittelt und zur Verfügung gestellt. Durch die Verknüpfung der Daten mit den Bauteilen handelt es sich bei LEGEP um eine Element-Methode, mit der (zumindest grob) die Vorstufen (Baustoffherstellung, Transporte) der Herstellungsprozess (Bauverfahren), die Konstruktion und der Betrieb durch hinterlegte Datensätze berücksichtigt werden.

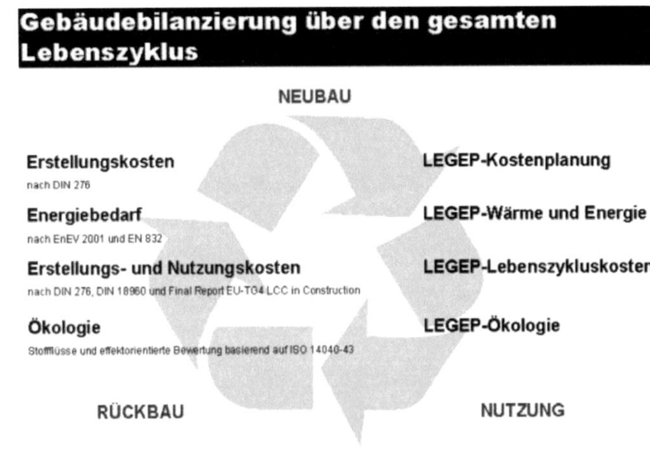

Bild 4.4:   Gebäudebilanzierungssoftware LEGEP [LEGEP09]

4.1.5   Ökologische Balanced Scorecard und Benchmarking

Eine Abwandlung der von KAPLAN und NORTON entwickelten Balanced Scorecard (BSC) könnte zukünftig zur projektbegleitenden Unterstützung der Projektoptimierung verwendet werden. Ansätze zu ökonomisch und ökologisch ausgerichteten BSC bestehen in Form von Sustainable Balanced Scorecards [vgl. Maha03]. Dafür müssen Projektauswirkungen, Ziele aufgrund allgemeiner Anforderungen an die Umweltverträglichkeit und Wirtschaftlichkeit sowie darüber hinausgehende ökonomische und ökologische Forderungen der Projektbeteiligten bzw. Betroffenen erfasst werden. Hierfür können Ökobilanzen, die Ökologische Risikoanalyse und Beteiligungsverfahren als Ausgangspunkt dienen. Auf der Grundlage ermittelter Ursachen- und Wirkungsketten sind für die einzelnen Projektbereiche und Prozesse je nach Einflussart, Erfolgsfaktoren und Vorgaben sowie Maßnahmen zu deren Erreichung vorzugeben und Verantwortlichkeiten zu bestimmen. Erfolgsfaktoren können z.B. die Reduktion von Tonnentransportkilometern, die Aufrechterhaltung eines Wanderwegenetzes oder Kosten pro Tunnelmeter sein. Durch eine transparente Wiedergabe der Zielerreichungen auf einer detaillierten Scorecard (Berichtsbogen) können Steuerungsprozesse ermöglicht und eine Balance zwischen den einzelnen Zielen zur Erreichung einer ökonomisch-ökologisch ausgewogenen Projektrealisierung unterstützt werden. Durch die Ziele, Vorgaben, Maßnahmen und Verantwortlichkeiten kann somit nicht nur die Verfolgung der Ziele erreicht und die Umsetzung bewertet werden, sondern die Umsetzung auch gesteuert und damit ein Lernprozess im Projekt angestoßen werden.

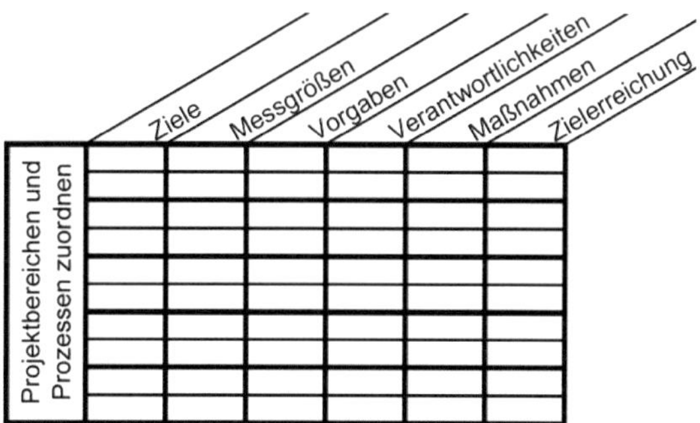

Bild 4.5:   Schematischer Aufbau einer modifizierten Balanced Scorecard

Um eine einheitliche Umsetzung der Ziele durch die Verantwortlichen zu sichern, stehen dabei generell drei Wege zur Verfügung: Kommunikations- und Weiterbildungsprogramme, Zielvereinbarungen und Anreizsysteme. Werden als Vorgaben zusätzlich Benchmarks, d.h. in vergleichbaren Projekten erreichte Bestwerte, als zu verfolgende und tatsächlich erreichbare Maßstäbe verwendet, wird zudem ein „Lernen von den Besten" außerhalb des Projektes unterstützt. Wichtig bei den Vorgaben ist, dass diese durch die Verantwortlichen beeinflussbar sind und daher tatsächlich gesteuert werden können. Externe Risiken sollten im Vorfeld ermittelt und eliminiert oder aus dem Verantwortungsbereich ausgeschlossen werden.

Mit LEED (Leadership in Energy and Environmental Design) besteht derzeitig eine Art Benchmarksystem, das die soeben vorgestellte Methode ergänzen und unterstützen kann, allerdings bisher ausschließlich Gebäude betrachtet [vgl. LEED00]. Gebäude werden über Checklisten und der Vergabe von Punkten durch akkreditierte Auditoren bewertet und anhand der Punkte die erreichte Zertifizierungsstufe (zertifiziert, Silber, Gold, Platin) ermittelt und vergeben. Die Checklisten enthalten zu fünf unterschiedlichen ökologischen Zielbereichen Anforderungen, die mit zu erreichenden Punkten versehen sind. Die Zertifizierungsstufen können als eine Art Benchmark angesehen werden. Allerdings wird durch die Vergabe des Zertifikats anhand der Gesamtpunktzahl keine Balance zwischen den einzelnen Zielbereichen gefördert, sondern Substitutionen ermöglicht.

Der Anreiz für die Verwendung des LEED und damit für die Planungsoptimierung ist die Zertifizierung. Diese zeichnet „Green Buildings" mit geringer Umweltbelastung, hoher Energieeffizienz und damit umwelt- und kostenoptimierter Nutzbarkeit aus und verbessert die Vermarktung und/ oder ermöglicht staatliche Zuwendungen in Form von steuerlichen Vorteilen oder Zuschüssen aus Förderprogrammen [vgl. Baue08]. Da das LEED nur bestehende Gebäude bewertet und zudem keine Verantwortlichkeiten regelt, ist eine Steuerungsfunktion bei diesem System nur in geringerem Maße durch die vorhandene Checkliste gegeben. Auch sollten Benchmarks von vergleichbaren Projekten zu den einzelnen Zielen in der Checkliste aufgenommen werden, um eine kontinuierliche Verbesserung zu erreichen.

Für den Vergleich von Projekten in allen Zielbereichen sind regelmäßig aktualisierte Benchmarks ein probates Mittel, um ein Projekt gegenüber anderen Projekten zu verbessern und verstärkt die Wahrnehmung der Ziele. Durch Einsatz von Benchmarks in allen Zielbereichen eines Projekts, die nicht gegenseitig substituiert werden können, und deren Verknüpfung mit Projektbereichen, Verantwortlichkeiten und Maßnahmen werden die Umsetzung, das Lernen im Projekt und eine Balance zwischen den einzelnen Zielen gesichert und gezielt steuerbar.

4.1.6 Nachhaltigkeitsansätze

Bild 4.6:	*Zieldimensionen der Nachhaltigkeit [Bund01 mod.]*

Mit dem „Leitfaden Nachhaltiges Bauen" [vgl. Bund01] wird in Deutschland erstmals angestrebt, in allen Phasen des Lebenszyklus von Gebäuden eine nachhaltige Umsetzung zu erreichen. Zu diesem Zweck sind im Leitfaden Grundsätze formuliert und über Checklisten mit Grenz-, Richt- und Zielwerten hinterlegt. Damit wurde ein qualitatives Bewertungsmodell für Gebäude entwickelt, das den gesamten Lebenszyklus berücksichtigt und mit dem die Nachhaltigkeitsziele (Ökonomie, Ökologie, Soziales) getrennt bewertet werden können.

Die qualitative Erstbewertung soll in Zukunft durch eine quantitative EDV-Bewertung unter Verwendung von mit dem Projektverlauf konkreter werdenden Daten ergänzt werden. Vor allem Planungen können beurteilt werden, da der Leitfaden den Schwerpunkt auf die Planungsphasen nach HOAI legt. Für die Phasen sind Grundsätze vorhanden und im Sinne einer Qualitätssicherung die Dokumentation von Ergebnissen sowie deren Bewertung anhand der Vorgaben aus der Planung vorgesehen (Monitoring). So sind Vorgaben für die differenzierte Berücksichtigung ökologischer Belange in der Ausschreibung vorgesehen, die weg vom reinen Kosten- und hin zu einem Qualitätswettbewerb führen. Eine Unterrichtungen und Aufklärung der Betreiber und Nutzer über Wirkungszusammenhänge der Nachhaltigkeit sowie wiederkehrende Leistungs- und Verbrauchskontrollen als auch Betriebs- und Nutzungsanalysen in der Betriebsphase sollen vorgenommen werden. Mit einem Gebäudepass werden Nachhaltigkeitsaspekte dokumentiert, die mit dem „Deutschen Gütesiegel Nachhaltiges Bauen" ausgezeichnet werden können, das ähnlich dem LEED eine Zertifizierung darstellt. Obwohl sich dieses Verfahren nicht direkt auf den Infrastrukturbau übertragen lässt, kann doch der Grundgedanke des nachhaltigen Bauens aufgegriffen werden, der neben der Weichenstellung in der Planung auch die Umsetzung und Verbesserung in den nachfolgenden Projektphasen aufgreift.

Ein Nachhaltigkeitsbewertungssystem im Infrastrukturbereich besteht bereits mit NISTRA (Nachhaltigkeits- Indikatoren für Straßeninfrastrukturprojekte), das vom Bundesamt für Straßen (Schweiz) entwickelt wurde [vgl. Ecoplan07; WaLS06]. Die Indikatoren umfassen alle Nachhaltigkeitsbereiche und werden je nach Eigenschaft mit einer KNA, NWA oder verbal in einem Excelprogramm bewertet. Innerhalb der NWA werden die Punkte nach vorgegebenen Gewichtungen in den Nachhaltigkeitsbereichen zusammengefasst, eine Gesamtaggregation der Bewertungen erfolgt jedoch nicht. Die Gesamtabwägung soll durch die Behörden bzw. im politischen Prozess erfolgen. Hierzu werden neben einer Matrixdarstellung der NISTRA-Ergebnisse in einem Projektdatenblatt keine weiteren Hilfestellungen zur Verfügung gestellt. Da zur Abrundung der Bewertung nur 6 deskriptive von insgesamt 40 Indikatoren verwendet werden, von denen keiner den Umweltbereich betrachtet, ist das Vorgehen aufgrund der Quantifizierung und der verwendeten Methoden kritisch zu sehen. Insbesondere durch die Aggregation innerhalb der Nachhaltigkeitsbereiche kommt es zu intransparenten Substitutionen, wobei die in NISTRA besonders hervorgehobene Trennung von monetären und nichtmonetären Bewertungen dieses Problem nicht beheben kann. Eine transparente Informationsweitergabe und Verknüpfung der Auswirkungen und Bewertungen mit technischen Ursachen erfolgt mit dem System nicht.

Der Ansatz, parallel zur UVS / UVP [vgl. Anhang 25] umfassendere Aufnahmen und Bewertungen für die Entscheidungsfindung vorzusehen sowie ein einheitliches Vorgehen anzuwenden, ist generell sinnvoll, da hierdurch eine ganzheitliche Betrachtung unterstützt wird. Allerdings sollten sich die parallel laufenden Verfahren gegenseitig austauschen und unterstützen. Eine Ausweitung auf die Begleitung des Projektes über die Planungsphase hinaus ist ein weiterer Schritt, der zu verfolgen ist. Zudem sollten die Verknüpfung mit technischen Ursachen, vermehrte Kriterien mit Bezug zum Erstellungsprozess neben den bisher überwiegenden Konstruktions- und Betriebsindikatoren und eine transparente Bewertung, die Hintergründe mitführt, damit einhergehen. Die Berücksichtigung der UVP-Kriterien sollte außerdem mit den Indikatoren gegebenen sein und eine tatsächlich ausgeglichene Berücksichtigung aller drei Nachhaltigkeitsdimensionen erfolgen ohne primär eine Kostenreduktion als Ziel zu verfolgen.

4.1.7 Auditverfahren

Für Sicherheitsaspekte bestehen im Infrastrukturbereich bereits Standards zu kontinuierlichen Ansätzen und Kontrollen. Ein Beispiel dafür ist die „Empfehlung für das Sicherheitsaudit von Straßen" (ESAS), die z.B. durch die [RAA08] im Bereich der Autobahnen als Teil des Qualitätsmanagements anzuwenden ist [vgl. FGSV02].

Hintergrund von ESAS ist, dass Belange der Verkehrssicherheit von Straßen in den jeweiligen technischen Regelwerken enthalten sind, aber dennoch Straßenprojekte geplant und gebaut werden, bei denen die Möglichkeiten nicht voll ausgeschöpft wurden. Dies kann durch einen nicht berücksichtigten SdT, aus Abwägungen unterschiedlicher Belange oder nur mit Zeitverzug in die Regelwerke und zu den Beteiligten gelangenden neuesten Erkenntnissen resultieren. Daher sind Sicherheitsaudits [vgl. Anhang 26] in mehreren Stufen entsprechend dem Projektfortschritt jeweils am Ende der Vorplanung (Linienvarianten), der Entwurfsplanung und der Ausführungsplanung sowie vor und kurz nach der Verkehrsfreigabe vorgesehen.

Bei den Sicherheitsaudits, die als eigenständige Prozesse integraler Bestandteil des Planungsprozesses sind, handelt es sich um Ermittlungen von Sicherheitsdefiziten durch unabhängige, akkreditierte und qualifizierte Auditoren unter Beteiligung des Vorhabenträgers und der Planer. Anhand der Planungsunterlagen und i.d.R. einer Ortsbesichtigung wird mit Checklisten untersucht, ob eine sichere Benutzung der Infrastruktur möglich ist, eine optimale Gestaltung gewählt wurde und ob neue gesicherte Erkenntnisse Änderungen anraten lassen. Mit den schriftlichen Auditberichten am Ende der Auditstufen, die zweckmäßig zwischen Auditoren, Vorhabenträgern und Planern zu besprechen sind, werden festgestellte Sicherheitsdefizite und Verbesserungsmöglichkeiten aufgezeigt und Hinweise zur deren Behebung bzw. Umsetzung gegeben. Die Entscheidung ob und inwieweit aufgrund der Auditergebnisse Änderungen vorgenommen werden, liegt in der Verantwortung des Vorhabenträgers, der die Auditoren auch beauftragt und für die Organisation der Audits und Verwaltung der Ergebnisse verantwortlich ist. Neben den Audits können Auditoren auch projektbegleitend konsultiert werden, dürfen dann jedoch nicht mehr die Audits durchführen. Auch Auditorenteams sind möglich, die durch unterschiedliche Sichtweisen, fachliche Ansätze und Hintergründe Vorteile gegenüber einem einzelnen Auditor haben können.

Der Fokus bei diesem Verfahren liegt auf den technischen Planungsbestandteilen, nach denen die Checklisten gegliedert sind. Diese sind auf die entsprechenden Auditphasen ausgelegt und bauen auf dem möglichen Ermessensspielraum, Erkenntnissen zu Unfällen, Forschungen sowie häufigen Planungsfehlern auf. Zusätzlich werden mit den ESAS Vorgaben zur Durchführung der Audits getroffen, um eine gesicherte Beurteilung zu erzielen. Die Ergebnisse und Erfahrungen bei den Audits und neue Erkenntnisse werden in den Checklisten und Vorgaben fortgeschrieben und eine kontinuierliche Verbesserung verfolgt.

Eine Übertragung dieser Vorgehensweise auf den ökologischen Bereich ist generell möglich und sinnvoll. Verbesserungen durch kontinuierliche, datenbankgestützte Aufnahmen von wesentlichen Aspekten und Hintergründen zu Planungsentscheidungen und Planungsdetails könnten dabei den Auditprozess erleichtern, indem die Daten strukturiert vorgehalten und Zusammenhänge sowie Hintergründe zu den immer umfassender und konkreter werdenden Unterlagen mitgeliefert werden.

Durch dieses Vorgehen können während der Planung und bei der Realisierung Verbesserungsmöglichkeiten leichter erkannt und Informationen für die wechselnden Beteiligten zur Verfügung gestellt werden. Eine Veröffentlichung der Auditberichte (bei ESAS bisher nicht vorgesehen) könnte zu mehr Transparenz führen und den Informationsfluss zur Fachwelt verbessern. Eine Ausweitung der Auditstufen auf die Ausführungsphase (Baustelleneinrichtung, Vortriebsbeginn, Fertigstellung) und die Betriebsphasen (z.B. alle 5 Jahre mit der Hauptuntersuchung) sowie die Beteiligung von Baubetrieblern und Betreibern während der Audits wäre empfehlenswert, um die ökologischen Belange über alle Projektphasen zu berücksichtigen und auf Möglichkeiten aufmerksam machen zu können.

4.1.8 Zwischenfazit

Wie exemplarisch aufgezeigt werden bei Infrastrukturprojekten bereits eine Vielzahl von Ansätzen und Methoden unterschiedlicher Qualität verwendet, die zumindest die Möglichkeiten für einen kontinuierlichen ökologisch-ökonomischen Verbesserungsprozess aufzeigen. Wissenschaftliche und verfahrenspraktische Ansätze der quantitativen und qualitativen Bewertung der „Umweltqualität" eines Bauvorhabens bestehen damit bereits. Diese setzen jedoch noch nicht die Grundidee einer ganzheitlichen Optimierung über die Projektphasen Planen, Bauen und Betreiben konsequent um. Zudem werden zumeist die ökologischen Aspekte eines Vorhabens nach deren Quelle (Anlage, Bau und Betrieb) und in Bezug auf die UVP-Schutzgüter als Einzelprobleme betrachtet, ohne auf die technischen Ursachen und auf deren spezifischen Abhängigkeiten im Projektverlauf sowie deren Rahmenbedingungen ganzheitlich einzugehen. Auch wird bei vielen Methoden der politische Entscheidungsprozess nicht durch transparente Informationsweitergabe unterstützt und das Potential zum Wissensaufbau durch strukturierte Dokumentationen und Auswertungen nicht genutzt. Eine kontinuierliche Begleitung und Bewertung über die Planungsphase hinaus sowie die Fremdbeurteilung der ökologischen Projekteigenschaften z.B. durch Audits fehlen im Umweltbereich bisher, sind jedoch bei Infrastrukturprojekten nicht unbekannt.

4.2   Besonderheiten bei Tunnelbauprojekten

Nach Definition stellen Tunnelbauvorhaben Projekte dar, da diese zeitlich begrenzt, gegenüber andern Vorhaben abgrenzbar und durch Einmaligkeit gekennzeichnet sind. Grob zu klassifizieren sind Tunnelprojekte nach den Faktoren: Lage (städtisch, ländlich, sensible Lagen), Länge, Querschnitt, Überdeckung, Verkehrseigenschaften (Art, Zusammensetzung, Geschwindigkeit), geologische- und hydrologische Rahmenbedingungen, Kosten pro Tunnelmeter und Platzverhältnisse bei der Erstellung (beengt – offen). Hinzu kommen die Besonderheiten des jeweiligen Tunnelprojekts. Tunnel sind mit erheblichen Investitionskosten (meist >20.000 Euro/Tunnelmeter) und hohen, mit der Tunnellänge zunehmenden Betriebs-/Unterhaltungskosten verbunden. Weitere Merkmale sind die lange Herstellungsdauer (im Mittel 2-4 Jahre) und Betriebszeit (>80 Jahre) und die nur mit hohem Aufwand mögliche Anpassung oder Rückbildung. Im Vergleich zu Leistungen anderer Wirtschaftsbereiche bestehen im Baubereich und im Speziellen bei Tunnelbauwerken einige Unterschiede, die für eine kontinuierliche ökonomische und ökologische Betrachtung wesentlich sind und hier kurz erläutert werden.

Produkte der stationären Industrie werden gemäß Nachfrage entwickelt, meist in hohen Stückzahlen hergestellt, angeboten und verkauft. Demgegenüber wird für ein Tunnelprojekt ein Bedarf ermittelt, ein Unikat geplant, die Herstellung angefragt, vergeben und bezahlt. Der Auftraggeber entscheidet sich nicht für die Vorteile eines Produktes „Tunnel", sondern die

Anforderungen an das Unikat „Tunnel" werden im Vorfeld der Realisierung ermittelt und bei Planung, Erstellung und Betrieb berücksichtigt.

Durch die langen Realisierungs- und Betriebszeiten sind neben den Bedürfnissen des Auftraggebers, der Ersteller, Nutzer und Betreiber besonders auch die ökologischen Belange mit zu berücksichtigen. Erschwerend kommt dabei hinzu, dass wechselnde Mitwirkende in den verschiedenen Projektphasen teilw. erst sehr spät beteiligt werden und unter Umständen sehr konträre Ziele verfolgen.

Tunnelprojekte unterliegen unterschiedlichen normativen Anforderungen, die zu wechselnden Hauptzielsetzungen in den einzelnen Projektphasen führen: Bedarf ermitteln, genehmigungsfähige Planung, Genehmigung erhalten, wirtschaftlich realisieren und mit hoher Verfügbarkeit betreiben. Da durch die Projektphasen und die wechselnden Projektbeteiligten, zwischen denen oft kein direkter Kontakt besteht, Schnittstellen entstehen, ist eine möglichst umfassende Informationsweitergabe zwischen den Projektphasen und den Projektbeteiligten wichtig. Dies ist umso wichtiger, da die meisten Projektbeteiligten durch den Vorhabenträger beauftragt, als Dienstleister am Projekt teilnehmen oder von Amts wegen eingebunden sind. Die meisten Beteiligten stehen somit nur für einzelne Projektabschnitte zur Verfügung und entwickeln kein eigenes „Produkt", das kontinuierlich begleitet wird.

An Einheitspreisverträgen wird deutlich, dass Tunnelprojekte nach genauen Vorgaben des Bestellers von „Dienstleistern" geplant und realisiert werden, die kein besonderes Eigeninteresse am Projekt, sondern nur an einer vertragsgemäßen, risikoarmen Umsetzung ihres Dienstleistungs- bzw. Werkvertrages haben und in ihren Mitwirkungsmöglichkeiten an den Projekteigenschaften stark eingeschränkt sind.

Da es sich um Unikate handelt und die Vergabe von Planungs- und Bauleistungen nach einem vorgegebenen unabhängigen Verfahren erfolgt, das die ökonomischen Aspekte in den Vordergrund stellt, können die „Dienstleister" auch kein „Markenprodukt" aufbauen, das der „Käufer" aufgrund einer bekannten, guten Qualität auswählen kann. Hierdurch wird der Eigenanreiz zur Verbesserung der Leistung weiter geschmälert, zumal die im Vergleich zu anderen Branchen geringen Gewinnmargen für Bauleistungen (ca. 1-3%) eine Verbesserung aus eigener Motivation aufgrund knapper Budgets zusätzlich verhindern. Damit sinkt auch das Verantwortungsgefühl der Beteiligten für das Projekt [vgl. Loth08].

Viele Vorhabenträger verfügen aufgrund der geringen Realisierungsrate und der damit einhergehenden diskontinuierlichen Auslastung nicht (mehr) über eigene Tunnelkompetenzen oder bauen diese ab. Durch den Föderalismus in Deutschland und fehlende Vorgaben zur Projektdurchführung von Tunneln durch eine zentrale Expertenstelle werden die Maßnahmen von „unerfahrenen" Vorhabenträgern realisiert, die auf einen kleinen Kreis von generell qualifizierten Planern und Baufirmen zurückgreifen.

Ein weiterer Aspekt ist, dass Tunnel an nicht stationären Produktionsstätten errichtet werden und eine Werkfertigung nur in sehr begrenztem Umfang z.B. für Vorprodukte (Baumaterialien oder Bauteile) möglich ist. Daher werden diese sehr stark von den vorhandenen Rahmenbedingungen (z.B. Geologie und Schutzgüter) und wenig beeinflussbaren äußeren Einflüssen (z.B. Wetter, Vegetationsperioden...) beeinflusst. Die möglichen lokalen ökologischen Auswirkungen sind deswegen bei jedem Projekt neu zu ermitteln und die Umsetzung, erforderliche Ressourcen, Ver- und Entsorgung sowie die Projektbeteiligten projektspezifisch und entsprechend der Rahmenbedingungen neu festzulegen.

Hinzu kommen Unsicherheiten wie die nur in begrenztem Maße möglichen Erkundungen des Gebirges und der hydrologischen Situation. Das Gebirge ist im Tunnelbau die maßgebende Rahmenbedingung. Nicht nur das Bauverfahren, die technischen Details und die Kosten hängen direkt von dessen Eigenschaften ab, sondern auch die potentiellen Umweltauswirkungen (z.B. Erschütterungsausbreitung aufgrund der Gebirgseigenschaften). Zusammenfassend kann festgestellt werden:

Tunnel sind Einzelfertigungen; eine aus Fehlern einer Serienproduktion lernende fortschreitende Planung ist daher nicht möglich. Jedoch gibt es wiederkehrende Einzelaspekte oder Erkenntnisse, die bei nachfolgenden Maßnahmen eingesetzt werden können.

Oft werden genauere und ggf. übertragbare Untersuchungen, Planungen und Prozessaufstellungen mit der Begründung unterlassen, dass bei jedem Projekt die Verhältnisse anders sind und durch unvorsehbare Ereignisse und änderungsbehaftete Produktionsprozesse sowieso Anpassungen erforderlich werden.

Die Bauleistung und Umsetzung sind zu Erstellungsbeginn meist nur grob definiert, da bei einer nicht stationären Fertigung auf äußere Einflüsse mit der Improvisationskunst der Beteiligten und „Ad hoc Maßnahmen" sowie den damit verbundenen ökonomischen und ökologischen Risiken reagiert wird. Die Fertigungsplanung und Arbeitsvorbereitung erreichen nur eine geringere Qualität als in der stationären Industrie und werden nicht so konsequent fortgeführt. Ein weiterer Grund dafür sind auch die in Deutschland oft sehr begrenzten Planungsmittel und der hinzukommende Termindruck, sobald Genehmigung und Finanzierung gesichert sind [vgl. Gehb01].

Als Zugeständnis an den Umweltschutz werden Tunnel oft als sehr teure Umweltschutzmaßnahmen bei Infrastrukturprojekten eingeplant, da Tunnel im Vergleich zu anderen Umsetzungsmöglichkeiten für gewöhnlich eine generell umweltfreundliche Alternative darstellen. Vergleiche der ökologischen Auswirkungen verschiedener Varianten werden daher bei den meisten Projektbeteiligten unter der Grundeinstellung einer schon erreichten umweltverträglichen Realisierung gesehen und Auswirkungen sowie Optimierungspotentiale teilw. nicht so stark wahrgenommen.

In Deutschland sind die Anforderungen an die Umweltverträglichkeit und Auswirkungen von Tunnelprojekten im Vergleich zum Ausland eher gering und werden erst langsam, vor allem in den Bereichen Schall und Erschütterungen schärfer. Unterlassene Kontrollen durch überlastete Behörden, fehlende qualifizierte externe Verantwortliche und das fehlende Eigeninteresse der „Dienstleister" an einer ökologisch optimierten Umsetzung führen häufig zu Defiziten bei der Umsetzung von Umweltschutzmaßnahmen [vgl. SRTT04]. Da im Gegensatz zu andern Bauprojekten überwiegend während der Erstellungsphase die Umweltbeeinträchtigungen auftreten, sollte in dieser Phase dem Umweltschutz eine erhöhte Priorität eingeräumt werden.

4.3 Verbesserungsbedarf

Nachdem in den bisherigen Kapiteln bereits an mehreren Stellen anhand von Beispielen auf Defizite und Verbesserungsansätze hingewiesen wurde, folgt eine Zusammenstellung und ergänzende Betrachtung.

4.3.1 Zufrieden stellende Lösungen

Aus verschiedenen Gründen erreichen die bisherigen Planungs- und Umsetzungslösungen nicht den Grad an Umweltverträglichkeit, der möglich und auch ökonomisch verhältnismäßig realisierbar ist. Ganz allgemein liegt dies am Streben der beteiligten Personen und Organisationen nach einer zufrieden stellenden Lösung (nicht der besten Lösung) und der Vereinfachung des Entscheidungsproblems, um in komplexen Situationen handlungsfähig bleiben zu können. Für die Planung und Umsetzung bewerten die Beteiligten, von Normen, Organisationen oder eigenen Anreizen gesteuert, daher nur wenige der wesentlichen Entscheidungskriterien und meist nur ein entscheidendes Kriterium zur Entscheidung für eine der möglichen Lösungen.

Unvollständige Informationen durch die eigene Beschränkung der Umweltbetrachtung auf einige der wesentliche Sachverhalte, Informationsfilterungen durch Organisationen und fehlende verlässliche Informationen, die in frühen Planungsstadien von Tunnelprojekten in vielfacher Hinsicht bestehen, führen zu einer Entscheidung, die wahrscheinlich nicht in der Nähe des Optimums liegt.

Aufgrund der begrenzten Ressourcen und Informationsverarbeitungskapazitäten werden die Ansprüche an die Planungen von den Planern mit den

Kapazitäten in Einklang gebracht und nicht alle denkbaren Lösungen untersucht, sondern so lange nach besseren Optionen gesucht, bis eine „zufrieden stellende" Lösung gefunden wurde. Diese Lösung wird anschließend so lange angepasst, bis diese zwischen den Beteiligten konsensfähig ist. Es werden daher nicht alle möglichen Optionen detailliert vor der Entscheidung entwickelt und danach gegeneinander abgewogen, sondern ein auf meist nur einer Option aufbauender Kompromiss verfolgt, der von den vorhanden Anreizen, der gewählten Ausgangslösung und den Forderungen der Beteiligten abhängig ist [vgl. Simo67; Simo81; FüSc08]. Durch das Ziel einer möglichst schnellen Konsensfindung wird dabei oft nicht die Optimierung, sondern eine Einigung auf einen gemeinsamen Nenner verfolgt, um weiter zu kommen [vgl. FüSc08 S.55].

Fehlende Anreize sind ein weiterer Grund mangelnder Optimierungen:

- verschiedene Finanzierungsquellen für Planung, Ausführung und Betrieb → wenig Anreiz zur Optimierung der Lebenszykluskosten und damit häufig auch verbundene Ressourcenschonungen,

- fehlende normative Anforderungen z.B. zur Ressourcenschonung,

- ökonomische Aspekte überwiegen aufgrund normativer Vorgaben → ökonomische Optionen werden ökologischen Optionen vorgezogen,

- fehlende Berücksichtigung ökologischer Aspekte, falls keine Interessensvertreter Forderungen stellen,

- aufwändige Nachweisprozesse bei Abweichungen von „Vorschriften", die nicht belohnt werden → Verhinderung innovativer Lösungen,

- konservative Planungen aufgrund des Missverhältnisses zwischen Honorarhöhe und Haftung → ressourcenaufwändige Konstruktionen und Verhinderung innovativer Lösungen,

- Bewertung der Planungen anhand der genauen Umsetzung (Konformitätsbeurteilung) und nicht anhand der Korrekturen, die Ausdruck eines Lernprozesses sind (Leistungsbewertung) → konservative Planung,

- fehlende staatliche Anreize wie finanzielle Zuwendungen und Subventionen [vgl. FüSc08 S.135].

Die Qualität der Planung und der Umsetzung hängt von den zur Verfügung stehenden Ressourcen (Zeit, Mittel, Personal), der Qualifikation, dem Wissen und dem Einfluss der Beteiligten sowie der zeitlichen und personellen Kontinuität bei der Planung ab.

Durch mangelnde Priorisierung der Projekte, unnötige Parallelbearbeitung mehrerer Maßnahmen oder hohem Termindruck, sobald für ein Projekt Genehmigung und Finanzierung bereitstehen, können Ressourcenengpässe entstehen, die zu schlechteren Qualitäten führen [vgl. FüSc08 S.42ff].

Sehr kritisch sind unüberprüfte Lösungen zu sehen, die auf einer Vorliebe/ Anweisung von Beteiligten oder Dritten (z.B. politische Einflussnahme) beruhen.

Aus den vorgenannten Gründen muss ein Klima geschaffen werden, in dem die Beteiligten durch Anreize und Informationen zu einer Optimierung und Berücksichtigung von Auswirkungen bewogen werden. Die Anreize müssen dabei mit dem Handlungsbereich der einzelnen Beteiligten im Zusammenhang stehen, da allgemeine höhere Ziele (z.B. Umweltverträglichkeit) schlecht verfolgt werden können [vgl. Simo81 S.115]. Des Weiteren ist eine Abstufung der Entscheidungen (Linie, allgemeine technische Umsetzung, Detailumsetzung) sinnvoll, um die Komplexität der einzelnen Entscheidungen zu reduzieren sowie einen besseren Wissenstand nutzen zu können und die Qualität der jeweiligen Planungen als auch Umsetzungen dadurch zu erhöhen. Informations- und Kommunikationstechniken, mit denen die Beteiligten Bedürfnisse besser erfassen, Ergebnisse und Hintergründe adressatengerecht aufbereiten und Informationen in geeigneter Form für Folgeaufgaben bereitstellen, können zu weiteren Optimierungen auch durch unabhängige Kontrollen (Handlungsbedarf) infolge der damit erreichten Transparenz beitragen [vgl. FüSc08 S.33ff].

4.3.2 Mangelnde Beteiligungen

Durch die späte Beteiligung von spezialisierten Fachplanern, Baubetrieblern und Betreibern basieren die Planungen auf allg. Annahmen und Anhaltswerten. Das jeweilige Fachwissen über die praktischen Möglichkeiten und Konsequenzen für weitere Projektphasen wird zu spät zugänglich und ist häufig nur noch im begrenzten Umfang für Optimierungen nutzbar.

Auch bei der Beteiligung der „Betroffenen" bestehen Defizite [vgl. FüSc08 S.161ff, 570ff]. Bei der Planung wird von vielen Vorhabenträgern die Minimierung des Aufwands verfolgt und eine vorzeitige Beteiligungen aufgrund der vermuteten Verzögerungen und Kosten vermieden, obwohl z.B. das EBA [vgl. PFRL07] eine frühe Beteiligung empfiehlt. Untersuchungen haben gezeigt, dass der Aufwand von Beteiligungen, sowie die damit ggf. einhergehende Verlängerung der Verfahren unbedeutend sind und so deutliche Verzögerungen und Mehrkosten vermieden werden können [Wend01 S.167ff]. Beteiligungen werden meist im Zuge der UVPen und dem PlafeV durchgeführt. Wenn eine Planung in die öffentliche Beteiligung geht, ist in einem langwierigen Planungsprozess für eine Vorzugsvariante eine Entscheidung gefällt worden, die genehmigt werden soll. Daher finden keine Partizipationsverfahren, sondern nur Vorstellungen der Planung statt, bei denen auf Änderungen und Alternativvorschläge der Beteiligten mit Widerstand begegnet wird. Meistens werden die Anregungen nicht weiter verfolgt, sondern mögliche Konflikte in Kauf genommen. Durch fehlende Akzeptanz der Planung aufgrund der „Bevormundung" und durch den Mangel an Informationen und Partizipationsmöglichkeiten entstehen häufig größere Konflikte durch anhaltenden Widerstand auf politischem oder gerichtlichem Weg mit den damit einhergehenden Verzögerungen und ggf. aufwendigen Anpassungs- und Änderungsprozessen. Dass eine frühe Partizipation als Ressource zu sehen ist, um kritische Punkte, Ziele und ausgewogene Optionen vorzeitig zu erkennen und einplanen zu können und damit eine ausgewogene sowie breiter akzeptierte Planung zu erreichen, wird bisher oft „übersehen". Vorhandene Informationen, unterschiedliche Ziele und Präferenzen sollten früh ermittelt und ausgetauscht werden sowie bei der Konsensfindung während der Planung transparent, d.h. auch durch Betrachtung von Folgen und Wechselwirkungen, beachtet werden, um eine optimierte Planung erreichen zu können [vgl. SaSc04; Simo81 S.107]. Weitere Betrachtungen zu Problemen und

Chancen sowie Umsetzungsmöglichkeiten von Partizipationsprozessen finden sich in [FüSc08 S.168ff] und [ÖIAV03; StKJ03].

Um ihre Unabhängigkeit zu wahren, möchten die Genehmigungsbehörden während des Planungsprozesses möglichst nicht eingebunden werden. Dies kann im Genehmigungsverfahren zu aufwendigen Änderungsprozessen oder ökonomisch folgenreichen Auflagen führen. Dem Lean Gedanken folgend [vgl. GeKi06] könnten durch frühzeitige Hinweise der Bauaufsicht zu Anforderungen und kritischen Punkten „Fehlplanungen" und „Verschwendungen" von Zeit- und Finanzressourcen vermieden werden. Wenn die Genehmigungsbehörde sich darauf beschränken würde, nur Hinweise auf mögliche Probleme im Genehmigungsverfahren zu den verschiedenen Varianten zu geben, ohne in den Entscheidungsprozess selbst einzugreifen, würde die Unabhängigkeit gewahrt bleiben. Die Gründung eines Teams in Anlehnung an die „Construction Alliances" [vgl. Ross09; JBRC06], in das alle Beteiligten (ggf. auch passiv) eingebunden sind, ist empfehlenswert. Durch die gemeinsame Risikotragung, die Bearbeitung der Gesamtaufgabe in kleinen Losgrößen und die Verschiebung von Entscheidungen auf den letzten sinnvollen Zeitpunkt werden zudem die Verlässlichkeit und die Qualität der Planungen verbessert und die Planungsfreiheit bleibt länger erhalten (spätere Genehmigungsbeschlüsse).

Durch eine transparente Diskussion und Konsensfindung zu technischen Umsetzungsbestandteilen mit allen Beteiligten und Betroffenen könnten bessere Lösungen gefunden und mehr Akzeptanz gefördert werden. Mit einer begleitenden Dokumentation der Abwägungen während der Planung und Diskussionen im Zuge der Konsensfindung sowie der Verknüpfung von Zielen und Forderungen mit den technischen Optionen, wird die Transparenz zusätzlich erhöht, Wechselwirkungen deutlicher und die Optimierung und Abwägung von Optionen verbessert. Auch der Lernprozess im Projekt und das Lernen aus dem Projekt können durch eine solche Dokumentation verbessert werden. Die erhöhte Transparenz, die mit einem internetbasierten Informationssystem zu erreichen ist, kann zusätzlich zu einem verbesserten Informationsaustausch beitragen, das Vertrauen in eine umweltverträgliche Umsetzung fördern und Konflikte durch besser nachvollziehbare Entscheidungen vermeiden oder Konfliktrisiken entschärfen.

4.3.3 Verfrühte Festlegungen

Durch die Anforderungen im PlafeV und in der UVP sowie durch Eigeninteressen der Vorhabenträger werden sehr frühe Festlegungen in der Planung getroffen, die den weiteren Gestaltungsspielraum erheblich eingrenzen [vgl. DAUB93]. Obwohl z.B. die Bauausführung oft nicht direkt im PFB behandelt wird, erfolgen mit diesem dennoch aus der Planung resultierende Beschränkungen, die die Varianten der Bauausführung einschränken können. Die Festlegungen erfolgen zu einem Zeitpunkt, zu dem der Wissenstand noch unvollständig und durch Annahmen geprägt ist. Dies resultiert auch aus den späten Beteiligungen der Ausführenden und den begrenzten Planungsmitteln, wodurch detaillierte Betrachtungen bspw. zu geologischen und hydrologischen Eigenschaften möglicher Trassen nicht erfolgen. Durch die späte Einbindung besteht nur noch ein geringes Optimierungspotential für die Planung. Dies wird auch durch die HOAI unterstützt, die für die Vorplanung (Trassenwahl) 15-17% und für die Entwurfsplanung (Umsetzung) 30-45% des Gesamthonorars vorsieht [vgl. HOAI §§55ff]. Das Honorar für die Vorplanung ist viel zu gering bemessen, um verschiedene Varianten durchzuspielen und deren Auswirkungen abzuschätzen. Die nicht ausreichend fundierten Entscheidungen (z.B. Trassenwahl) können nur schwer revidiert werden und schränken den späteren Handlungsspielraum (z.B. Vortriebsverfahren, Ausbruchverwertung, Ver- und Entsorgungswege) und die damit zusammenhängenden ökologischen und ökonomischen Eigenschaften stark ein [vgl. ÖIAV02].

Ökologische Belange berührende Änderungen an genehmigten Planungen sind nur noch mit großem Aufwand in Änderungsverfahren möglich, die von den Beteiligten jedoch möglichst vermieden werden. Da Planungen im schrittweisen Konsensfindungsprozess aufgestellt werden und die dabei getroffenen Entscheidungen wegen der fehlenden strukturierten Dokumentation oft nicht nachvollziehbar sind, ist der Ausgang des Änderungsverfahrens ungewiss.

Weiterhin führt die Genehmigungsbehörde als Entscheidungsträger keine eigenen detaillierten Abwägungen durch, sondern prüft und übernimmt die Begründungen der Vorhabenträger und spricht ggf. zusätzliche, nicht an technische Ursachen gebundene Auflagen aus. Planungen, in denen alle Belange direkt oder indirekt integriert sind, werden durch die vielfältigen Verflechtungen unflexibel, da bei Änderungen alle Belange erneut angesprochen und bei fehlender Transparenz zu Entscheidungen wiederum im Konsensprozess entwickelt werden müssen [vgl. FüSh08 S.29]. Wie aufwändig die Änderungen sind, liegt vor allem am Detaillierungsgrad und Umfang (angesprochene Planungsbestandteile) der jeweiligen Planungen.

In der Folge werden mit dem steigenden Wissenstand im Projekt vorhandene Optimierungsmöglichkeiten [vgl. 4.3.1] und bessere Lösungsmöglichkeiten aufgrund eines neuen SdT oder innovativen Ansätzen (z.B. mit Nebenangeboten), die zu veränderten ökologischen Aspekten führen, i.d.R. unbeachtet gelassen (Innovationsbremse). Zudem werden die Rahmenbedingungen und gesellschaftliche Anforderungen, die sich in den oft langen Zeitspannen zwischen Genehmigung und Ausführung verändern (können), nicht mehr berücksichtigt. Durch diese Punkte wird ggf. eine zum Zeitpunkt der Umsetzung nicht optimale Lösung realisiert [vgl. ÖIAV02]. Daher verläuft die Dynamik der Gesellschaft und Natur konträr zur Unflexibilität der Planung. Werden Änderungen durch die Wahl neuer Optionen oder Anpassungen an geänderte Rahmenbedingungen trotzdem verlangt, sind Verzögerungen und weitere Kosten die Folge. Diese wären effektiver zu einem früheren Zeitpunkt für Optimierungen eingesetzt.

Planung als zeitlich eindimensionalen Prozess zu verstehen, der im frühen Planungsstadium eine Gesamtlösung erzeugen soll, entspricht nicht den Anforderungen an eine optimierte Planung. Um eine gute Lösung zu erreichen, sind neben Voraussicht bei Entscheidungen (Einflüsse auf spätere

Entscheidungen) auch eine Abstufung und Dynamisierung der Planung sowie Entscheidungsprozesse erforderlich, damit alle im Projektverlauf aufkommenden Optionen, ein besserer Wissensstand und die tatsächlich vorhandenen Rahmenbedingungen eingebracht werden können. Es ist nicht sinnvoll im frühen Planungsstadium alle verfügbaren Informationen zu sammeln und eine Entscheidung über eine Komplettlösung zu treffen. Entscheidungen sollten so aufgeteilt werden, dass über verschiedene technische Optionen (z.B. Trasse, Vortriebsverfahren, Ausbruchverwertung) entschieden wird, zu denen relevante Informationen zugeordnet und ergänzt werden können, wobei Auswirkungen auf andere Entscheidungen einzubeziehen sind. Um den dafür notwendigen Handlungsraum zu schaffen, sollten mit dem PFB nicht technische Maßnahmen, sondern einzuhaltende maximale Grenzwerte bzw. Ziele durch eine Worst Case Betrachtung festgelegt und Vorbehalte mit handlungsbezogenen Forderungen ausgesprochen werden. Dadurch könnte z.B. auch der tatsächliche Bedarf an ökologischen Maßnahmen besser und an die Ursachen gebunden bestimmt werden, indem Optionen miteinander verglichen oder der Maßnahmenbedarf (z.B. MFS) anhand des Wissensstandes (Erschütterungsuntersuchung im Rohbautunnel) kontrolliert wird.

Eine spätere Kontrolle ist sinnvoll, ob unter den gegeben Möglichkeiten die geforderte Vorsorge ausgedrückt z.B. in max. Staubniederschlagswerten eingehalten wurde. Hierdurch müssen die späteren Beteiligten aktiv planen, sich mit der Problematik auseinandersetzen und ökonomisch sinnvolle Lösungen zur Erreichung der erforderlichen Maßnahmen entwickeln. Durch Forderungen nach der jeweils bestmöglichen Umsetzung würden entsprechende Vergabekriterien angewendet und integrierte Planungen aufgestellt werden z.B. durch die Berücksichtigung von Gleichzeitigkeitsfaktoren von Emissionen im Bauablauf. Durch solche Forderungen würde allerdings ein Teil der Genehmigungsrisiken, die bei der derzeitigen Vorgehensweise in Deutschland größtenteils mit dem PFB abgeschlossen sind, bis in die Ausführungsphase hinein bestehen bleiben. Im Ausland wird dies teilw. schon praktiziert [vgl. Anhang Projektbetrachtungen].

4.3.4 Ökologisch-ökonomische Missverhältnisse

Durch die bisher verwendeten Methoden, die ökologische und ökonomische Aspekte nicht gemeinsam und kontinuierlich betrachten, intransparent darstellen und die Abwägung nur mäßig unterstützen können, entstehen vermeidbare Missverhältnisse zwischen ökologischen Forderungen (z.B. Auflage aus dem PFB) und ökonomischen Folgen. Insbesondere die frühen im Kompromiss getroffenen Entscheidungen und weitgehende Forderungen der Betroffenen aufgrund der sonst nicht mehr möglichen Partizipation spätestens im PlafeV, führen dabei zu Missverhältnissen. Diese bewirken, dass ökologische Aspekte nicht transparent aufgezeigt und bzgl. der Umweltverträglichkeit nicht optimiert werden.

Eine Verknüpfung zwischen ökologischen Aspekten mit den technischen Ursachen und die Verknüpfung der ökonomischen Folgen mit diesen Ursachen können dazu beitragen, mehr Transparenz zu schaffen. Neben der kontinuierlichen ursachengerechten Erfassung ökologischer Aspekte, z.B. durch eine UBB in der Bauphase, ist auch die Zuordnung ökonomischer Aspekte in allen Projektphasen zu fördern. Dies kann erreicht werden, wenn bspw. Einheitspreispositionen für ökologische Maßnahmen und Auflagen in den Bauverträgen vorgegeben werden [vgl. Anhang Projektbetrachtungen 2.3.5.] und ökonomische Auswirkungen zumindest ansatzweise ursachenkonform zugeordnet werden. Es sollte sich Transparenz dahingehend ergeben, welche ökonomischen Folgen entstehen, welche Kosten von den jeweiligen ökologischen Aspekten ausgehen und welche Verzögerungen mit ökologischen Anforderungen einhergehen. Diese Informationen können für die Überprüfung von Annahmen zu Steuerungszwecken im Projekt verwendet, mit anderen Projekten verglichen und so ein Wissensaufbau und Lernprozess unterstützt werden. Zudem kann das sinnvolle Ziel der global betrachteten, effizienten und gerechten Verwendung von Steuergeldern auch für Umweltschutzzwecke unterstützt werden. Wesentliche Mehrausgaben infolge von Maßnahmenforderungen im Grenzbereich des

überhaupt Möglichen könnten so erkannt, vermieden und die dabei einge-
sparten Mittel in wirksamere Umweltschutzmaßnahmen investiert werden.

4.3.5 Unzureichender Informationsfluss

Ein Austausch zwischen den Projektbeteiligten findet aktuell an den
Schnittstellen der einzelnen Projektphasen durch Planübergaben und selten
durch ausführliche Übergabegespräche statt, da ehemalige Projektbeteiligte
oft wegen der zeitlichen Verschiebungen nicht mehr zur Verfügung stehen.
Ein alle Beteiligten umfassendes und die Kooperation förderndes Team,
wie es angelehnt an das Vorgehen der „Construction Alliances" [vgl.
Ross09; JBRC06] denkbar wäre, wird bisher nicht gebildet. Es kommt
daher zu Informationsverlusten, da das Hintergrundwissen nicht umfassend
dokumentiert wurde, wenn überhaupt nur bruchstückhaft verbal weitergegeben wird und sich die Nachfolger aufgrund des i.d.R. vorhandenen Zeit-
drucks auch nicht umfassend einlesen. Durch Personalfluktuation der
„Dienstleister" oder Ruhestand gehen umfangreiche projektrelevante Informationen verloren. Eine aktive Informationsweitergabe, d.h. eine handlungsbezogene Weitergabe von leicht abrufbaren und weiterverwendbaren
Informationen gibt es nicht. Abrufbare Informationen und Anforderungen
im Umweltbereich gibt es meist nur in Form von Karten, Plänen und Dokumenten, oft ohne Verknüpfungen zu Hintergründen oder Informationen.
Der fehlende Bezug zu technischen Planungsbestandteilen durch den überwiegenden Schutzgutbezug von ökologischen Aspekten und Maßnahmen,
erschwert es den nachfolgenden Beteiligten relevante Informationen „abzu-
rufen" und weiterverwenden zu können. Die Bewertungsmethoden und
deren Einsatzform können oft nicht für spätere Entscheidungsprozesse
herangezogen werden, da diese wenn überhaupt nur über aufwändige
Dokumentenrecherchen und Gespräche nachvollzogen werden können.

Die bisherige Art der Dokumentation und Informationsweitergabe erfordert
einen erheblichen Mehraufwand für die nachfolgenden Beteiligten. Für die
einzelnen technischen Planungsbestandteile bei der Ausführungsplanung

(z.B. Vortriebsverfahren) sind bspw. die relevanten Informationen und Anforderungen einzeln aus den unterschiedlichsten Unterlagen herauszusuchen. Außerdem entsteht unnötiger Aufwand, wenn bereits durchgeführte Betrachtungen und Untersuchungen erneut erfolgen, weil Informationen nicht mehr bekannt oder verfügbar sind. Zudem kommt es bei der Umsetzung der Planung und Planungsziele durch mangelnde handlungsbezogene Weitergaben (z.B. durch ökologische Arbeitsanweisungen) und fehlende einfache Kontrollmöglichkeiten aufgrund des nicht vorhandenen Technikbezugs zu Defiziten. Vor allem die Baubeteiligten kennen bspw. bei ökologischen Projektbestandteilen oft nicht die Hintergründe oder angenommene Ursachen-Wirkungs-Beziehungen und können so nicht risikobewusst handeln, wodurch unnötige negative ökologische Auswirkungen entstehen können. Spätere Datenerfassungen dienen der Beweissicherung bei aufkommenden Problemen und nicht der Wissensbildung und Informationsweitergabe für nachfolgende Projekte.

Es fehlt ein EDV-unterstütztes System mit dem Informationen und Anforderungen strukturiert gesichert, aktiv weitergeben und jederzeit abgerufen sowie aktualisiert werden können. Durch ein internetbasiertes Informationsmanagementsystem kann erreicht werden, dass gezielt für einzelne Beteiligte Anforderungen und relevante Informationen z.B. zu Hintergründen und Abwägungen bereitgestellt, weiterverwendet und ergänzt werden können. Um einen guten und mit wenig Aufwand verbundenen Informationsaustausch zu fördern, sollten die Daten mit Bezug zu den jeweiligen Tätigkeiten der Adressaten verwaltet werden [vgl. Simo81 S.180ff]. Dies ist durch Verknüpfungen der ökologischen und ökonomischen Daten mit den technischen Planungsbestandteilen für die „Techniker" und gleichzeitigem Schutzgutbezug für die „Umweltfachleute" in einer Datenbank möglich. Durch die damit erreichte Transparenz wird, zusammen mit kontinuierlichen Ergänzungen neben der verbesserten Informationsweitergabe in die späteren Projektphasen, zudem ein Datenvergleich ermöglicht, der zu Steuerungsmöglichkeiten im Projekt führt, den Informationsrückfluss zu früheren Planungsbeteiligten gestattet und somit den Wissensaufbau für neue Projekte unterstützen kann. Dafür sind nach der Genehmigung (PFB) weitere Aufnahmen und Auswertungen im Zuge der Ausschreibung, Realisierung und dem Betrieb erforderlich, die durch eine gestufte Planung und Genehmigung gefördert werden können. Ein weiterer Vorteil eines solchen Systems ist, dass die Informationen zum Zeitpunkt des Bedarfs transparent verfügbar sind bzw. fehlende Informationen erkannt werden können. Die Informationen können somit bei Bedarf abgerufen bzw. durch das System direkt weitergeleitet werden, wodurch ein verbesserter Wissenstand und Sensibilisierungen bei späteren Handlungen erreicht werden können, die zu umweltverträglicheren Lösungen und Umsetzungen beitragen.

4.3.6 Fehlende Berücksichtigungen

Lösungen unter Betrachtung der Umweltverträglichkeit werden bisher nur bis zur frühen Phase der Genehmigungsplanung angepasst, die jedoch auf keine Optimierungen der Umweltverträglichkeit unter Beachtung des ökologisch-ökonomischen Verhältnisses, sondern auf eine genehmigungsfähige Lösung zielen.

Mit der UVP, die vor allem die Verträglichkeit einer Planung in Form von gesetzlichen Zulässigkeitsprüfungen bspw. anhand von Fachgesetzen und Grenzwerten prüft, werden nicht Optimierungsmöglichkeiten gesucht, sondern Planungsanpassungen und Auflagen zur Verminderung der ökologischen Auswirkungen definiert [vgl. SaSc04]. Nach dem PlafeV werden i.d.R. nur noch die ökologischen Planungsbestandteile sowie hinzugekommene Auflagen beachtet und die wirtschaftlichen Aspekte optimiert. Annahmen und berücksichtigte Rahmenbedingungen werden später nur in besonderen Fällen kontrolliert und selten vertieft betrachtet.

Veränderte Bedingungen, neue Erkenntnisse oder neue Möglichkeiten werden selten während der Realisierung aufgenommen und umgesetzt, da dies durch frühe Festlegungen oder Weichenstellungen stark gehemmt oder durch Erschwernisse im Anpassungsverfahren verhindert wird. Viele Vorteile können so nicht realisiert werden [vgl. GeKo08].

Ökologische Auswirkungen werden in späteren Prozessen oft nicht wahrgenommen und daher vernachlässigt, wenn keine Forderungen aufgestellt wurden. So werden ggf. Verbesserungen im technischen Bereich erkannt und vorgenommen ohne die veränderten ökologischen Aspekte und Auswirkungen zu thematisieren. Bei größeren Änderungen kommt es gelegentlich vor, dass diese im Vorfeld als ökologisch unwesentlich dargestellt und daher nicht in einem Änderungsverfahren betrachtet, sondern nur auf unterer Ebene abgestimmt werden. So kann es dazu kommen, dass zum Zeitpunkt der Genehmigung gute (Umwelt-)Planungen in der Ausführung schlecht umgesetzt werden oder aber nicht mehr optimal sind, da sich Rahmenbedingungen und/oder Möglichkeiten geändert haben. Meist werden diese Veränderungen erst durch Umweltverbände oder Dritte festgestellt und gemeldet.

Deutliche Anreize und Verbesserungsanforderungen, die eine Beachtung der Umweltverträglichkeit fördern, sind bisher nur durch das PlafeV (UVP, LBP, PFB) und die Umweltnormen gegeben. Ökologische Vergabekriterien werden selten ausgelobt, nur mit wenigen Wertungspunkten berücksichtigt und daher das in der Ausschreibung vorhandene Optimierungspotential nicht gefördert. Für gewöhnlich fehlen personifizierte Verantwortungsweitergaben an die in der Realisierungsphase Beteiligten und spezielle Schulungen. Hierdurch steigt das Risiko von Umweltunfällen und mangelhaften Umsetzungen ökologischer Maßnahmen.

Da ökonomische Anreize permanent präsent sind, werden ökologische Maßnahmen ggf. soweit minimiert, dass deren Wirksamkeit letztendlich nicht gewährleistet ist. Eine Betrachtung der vorhandenen Anreize der einzelnen Akteure und dementsprechende Zuordnung von kompensierenden ökonomischen Anreizen würde dieser Problematik begegnen. Dies können gewichtige ökologische Vergabekriterien und Einheitspreispositionen sein, aber auch eine Belohnung für geringere ökologisch negative Einflüsse, z.B. für die Unterlassung von übermäßigem Einsatz von Tensiden zur weiteren Steigerung der TVM-Vortriebsleistung.

Durch fehlende Kontrollen wird das Ziel einer umweltschonenden Projektumsetzung zusätzlich gefährdet. Kontrollen werden normativ zwar gefordert, allerdings in der Praxis nicht konsequent umgesetzt. So prüfen die verantwortlichen Behörden nur sporadisch auf der Baustelle und beschränken sich auf offensichtliche Belange wie z.B. den Betrieb einer Wasserreinigungsanlage.

Für bessere Kontrollen fehlen häufig die Finanzmittel und geschultes Personal; Lösungen wie eine UBB sind zudem in Deutschland eher die Ausnahme. Kontrollen, ob Planungen und Abwägungen berücksichtigt sowie das vorhandene Optimierungspotential genutzt wurde, sind bisher nur ansatzweise mit der UVP gegeben und hängen von den Planungen des Vorhabenträgers und den im Tunnelbau selten erfahrenen und ggf. auch durch eigene Ziele beeinflussten Beteiligten ab. Unabhängige Überprüfungen von Experten in den einzelnen Projektphasen (Planungen, Ausschreibung, Ausführung, Betrieb) sind bisher nicht vorgesehen.

Kontinuierliche Optimierungen und Anpassungen werden durch die Bewertungsmethoden und die Art deren Anwendung erschwert. Ein wesentliches Problem dabei sind die oft fehlenden nachvollziehbaren Betrachtungen und Abwägungen zwischen technischen Planungsbestandteilen unter Berücksichtigung von Wechselwirkungen. Die Entscheidungsfindungen sind i.d.R. nicht dokumentiert und so nicht mehr eindeutig nachvollziehbar. Eine Fortführung von Abwägungen bei späterer Wiederaufnahme ist aufgrund der fehlenden Dokumentation zu den verfolgten Zielen, Bewertungsindikatoren und berücksichtigten Rahmenbedingungen sowie Hintergründen der Entscheidungen kaum möglich. Für Anpassungen an geänderte Rahmenbedingungen oder die Wahl einer anderen technischen Option sind daher nur geringe Ansatzpunkte vorhanden, auf denen aufgebaut werden kann. Oft werden deshalb aus Gründen der Vereinfachung nur noch Einzelaspekte betrachtet. In der Praxis werden die ökologischen Rahmenbedingungen mit dem PFB faktisch „eingefroren", da Anpassungen an veränderte Bedingungen mit einem zu großen Aufwand verbunden wären.

Resultierend aus der unterlassenen kontinuierlichen Betrachtung und Kontrolle wird eine ganzheitliche Betrachtung und Optimierung der ökologischen und ökonomischen Aspekte in Verbindung mit dem Bauwerk, Erstellungsprozess, Betrieb und der Unterhaltung über den gesamten Lebenszyklus hinweg nur teilw. erreicht. Dadurch werden negative ökologische Aspekte und Auswirkungen nicht an der Quelle verhindert oder reduziert, sondern diesen erst später durch zusätzliche Maßnahmen begegnet („End of Pipe" Ansatz). Die dadurch häufigen Ad hoc Entscheidungen auf der Baustelle werden meist „aus dem Bauch heraus" getroffen. Ökologische Belange und die Überprüfung der oft überschaubaren Handlungsmöglichkeiten auf deren Effektivität werden dabei aufgrund fehlender Prozessforderungen und Informationen nur bei externen Aufforderungen einbezogen.

Verschärft formuliert, findet Umweltschutz bisher überwiegend „auf dem Papier" statt und hat teilw. nur theoretische Bedeutung, da es an der praktischen Ausführung und Anpassung an tatsächliche Gegebenheiten und Möglichkeiten mangelt. Dabei ist auch anzumerken, dass es sich bspw. bei den LBP-Maßnahmen häufig nur um lokale Einzelmaßnahmen ohne Zusammenhang mit anderen Naturschutzmaßnahmen handelt und die Mittel, die zur Umweltplanung eingesetzt werden, oft deutlich höher sind als die eigentlichen Kosten der Maßnahmen. Es ist daher generell zu überlegen, ob nicht ein allgemeiner Prozentsatz (z.B. 3-5%) der Projektkosten für Umweltschutzzwecke einzusetzen ist und davon, neben grundlegenden Umweltverträglichkeitsuntersuchungen (Erfassung bedeutender Belange), wirkungsvolle Maßnahmen mit ganzheitlichem Zusammenhang finanziert werden sollten. Für eine solche Vorgehensweise wären jedoch bestehende Normen, vor allem das BNatSchG, anzupassen.

Durch folgende Ansätze könnten eine kontinuierliche Berücksichtigung ökologischer und ökonomischer Belange erreicht und damit auch die Umweltverträglichkeit von Projekten verbessert werden:

- Dynamisierung und Abstufung der Planung / Entscheidungsfindung,
- projektbegleitende umweltfachliche Betreuungen (z.B. PAK / UBB),

- Verantwortungsweitergabe und Sicherung von Qualifikationen,

- Datenbank- und Monitoringsystem (vgl. MFS-Geo Anhang Projektbetrachtungen 7.5.),

- kontinuierlich verfügbares Informationsmanagementsystem,

- kontinuierlich verfügbares Abwägungssystem, dass eine prozessbegleitende transparente Abwägung ermöglicht.

Mit externen Audits würden Defizite frühzeitiger erkannt und der Lernprozess und Wissensaufbau zusätzlich unterstützt. In der Folge könnten auch verfrühte Festlegungen verhindert und die Komplexität der (Einzel-) Entscheidungen und dafür erforderliche Unterlagen reduziert werden.

4.4 Umweltmanagement und Öko-Controlling

Aufgrund der häufigen Veränderungen im Projektablauf, verzögerter Realisierungen oder Unsicherheiten im Tunnelbau ist es erforderlich, die derzeitigen Methoden der Planung und Genehmigungsschritte zu ergänzen. Mit einem kontinuierlichen Werkzeug ist die Sicherung der Umweltverträglichkeit zu verbessern sowie eine andauernde Betrachtung und Optimierung des ökologisch-ökonomischen Verhältnisses zu fördern. Hierdurch, so der Ansatz, kommt es zu einer verbesserten Beachtung und verlässlicheren Umsetzung der verschiedenen Anforderungen in allen Projektphasen als auch zu einer Dynamisierung der Planung und Genehmigung einzelner Projektbestandteile. Des Weiteren wird der Wissensstand zu allen Projektphasen optimiert, Anpassungen vereinfacht und für andere Projekte das Basiswissen erweitert.

Konkrete Ziele des Werkzeuges sind die nachfolgenden Risiken anzugehen, die sowohl ökologische als auch ökonomische Konsequenzen haben können:

1) Relevante Aspekte bleiben unbeachtet und Entscheidungen werden ohne ausreichende Berücksichtigung späterer Realisierungsvarianten getroffen.

2) Beteiligte verfügen nicht über ausreichende Qualifikation und handeln daher aufgrund eines begrenzten Wissens.

3) Eine Informationsweitergabe erfolgt nicht bzw. ist für eine weitere Verwendung ungeeignet oder zur Verfügung stehende Daten werden nicht verwendet.

4) Aufgrund fehlender Anreize und Kontrollen wird verstärkt nach eigenen Interessen gehandelt und damit eine ausgewogene Projektrealisierung bzw. deren Umsetzung nicht gefördert.

5) Fachleute werden nicht früh genug einbezogen. Hierdurch kommt es zu Fehlannahmen und Fehlplanungen bzw. nicht optimierten Planungen, die im Nachhinein nur begrenzt zu verbessern sind.

6) Unterschiedliche Ziele der einzelnen Beteiligten/Betroffenen werden durch mangelnde Einbindung nicht früh genug erfasst, transparent dargestellt und in den Projektzielen nicht berücksichtigt, wodurch es zu Konflikten kommt.

7) Veränderungen der Rahmenbedingungen oder Möglichkeiten (neuer SdT, Innovationen) werden nicht erkannt oder berücksichtigt.

8) Unzulängliche Problembewältigung bei Abweichungen vom Geplanten durch fehlende Risikobetrachtungen, Anforderungen und Prozesse („Störfallplanung")

Zur Begegnung solcher Risiken wurden vor allem in stationären Betrieben das Umweltmanagement sowie Öko-Controlling als dazugehöriges praktisches Werkzeug eingeführt und mit Erfolg angewendet [vgl. BaPa08]. Auf diesen Ansätzen, die nachfolgend kurz betrachtet werden, baut das in Kapitel 5 vorgestellte Werkzeug für den Einsatz bei (Tunnel)Bauprojekten, das „Projektbegleitende Öko-Controlling" auf.

4.4.1 Umweltmanagement

Um den vielfältigen normativen Anforderungen gerecht zu werden und weitere Vorteile einer verbesserten Umweltleistung nutzen zu können, wurde der Umweltmanagementansatz (UM) entwickelt. Umweltmanagementsysteme (UMS) bieten durch eine kontinuierliche Verbesserung im Regelkreis aus Zielen, Umsetzungsplanung, Umsetzung, Überprüfung und Anpassung die benötigten Werkzeuge, um die Einhaltung von Anforderungen gewährleisten und Verbesserungsmöglichkeiten erkennen zu können. Außerdem ermöglicht die kontinuierliche Beobachtung des Umfelds mit dem UMS drohende Negativeffekte, d.h. externe Zusatzanforderungen oder ökologische Risiken der eigenen Tätigkeiten, frühzeitig zu erkennen und Gegenmaßnahmen rechtzeitig einzuleiten. Der Aufbau, Ablauf und eine mögliche Zertifizierung von UMS werden insb. durch die DIN 14001 und die EMAS-Verordnung [EMAS] beschrieben und ein UMS nach [EMAS Art.2 k] definiert als:

> *„den Teil des gesamten Managementsystems, der die Organisations-struktur, Planungstätigkeiten, Verantwortlichkeiten, Verhaltensweisen, Vorgehensweisen, Verfahren und Mittel für die Festlegung, Durch-führung, Verwirklichung, Überprüfung und Fortführung der Umwelt-politik betrifft"*

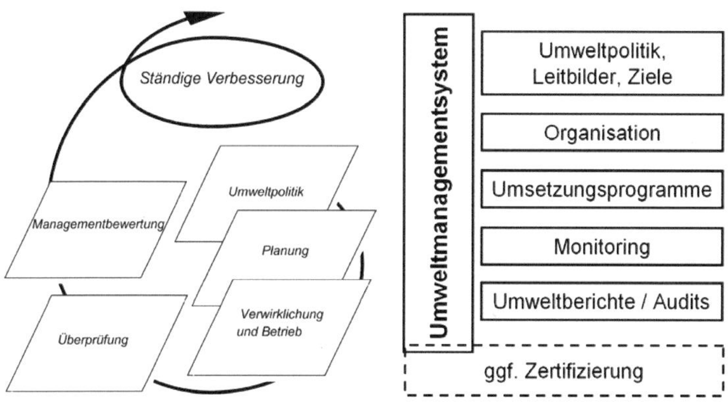

Bild 4.7:   Umweltmanagementsystem [DIN 14001 S.7 mod.]

Das Umweltmanagement folgt dem PDCA-Regelkreis (Plan-do-check-Act) [Bild 4.7] und damit dem Ansatz einer kontinuierlichen Verbesserung. Zu Beginn werden die Umweltpolitik und damit die Handlungsprinzipien einer Organisation definiert und kommuniziert. Darunter fallen die Erfassung der ökologischen Anforderungen sowie Leitlinien zur Einhaltung bzw. Über-treffung von Normen, Verhütung von ökologischen Auswirkungen und zur kontinuierlichen Verbesserung.

Davon ausgehend werden Verfahren für die Erfassung ökologischer Aspe-kte und Auswirkungen der Organisationstätigkeit einschließlich deren An-forderungen mit der Planung entwickelt und eingeführt. Auch entsprechende Zielsetzungen und Einzelziele sowie eine geeignete Organisation sind aufzustellen.

Die Planungen gilt es anschließend zu verwirklichen, wofür notwendige Ressourcen zur Verfügung gestellt werden müssen. Erforderliche Qualifikationen der Beteiligten, die Dokumentation und Kommunikation wesentlicher Informationen sind sicherzustellen und aktuell zu halten. Ebenso gilt es Vorsorgemaßnahmen zur Erkennung und Begegnung möglicher Gefahrenfälle einzuführen. Es muss sichergestellt werden, dass die jeweiligen Beteiligten sich über bedeutende ökologische Aspekte ihrer Handlungen und Folgen durch Abweichungen von festgelegten Abläufen bewusst sind.

Anhand eines Überwachungs- und Kontrollsystems werden während des Betriebs die wesentlichen ökologischen Beeinflussungen überprüft, gesteuert und verbessert. Besonderer Wert wird dabei auf die Einhaltung der Anforderungen und die Regelungen von Nichtkonformitäten gelegt. So ist durch ein festgelegtes Vorgehen zu gewährleisten, dass Abweichungen von Anforderungen erkannt, die Ursachen ermittelt und Maßnahmen zur Verringerung der negativen Auswirkungen getroffen werden, die auch zukünftige Vorkommnisse vermeiden.

Darüber hinaus sind Regelungen hinsichtlich der Durchführung von Audits zu treffen, mit denen die ökologischen Aspekte, die Erreichung der verfolgten Ziele und die Angemessenheit der Umweltpolitik betrachtet als auch für eine anschließende Managementbewertung zur Verfügung gestellt werden. Entsprechend der Erkenntnisse zum Handlungsbedarf bzw. Verbesserungsmöglichkeiten werden die Elemente des Umweltmanagements kontinuierlich verbessert und angepasst [vgl. DIN 14001ff].

Eine zusätzliche Zertifizierung des UMS ist bspw. nach der schon bestehenden EMAS-Verordnung [EMAS] möglich, die bisher allerdings Standorte als kleinste mögliche Zertifizierungseinheit vorsieht. Dafür muss das UMS durch externe Audits geprüft, eine Umwelterklärung veröffentlicht und dies spätestens alle drei Jahre wiederholt werden. Nach erfolgreicher Prüfung werden die Standorte in die Zertifizierung aufgenommen und dürfen das EMAS-Logo für die Beantragung von Fördermitteln oder Erleichterungen bei „Verwaltungsanforderungen" oder zu Werbezwecke verwendet werden [BeHW03]. Die Ausbildung der unabhängigen Auditoren erfolgt in Deutschland durch eine dafür gegründete Gesellschaft. Die Registrierung und Zertifizierung wurde den Industrie- und Handelskammern übertragen. Zusätzlich ist ein Gutachterausschuss für die Erarbeitung von Richtlinien für die Auditorenausbildung und zur Beratung des Umweltbundesamtes eingerichtet [vgl. BaPa08 S.52ff].

Der Nutzen eines Umweltmanagements zeigt sich bei stationären Betrieben in mehrfacher Form. Insbesondere unter Betrachtung der Entwicklungen im Ausland und der immer weiter zunehmenden Bedeutung der Ökologie im Baubereich werden die erkannten Vorteile für den betrachteten Bereich als überwiegend übertragbar angesehen [vgl. z.B. SeMa07; Fend07 741ff; Loth08 65ff]. Realisierbare Vorteile sind allgemein:

- Schonung von Ressourcen und damit zusätzlich verbundene monetäre Effekte,
- Erhöhung der Motivation von Mitarbeitern,
- Vorteile durch Risikovorsorge,
- Verbesserung der Organisation / Dokumentation,
- Erhöhung der Prozesssicherheit und Risikominimierung und damit verbunden die Rechts- und Nachweissicherheit,
- Schaffung von Vertrauen und Akzeptanz gegenüber Behörden und Öffentlichkeit,
- kontinuierliche Verbesserung des Umweltschutzes durch ein geregeltes Vorgehen,
- Vorteile (z.B. Gestaltungsspielraum) durch Vollzugserleichterungen,
- Imagesteigerung, Werbeeffekte und Wettbewerbsvorteile.

4.4.2 Öko-Controlling

Öko-Controlling ist eine Übertragung des betriebswirtschaftlichen Controllings über Kosten, Termine und Qualität auf das Umweltmanagement in Form einer abteilungsübergreifenden Querschnittsfunktion.

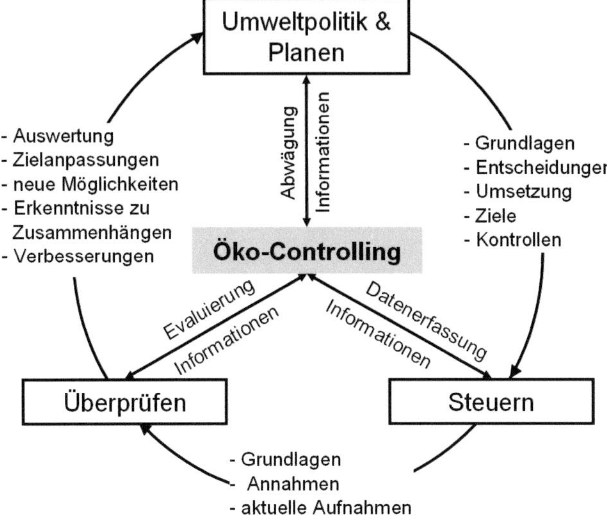

Bild 4.8:   Öko-Controlling Kreislauf

Wesentliche Funktionen sind:

- die Unterstützung der Zielbildung der Umweltpolitik,

- die dauerhafte Analyse der Zusammenhänge zwischen eigenen Tätigkeiten und ökologischen Belangen,

- die entscheidungsorientierte Informationserfassung und -bereitstellung
  für Planung und Steuerung von Aktivitäten,

- die Koordination von Aufgaben und Verantwortlichkeiten sowie das
  Informationsmanagement, um Defizite an und zwischen Schnittstellen
  vermeiden bzw. erkennen zu können,

- die frühzeitige Erfassung organisationsrelevanter Veränderungen, z.B.
  in Form von zukünftigen ökologischen Anforderungen (Frühwarnsys-
  tem).

Die Bedeutung liegt auf der Steuerung und nicht in der Kontrolle. Im
betriebswirtschaftlich vertretbaren Rahmen sollen ökologische Handlungsspielräume erkannt, genutzt und erweitert sowie ökonomische Wirkungen
beachtet werden. Eingebettet in die Produktions- und Organisationsstruktur
wird das Öko-Controlling von einem Planungs- und Steuerungsteam be-

treut, das regelmäßig die Tätigkeiten analysiert, den eingeschlagenen Weg hinterfragt und Verbesserung veranlasst. Da die Führungsaufgabe bei den jeweils Verantwortlichen verbleibt, werden von den „Controllern" selbst keine Entscheidungen getroffen, sondern diese durch Informationen und Methoden vorbereitet und fundiert. Als Grundvoraussetzung für eine weitestgehende Optimierung ist eine Umweltpolitik erforderlich, die neben der Beseitigung von Schwachstellen auch die ökologische Optimierung in allen Feldern ermöglicht, auf die die Unternehmensentscheidungen Einfluss nehmen (z.B. Transporte) [vgl. HaPf92; ScSt95; Holz04].

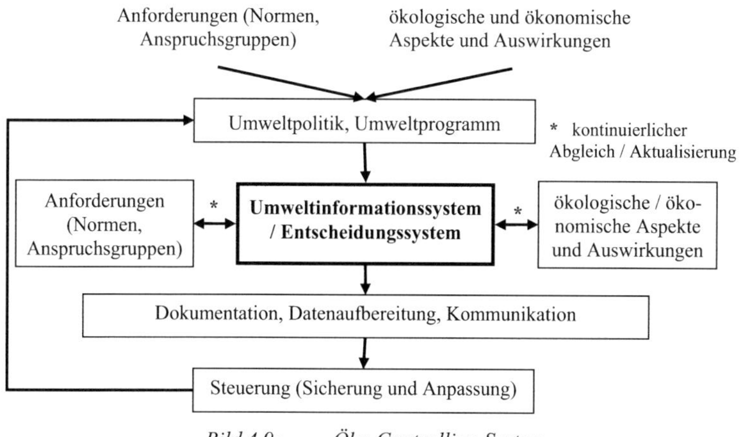

Bild 4.9:   Öko-Controlling-System

Grundlage für die Umsetzung ist ein Öko-Controlling-System, das im Wesentlichen aus Umweltprogramm, Umweltinformationssystem und Entscheidungssystem besteht.

Ausgangspunkt ist ein **Umweltprogramm**, das die internen und externen Anforderungen sowie die ökologischen Einflüsse der Organisationstätigkeit und Handlungsmöglichkeiten bspw. anhand von Öko-Bilanzen (Schwachstellenanalysen) und Checklisten ermittelt. Zudem werden damit die zu verfolgenden Handlungen und Ziele bestimmt als auch die Organisationsstruktur, Zuständigkeiten, Verhaltensweisen und Maßnahmen beschrieben. Die Ausrichtung sollte dabei nicht an ökonomischen Zielen erfolgen, da damit nicht integrativer Umweltschutz, d.h. die Vermeidung ökologischer Aspekte, sondern überwiegend „End-of-Pipe-Technologien", die langfristig ein Beleg für eine ineffiziente Umweltpolitik sind, gefördert werden.

Entscheidungs- und kontrollrelevante Daten werden mit einem **Informationssystem** abgebildet und bereitgestellt. Anforderungen an das Informationssystem sind Vollständigkeit und Kontinuität, Entscheidungsbezug (Aufbereitung entsprechend der Unternehmensentscheidungen) und Aussagefähigkeit der Daten für interne und externe Interessensgruppen (Transparenz zu ökologischen Problemständen). Ebenso ist eine Vergleichbarkeit und Abwägbarkeit der Daten mit solchen aus anderen Bereichen bzw. Betrieben zu verfolgen.

Mit dem **Entscheidungssystem** werden die Daten entscheidungsorientiert aufbereitet und handhabbar gemacht. Zu diesem Zweck werden bspw. Ökobilanzen, Umweltkennzahlen und Umweltkostenrechnungen eingesetzt und gleichermaßen ökologische wie ökonomische Aspekte berücksichtigt. Auch Ökoeffizienzbetrachtungen sind möglich, wobei der Quotient zwischen Produktwert/-nutzen und dessen Umweltbeeinflussung betrachtet wird.

Mit diesen Werkzeugen erfolgt bspw. in regelmäßigen Treffen eines Umweltausschusses, anhand systematischer Soll-Ist-Vergleiche zwischen den aktuellen Zuständen mit den gesetzten Zielen (z.B. Benchmarks), die kontinuierliche **Steuerung** der Unternehmensleistung. Bei zu hohen „Umweltkosten" steht die Kostenbeeinflussung im Mittelpunkt, wohingegen bei nicht erreichten „Umweltzielen" oder erkanntem Verbesserungspotential Umweltmaßnahmen durchzuführen sind. Anhand der Analysen von Abwiechungen, deren Ausmaß und Ursachen wird zudem das Umweltprogramm bei Bedarf aktualisiert.

Bei der Umsetzung von Maßnahmen, der Ermittlung von Zielerreichungen und erforderlichen Korrekturmaßnahmen sind neben den „Öko-Controllern" auch die für die Umsetzung Verantwortlichen gefordert. Im Zuge der internen **Kommunikation** erfolgt neben dem Informationsrückfluss daher auch die Informationsweitergabe, um die ursprünglichen Planungen laufend anhand der sich verändernden Prämissen zu überprüfen, mögliche Fehlentscheidungen frühzeitig zu erkennen und durch frühzeitige Wahrnehmung von neuen Risiken die Gefahrenabwehr zu unterstützen. Umweltschutzanstrengungen und dafür notwendige Informationen werden an alle relevanten Organisationsgruppen empfängergerecht und handlungsbezogen weitergeben und geeignete Anreize z.B. in Form von beeinflussbaren als auch erreichbaren Ziel-Vorgaben vorgesehen, um die Umsetzung der Ziele zu sichern. Zudem kann mit dem Öko-Controlling auch eine externe Kommunikation verfolgt werden, die den jeweiligen Anspruchsgruppen das Umweltprogramm, die ökologischen Wirkungen der Tätigkeiten und die Zielerreichungen vermittelt [vgl. BaPa08; ScSt95; HaPf92; Stah94].

Der Nutzen von Öko-Controlling für den Unternehmenserfolg wird in vielen Publikationen anhand von Beispielen belegt [vgl. HaPf92; ScSt95; Stah94]. Wesentliche Vorteile sind:

- kritische Selbstaufklärung über ökonomisch-ökologisch konfliktäre Bereiche,
- zuverlässige Umsetzung ökologischer Anforderungen,
- Aufzeigen ökologisch relevanter Risiken und Chancen (Optimierungspotential),
- Wissen über Verbindungen zwischen Kosten und ökologischen Anforderungen,
- verbesserte Anpassungsfähigkeit an Veränderungen und Vermeidung von aufwändigen oder nicht mehr möglichen nachträglichen Korrekturen,
- Erhöhung der Ökoeffizienz sowohl durch Kosteneinsparungen als auch durch Reduzierung der ökologischen Beeinflussungen,
- Vergrößerung der internen und externen Akzeptanz durch eine bessere, glaubwürdigere Kommunikation,
- Positives Unterscheidungsmerkmal zu anderen Anbietern.

5 „Projektbegleitendes Öko-Controlling"

Ein Werkzeug und dessen Anwendung vorzustellen, das ein Projekt kontinuierlich von der Planung bis in den Betrieb begleitet, ist Ziel dieses Kapitels. Dieses soll jedoch nicht die UVS oder die Genehmigungsverfahren ersetzen, sondern diese begleiten, unterstützen und insoweit ergänzen, als dass über die Genehmigungsphase hinaus eine kontinuierliche Betrachtung und Verbesserung unterstützt und der mögliche Abwägungsspielraum besser genutzt wird. Die Verbesserung der Projektrealisierung und des späteren Betriebs wird dabei im Wesentlichen durch strukturierte und zielgerichtete Datenerfassung und Informationsflüsse, mehr Transparenz, einer leichten Zugänglichkeit zu Informationen und Verantwortungsweitergaben verfolgt. Die Ausarbeitung von konkreten Bestandteilen, die eine direkte Anwendung ermöglichen, ist nicht Bestandteil dieser Arbeit, da diese besser aus der Praxis heraus entwickelt werden.

5.1 Einführung

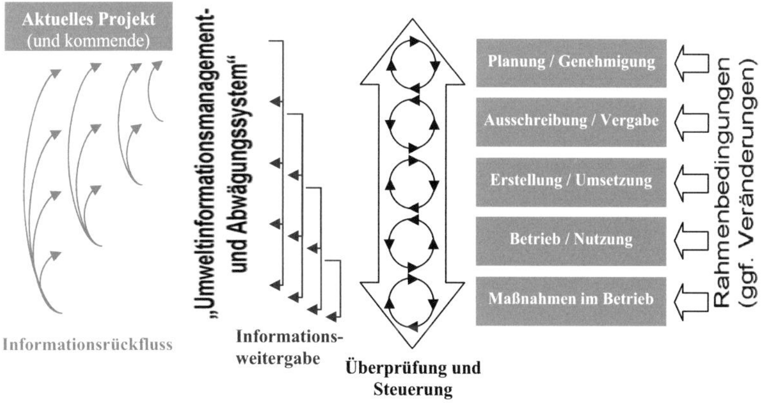

Bild 5.1:   „Projektbegleitendes Öko-Controlling"

Eine Übertragung des Öko-Controlling auf Tunnelprojekte in Form eines projektbegleitenden Werkzeugs zur Verbesserung der Umweltverträglichkeit und des ökologisch-ökonomischen Verhältnisses ist aufgrund der positiven Erfahrungen mit Umweltmanagement und Öko-Controlling aus stationären Betrieben sinnvoll. Die Möglichkeit dieses Ansatzes zeigt die teilw. bereits projektphasenübergreifende Anwendung von betriebswirtschaftlichen Controllingsystemen bei Tunnelprojekten. Der Bedarf solcher Systeme wird durch die lange Projektdauer mit vielen Veränderungen und der hohen Anzahl von Beteiligten bereits anerkannt. Ebenso sind in verschiedenen Veröffentlichungen zu Tunnelprojekten mit den aufgezählten Vorteilen des Öko-Controlling vergleichbare Nutzen beschrieben, insbesondere die Vergrößerung des Erfolgs von Korrekturmaßnahmen durch eine Verkürzung der Zeit zwischen dem Feststellen einer Abweichung, der Ursachenanalyse und der Korrektur [vgl. Büch02; Blin89; ScMa06].

Bei Tunnelprojekten ist zu beachten, dass sich die jeweilige Organisation im Verfahrensverlauf immer wieder neu zusammensetzt und kein Produkt entwickelt wird, das hergestellt, verkauft und nach einer Markteinführung kontinuierlich verbessert werden kann. Bei einem Unikat wie einem Tunnelprojekt können nur bis zur Fertigstellung Optimierungen realisiert werden (Projektsichtweise). Erst sekundär können Erkenntnisse bei anderen Projekten verwendet werden (Produktsichtweise). Wesentliche Zwecke des „Projektbegleitenden Öko-Controllings" sind daher:

- relevante Informationen, Anforderungen und Verantwortlichkeiten festzuhalten und gezielt weiterzugeben, um Steuerungs- und Verbesserungsprozesse zu unterstützen,

- Entscheidungen mit größtmöglichem Wissen über ökologische und ökonomische Aspekte und Auswirkungen (inkl. Beeinflussung weiterer Entscheidungen) zu treffen und den Handlungsspielraum möglichst lange zu erhalten,

- die erfassten Rahmenbedingungen, getroffenen Annahmen, verfolgten Lösungen und die zugrunde liegende Umweltpolitik kontinuierlich zu überprüfen und zu hinterfragen,

- die Sicherung der umweltverträglichen Umsetzung zu gewährleisten.

Der klassische linienhafte Projektansatz (Zieldefinition → Planung → Entscheidung → Realisierung) mit „isoliert" handelnden Projektbeteiligten durch klare Abgrenzung der Aufgaben- und Verantwortungsbereiche ist dafür nicht geeignet. Ein kontinuierliches Werkzeug, das über alle Phasen und von allen Beteiligten genutzt wird und damit den jeweiligen „Sichtflug" der Beteiligten in einen gemeinsamen, vorausschauenden und kontinuierlich verbesserten „Flug" verwandelt, entspricht den aufgezeigten Ansprüchen. Eine prozesshafte Betrachtung über die einzelnen Projektphasen hinweg, die zu einer entsprechenden Strukturierung der Projektorganisation unter Einbindung aller Beteiligten entlang der Projektphasen führt, wird daher verfolgt. Hierbei werden kontinuierlich Informationen weitergegeben, die die weiteren Handlungen entlang des Prozesses beeinflussen. Als Ergebnis stehen nicht mehr die jeweilige Handlung innerhalb einer nach ähnlichen Tätigkeiten strukturierten Organisationseinheit im Vordergrund, sondern das Prozessergebnis, d.h. die Umsetzungen sowie Informationen die aus dem Prozess resultieren. Wo bisher nur Optimierungen in geringen Maßen durch Einzellösungen möglich waren, können so umfassendere Optimierungen verfolgt und erreicht werden [vgl. Vorb99 S.114ff]. Der Ansatz greift somit wesentliche Prinzipien des Lean Construction auf, z.B. Kooperation, Transparenz, kleine Losgrößen, Flussprinzip, Pull-Prinzip [vgl. GeKi06].

5.2 Umweltinformationsmanagement- und Abwägungssystem

Ein **Umwelt**Informations**M**anagement- und **A**bwägungs**S**ystem (**UIMAS**) bildet ausgehend von betrieblichen Umweltinformationssystemen (BUIS) [vgl. Scha02] das Kernstück des „Projektbegleitenden Öko-Controllings" [Bild 5.2]. Dieses unterstützt die systematische Erfassung, entscheidungsorientierte Aufbereitung sowie problem- und empfängerorientierte Bereitstellung von ökologisch und ökonomisch relevanten Informationen sowie den Informationsaustausch zwischen den Projektphasen und Projektbeteiligten. Die zugrunde liegenden Ansätze, der Aufbau und die Datenbankstruktur des Informationsteils sowie die Methode des Abwägungssystems werden nachfolgend beschrieben und bauen auf dem vom Verfasser prototypisch entwickelten, internetbasierten System ÖIAS (Ökologisch-Ökonomisches Informations- und Abwägungssystem) [vgl. KoHL08] auf. Die Umsetzung in den einzelnen Projektphasen unter Einbezug der verantwortlichen Projektbeteiligten wird nach der Systemvorstellung in einem eigenen Kapitel beschrieben.

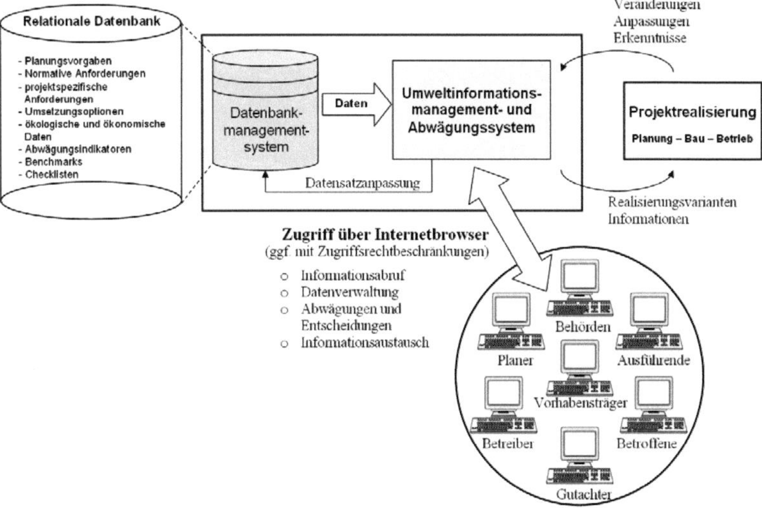

Bild 5.2:   Umweltinformationsmanagement- und Abwägungssystems [KoHL08]

5.2.1   Umweltinformationsmanagementsystem

5.2.1.1 Grundlagen

Als Basis für die Datenverarbeitung, Abwägung und Informationsbereitstellung dient eine **relationale Datenbank**, die die Informationssätze in Form von zweidimensionalen Tabellen verwaltet und miteinander verknüpft [vgl. Bild 5.3]. Der Informationszugriff und die Datenbearbeitung werden durch die ortsunabhängige und gleichzeitige Zugangsmöglichkeit über **Webbrowser** ermöglicht [vgl. Bild 5.2]. Damit wird die kontinuierliche

Verfügbarkeit sowie Anpassungsmöglichkeit der Informationen für alle Beteiligten erreicht und die Steuerung in allen Projektphasen aufgrund der vorhandenen und hinzukommenden Informationen unterstützt. Eine Einschränkung der Zugriffsrechte (Lese- und Schreibrechte) für die jeweiligen Projektbeteiligten bzw. Anspruchsgruppen ist entsprechend der Verantwortungsbereiche oder dem Informationsbedarfs generell möglich.

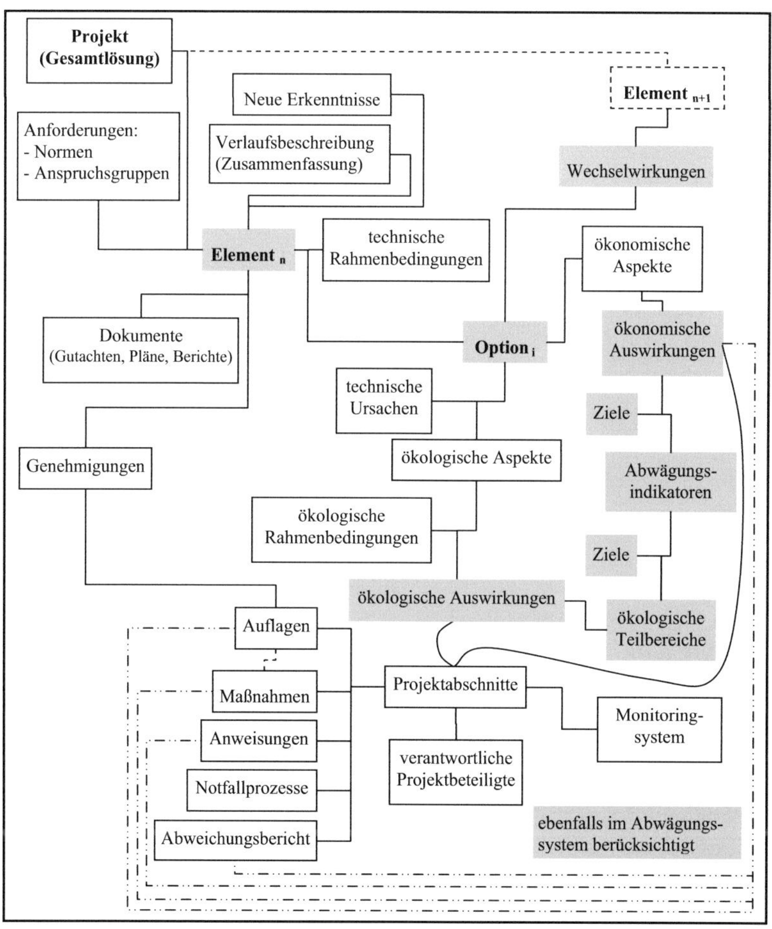

Bild 5.3:   *Informationsvernetzung im Umweltinformationsmanagementsystem*

Die kontinuierliche, empfänger- und entscheidungsgerechte Bereitstellung ökologischer und ökonomischer Informationen und damit deren kontinuierliche Berücksichtigung wird durch die Verknüpfung der Informationen mit der Technik [vgl. 2.1.3] und der Strukturierung nach einem Elementansatz gewährleistet [Bild 5.4]. Durch die **Verknüpfungen mit der Technik** erfolgt ein geeigneter kontinuierlicher Austausch von Informationen, da die für die Umsetzung verantwortlichen Beteiligten in Planungs-, Ausführungs- und Betriebsphase zu jedem Zeitpunkt die technischen Umsetzungsmöglichkeiten betrachten und die Organisation danach strukturieren (können). Zudem gehen sowohl die ökologischen als auch die ökonomischen Aspekte von den einzelnen technischen „Handlungen" aus, womit die Technik einen geeigneten Bezugspunkt darstellt.

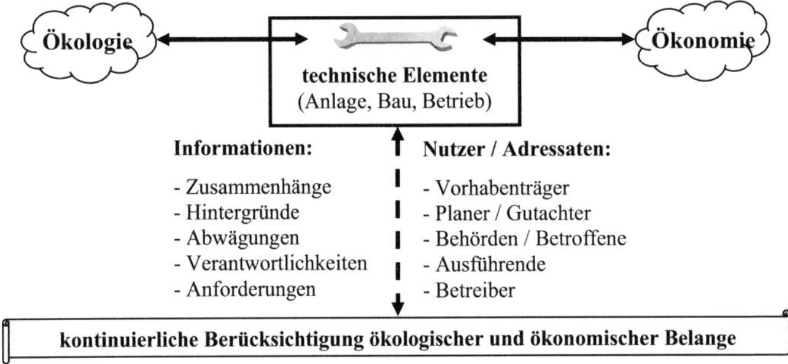

Bild 5.4:   Technische Elemente für eine kontinuierliche Berücksichtigung

Zur Strukturierung der Informationen bietet sich der **Elementansatz** an, der bereits aus der Kostenplanung bei (Tunnel-)Bauprojekten bekannt ist [vgl. ScMa06]. Hierbei werden Informationen an die verschiedenen Elemente bzw. deren Optionen gekoppelt. Elemente sind technische Projektbestandteile, die einen definierten, abgrenzbaren Nutzen haben und zu deren Erreichung generell mehrere Optionen zur Verfügung stehen [vgl. 2.1.3]. Auf diese Weise sind der direkte Übergang und die Weiterverwendbarkeit der Informationen zwischen den einzelnen Projektphasen sowie die frühe Berücksichtigung von Belangen späterer Projektphasen als auch ein gezielter Informationsrückfluss möglich.

Ab Planungsbeginn können die einzelnen Elemente und Wechselwirkungen immer detaillierter betrachtet und bearbeitet sowie Informationen über die Elemente handlungs- und empfängerbezogen ausgetauscht werden. Zudem wird ein Vergleich zu früheren Projekten ermöglicht, wenn die betrachteten Elemente und die Zuordnung von Informationen jeweils entsprechend gehandhabt werden. Um die Durchgängigkeit zu gewährleisten ist die Zuordnung von Informationen gemäß der Bedürfnisse bzw. Handlungen aller Projektbeteiligten erforderlich, die an der Umsetzung der einzelnen Elemente mitwirken („Prozessreinheit").

Informationen zunächst generell der Baustelleneinrichtung zuzuordnen, obwohl diese das Vortriebsverfahren betreffen, genügt diesem Anspruch bspw. nicht. Ebenso müssen die Reinigungskosten für Tunnelabwasser dem Vortrieb und nicht der Baustelleneinrichtung zugeordnet werden.

5.2.1.2 Anwendung

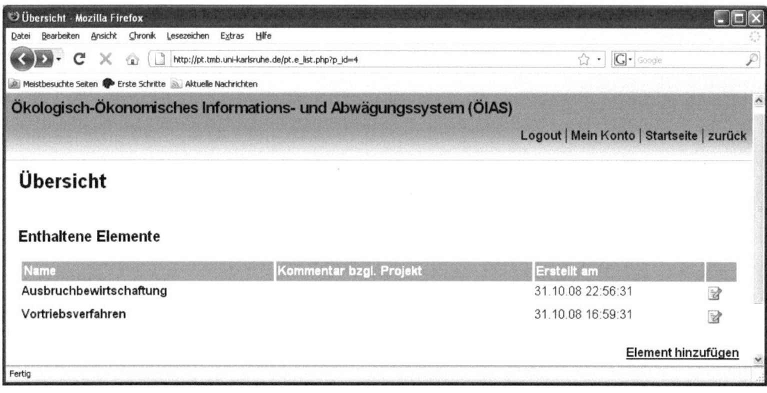

Bild 5.5:   *Erfassung von Elementen im UIMAS*

Ausgehend vom Elementansatz und der Bildung der Gesamtlösung zur Realisierung des **Projektes** durch die Bestimmung der Umsetzungsoptionen der verschiedenen **Elemente**, stellen diese die oberste Hierarchieebene innerhalb eines Projektes dar und können bei Tunnelprojekten wie folgend abgegrenzt werden:

- Tunneltrasse / Anlagenflächen (Verbindung vorgegebener Punkte),
- Tunnelquerschnitt (Nutzbarkeit für Verkehr / Hohlraumsicherung),
- Tunnelkonstruktion (Sicherung / Schale / Abdichtung / Drainage),
- Fahrbahnaufbau (Befahrbarkeit ermöglichen),
- Baustelleneinrichtung (Anlagen und Arbeitsraum für Erstellung),
- Vortriebsverfahren (Hohlraumerstellung),
- Ausbruchbewirtschaftung (Ausbruchverwertung),
- Transportverfahren /-Routen (Ver- und Entsorgung der Baustelle),
- Fluchtwegkonzept (Gewährleistung der Sicherheit im Betrieb),
- Belüftungskonzept (Luftqualität im Tunnel / Umgebung im Betrieb),
- Tunnelbeleuchtung (Gewährleistung der Beleuchtung im Betrieb).

Die von den Beteiligten zu verfolgende „Umweltpolitik" wird für die einzelnen Elemente durch Aufnahme von **Anforderungen**, die aus normativen Vorgaben und Ansprüchen von Projektbeteiligten und Betroffenen bestehen, bereitgestellt. Des Weiteren sind an die Elemente diese betreffende **Dokumente** (Gutachten, Pläne, Protokolle, Berichte…) und **Genehmigungen** zu koppeln, damit deren relevante Inhalte jederzeit eingesehen werden können, auf die mit einer kurzen Information hingewiesen werden sollte. Viele der unter dem Element im System enthaltenen Informationen werden auf diesen Dokumenten beruhen und ggf. auch auf diese verweisen.

Um die betrachteten Umsetzungsmöglichkeiten und deren Unterschiede transparent zu erfassen sowie eine Abwägung zwischen den **Optionen** zu unterstützen, sind diese einzeln an das jeweilige Element zu koppeln. Die Ausgestaltung der einzelnen Optionen (Beschreibung) und die Erfassung der **ökonomischen Aspekte** [vgl. 2.1.2] in Form von Beschreibungen zu Kosten, Zeit und Qualität erfolgt aufgrund der technischen Anforderungen, die als **technische Rahmenbedingungen** zu erfassen sind. Dadurch sind Optionen ggf. auch von der weiteren Betrachtung auszuschließen, wenn diese den Anforderungen nicht genügen können. Eine Begründung ist in solchen Fällen in die Beschreibung der Option aufzunehmen.

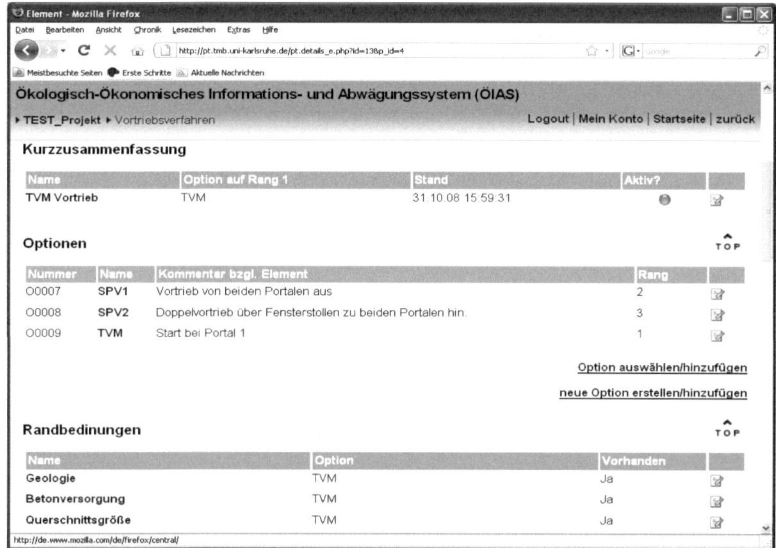

Bild 5.6:   *Erfassung von Optionen und Rahmenbedingungen im UIMAS*

Außerdem sind **Wechselwirkungen** mit anderen Elementen, z.B. die Beschränkung von Optionen anderer Elemente durch Vorgabe einer technischen Rahmenbedingung bei Auswahl und Umsetzung der Option, aufzunehmen und insbesondere bei der Abwägung und Auswahl der Optionen zu berücksichtigen.

Zu jeder einzelnen Option sind auch die ausgehenden **ökologischen Aspekte** und **ökologischen Auswirkungen** [vgl. 2.2] zu erfassen und zu beschreiben. Der Detaillierungsgrad der Betrachtungen hängt dabei von der Projektphase ab und steigt mit der Projektlaufzeit. Des Weiteren muss eine Zuordnung von **technischen Ursachen** [vgl. 2.2] zu den ökologischen Aspekten und von **ökologischen Rahmenbedingungen** [vgl. 2.1.1] zu den ökologischen Auswirkungen erfolgen. Dadurch wird Transparenz zu den Zusammenhängen zwischen Ursachen, Wirkungen und beeinflussenden Rahmenbedingungen erreicht, die zum fundierten Handeln aller Beteiligten beiträgt und zudem eine kontinuierliche Überprüfung und Anpassung bei abweichenden Bedingungen unterstützt.

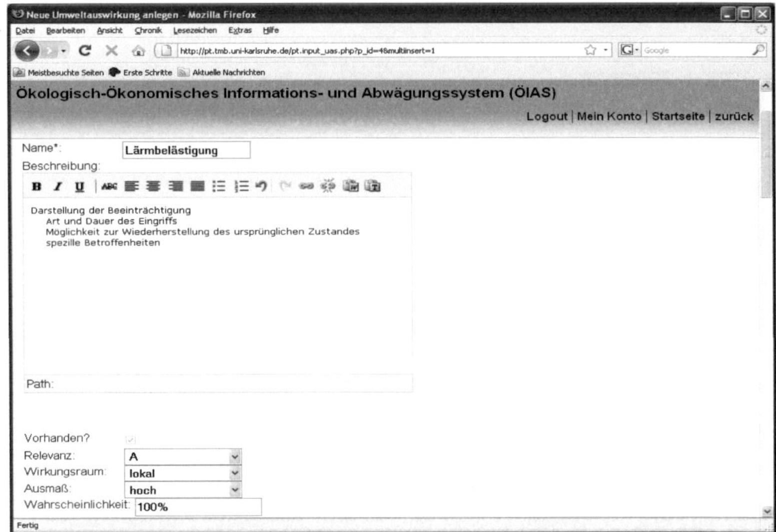

Bild 5.7:   Aufnahme von ökologischen Auswirkungen im UIMAS

Die Beschreibung der ökologischen Auswirkungen soll, neben der Darstellung der Beeinträchtigung, Aufschluss über den Wirkraum (lokal, regional, global), die Art (ständig, vorübergehend) und die Dauer (kurz-, mittel-, langfristig) des Eingriffs sowie die Möglichkeit zur Wiederherstellung des ursprünglichen Zustandes (aufhebbar, nicht aufhebbar) beinhalten. Ebenso sind spezielle Betroffenheiten darzustellen. Aus diesen Angaben sind das Ausmaß (gering bis gravierend) und die Relevanz der Auswirkung, die bspw. in Form eines Attributes für eine ABC-Analyse, zu bestimmen. Zusammen mit der Angabe der Wahrscheinlichkeit (%) des Auftretens der Auswirkungen wird damit auch eine Risikobetrachtung ermöglicht.

Durch die aus der UVS bekannte Einteilung der ökologischen Auswirkungen in anlage-, bau- und betriebsbedingte Auswirkungen wird ein besserer Überblick über die Projektphasen, in denen diese auftreten, und den generellen Quellen gegeben. Außerdem wird damit die Zuordnung zu **Projektabschnitten,** in denen die Auswirkungen zu betrachten sind, und die Bestimmung von Verantwortlichkeiten erleichtert.

Das Gleiche gilt auch für die **ökonomischen Auswirkungen**. Projektabschnitte können nach Bedarf zeitlich, räumlich oder in Kombination beider Faktoren definiert werden. Durch die Verknüpfung der ökologischen und ökonomischen Auswirkungen zu den unterschiedlichen Projektabschnitten wird eine gezielte Zuordnung von **Auflagen**, **Maßnahmen**, **Anweisungen**, **Notfallprozessen**, Teilen von **Monitoringsystemen** sowie den **Verantwortlichkeiten** für die Umsetzung, Überwachung und Steuerung möglich. Dadurch wird eine gezielte, handlungs- und empfängergerechte Informationsweitergabe und Übersicht zu Aufgaben im Verantwortungsbereich der einzelnen Beteiligten in den einzelnen Projektabschnitten erreicht.

Durch die transparente Zuordnung von Auflagen bspw. aus dem PFB und Maßnahmen, die auch aus den Auflagen resultieren können, zu Auswirkungen und Projektabschnitten mit zusätzlicher Bestimmung von Verantwortlichkeiten wird deren zuverlässige Umsetzung verbessert. Daneben muss die Umsetzung und ggf. auch Verbesserungen durch Anweisungen, die mit Inhalten eines „Umwelt- oder Qualitätsmanagementhandbuchs" [vgl. Anhang Projektbetrachtungen 2.3.2.] verglichen werden können und speziellen Auswirkungen und Projektabschnitten zugeordnet werden, unterstützt und damit eine kontinuierliche Beachtung erreicht werden. Beispiele sind Arbeitsanweisungen zur Maßnahmenumsetzung, Checklisten und Pflichtenhefte für die weitere Vorgehensweise (z.B. bei Detailprojekten und Ausschreibung) oder Qualifikationsanforderungen an Verantwortliche.

Bei Bedarf ist auch eine Verbindung zu einem „**Monitoringsystem**" vorzusehen, das den Anforderungen entsprechend auswirkungsbezogene Daten erfasst und ggf. direkt auswertet. Ein Beispiel dafür ist das System „MFS-Geo" [vgl. Anhang Projektbetrachtungen 7.5.], dessen Bestandteile mit den entsprechenden Auswirkungen und Projektabschnitten verknüpft werden und die Überprüfung und Steuerung der Auswirkungen sowie die Vorbeugung von unverträglichen Auswirkungen fördert.

Für ökologische Auswirkungen, deren Eintrittswahrscheinlichkeit als gering eingestuft wird, aber die bei Eintritt eine hohe Relevanz haben (ökologische Risiken), sollen (mindestens) **Notfallprozesse** vorgesehen werden. Mit diesen ist ein aktives, planvolles und kontrolliertes Handeln mit klaren Verantwortlichkeiten sowie die Einhaltung grundlegender Anforderungen und Ziele bei drohendem oder realisiertem Risikoeintritt zu gewährleisten und damit die umweltverträgliche Bewältigung derartiger Situationen zu verbessern. Zudem sind solche ökologischen Risiken kontinuierlich zu verfolgen, wofür sich ein System bspw. in Anlehnung an das System „TRIMM" anbietet [vgl. Anhang Projektbetrachtungen 3.3.], das auf eine Verfolgung der Eintrittswahrscheinlichkeiten und Konsequenzen von Risikoeintritten beschränkt werden kann. Bei Bedarf sind zusätzlich entsprechende Maßnahmen und Anweisungen, die eine Reduzierung der Eintrittswahrscheinlichkeit und/oder des Ausmaßes gewährleisten, im System aufzunehmen. Ziel der Risikopolitik muss eine Reduzierung der ökologischen Risiken gemäß dem ALARP-Prinzip (As Low As Reasonable Possible) auf ein ökologisch und ökonomisch vernünftiges, niedriges Niveau sein.

Treten in einem Projektabschnitt Abweichungen von Annahmen oder in der Umsetzung auf, sind diese jeweils in einem **Abweichungsbericht** zu erfassen. Entsprechend einem NCR [vgl. Anhang Projektbetrachtungen 7.2.], der nicht nur bei negativen Abweichungen von Vorgaben zu erstellen ist, sind darin neben der Beschreibung der Abweichung, deren Folgen und den Hintergründen bzw. technischen Ursachen auch Maßnahmen bzw. Korrekturvorschläge zur zukünftigen Vermeidung von möglichen negativen Abweichung zu beschreiben. Entsprechende Anpassungen der Informationssätze innerhalb des Projektes müssen damit einhergehen. Auf diese Weise wird die kontinuierliche Anpassung der Realisierung und der verfügbaren Informationen erreicht und Informationen für vorangehende Projektphasen / Projektbeteiligte bereitgestellt. Beispielsweise fließen so Informationen an die Entscheidungsstellen zurück, deren Annahmen nicht zutrafen, Vorgehensweisen verbessert werden können oder um über veränderte Rahmenbedingungen zu informieren. Durch den damit verbesserten Wissenstand früherer Projektbeteiligter kann das Vorgehen bei anderen Elementen oder anderen Projekten verbessert werden.

Die **ökonomischen Auswirkungen** [vgl. 2.1.2] durch ökonomische Aspekte einer Option und hinzukommende Auswirkungen infolge von ökologischen Auflagen (Verhinderung ökonomischeren Optionen...), Maßnahmen (Wasserreinigungsanlage, Arbeitszeitbegrenzung, LBP-Maßnahmen...) und Anweisungen (Untersuchungen, Monitoring...) sind zu erfassen, um Transparenz bzgl. der ökonomischen Folgen der möglichen Vorgehensweise zu erlangen. Ebenso sind die resultierenden ökonomischen Auswirkungen aufzunehmen, die in Verbindung mit Abweichungsberichten stehen, um ökonomische Konsequenzen der Abweichungen transparent zu machen. Einteilungen in Investitionskosten, administrative Kosten sowie die Realisierungszeit oder die Qualität betreffende Auswirkungen sind zur Verbesserung der Nachvollziehbarkeit zweckmäßig.

Durch die transparente Aufnahme wird die parallele Betrachtung und Abwägung ökologischer und ökonomischer Belange unterstützt und die kontinuierliche Überprüfung sowie die Wissenserweiterung ermöglicht. Zugleich werden mögliche Ungleichgewichtungen zwischen ökonomischen Auswirkungen und ökologischen Nutzen erkannt und entsprechende Optimierungen gefördert. Als erster Anhaltspunkt, welche ökonomischen Auswirkungen rein aus ökologischen Belangen resultieren und daher z.B. über eine Maßnahme aufzunehmen sind, können Anpassungen bei den Optionen sein, deren Erforderlichkeit nicht von allen Beteiligten befürwortet wird.

Neben Berichten (Dokumente) für die einzelnen Anspruchsgruppen, die bspw. das Ergebnis von Anweisungen an Projektabschnitte sind, können auch **Verlaufsbeschreibungen** (Zusammenfassungen) sowie „**Neue Erkenntnisse**" an die Elemente gekoppelt werden. Verlaufsbeschreibungen sollen einen Überblick über den Prozess zur Bestimmung der Umsetzungsoption geben, auf Besonderheiten hinweisen und auf die betrachteten Optionen kurz eingehen. So können Projektbeteiligte, die zu einem späteren Zeitpunkt hinzukommen oder Beteiligte eines anderen Projektes, die auf die Erfahrungen zurückgreifen wollen, einen schnellen Überblick erlangen. Durch die besondere Ausweisung von „Neuen Erkenntnissen" wird im

Speziellen der Wissensaufbau und der Informationsrückfluss gefördert, da neu erkannte Aspekte oder Auswirkungen einer Option, Zusammenhänge, Probleme oder Fehlermöglichkeiten kommuniziert werden und bei späteren Handlungen berücksichtigt werden können. Insbesondere aus Abweichungsberichten können solche Erkenntnisse resultieren.

Mit der Zuordnung der ökologischen Auswirkungen zu den **ökologischen Teilbereichen** [vgl. 2.1.1] ist eine Übersicht entsprechend der gängigen Strukturierung in der Umweltplanung nach Schutzgütern möglich und unterstützt die Arbeit der Projektbeteiligten im ökologischen Bereich bspw. bei der UVS oder UVP.

Darüber hinaus dienen diese Verknüpfung sowie die Zuordnung von **Abwägungsindikatoren** (mit geeigneten Maßstäben) zu den Teilbereichen und ökonomischen Aspekten mit entsprechenden **Zielen** der Abwägung im Abwägungssystem. Bei den Abwägungsindikatoren ist eine überschneidungsfreie und alle Auswirkungen abdeckende Auswahl zu verfolgen. Außerdem müssen die Indikatoren handhabbar, d.h. „messbar" und von den Beteiligten über die Gestaltung und Wahl von Optionen beeinflussbar sein. Für ökologische Indikatoren, die nicht mit messbaren Werten z.B. anhand normativer Maßstäbe bewertet werden können, bieten sich Mantelskalen an, bei denen die Einstufung (mit Hintergründen) verbal-argumentativ erfolgt [vgl. Bech98 S.27ff].

Von Bechmann wird dafür eine neungliedrige Einteilung vorgeschlagen: 1) Optimal-Bereich, 2) unterer Vorsorge-Bereich, 3) oberer Vorsorge-Bereich, 4) unterer Präventivbereich, 5) Normal-Bereich, 6) oberer Präventiv-Bereich, 7) Zulässigkeits-Grenz-Bereich, 8) Standard Schadensbereich, 9) starker Schadens-Bereich. Die Ziele sollten insbesondere die **Anforderungen** an das Element berücksichtigen und an die Indikatoren gekoppelt sein, wobei auf die Erreichbarkeit der Ziele geachtet werden muss. Hierdurch werden zum einen die Bewertungen in der Abwägung unterstützt, zum anderen aber auch Ziele im Sinne der „Umweltpolitik" für die Projektbeteiligten bereitgestellt, die mit Maßnahmen und Anweisungen zu verfolgen sind. Da sich die Anforderungen während der Projektlaufzeit ändern können, sind auch die Ziele und Indikatoren ggf. anzupassen und z.B. bei weiteren Abwägungen in späteren Projektabschnitten in geänderter Form zu berücksichtigen.

Eine Möglichkeit Ziele anzugeben und damit gleichzeitig den Vergleich unter Projekten und einen Verbesserungsprozess durch die Orientierung an den „Besten" zu unterstützen sind Benchmarks [vgl. 4.1.5]. Benchmarks könnten bspw. in Form von Betriebskosten pro Tunnelmeter, Energieverbrauch für Beleuchtung und Belüftung oder Betonverbrauch für die Tunnelschale aufgestellt werden. Bei der Auswahl der Benchmarks ist allerdings auf die Vergleichbarkeit aufgrund der Rahmenbedingungen zu achten. Bei der Belüftung bedeutet dies z.B. die beeinflussenden Faktoren Tunnellänge und Querschnitt sowie Verkehrsaufkommen zu berücksichtigen. Durch diese Verknüpfungen und Vorgehensweise wird aufgrund der transparenten und strukturierten Aufnahme die Nachvollziehbarkeit erleichtert. Zudem kann durch die Auswertung verschiedener Projekte eine Übersicht zu gängigen Indikatoren und Zielen für die Abwägung innerhalb eines Elementes erstellt und Standards oder Benchmarks einfacher herausgebildet werden, um die Abwägungsqualität und die Vergleichbarkeit zwischen Projekten weiter zu fördern.

Durch die beschriebenen Informationssätze werden drei wesentliche Nutzen erzielt:

- Bestimmung der vorteilhaftesten Optionen durch die Vorbereitung der Abwägung,
- Umsetzungssicherung (Maßnahmen / Verantwortlichkeiten) und Steuerung durch aktive Informationsweitergaben z.B. mit Anweisungen,
- Informationsbereitstellung und Informationsrückfluss, um das Wissen über Zusammenhänge zu verbessern sowie Abweichungen oder Verbesserungsmöglichkeiten zu erkennen und entsprechend zu reagieren.

Ein wesentlicher Nutzen des Systems besteht darin, dass projektbegleitend ab Planungsbeginn Elemente und deren Optionen sowie Wechselwirkungen immer detaillierter betrachtet, abgewogen und nachvollzogen werden können. Mit diesem System wird ein aktiver Informationsfluss in nachfolgende Projektphasen und zurück in vorgelagerte Phasen, die das weitere Vorgehen verbessern können, unterstützt. Aktiv bedeutet, dass Informationen und Aufgaben gezielt weitergegeben, der Informationsrückfluss vorbereitet und beides durch die vorhandene Struktur gefördert wird. Zudem werden Informationsverluste an Schnittstellen reduziert, Schulungen erleichtert und ein schneller Überblick über Zusammenhänge und Anforderungen durch die gezielte Abrufbarkeit der Information ermöglicht [Bild 5.8]. Eine kontinuierliche Verfolgung und Beachtung einer ökonomisch ausgewogenen Umweltverträglichkeit mittels Überprüfung und Steuerung der ökonomischen und ökologischen Belange in allen Lebenszyklusphasen wird dadurch unterstützt.

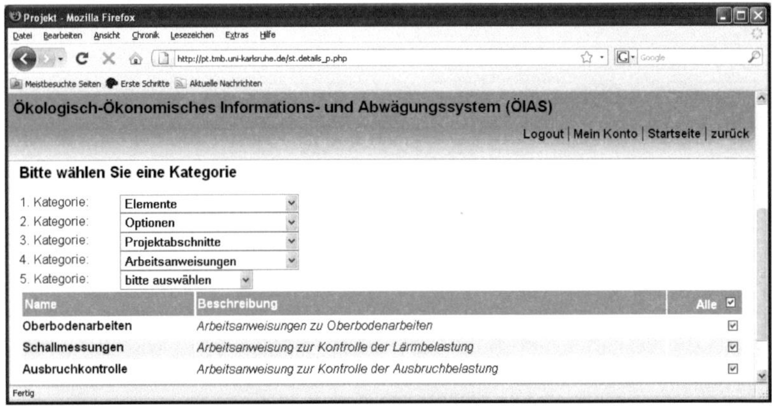

Bild 5.8:   Informationsabfrage im UIMAS

Außerdem wird mit der strukturierten Erfassung ein Abgleich zwischen „Planung" und „Realisierung" und damit eine Auswertung, die zu einem Erkenntniszuwachs auch für zukünftige Projekte führt, ermöglicht. Um dies zu erreichen, ist allerdings eine vollständige Erfassung und kontinuierliche Datenpflege erforderlich, was auch bedeutet, dass Informationen, die nicht mehr aktuell sind (z.B. geänderte ökologische Rahmenbedingungen) entsprechend gekennzeichnet und aktualisiert werden müssen.

Indem alle Daten von Projekten (neben ausgeführten Optionen auch Daten der sonstigen betrachteten Optionen) an einer zentralen Stelle erfasst und zur Verfügung gestellt werden, kann zudem eine „Wissensdatenbank" aufgebaut werden. Diese könnte zur Identifikation von Schwachstellen und Entwicklung von verbesserten Standards verwendet werden. Außerdem könnten die Information für die Realisierung neuer Projekte verwendet werden, z.B. indem „alte" Umsetzungen betrachtet und an das neue Projekt angepasst werden. Durch eine zentrale Verwaltung von projektunabhängigen Informationen könnten laufende Projekte zudem profitieren, z.B. wenn normative Anforderungen an Elemente zentral erfasst und aktualisiert werden und den Projektbeteiligten damit immer die aktuellen Normen zur Verfügung stehen und relevante Normen übernommen werden können.

5.2.2 Abwägungssystem

Nach der Erfassung möglicher Optionen und dazugehöriger Informationen zu einem Element ist für die Umsetzung die vorzugswürdigste Option nachvollziehbar auszuwählen. Da eine Auswahl der erstbesten passenden Lösung dieser Anforderung nicht gerecht werden kann, ist eine Abwägung nach projektbezogenen relevanten Kriterien erforderlich.

Kriterien sind die Abwägungskategorien, die sich aus den zu einem Element zugeordneten **ökologischen Teilbereichen** und der **Ökonomie** mit den jeweiligen **Abwägungsindikatoren** zusammensetzen. Auf eine Vorgabe von zu betrachtenden Kriterien, Indikatoren und Wertungsmaßstäben wird wiederum verzichtet; auch diese müssen aus der Praxis und Projekterfahrung heraus entwickelt und zu einem sich immer weiter entwickelnden Standard aufgebaut werden. Zu bemerken ist, dass ein auch bei der UVP verwendeter Maßstab, die Null-Variante (Nutzung des Bestands), bei der Abwägung von Trassen als Vergleichsmaßstab verwendet werden kann.

5.2.2.1 Grundlagen

Bei den zu behandelnden Abwägungen handelt es sich um „schlecht strukturierte Entscheidungsprobleme", bei denen die Lösungen nicht offenkundig sind und nicht mit einem Lösungsalgorithmus zur Behandlung von Routineproblemen gelöst werden können. Eine allgemeingültige Definition des Problems gibt es ebenso wenig, wie die eine optimale Lösung, wodurch sich allenfalls die relativ beste Lösung unter den gegebenen Optionen und Rahmenbedingungen ermitteln lässt. Die Entscheidungsfindung ist vielseitig beeinflusst, die Kenntnis zur Problemlösung unvollständig und die Gewichtungen der konkurrierenden Ziele werden erst im Verlauf der Problembehandlung klarer. Daher ist bei neu hinzukommenden Optionen oder geänderten Rahmenbedingungen eine weitere Abwägung angebracht [vgl. Stra84 S.4ff; FüSc08 S.52ff; NBHM04 S.128ff].

Nach Betrachtung der gängigen Praxis in der Umweltplanung z.B. der UVS und dem LBP und möglicher Abwägungsmethoden [vgl. FüSc08 S. 526ff] ist der Autor der Ansicht, dass eine Abwägungsmethode angelehnt an das „Explizite Abwägen" nach Strassert (Paarweiser Vergleich) eine geeignete Methode darstellt, um weitestgehend den folgenden Anforderungen gerecht zu werden:

- „Diskussionsbegleitende Abwägung" zur Lösungsfindung,
- Weiterverwendbarkeit der Abwägungen,
- Transparenz, Nachvollziehbarkeit und Rekonstruierbarkeit der entscheidungsrelevanten Informationen,
- Intersubjektivität – „Unabhängigkeit" des Ergebnisses vom Anwender,
- Reliabilität – Die Methode führt unter gleichen Rahmenbedingungen bei erneutem Durchlauf zum selben Ergebnis,
- Validität – Die Inhalte des Zielsystems und die „gesetzten" Prioritäten spiegeln sich im Ergebnis wider,
- Trennung von Sach- und Wertungsebene, so dass sachliche und wertende Aussagen so weit wie möglich unterschieden werden können.

Ausführlichere Erläuterungen zur Vorgehensweise des „Expliziten Abwägens" findet sich in [Stra95; Stra05; Mühe07]. Verschiedenartige ökologische und ökonomische Auswirkungen von Optionen können in dieser Methode aufgrund der Feststellung von Vor- und Nachteilen in Paarvergleichen zu den einzelnen Kriterien nacheinander betrachtet (Teilentscheidungen) und die Optionen gegeneinander abgewogen werden. In einem anschließenden Schritt werden die Vorteile und Nachteile von Optionen bzgl. der einzelnen Kriterien wiederum in paarweisen Vergleichen abgewogen und so die vorteilhafteste Option ermittelt.

Auf diese Weise werden die komplizierten Problemstellungen in Teilprobleme unterteilt, die zu überblicken sind und anschließend zu einer Gesamtlösung zusammengefasst werden können. Diese schrittweise Annäherung an das Ergebnis entspricht den kognitiven Grenzen der Abwägungsbeteiligten besser, als die Lösung des Gesamtproblems in einem Schritt [vgl. Mühe07 S. 65]. Der Vorteil dieser Methode besteht auch darin, dass diese keinerlei Einfluss auf die Lösung nimmt und die Entscheidungen allein bei den Anwendern liegen.

Da keine a priori Gewichtungen der Abwägungskriterien vorgenommen werden, ist eine Abwägungen im Dialog zwischen den Beteiligten erforderlich, was dem verfolgten Ansatz entspricht und den Konsens zum Ergebnis fördert [vgl. Stra05]. Zudem können quantitative sowie qualitative Daten und verschiedenartigste Methoden zur Unterstützung der Abwägung (z.B. Ökobilanzen [vgl. 4.1.4]) verwendet werden. Da die Begründungen jeweils verbal-argumentativ erfolgen und entscheidungsrelevante Informationen in der Abwägung transparent bleiben, sind außerdem die spätere Verfügbarkeit der Entscheidungshintergründe und die Weiterverwendbarkeit der Abwägungen gegeben.

Durch die paarweisen Vergleiche kann die Abwägungsaufgabe bei vielen Optionen und Kriterien sehr umfangreich werden (Anzahl steigt quadratisch) [vgl. Bild 5.9]. Zudem steigt mit dem Abwägungsaufwand auch das Risiko von intransitiven Lösungen aufgrund der kognitiven Grenzen. Auf der Grundlage von zufallsgesteuerten Tests [vgl. Stra95 S. 75ff; SaAl81 S.151] wird daher empfohlen, nicht über 7 Optionen und 7 Kriterien (7*7 Matrix) hinauszugehen und eine Computerunterstützung auch zur Transitivitätsprüfung, die delegiert werden kann, da die Abwägung selbst nicht betroffen ist, in Anspruch zu nehmen.

Um den Abwägungsaufwand zu verringern, kann es bei einer hohen Anzahl von **Optionen** und **Kriterien** sinnvoll sein, zunächst nur relevante Kriterien und die vielversprechendsten Optionen auszuwählen und dies in der Optionsbeschreibung zu begründen. Eine Beschränkung auf 3-5 Optionen für den Vergleich ist sinnvoll. In der Regel sind nicht alle ökologischen Teilbereiche bei jedem Element betroffen und so können die vorgeschlagenen Grenzen der 7*7 Matrix voraussichtlich in den meisten Fällen eingehalten werden.

k	n	A	E	F_{min}	F_{max}	G_{min}	G_{max}	R
3	3	3	9	3	3	9	9	6
4	4	6	24	7	9	42	54	24
4	5	10	40	7	9	70	90	120
5	4	6	30	15	21	90	126	24
5	5	10	50	15	21	150	210	120
6	4	6	36	31	49	186	294	24
6	5	10	60	31	49	310	490	120
7	3	3	21	63	105	189	315	6
7	4	6	42	63	105	378	630	24
7	**7**	**21**	**147**	**63**	**105**	**1323**	**2205**	**5040**
8	5	10	80	127	225	1270	2250	120
9	4	6	54	255	465	1530	2790	24
10	3	3	30	511	961	1533	2883	6
11	3	3	33	1023	1953	3069	5859	6

k = Anzahl Kriterien / n = Anzahl Optionen

A = Anzahl Paarvergleiche mit $A = n * (n - 1) / 2$

F = Anzahl der Abwägungsfälle pro Paarvergleich mit $F = (2^a - 1) * (2^b - 1)$

  $a + b = k$

  a = Anzahl der Vorteile einer Option;

  b = Anzahl der Nachteile einer Option

G = Anzahl aller Abwägungsfälle mit $G = A * F$

R = Anzahl möglicher Rangfolgen mit $R = n!$

E = Anzahl der Teilentscheidungen mit $E = A * k$

Bild 5.9:   *Abwägungsaufwand beim „Expliziten Abwägen" [Stra95 S.81 mod.]*

Das „Explizite Abwägen" nach Strassert unterscheidet sich im Grundaufbau wenig vom Bewertungssystem „Choosing by Advantage" (CBA) [vgl. Suhr99], das im Lean Construction in den USA angewendet wird. Die Definitionen beim CBA von factor, criterion, alternative, attribute und advantage sind mit denen der Elemente, Kriterien, Optionen, Auswirkungen und Vorteile vergleichbar. Angelehnt an das CBA könnten die Nachteile auch als Vorteile der anderen Option bezeichnet und die Vergleiche somit nur anhand von Vorteilen erfolgen. Da es sich bei den Vor- und Nachteilen beim „Expliziten Abwägen" um den Unterschied der Ausprägungen von je 2 Optionen handelt („Delta") wäre dies zulässig. Eine Anpassung der Nomenklatur von Strassert wurde jedoch unterlassen. Da beim CBA die Kriterien bzw. Vorteile durch die Vergabe von Punkten vor der Gesamtabwägung gewichtet werden und die vorteilhafteste Option anhand

einer Gesamtpunktezahl (Summe der Punkte der Vorteile je Option) bestimmt wird (intransparente Substitution von Vorteilen), wurde auch dieses
Bewertungssystem nicht weiter verfolgt.

5.2.2.2 Anwendung

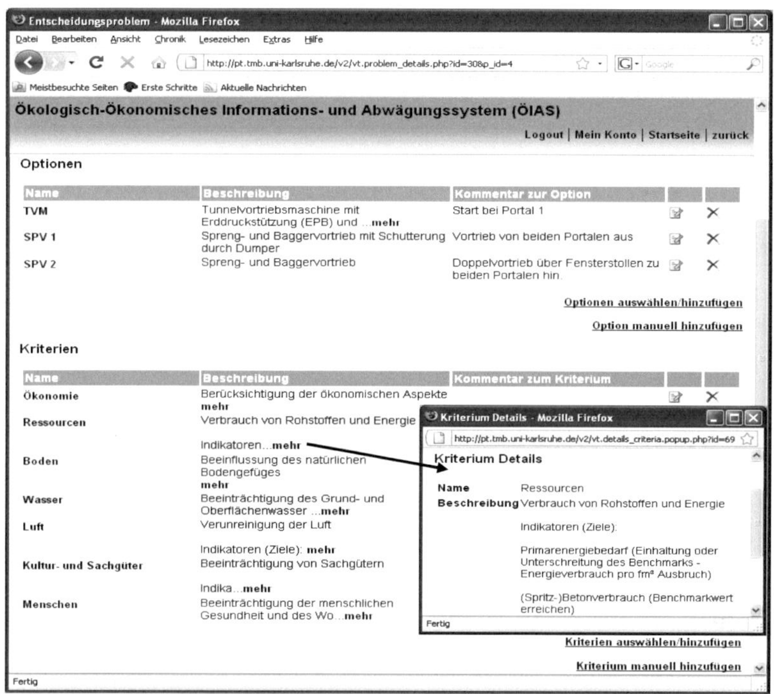

Bild 5.10:   Optionen und Kriterien im Abwägungssystem

Die Abwägung im System wird in fünf Schritte eingeteilt:

- Optionen und Abwägungskategorien mit Indikatoren übernehmen,

- Vorteile-Nachteile-Tabelle mit Auswirkungen ausfüllen = **Sachebene,**

- paarweiser Vergleich der Optionen bzgl. der Indikatoren in der V-N-
  Tabelle und Bestimmung von Vor- und Nachteilen = **Wertebene 1,**

- Abwägen der Vorteile und Nachteilen einer Option zu denen einer
  anderen Option in der Abwägungsmatrix = **Wertebene 2,**

- Ermittlung der Rangfolge und der vorteilhaftesten Option.

Zu den Elementen wird jeweils ein Abwägungsproblem erstellt, indem die Optionen und Abwägungskategorien (Kriterien) in Form der relevanten ökologischen Teilbereiche und der Ökonomie mit den entsprechenden Indikatoren und Zielen aus dem UIMAS übernommen werden [Bild 5.10].

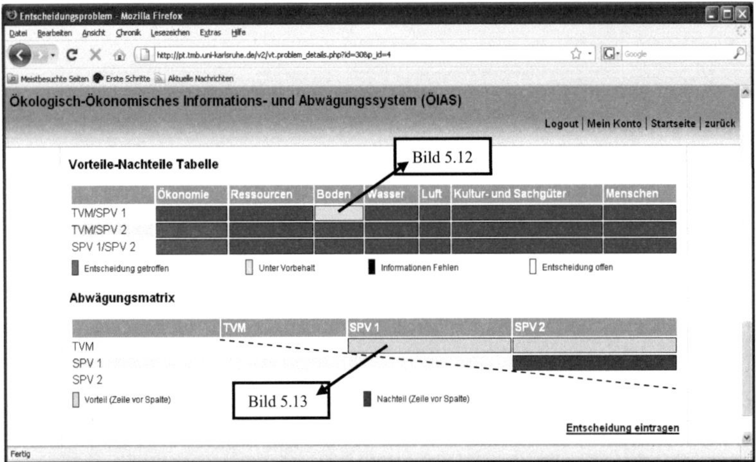

Bild 5.11:   V-N-Tabelle und Abwägungsmatrix im Abwägungssystem

Mit der Aufnahme der Optionen und Kriterien bilden sich eine Vorteile-Nachteile-Tabelle (V-N-Tabelle) und eine Abwägungsmatrix [Bild 5.11]. Die Zellen der V-N-Tabelle beinhalten die paarweisen Vergleiche zu den Abwägungskategorien.

- Gelbe Zellen weisen auf Entscheidungen mit Vorbehalt hin, wenn Abwägungen unter Annahmen durchgeführt werden und im weiteren Projektverlauf konkretisiert und überprüft werden sollen.

- Blaue Zellen verweisen auf fehlende Informationen, die eine Abwägung zum Zeitpunkt unmöglich machen. Verantwortliche Beteiligte, ggf. auch in einer späteren Projektphase, werden aufgefordert die fehlenden Informationen bereitzustellen und abzuwägen.

Die Zellen der Abwägungsmatrix beinhalten die paarweisen Gesamtabwägungen aller Vorteile und Nachteile einer Option gegenüber einer anderen. Grüne Zellen weisen einen Vorteil der in der Zeile angegebenen Option aus, rote Zellen einen Nachteil.

Aufgrund der Symmetrie der Matrix genügt es die oberhalb der Diagonalen liegenden Abwägungen zu treffen, um die Rangfolge und die vorteilhafteste Option zu ermitteln.

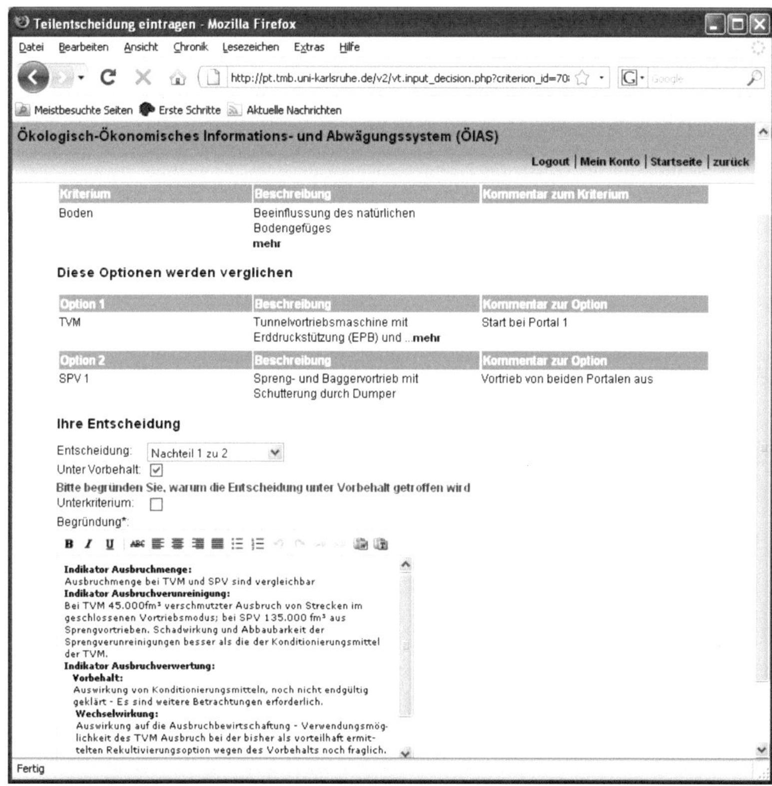

Bild 5.12:   Informationen der V-N-Tabelle im Abwägungssystem

Durch Aktivierung der Zellen der V-N-Tabelle werden die zu vergleichenden Optionen (Spaltenbeschriftung) und das jeweilige Kriterium (Zeilenbeschriftung) angezeigt und ein Textfeld bereitgestellt [Bild 5.12]. Darin sind zunächst die Sachinformationen in Form der Auswirkungen der Optionen zu den betreffenden Indikatoren aufzunehmen. Aufgrund der Aufteilung der Gesamtlösung der Projektrealisierung in Teillösungen zu den einzelnen Elementen, sind dabei auch die Wechselwirkungen auf andere Elemente zu

beachten. Negative Auswirkungen, z.B. die Verhinderung einer vorzugswürdigen Option bei einem anderen Element, sind der verursachenden
Option zuzuordnen und bei der Abwägung dieser Option zu berücksichtigen. Durch die Berücksichtigung der Wechselwirkungen werden nicht einzelne, vom Gesamtproblem losgelöste Entscheidungsprobleme betrachtet,
sondern die Entscheidungsfindung als Teil eines Ganzen gesehen. Die
erforderlichen Informationen können aus dem UIMAS übernommen oder
durch Verweise aufgenommen werden.

Daran anschließend sind die Optionen paarweise bzgl. aller Kriterien (Indikatoren) zu vergleichen und unter Aufführung der wesentlichen Aspekte
die Vorteilhaftigkeit einer Option zu begründen sowie eine Entscheidung
über den Vorteil oder Nachteil einer Option zu treffen (Teilentscheidung).
Zur Begründung der Vorteilhaftigkeit kann generell auch auf bekannte Methoden der Umweltplanung zurückgegriffen werden, bspw. auf die Ökobilanz oder die ÖRA [vgl. 4.1.1]. Nur eine Gewichtung der Indikatoren innerhalb eines Kriteriums, nicht jedoch der Kriterien untereinander, findet somit in diesem Schritt statt.

Sind alle Teilentscheidungen getroffen, kann im zweiten Schritt die Gesamtabwägung begonnen werden, d.h. der paarweise Vergleich zwischen
Optionen (Gesamtentscheidungen) in der Abwägungsmatrix [Bild 5.13].
Aufbauend auf den Teilentscheidungen ist dabei abzuwägen, ob die Vorteile einer Option die Nachteile gegenüber einer anderen Option überwiegen. Mit diesem Schritt erfolgt implizit die bisher offen gebliebene Gewichtung der Kriterien untereinander.

Um eine Gesamtentscheidung treffen zu können, müssen die relevanten In-
formationen aus den Teilentscheidungen zusammengeführt werden. Um die
Übersichtlichkeit zu wahren, unterstützt das Abwägungssystem mit einer
Hilfstabelle und einer tabellarischen **Zusammenfassung der jeweiligen
Teilentscheidungen** den Prozess. Die Zusammenfassung stellt zu allen
Kriterien die getroffenen Teilentscheidungen (Vorteile, Nachteile) mit der
Entscheidungsbegründung und den verwendeten Indikatoren (ggf. auch der

Sachinformationen) dar und bietet somit einen Überblick über die Informationen auf denen die zu treffende Gesamtentscheidung basiert.

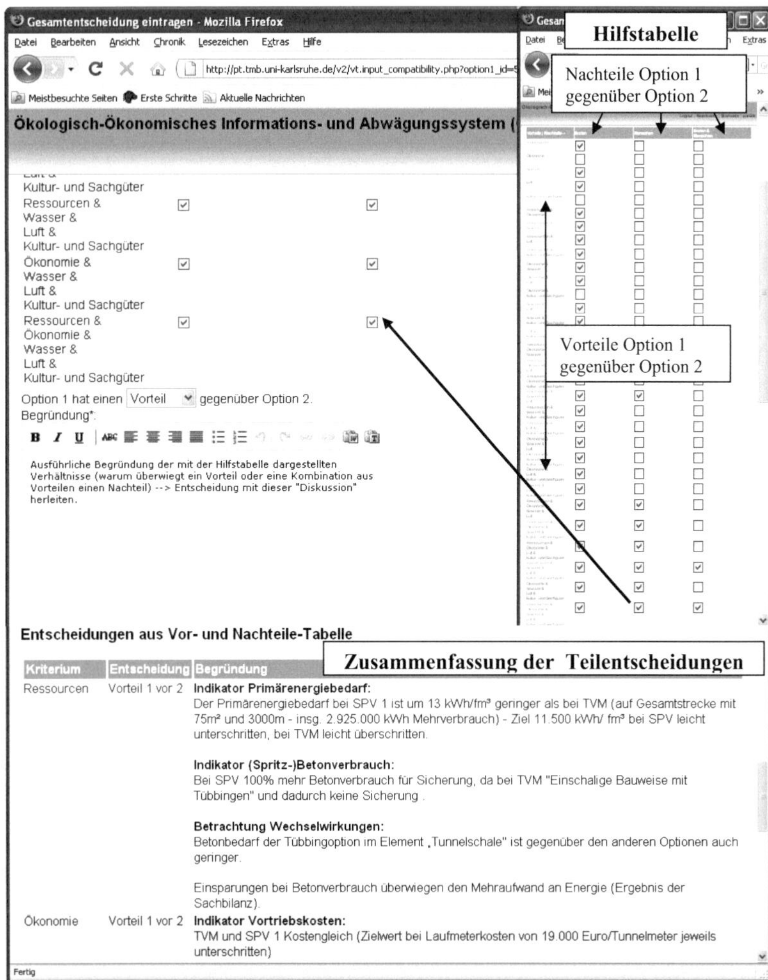

Bild 5.13:   Informationen der Abwägungsmatrix im Abwägungssystem

Die Abwägung aller Vorteile gegen alle Nachteile ist arbeitsintensiv, lässt sich jedoch schrittweise mit den Hilfstabellen lösen. Die Spalten der Hilfstabelle enthalten die Kriterien/-Kombinationen, bei denen eine Option einen Nachteil gegenüber der anderen Option hat, die Zeilen enthalten die Kriterien/-Kombinationen, bei denen Vorteile bestehen. In der Hilfstabelle kann Zeile für Zeile eintragen werden (abhaken), welche Vorteile/-Kombinationen welche Nachteile/-Kombinationen überwiegen. In der letzten Zelle der letzten Zeile (Vergleich der Kombination aller Vorteile mit der Kombination aller Nachteile) kann dann das Gesamtergebnis abgelesen werden. Die Entscheidungsbegründung als Protokoll der schrittweisen Abwägung von Vorteilen und Nachteilen während des Ausfüllens der Hilfstabelle, steht für nachfolgende Gesamtentscheidungen als Referenz zur Verfügung, um die Konsistenz der Entscheidungen zu sichern.

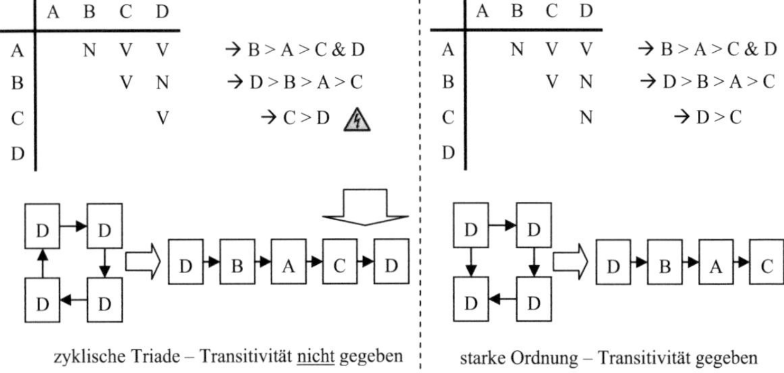

Bild 5.14:   Transitivitätsprüfung des Abwägungsergebnisses [Stra95 S. 7f mod.]

Sind alle Gesamtentscheidungen getroffen, kann eine Ordnung zwischen den Optionen und insbesondere die vorteilhafteste Option anhand der Abwägungsmatrix abgelesen werden. Sind alle Zellen oberhalb der Diagonalen grün, ist die Ordnung der Optionen offensichtlich: Es handelt sich um die Ordnung in der die Optionen in den Zeilen stehen. Sind alle Felder rot, ist die Ordnung genau umgekehrt. Komplizierter wird es, wenn sowohl rote als auch grüne Bereiche vorkommen. Hierbei bietet es sich an, zeilenweise die Rangordnungen mit > und & Zeichen zu notieren und auf Intransitivitäten, d.h. Unstimmigkeiten in der Rangfolge aufgrund widersprüchlicher Abwägungen, zu achten [vgl. Bild 5.14].

Die Kontrolle der Transitivität kann auch systemunterstützt erfolgen, indem z.B. alle möglichen intransitiven „Matrixbilder" im System hinterlegt und das „Abwägungsbild" der Abwägungsmatrix mit diesen automatisch abgeglichen wird.

Um die Verlässlichkeit des Ergebnisses der Abwägung zu überprüfen, bietet sich eine Sensitivitätsanalyse an. Dafür müssen bspw. zu einem Abwägungsproblem 3 unterschiedliche Szenarien (beste, wahrscheinlichste, schlechteste), die durch Modifikation der im System erfassten Auswirkungen erstellt werden (z.B. Anpassung von Annahmen, Berücksichtigung von ökologischen Risiken), in 3 Abwägungen gewertet und die Endergebnisse miteinander verglichen werden. Kommt es zu Abweichungen, sind die Ursachen zu betrachten, auf Stimmigkeit zu prüfen und ggf. zu entscheiden, welches Szenario ausschlaggebend ist.

Durch die beschriebene Vorgehensweise können ökologische und ökonomische Belange gleichzeitig und entsprechend ihrer projekt- und elementspezifischen Relevanz abgewogen werden. Die Abwägungen erfolgen in Diskussionen von (Experten-) Meinungen und Auseinandersetzungen mit den unterschiedlichen Abwägungsbelangen und Präferenzen der Anspruchgruppen. In den Abwägungsdiskussionen werden auch relevante Auswirkungen deutlich, die für die weitere Umsetzung besonders zu beachten sind. Da die Begründungen formuliert sowie Abwägungsprotokolle geführt und archiviert werden, sind die Abwägungen jederzeit nachvollziehbar.

Ist später eine Detaillierung der Abwägung erforderlich (vom Groben ins Feine), kommen neue Optionen hinzu oder treten Änderungen bei den berücksichtigten Optionen, Rahmenbedingungen oder Auswirkungen auf, kann die Abwägung aktualisiert werden. Damit werden die kontinuierliche Betrachtung und die Konsistenz der Abwägungen gefördert sowie der Aufwand für erneute Abwägungen reduziert.

Durch die konsequente Anwendung dieser Strukturierungsmethode bei verschiedenen Projekten ist zudem ein verbesserter Abgleich möglich.

5.3 Umsetzung während der Lebenszyklusphasen

In diesem Abschnitt wird beschrieben, wie „Projektbegeleitendes Öko-Controlling" insbesondere das UIMAS im Projektablauf von den Projektbeteiligten genutzt werden kann. Im Zuge der Umsetzungsbeschreibung werden auch kurze Beispiele anhand der Elemente Vortriebsverfahren, Ausbruchbewirtschaftung und Transportverfahren sowie Wechselwirkungen zwischen diesen betrachtet.

Anders als bei der Einführung in bestehenden Standortbetrieben können die Prozesse und die Organisation des „Projektbegleitenden Öko-Controlling" bei Tunnelprojekten wesentlich freier gestaltet werden, da jedes Projekt ein vollständiger Neuanfang ist und sich die Strukturen erst entwickeln. Damit ist eine gute Ausgangsbasis für den oben beschriebenen neuen Ansatz gegeben, der spätestens mit der Linienfindung starten sollte. Schnittstellen mit bereits anzuwendenden „Werkzeugen" wie Kostencontrolling, Qualitätsmanagement sowie zum Sicherheits- und Gesundheitsschutz sollten im Projekt erkannt und Doppelarbeiten vermieden bzw. Synergieeffekte genutzt werden.

Je überzeugter sich die Beteiligten mit der Idee des „Projektbegleitenden Öko-Controlling" identifizieren, umso höher ist die Optimierungsquote des ökologisch-ökonomischen Verhältnisses und die Sicherung der Umweltverträglichkeit sowie die Wissensbildung für spätere Projekte. Damit „Projektbegleitendes Öko-Controlling" sichergestellt werden kann, muss der jeweilige Vorhabenträger dieses auf- und umsetzen sowie die allseitige Verfolgung und Beachtung in allen Verträgen verbindlich vereinbaren. Dabei kann die Umsetzung sowohl vom Vorhabenträger selbst ausgehen, durch Vorgaben von den Finanzgebern (z.B. BMVBS oder EBA) eingeführt oder im Vorfeld von der Genehmigungsbehörde gefordert werden. Soweit es sich nicht um eine Forderung der Genehmigungsbehörde handelt, müssen jedoch die Finanzgeber dem Ansatz zumindest zustimmen, da bei diesem neben den ökonomischen auch die ökologischen Aspekte kontinuierlich entscheidungsrelevant bleiben.

Zu Gunsten der Ökologie sind dann auch ökonomische Nachteile bspw. bei der Vergabe möglich, die jedoch durch die Reduzierung von Störungen (Klagen), verfrühten behördlichen Auflagen und ökologisch relevanten Vorfällen (Umweltunfall) über die Vielzahl der Projekte ausgeglichen werden dürften.

Neben der projektbezogenen Betreuung und Pflege des UIMAS, unter Führung des Vorhabenträgers, ist eine zentrale Verwaltung und Verbesserung der UIMAS zu empfehlen. Daten der verschiedenen Projekte können so zentral verwaltet, verglichen, ausgewertet und Interessierten zur Verfügung gestellt werden.

In Anlehnung an das Vorgehen nach der ESAS [vgl. 4.1.7] wäre z.B. eine Abteilung innerhalb der STUVA denkbar, die diese Aufgabe, die Ausbildung von Auditoren sowie die Durchführung von Audits [vgl. 5.3.5] übernimmt. Die STUVA ist als zentrale, unabhängige und im Bereich des unterirdischen Bauens kompetente Stelle allgemein anerkannt und fördert den Erfahrungsaustausch in Theorie und Praxis. Da bisher nur wenige gezielte Forschungen zu Ursachen und Wirkungen zwischen Technik, Ökologie und Ökonomie durchgeführt wurden, wären allerdings für die neue Abteilung zusätzliche Kompetenzen notwendig.

Das passende Gremium für die Begleitung eines „Projektbegleitenden Öko-Controlling" ist ein PAK, der bis zur ersten Tunnelinspektion in der Betriebsphase, kurz vor Ablauf der Gewährleistungsfrist, bestehen bleibt [vgl. Anhang Projektbetrachtungen 2.1.]. Damit ist eine Plattform für alle Projektbeteiligten und Projektphasen gegeben, die der ausgewogenen Berücksichtigung aller Belange dient. Unter Führung des Vorhabenträgers ist mit Beginn der Trassensuche, z.B. bei einem Scoping Termin, der PAK zu gründen und die Beteiligten festzulegen. Von Beginn an sollten darin die Interessensgruppen aller Projektphasen vertreten sein. Neben dem Vorhabenträger, den Verkehrswegeplanern, den „Grünplanern" und den Umweltbehörden sollen auch Umweltverbände, betroffene Gemeinden und betroffene Bürger sowie Tunnelplaner, Tunnelersteller und Betreiber frühzeitig beteiligt werden. Grundsätzlich muss die Aufnahme weiterer Beteiligter, aber auch die Verringerung aufgrund nicht mehr relevanter Interessensgruppen möglich sein.

Die Planfeststellungsbehörde ist insoweit zu beteiligen, indem diese die Planungen und Abstimmungen im PAK beobachtend begleitet und bei absehbaren Genehmigungsschwierigkeiten auf diese hinzuweisen hat. Hierdurch sollen „Fehlplanungen" frühzeitig erkannt bzw. absehbare Folgen (Auflagen…) in die Planung einbezogen werden können.

Soweit in frühen Projektphasen die Ersteller (Baufirmen) und Betreiber noch nicht bekannt sind, ist für eine qualifizierte Vertretung durch erfahrene Berater zu sorgen, die die bau- und betriebsrelevanten Einflüsse und Möglichkeiten erkennen sowie notwendige Informationen bereitstellen können. Den Lean Gedanken aufgreifend, sollte in Zukunft eine frühzeitige Beteiligung der späteren Ersteller und Betreiber verfolgt werden, z.B. in Form von „Construction Alliances" [vgl. Ross09; JBRC06], PPP-Modellen [vgl. Kohl06] oder funktionalen Leistungsbeschreibungen mit Konstruktionswettbewerb [vgl. Bart02].

Um die Arbeit des PAK zu erleichtern, ist zur Reduzierung der Anzahl der Beteiligten ein Zusammenschluss der Verbände sinnvoll [vgl. Anhang Projektbetrachtungen 6.1.]. Ein intern abgestimmter Standpunkt der Verbände kann in diesem Fall, über nach den jeweiligen „Tagesordnungspunkten" bestimmte Repräsentanten, innerhalb des PAK vertreten werden. Auch die betroffenen Gemeinden und Bürger(-Initiativen) sollten ihre Positionen intern abstimmen und einen gemeinsamen Interessensvertreter für den PAK beauftragen.

Für eine sinnvolle und frühzeitige Bürgerbeteiligung bzw. Umfeldmanagement [vgl. StKJ03] bei der Projektgestaltung sind zusätzlich Partizipationsund Mediationsveranstaltungen erforderlich, die bspw. in [ÖIAV03] und [FüSc08 S.570ff] beschrieben werden. Über diese Veranstaltungen werden die Betroffenen über den Bedarf und die Abhängigkeiten informiert und für die möglichen Auswirkungen des Projektes sensibilisiert. Dadurch sollen die „Betroffenen" in die Lage versetzt werden, eigene Anforderungen zu artikulieren und entsprechende Vertreter ernennen zu können.

In weiteren Schritten sind Vorschläge zu Optionen zu ermitteln bzw. Anregungen zu erfassen. Neben der indirekten Teilnahme am PAK über die Vertreter können alle „Beteiligten", „Betroffenen" oder „Verbände" über das UIMAS die Projektgestaltung verfolgen und das weitere Vorgehen mit den jeweiligen Vertretern diskutieren und abstimmen.

Im Projektverlauf übernimmt der PAK vier Aufgaben:

1) Zusammentragen und Aufnahme der Anforderungen und Umsetzungsmöglichkeiten mit den erforderlichen ökologischen, ökonomischen und technischen Informationen im UIMAS,

2) Vorgaben zur weiteren Umsetzung und Verantwortlichkeiten sowie Begleitung und Kontrolle von Konkretisierungen,

3) Abwägung zwischen Optionen und Bestimmung der vorzugswürdigen Optionen unter Betrachtung der Gesamtlösung,

4) Kontrolle und Unterstützung von Verbesserungen sowie Lösungsfindung bei Abweichungen und Änderungen im Projektverlauf unter Berücksichtigung aller Belange.

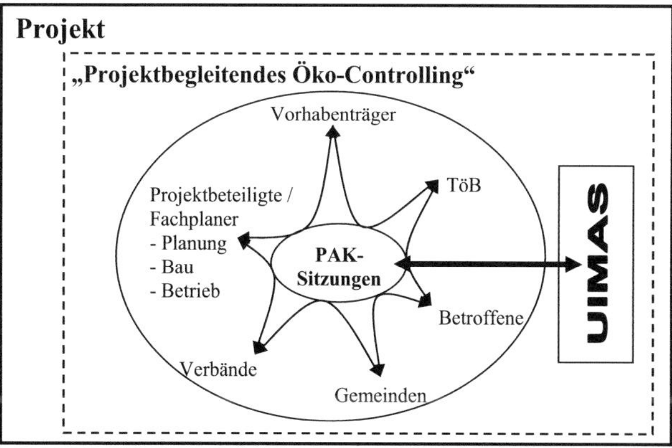

Bild 5.15:   Projektbegleitender Arbeitskreis (PAK)

Zu den regelmäßigen oder außerordentlichen PAK-Sitzungen wird mit einer Tagesordnung durch den Vorhabenträger eingeladen. Die jeweils aktiv Beteiligten sind anhand der zu behandelnden Thematik vorab zu bestimmen und ggf. erforderliche Fachleute, Gutachter oder Projektbeteiligte bzw. -Betroffene zusätzlich einzuladen. Dies kann entweder in einer vorangehenden Sitzung festgelegt werden oder durch Vorschläge erfolgen.

Um die Arbeit des PAK zu erleichtern und die Konsistenz des Vorgehens zu sichern, sollten die Vertreter über die Projektphasen möglichst nicht wechseln. Hierdurch werden trotz umfassender Dokumentation unvermeidliche Schnittstellenverluste reduziert und so die Kontinuität der Ergebnisse, die Verlässlichkeit und das Ansehen des PAK gefördert.

5.3.1   Regelkreis - gestufter Ablauf und Betrachtung der Elemente

Die in Bild 5.16 dargestellten Schritte werden in den nachfolgenden Unterkapiteln erläutert. Vorab ist zu betonen, dass Öko-Controlling bei Tunnelprojekten innerhalb des Projektes stattfinden muss. Eine Verbesserung bzw. Weiterentwicklung des Produktes, wie in stationären Betrieben (2. Produktgeneration), ist kaum möglich und daher können Verbesserungen für kommende Tunnelprojekte nur ein sekundäres Ziel sein.

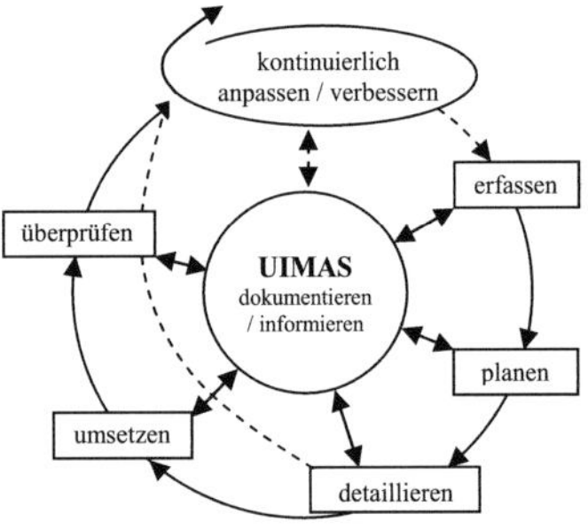

Bild 5.16:   Kreislauf des „Projektbegleitenden Öko-Controlling"

Der fortwährenden Überprüfung und Verbesserung der vorgesehenen Umsetzungen während der Projektphasen vor der Realisierung kommt somit eine besondere Bedeutung zu (gestrichelte Verbindungen). Um eine bestmögliche Umsetzung zu erreichen und die Verwendung des UIMAS sicherzustellen, sind aktuelle, vollständige und vergleichbare Informationen für die Entscheidung zwischen den einzelnen Umsetzungsoptionen erforderlich [vgl. PrRR06 S.207]. Die Vollständigkeit bezieht sich dabei auf die Erfassung aller betrachtenswerten Optionen sowie deren ökologische und ökonomische Aspekte.

Die Fischgrätendiagramme (Ishikawa Diagramme) aus Kapitel 2.2 bilden dabei einen ersten Anhaltspunkt für die Projektbeteiligten, welche Eigenschaften generell betrachtet werden sollten und welche Wirkungszusammenhänge bestehen können.

Bei der Informationssammlung ist allerdings abzuwägen, ob zusätzliche Informationen entscheidungsrelevant sind oder der damit verbundene Aufwand im Missverhältnis zum möglichen Nutzen der Informationsvergrößerung steht. Dies sollte in jedem Fall der PAK abwägen, wobei die ökonomischen Folgen von weitergehenden Untersuchungen (Anweisungen) im UIMAS aufzunehmen sind.

Um unnötigen Aufwand zu vermeiden, ist es außerdem sinnvoll, die Gesamtlösung in überschaubaren Schritten im PAK zu entwickeln und bis zum Abschluss zu begleiten. Dies bedeutet, dass die Elemente zunächst einzeln und über die Projektphasen immer detaillierter betrachtet werden [vgl. Bild 5.17]. Dabei ist zuerst eine Optimierung der Gesamtlösung unter Betrachtung aller Elemente sowie deren Wechselwirkungen anzustreben und anschließend die Optimierung der einzelnen Elemente zu verfolgen, um eine ausgewogene Lösung zu erreichen [vgl. Vorb99 S.241].

Entsprechend der jeweiligen im PAK vereinbarten Anforderungen, können so Anweisungen (z.B. zu erforderlichen Untersuchungen und Gutachten) oder Maßnahmen (z.B. Vergabekriterien, LBP-Maßnahmen…) in den einzelnen Projektphasen zielgerichtet erfolgen. Unnötige Untersuchungen und pauschale Auflagen aufgrund ungeklärter Details bei der bisher zur Genehmigung kommenden Gesamtlösung und der fehlenden späteren Einflussmöglichkeiten, können hierdurch vermieden und dadurch wiederum die Anpassbarkeit der Umsetzung erhöht werden. Der Einfluss des PAK muss dafür über den PFB hinweg bis zum Abschluss der Realisierung (einschließlich Gewährleistungsfrist) gesichert sein. Dies kann durch den Vorhabenträger verbindlich zugesagt oder durch Vorbehalte und Auflagen im PFB erreicht werden.

Am Ende der einzelnen Projektplanungsphasen und im direkten Vorfeld der Ausführungsabschnitte sind im PAK Abschlussbetrachtungen unter Beachtung aller ökologischen und ökonomischen Belange durchzuführen. In diesen wird der bisherige Verlauf des Projektes nachvollzogen und geprüft, ob der Informationsstand zu den betrachteten Optionen sowie deren Umsetzung und Wechselwirkungen zwischen Elementen den gestellten Anforderungen in der jeweiligen Projektphase entspricht, aktuell ist und welche Änderungen sich gegenüber den vorangehenden Projektphasen ergeben haben. Anschließend werden die weiter zu verfolgenden Optionen oder deren Umsetzung unter Abwägung der vorhandenen Möglichkeiten bestimmt bzw. konkretisiert. Ansprüche an das weitere Vorgehen (Anweisungen) und die Details von Optionen (z.B. Maßnahmen und Notfallprozesse) werden dabei gemeinsam festgelegt. Hierbei ist ggf. auch die generelle Genehmigungsfähigkeit der weiter zu verfolgenden Optionen in nachfolgenden öffentlich-rechtlichen Genehmigungsverfahren unter den vorhandenen Informationen zu prüfen.

Die Ergebnisse der Betrachtungen werden im UIMAS unter den jeweiligen Elementen, in die Verlaufsbeschreibung und in Form von Abweichungsberichten oder als „Neue Erkenntnisse" aufgenommen. Die Stufen der Abschlussbetrachtungen und deren Festlegungsumfang sowie die Steuerungsaufgabe des PAK zeigen die anschließende Auflistung und [Bild 5.17]. Generell sollten bei längeren Verzögerungen im Projektverlauf, z.B. bei mehr als 5 Jahren zwischen der Planfeststellung und der nachfolgenden Stufe (Detailprojekt oder Vergabevorbereitung), die Abschlussbetrachtungen wiederholt und die Aktualität der Grundlagen und Ergebnisse der vorangegangenen Projektphase (Ausgangsbasis der weiteren Betrachtung) überprüft werden.

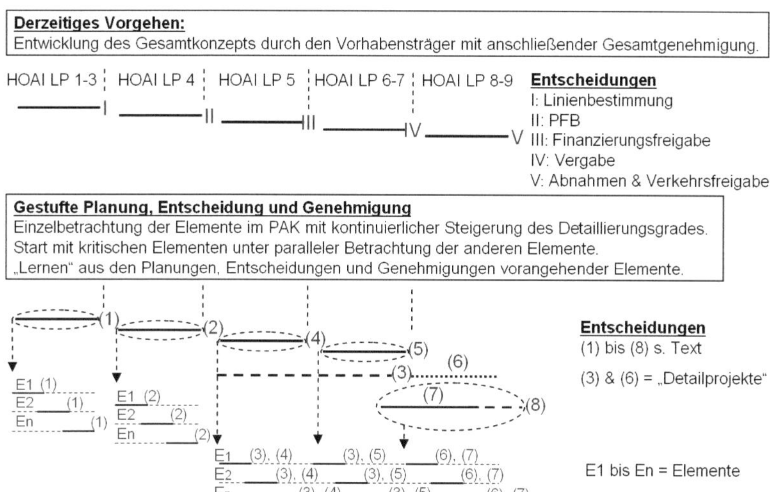

Bild 5.17:   Stufenweises Vorgehen bei „Projektbegleitenden Öko-Controlling"

1) Am Ende der Vorplanung: Festlegung der Tunneltrasse (+/- 200m) und Bestimmung der weiter zu verfolgenden Optionen sowie Ansprüche an die weiteren Betrachtungen (anschließendes Linienbestimmungsverfahren).

2) Am Ende der Entwurfsplanung: Festlegung der Tunnelportallage und der generellen Ansprüche an die Gestaltung, die Erstellung (einschließlich Ausbruchbewirtschaftung) und den Betrieb des Tunnels aufgrund des ermittelten Bedarfs. Bestimmung der weiter zu verfolgenden Optionen (anschließendes haushaltstechnisches Genehmigungsverfahren). Überprüfung im Anschluss an die Genehmigungsplanung (anschließendes PlafeV).

3) Ggf. Konkretisierung der Gestaltung, der Erstellung und des Betriebs am Ende von Detailprojekten im Zuge der Ausführungsplanung und Ausschreibung.

4) Festlegung der Anforderungen an die Ausschreibung und Vergabe am Ende der Ausführungsplanung und Überprüfung im unmittelbaren Vorfeld der Submission bei längeren Verzögerungen (anschließende Finanzierungsfreigabe).

5) Festlegung der Optionen und deren genereller Ausgestaltung sowie von generellen Ansprüchen an deren Umsetzung am Ende der Ausschreibungsphase (anschließende Vergabe).

6) Festlegung der konkreten Ausgestaltung und Umsetzung von Optionen und der genauen Ansprüche an die Gestaltung, Realisierung und den Betrieb im unmittelbaren Vorfeld der Realisierung bzw. am Ende von Detailprojekten, die erst nach der Vergabe abgeschlossen werden (können).

7) Sicherstellen der Einhaltung von ökologischen und ökonomischen Zielen durch Begleitung der Umsetzung mit Kontrollen und Monitoring der Einflüsse und beeinflussten Ökologie durch eine UBB. Steuerung der Umsetzung durch Diskussionen und anschließende Entscheidungen zum weiteren Vorgehen bei auftretenden Veränderungen oder Abweichungen, die über das UIMAS (Berichte, Monitoring, Informationsaktualisierungen) und die UBB kommuniziert werden.

8) Überprüfung der Realisierung und der Betriebsparameter vor dem Ende der Gewährleistungsfrist. Überprüfung der Zielvorgaben und Funktion von Maßnahmen sowie Sicherstellung ausgeglichener ökologisch-ökonomischer Verhältnisse im Betrieb. Allgemeine Reflektion der getroffenen Annahmen und der Vorgehensweise anhand der Dokumentation im UIMAS.

Im Anschluss an die jeweiligen Abschlussbetrachtungen erfolgt eine unabhängige Prüfung des Vorgehens durch externe Auditoren [vgl. 5.3.5]. In den öffentlich-rechtlichen Genehmigungsverfahren (Linienbestimmung, PlafeV, Planergänzungs-/Planänderungsverfahren) werden die im PAK abgestimmten Planungen geprüft und genehmigt. Damit werden ggf. auch unter den PAK-Beteiligten umstrittene Themen entsprechend der Projektphase geregelt und Planungssicherheit für die kommenden Projektphasen geschaffen. Vom PAK vorgesehene Anweisungen und Maßnahmen können dabei als Auflagen in die Genehmigungen übernommen werden.

Hinzukommende Auflagen, die anschließend vom PAK zu berücksichtigen und im UIMAS aufzunehmen sind, sollten aufgrund des PAK und der Begleitung durch die Genehmigungsstellen die Ausnahme sein. Auflagen sollten generell auf verfolgte Ziele beschränkt sein (z.B. Vermeidung von Anwohnerbelästigungen durch Schall, Schonung einer vorhandenen Tierart) und möglichst durch Indikatoren beschrieben werden (z.B. Schallpegel), zu denen der PAK eine „Bewertung" vornehmen kann. Konkrete Festlegungen von Optionen oder Maßnahmen sind zu vermeiden. Durch die Forderung von Zielen werden die Auflagen operationalisiert [vgl. NBHM04 S.120ff] und bleiben auch bei Veränderungen der Rahmenbedingungen oder dafür vorgesehene Maßnahmen „lebensfähig", ohne dass eine erneute Genehmigung (Ergänzungs-/Änderungsverfahren) erforderlich ist. Letztendlich werden dadurch unnötige Beschränkungen des Gestaltungsspielraums, zur Findung der bestmöglichen Lösungen innerhalb der gesetzten Grenzen, vermieden und die konkreten Festlegungen möglichst lange offen gehalten.

Erst wenn die erforderlichen Details bekannt und die Realisierung absehbar sind, sollen die Optionen und deren Umsetzung sowie dabei zu treffende Maßnahmen durch den PAK, unter Berücksichtung der entsprechenden Auflagen und Ansprüche, beschlossen werden. Hierdurch werden die zum Zeitpunkt der Realisierung vorhandenen Rahmenbedingungen und innovative Ansätze berücksichtigt und spätere Anpassungen (Doppelarbeiten) vermieden. So wäre bspw. eine Umstellung der Vortriebsmethode von einem konventionellen Vortrieb auf einen Schildvortrieb, aufgrund neuer technologischer Möglichkeiten generell und nicht wie bisher nur unter größten Änderungsanstrengungen aufgrund von Festlegungen im PFB möglich.

Die Verantwortung für die Ermittlung und Ausgestaltung der bestmöglichen Optionen und Umsetzungen sowie die regelmäßige Überprüfung der entscheidungsrelevanten Rahmenbedingungen ist dementsprechend kontinuierlich an kompetente Projektbeteiligte weiterzugeben, die auf diese Einfluss nehmen bzw. eine Kontrolle durchführen können. Maßgebende Rahmenbedingungen anstehender und bereits getroffener Entscheidungen sollten insbesondere bei längeren Verzögerungen überprüft werden. Auch die Erfassung des tatsächlichen Bedarfs, sollte dabei kontinuierlich betrachtet werden, so dass zum Zeitpunkt der Umsetzung der tatsächlich absehbare Bedarf bedient wird.

Indem das UIMAS durch die Verantwortungsweitergabe aktuell gehalten wird, kann der PAK die Detaillierung begleiten und Festlegungen zur Steuerung der Realisierung beschließen. Bei Veränderungen von entscheidungsrelevanten Rahmenbedingungen (Ökologie, Ökonomie, Technik) sind bereits getroffene Entscheidungen vom PAK erneut zu prüfen. Entscheidungsrelevante Änderungen können bspw. sein:

- Veränderungen der vorhanden Flora und Fauna - Hinzukommen oder Abwanderung gefährdeter Tierarten, Veränderungen eines Bachverlaufs, Wald wo vorher Acker war…,

- Möglichkeit eines schonenderen Tunnelvortriebverfahrens, für das eine geringfügige Anpassung der Tunnellage (vertikal und/oder horizontal) erforderlich ist.

Soweit die entsprechenden öffentlich-rechtlichen Genehmigungen, die aus der Detaillierung oder Überprüfung resultierende bestmögliche Umsetzung nicht abdecken, ist im Anschluss an die Schritte (5) bis (8) je nach Fall ein Ergänzungs- oder Änderungsverfahren durchzuführen. Durch das vom PAK sowie den Projektbeteiligten gelebte „Projektbegleitende Öko-Controlling", ist jedoch von schnelleren und reibungsloseren Verfahren als bisher auszugehen. Durch die kontinuierliche Erfassung und Aktualisierung der ökologischen und ökonomischen Informationen (Rahmenbedingungen, Aspekte, Auswirkungen) zu den betrachteten Optionen im UIMAS sowie der vorherigen Abwägung der Optionen im PAK, werden solche Verfahren und deren Umweltverträglichkeitsprüfungen bereits detailliert und nachvollziehbar vorbereitet.

5.3.2 Erfassen von Zielen, Anforderungen und Optionen zu Elementen

Die Linienbestimmung bildet einen wesentlichen Schritt, der die technischen Möglichkeiten und die ökologischen Rahmenbedingungen weitestgehend festsetzt. Entweder aufgrund der Topographie oder zum Schutz der Ökologie können dabei Tunnel erforderlich bzw. gefordert werden. Eine grobe Betrachtung aller Elemente und der möglichen Kombinationen von

Optionen ist daher schon bei der Betrachtung der verschiedenen Trassen-varianten erforderlich. Dafür sind zu den einzelnen Elementen [vgl. 5.2.1.2] die generellen Anforderungen, Rahmenbedingungen und mög-lichen Optionen zu ermitteln.

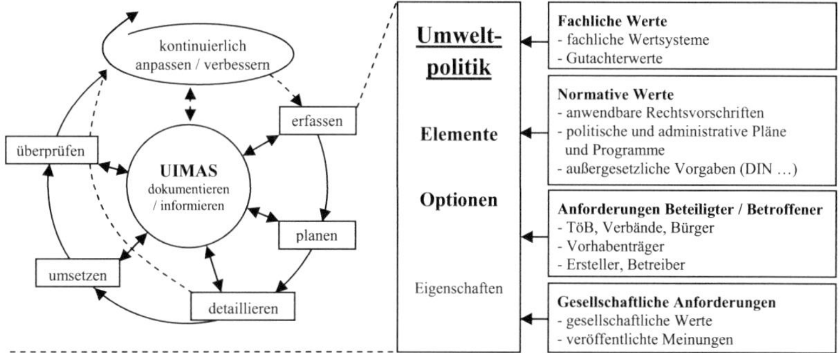

Bild 5.18:   „Projektbegleitendes Öko-Controlling" - erfassen

Die normativen Forderungen sowie die Anforderungen der Beteiligten, Betroffenen und der Gesellschaft sind durch den PAK zu Beginn und pro-jektbegleitend zu identifizieren und im UIMAS aufzunehmen. Hierfür sind von den Beteiligten aufgrund der projektspezifischen Gegebenheiten und der jeweiligen Erfahrungen die Normen und deren Anforderungen, die ent-lang des Lebenszyklus beachtet werden müssen, zu ermitteln und im UIMAS zu hinterlegen. Bei der Ermittlung können auch bereits vorhandene (z.B. „Kommunale UVP.05") oder mithilfe des UIMAS von vorangegang-enen Projekten aufgebaute Datenbanken herangezogen werden.

Die Anforderungen über den gesamten Lebenszyklus sind durch Abfragen bei den einzelnen Beteiligten, allg. Recherchen und mithilfe von Verfahren zur Bürgerbeteiligung zu ermitteln und im UIMAS aufzunehmen. Mithilfe der erfassten normativen und „gruppenbezogenen" Anforderungen ist im PAK die projektbezogene Umweltpolitik abzustimmen, die bei der Gesamt-lösung und bei den einzelnen Elementen als Leitlinie dient und im UIMAS hinterlegt wird. Die Umweltpolitik sollte in Form von Anforderungen aufgestellt werden, die durch den PAK bewertet werden können und soweit möglich auch „messbar" sind. Für die einzelnen Elemente ist die Umweltpolitik in den Zielen und Abwägungsindikatoren zu konkretisieren, so dass die Optionen danach beurteilt und optimiert werden. Durch das UIMAS kann die Entwicklung der Umweltpolitik und der Optionen von allen Beteiligten und Betroffenen ortsunabhängig nachvollzogen und Anregungen frühzeitig mitgeteilt werden.

Die kontinuierlich und strukturiert online zur Verfügung stehenden Informationen haben z.B. die Weiterverwendbarkeit, die Reduzierung von Druckkosten für Informationsmaterialien und die Erfüllung der Anforderungen des UIG als weitere Vorteile [vgl. FüSc08 S.205ff]. Da sich die Wahrnehmung und das Wissen der Beteiligten bzw. Betroffenen über die Zeit ändert und neue Möglichkeiten entstehen können, insbesondere bei detaillierteren oder geänderten Informationen oder Rahmenbedingungen, sollte die Umweltpolitik (Anforderungen, Ziele und Indikatoren) in Wiederholungszyklen zu Beginn der einzelnen Projektphasen überprüft werden. Daraus resultierende Anpassungen von Zielen und Lösungen im Rahmen der vorhandenen Möglichkeiten sollte nicht als Schwäche, sondern als Zeichen der Flexibilität und Umgang mit Veränderungen erkannt werden [vgl. NBHM04 S.15].

Um die generell möglichen Optionen und deren Aspekte und Auswirkungen ermitteln zu können, sind Untersuchungen, Recherchen und Gutachten erforderlich. Deren Umfang ist im PAK durch Anweisungen und Maßnahmen, unter Bestimmung der verantwortlichen Projektbeteiligten (=Pflichtenhefte) festzulegen, so dass eine ausreichende Erhebung der technischen, ökologischen und ökonomischen Rahmenbedingungen gesichert ist. Zur Sicherstellung einer ausreichenden Betrachtung können Checklisten zum Einsatz kommen, die aus der Auswertung vorangegangener Projekte und Brainstorming Methoden generiert werden. Zur Ermittlung von Optionen sollten allerdings auch die Bürgerbeteiligungen als potentielle Quellen verstanden werden.

Die vordringlichsten Fragen bzgl. eines Tunnelprojekts, die mit den Ergebnissen der „Untersuchungen" zunächst im PAK zu beantworten sind, lauten:

- Bildet ein Tunnel eine ökonomisch-ökologisch verhältnismäßige Lösung?

- Welche (Tunnel-)Trasse ist unter Betrachtung möglicher Kombinationen von ermittelten Optionen zur Umsetzung der Elemente die Vorteilhafteste?

Zur Beantwortung dieser Fragen sind zum einen die Rahmenbedingungen liniengebunden und eingehender als bisher üblich zu ermitteln und zum anderen die Aspekte sowie Auswirkungen möglicher Festlegungen in den Untersuchungen zu betrachten. Die Identifizierung von Abhängigkeiten und Auswirkungen auf die einzelnen Elemente hat dabei eine hohe Bedeutung. Daher ist zumindest eine grobe Lebenszyklusbetrachtung erforderlich, zu der qualifizierte Vertreter aller Projektphasen herangezogen werden sollten. Unter diesen Zielanforderungen bekommt die Vorplanung eine wesentlich größere Bedeutung als bisher.

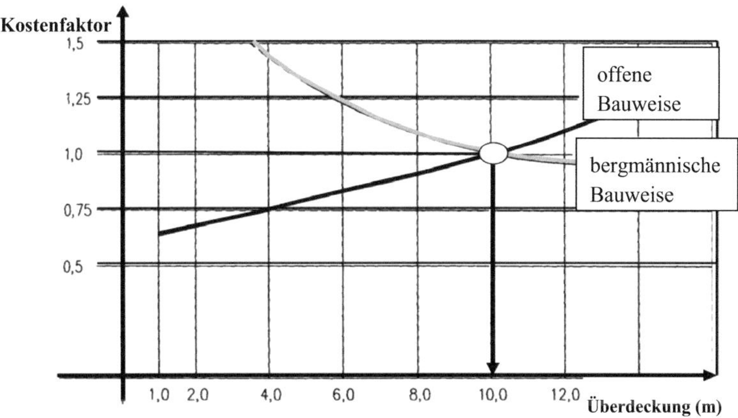

Bild 5.19:   Wirtschaftlichkeitsvergleich von Bauweisen [Mitr07 S.14]

Die Entscheidung, ob ein Tunnel in bergmännischer oder offener Bauweise erstellt werden soll und welches Vortriebsverfahren zum Einsatz kommen kann, hängt bspw. maßgebend von den jeweiligen Baugrundverhältnissen, der Topographie und den ökologischen Rahmenbedingungen ab. Daher sind verschiedene Gutachten und eine UVS je Trasse (ggf. Trassenvorauswahl im PAK) erforderlich, die dem Zweck der Ermittlung möglicher Optionen und deren Aspekte und möglicher Auswirkungen genügen. Neben den technischen Möglichkeiten und ökologischen Aspekten sind ebenso die ökonomischen Aspekte zu berücksichtigen [vgl. Bild 5.19].

Die Untersuchungen und Gutachten sowie deren optionsbezogenen Ergebnisse (Aspekte und Auswirkungen) sind von den Verantwortlichen Beteiligten unter Leitung des PAK im UMIAS einzupflegen. Damit wird die Grundlage für die späteren Detaillierungen und Entscheidungen aufgebaut. Durch die frühe Erfassung des Wissens aller Beteiligten, d.h. der Anforderungen, technischen Möglichkeiten und Abhängigkeiten, kann dieses Wissen von Beginn an die Konsensfindung unterstützen, in der Planung sowie bei Abwägungen berücksichtigt und damit Fehlplanung vermieden werden.

5.3.3   Entwicklung von Optionen und Entscheidungen

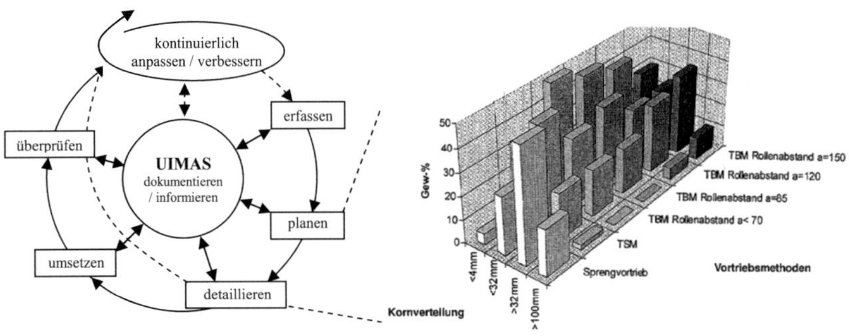

Bild 5.20:   „Projektbegleitendes Öko-Controlling" – planen [Girm08 S.443]

Sobald eine Trasse unter Betrachtung des gesamten Lebenszyklus als die geeignetste ausgewählt wurde, sind die Optionen näher zu untersuchen und die Grundlage für die Entscheidungen zur Realisierung zu schaffen. Spätestens mit Festlegung der Trasse ist aufgrund der damit grob bekannten

Rahmenbedingungen ein Gesamtprojektbudget für alle Lebenszyklusphasen aufzustellen, dieses mit dem PAK abzustimmen und kontinuierlich fortzuschreiben. Dazu können die Lebenszykluskosten, inkl. der Kosten für den Umweltschutz, vorangegangener Projekte betrachtet und Anhaltswerte bspw. aus dem Kostenkennwertkatalog der DB AG [Modul 808.0212] verwendet werden. Für die Umweltschutzkosten, d.h. die ökonomischen Auswirkungen ökologischer Belange könnte vereinfachend auch ein fester oder zu Beginn im PAK vereinbarter Prozentsatz (z.B. 3-5% der Herstellungskosten) entsprechend der Vorgehensweise bei „Kunst am Bau" [vgl. BMVBS07] als Ansatz für verhältnismäßige Umweltschutzkosten eines Projektes vorgesehen werden.

Im Weiteren Verlauf sind bei Entscheidungen immer die Auswirkungen auf das Gesamtbudget d.h. die Lebenszykluskosten zu betrachten, wobei zur Vergleichbarkeit die Barwertmethode (dynamische Investitionsrechnung) angewendet werden sollte. Hierdurch können scheinbare Optimierungen, die absehbar über die „Einsparungen" hinausgehende Aufwendungen in den folgenden Projektphasen erzeugen, vermieden werden. Dies könnte z.B. durch unterlassene ökologische Vorsorgeuntersuchungen und Maßnahmenplanungen geschehen, die später zu erhöhten Maßnahmenkosten oder vermehrten Umweltunfällen (Risiken) und den damit verbundenen ökonomischen Auswirkungen führen. Monetäre Bewertungen bzw. verbal-argumentative Beschreibungen sind durch Diskussionen unter den Beteiligten entlang des Projektlebenszyklus im PAK möglich. Insbesondere, wenn wie bisher üblich für die einzelnen Projektphasen unabhängige Budgets und für die Planung nur sehr begrenzte Mittel vorgesehen werden, sollte der PAK Entscheidungen auch hinsichtlich der Kostenargumentation überprüfen.

Die Entwicklung und Detaillierung der Optionen erfolgt durch technische Fachplaner auf der Grundlage der vorangegangenen oder begleitenden Untersuchungen und Gutachten in enger Zusammenarbeit mit den Umweltfachleuten. Ein Zusammenschluss der Fachplaner in einer Arbeitsgemeinschaft, die anschließend auch die Bauüberwachung übernimmt, bringt den

Vorteil der Schnittstellenreduzierung und Kontinuität. Welche Optionen betrachtet werden und welche Untersuchungen vorzunehmen sind, wird im PAK entschieden. Die Vorgaben dazu werden in Form von Zielen, Anweisungen und Maßnahmen über das UIMAS an die Verantwortlichen weitergegeben. Ebenso sind die Betrachtungsgrenzen (Abschneidekriterien) der Elemente (zugehörige Nutzenaspekte, zu betrachtende ökonomische Aspekte und Auswirkungen, räumliche Grenzen) einvernehmlich im PAK festzulegen und mit den Elementen im UIMAS anzulegen, um die Betrachtungen ermöglichen sowie die Optionen vergleichen zu können [vgl. DIN 14040 S.24ff].

Zur Erfüllung dieser Aufgaben muss der PAK regelmäßig die Möglichkeiten, vorhandene Informationen und Ergebnisse diskutieren. Zu Beginn können dabei, neben Auswertungen vorangegangener Projekte und Recherchen, auch Brainstorming Methoden zum Einsatz kommen, um potentielle Optionen zu sammeln und die jeweils möglichen Aspekte, Auswirkungen und Wechselwirkungen zu erfassen. Erste Anhaltspunkte hierfür geben auch die Fischgrätendiagramme (Ishikawa Diagramme) aus Kapitel 2.2. Ebenso können an dieser Stelle Berater und Audits unterstützen. Bei der anschließenden Planung sind im Zuge der Lebenszyklusbetrachtung die Vertreter aller Lebenszyklusphasen zu beteiligen und Fachleute zu wesentlichen Aspekten und deren frühzeitiger Beachtung (z.B. Anordnung der Baustelleneinrichtung aus schalltechnischen Gesichtspunkten) zu beauftragen. Durch die strukturierte und ganzheitliche Betrachtung und Aufnahme der Aspekte, Auswirkungen und deren Abhängigkeiten, können Fehlplanungen und Optimierungsmöglichkeiten frühzeitig erkannt und diesen entgegengesteuert bzw. diese gefördert werden.

Gravierende Missverhältnisse zwischen ökologischen und ökonomischen Belangen, bisher nicht näher betrachtete Auswirkungen auf spätere Projektphasen (z.B. den Baubetrieb) und Wechselwirkungen mit anderen Elementen stehen mit dem UIMAS transparent zur Verfügung. Aufbauend auf dieser verbesserten Informationsgrundlage können der Bedarf und die Anforderungen für weitere Planungen und Untersuchungen im PAK einvernehmlich konkretisiert werden, falls weitere Informationen oder Maßnahmen erforderlich und verhältnismäßig sind. Die Frage wie viel Umweltschutz sinnvoll und wie mit den nur begrenzt zur Verfügung stehenden Mitteln ein Maximum an Umweltschutz erreicht werden kann, darf bei keiner Entscheidung ausgeblendet werden. Dafür ist es unbedingt erforderlich, dass parallel zu den ökologischen Betrachtungen (Untersuchungen, Planungen, Vorgaben) immer auch die Auswirkungen auf die ökonomischen Aspekte ursachengerecht von den Planern oder dem PAK erfasst und wie die ökologischen Aspekte im UIMAS dokumentiert sowie bei Abwägungen mit herangezogen werden.

Zur Veranschaulichung sollen nachfolgend die drei Elemente Vortriebsverfahren, Ausbruchverwertung und Transport betrachtet werden. Nach der Trassenwahl ist das Vortriebsverfahren ein wesentliches Element. Von diesem wird die Tunnellage aber auch die generellen Umweltauswirkungen wie Ressourcenbedarf, GW-Absenkungen und Flächenbedarf stark beeinflusst. Aus Bild 5.20, in dem die Ausbrucheigenschaften bzgl. der Korngrößenverteilung von verschiedenen Vortriebsverfahren dargestellt sind, ist zudem ersichtlich, dass durch das Vortriebsverfahren auch die Ausbruchverwertbarkeit und damit die Transportmöglichkeiten tangiert werden. An diesem Beispiel ist gut nachzuvollziehen, dass bei der Planung eines Elements auch die Wechselwirkungen in Form von Beeinflussungen der ökologischen und/oder ökonomischen Eigenschaften anderer Elemente aufgenommen und Abwägungen unter Berücksichtigung dieser erfolgen müssen. Daher sind im PAK die notwendigen Expertisen aus allen Projektphasen und Bereichen unbedingt einzubeziehen.

Die Detaillierungsstufe der Betrachtungen sollte sich am Projektfortschritt und den davon abhängigen Aussagewahrscheinlichkeiten, wie in Bild 5.21 qualitativ für die Ausbrucheigenschaften dargestellt, orientieren. Dem entsprechend sollten auch Festlegungen erst zum letztmöglichen Zeitpunkt und damit unter dem größtmöglichen Wissen vorgenommen werden.

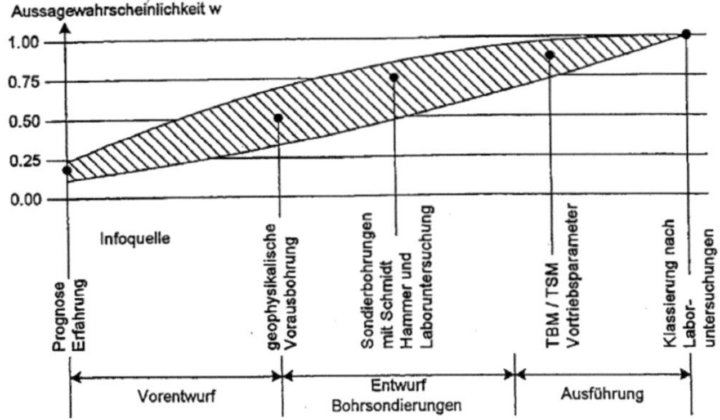

Bild 5.21:   Aussagewahrscheinlichkeit Ausbrucheigenschaften [Girm08 S.444]

Um das letztendliche Vorgehen an die zum Zeitpunkt der Realisierung tatsächlich vorhandenen Rahmenbedingungen anpassen zu können, ist die Erfassung und kontinuierliche Überprüfung der Aspekte und Rahmenbedingungen erforderlich, die zu wesentlichen Auswirkungen führen können. Die endgültigen Ausführungsvarianten (Einsatz von Stoffen, Ausbruchverwertung, Transportrouten...) und die Maßnahmen, die dabei zu treffen sind, sollten erst erfolgen, wenn keine Veränderungen durch Detailprojekte oder Vorbehalte mehr absehbar sind, die durch den PAK begleitet bzw. geprüft werden. Auch die für die jeweilige Detaillierung erforderlichen Untersuchungen sollten sich nach diesem Grundsatz richten und somit unnötige Untersuchungen in frühen Projektphasen vermieden werden.

Letztendlich sind bei der Planung vergleichbare Informationen zu den betrachteten Optionen durch den PAK sicherzustellen, die eine geeignete Entscheidungsgrundlage für die jeweilige Projektphase [vgl. Bild 5.17] bilden. Im PAK sind unter Berücksichtigung der ermittelten Anforderungen Muss- und Soll-Eigenschaften sowie die Detaillierungen, die die Betrachtungen zu diesen Eigenschaften in den einzelnen Projektphasen haben sollen, zu vereinbaren. Die Einhaltung von Muss-Eigenschaften ist anschließend für die weiteren Betrachtungen einer Option zwingend erforderlich. Auf Grundlage der vorhandenen Informationen sind die weiter zu betrachtenden Optionen und deren weitere Betrachtung durch Anweisungen vorzugeben. So kann und soll wo erforderlich mit unvollständigen Informationen die nächste Projektphase begonnen werden.

Die Entscheidungen, welche Optionen weiter betrachtet oder gewählt werden bzw. wie eine Option genau ausgestaltet wird (Anforderungen, Maßnahmen), erfolgt auf Entscheidungskonferenzen des PAK mithilfe des Abwägungsmoduls des UIMAS [vgl. 5.2.2]. Die wesentlichen Informationen werden dafür aus dem UIMAS herangezogen und vorab deren Übereinstimmung mit der Situation zum Zeitpunkt der Abwägung generell überprüft. Zur anschließenden Ermittlung von Vor- und Nachteilen ist es sinnvoll die Fachleute und Gutachter von denen die Informationen ermittelt wurden, zu beteiligen. Die letztendliche Abwägung der Vor- und Nachteile muss jedoch durch die Mitglieder des PAK erfolgen.

Bezüglich der Elemente Vortriebsverfahren, Ausbruchbewirtschaftung und Transportverfahren könnten Indikatoren wie Tunnelkosten pro Laufmeter, Realisierungszeit, Qualität der Ausbruchverwertung, Nachhaltigkeit (Sachbilanz, Tonnentransportkilometer), Schall- und Erschütterungspegel sowie Flächenbedarf (Wertpunkteverfahren) verwendet werden und ermittelte Benchmarks anderer Projekte als Referenz und Zielwerte dienen. Welche Indikatoren zum Einsatz kommen, sollte anhand der jeweiligen Rahmenbedingungen des Projektes im PAK bestimmt werden.

Mit den gemeinsam getroffenen Entscheidungen kann dann in der nachfolgenden Projektphase weitergearbeitet werden und Abwägungen in nachfolgenden Projektphasen, bei neuen Details oder Möglichkeiten, auf diesen aufbauen. Die Genehmigungsbehörde kann die im UIMAS dokumentierten Abwägungsergebnisse anschließend auch bei der Genehmigung nutzen und die Planungen und Entscheidungen daran nachvollziehen. Mit dem PFB sollten, abweichend von der derzeitigen Praxis, die noch akzeptablen Eigenschaften zu den Elementen (worst-case) und nicht eine Option oder darauf zugeschnittene Anforderungen festlegt werden. Die Optimierung bis zur Realisierung bleibt damit innerhalb des maximal Genehmigten möglich und in der Verantwortung des PAK bzw. der von diesem durch Anweisungen als verantwortlich benannten Projektbeteiligten (BÜ, UBB, Baufirma, Betreiber...). Eine permanente Kontrolle durch den PAK und durch Audits [vgl. 5.3.5] sowie Kontrollen durch die Planfeststellungsbehörde (z.B. bei Vorbehalten) gewährleisten die späteren Optimierungen.

Die Kompetenz des PAK und die für den Ansatz erforderliche Vertrauensbasis beruhen auf einem offenen und transparenten Informationsfluss. Die Anwendung des aus dem Lean Construction stammenden „Last Planner Systems" (LPS) kann dabei helfen, dass Informationen von den einzelnen Beteiligten nicht zurückgehalten werden. Der Vorteil des PAK für alle Beteiligten ist die Nutzung des gemeinsamen Wissens und die höhere Verlässlichkeit von Planungen und Aussagen. Ein weiterer Vorteil ist, dass bei anfangs strittigen Themen ein gemeinsamer Weg gefunden werden kann, der i.d.R. besser sein wird als eine Lösung, die aufgrund von Streitigkeiten im Genehmigungsverfahren oder vor Gericht bestimmt wird. Außerdem können durch die ganzheitliche und offene Betrachtung frühzeitig Wechselwirkungen erkannt und Optimierungen aus Projektsicht bis zuletzt verfolgt werden. Einzeloptimierungen aus individuellen Bedürfnissen, die negative Auswirkungen auf andere Elemente und Projektphasen haben, werden damit vermieden und das Gesamtprojekt vorangebracht.

Da bisher häufig aufgrund der getrennten Budgets entlang des Projektlebenszyklus und bei den Projektbeteiligten Informationen zurückgehalten werden und keine Gesamtoptimierung erfolgt, sind ein gemeinsames Budget bzw. Regelungen bzgl. Umverteilungen bei Vor- und Nachteilen empfehlenswert.

5.3.4 Begleitung, Kontrolle, Anpassung und Verbesserung

Um eine Begleitung und Steuerung der Planung und Umsetzung über den gesamten Lebenszyklus zu erreichen, sind Regelungen erforderlich, die frühzeitig zu vereinbaren und zu dokumentieren sind. Passiert dies nicht, sind bei späteren Anpassungsbedürfnissen die Verantwortlichkeiten, Vorgehensweisen und Schnittstellen nicht geklärt. Hierdurch kann es bei nachträglichen Änderungserfordernissen entweder zu keiner Anpassung, beschränkten Handlungsmöglichkeiten oder zu erschwerten Abstimmungen im Ereignisfall und zu unnötigen Verzögerungen kommen.

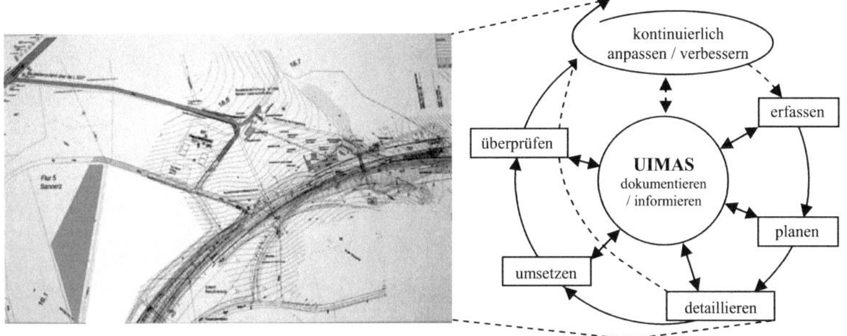

Bild 5.22:   „Projektbegleitendes Öko-Controlling" – umsetzen/überprüfen

Mit Projektfortschritt und steigender Detaillierung sind daher Ansprüche in Form von Zielvorgaben, Anweisungen, Maßnahmen und Notfallprozessen sowie die jeweiligen Verantwortlichkeiten für die nachfolgenden Phasen durch den PAK zu bestimmen und im UIMAS zu hinterlegen. Zudem sind projektbegleitend durch die jeweils Verantwortlichen ggf. in Absprache mit dem PAK Zustände (Rahmenbedingungen, Aspekte, Auswirkungen, Möglichkeiten), die von vorherigen Annahmen, Vorgaben oder Planungen abweichen, in Form von Abweichungsberichten zu erfassen sowie gewonnene „Neue Erkenntnisse" im UIMAS zu dokumentieren. Hierdurch wird ein Handlungsrahmen für alle Projektbeteiligten geschaffen, wobei das Vorgehen den Grundsätzen des Projektmanagements entspricht:

- Strukturen und Prozesse entsprechend der Projektphase mit ausreichender Genauigkeit planen,

- Ziele definieren und fortschreiben,

- Aufgaben und Verantwortlichkeiten bestimmen und konkretisieren,

- Analysieren und Auswertung der Vorgehensweise z.B. über Soll-Ist-Vergleiche,

- Steuerung durch entsprechende Anweisungen und Maßnahmen.

Nachfolgend werden beispielhaft für die Projektphasen Vergabe, Arbeitsvorbereitung und Realisierung Vorgehensweisen vorgestellt, die eine Verbesserung bewirken können. Ein wesentlicher Motor ist die Transparenz, die durch das UIMAS erreicht werden kann. Zum einen werden Informationen zum Projekt für die Beteiligten bereitgestellt und zum anderen eine ständige Kontrolle durch den PAK, Behörden u.a. mit den entsprechenden Wirkungen auf die Projektverantwortlichen ermöglicht.

Zur Nutzung des Verbesserungspotentials in der **Vergabephase** kann eine weniger einschränkende Ausschreibung mit einer eher funktionalen Leistungsbeschreibung und einer Referenzplanung dienen. Zu verfolgen sind dabei Vorgaben von Anforderungen und damit Handlungsspielräume gegenüber der sonst üblichen genauen Umsetzungsvorgaben der konventionellen Ausschreibung. Obwohl die ersten Erfahrungen der DB AG mit einer „Funktionalen Ausschreibung" beim deutschen Tunnelbau nicht nur positiv waren und Schwierigkeiten bei der Anwendung gesehen werden, besteht ein großes Verbesserungspotential gegenüber den inzwischen durchoptimierten Einheitspreisverträgen [vgl. DAUB97; Bart02 S.52ff, S.76ff; Loth08 S.96].

Mit einer eher funktionalen Ausschreibung oder anderen, Sondervorschläge fördernden Möglichkeiten kann die Umsetzung und damit die ökologischen und ökonomischen Eigenschaften unter einen Ideen- und Kompetenzwettbewerb gestellt werden. Der Vorteil liegt in der Nutzung des Know-hows, der Kreativität und der Möglichkeiten der Anbieter, wodurch innovative Realisierungen gefördert werden. Durch die Planungsaktualität, insbesondere bei Sondervorschlägen und der zeitnahen Ausführung, wird das Risiko von gravierenden Abweichungen von Planungsgrundlagen vermindert.

Bei konventionellen Ausschreibungen werden durch die Planer mehrere Lösungen betrachtet und letztendlich eine Lösung den Anbietern vorgegeben. Bei einer bzgl. der Lösung offeneren Ausschreibung werden sich die Anbieter im Zuge ihres internen Ideen- und Kompetenzwettbewerbes jeweils für einen Lösungsvorschlag entscheiden und diesen intensiv und unter zeitnaher Beachtung der gegebenen Rahmenbedingungen ausarbeiten und kalkulieren [vgl. DAUB93]. Hierdurch werden insbesondere das den Anbietern zur Verfügung stehende technische Wissen sowie maschinelle und personelle Ressourcen aktiviert. Die dem Ausschreibenden und damit bei der Endabwägung zur Verfügung stehenden Realisierungsmöglichkeiten sowie die Auseinandersetzung der Bieter mit den Anforderungen und der damit einhergehenden Verantwortungsübernahme, die spätere Komplikationen aufgrund mangelnden Verständnisses zu vermeiden helfen, sind wesentliche Vorteile dieser Ausschreibungsart.

Die Aufgabe des PAK ist es, die Grundlagen (z.B. Baugrundgutachten, UVS...), Planungen und den Vergleich zwischen den Optionen bis zur Ausschreibung so weit voranzutreiben, dass die erforderlichen Ausgangsdaten, Anforderungen, Funktionen und Eigenschaften auch für die Lebenszyklusbetrachtung in der Ausschreibung angegeben werden können [vgl. DAUB04]. Für das Präqualifikationsverfahren und die Angebotsbewertung sind durch den PAK die Abwägungsindikatoren für die einzelnen Elemente festzulegen und mit Wertigkeiten zu belegen, mit denen ökologisch-ökonomisch ausgewogene Optimierungen in den vom PAK vorgesehenen oder durch einen PFB geforderten Bereichen gefördert werden. Des Weiteren sollten ökologische Auswahlkriterien und Ausschlusskriterien, entsprechend der jeweiligen Rahmenbedingungen vorgeben werden, bspw.:

- Zertifizierung der Anbieter und der späteren Bauabwicklung nach DIN 14001ff,
- ökologische Referenzen der Anbieter und des vorgesehen Personals bzgl. Projektdurchführungen in sensiblen Gebieten (FFH, WSG...),
- Ergebnisse aus Lieferantenbewertungen, die bspw. ökologisch relevante NCRs bei vergangenen Projekten berücksichtigen.

Die Beurteilung der Anbieter und die Bewertung der Angebote sollten in Absprache mit dem PAK erfolgen. Um eine geeignete Grundlage für die Wertung der Angeboten zu erreichen, ist von den Bietern eine klare Ausweisung von ökologischen und ökonomischen Aspekten und Auswirkungen der technischen Optionen durch die Benutzung von Duplikaten des

UIMAS zu fordern. Auf diese Weise stehen den Anbietern auch alle vorhandenen Informationen aus dem UIMAS zur Verfügung. Bei der Planung sollten von den Bietern Fachplaner einbezogen werden, die z.B. die ökologischen Aspekte und Auswirkungen erfassen und im Auftragsfall die Ausführung auf der Seite des AN begleiten. Ebenfalls sollte eine an der Vergabe beteiligte BÜ mit UBB, die aus einer Arbeitsgemeinschaft der Fachplaner hervorgehen könnte, die Ermittlung und Aufbereitung der Informationen betreuen, um die Vergleichbarkeit der Angebote sicherzustellen.

Die Angebotsaus- und -bewertung erfolgt, nach Elementen getrennt, im UIMAS. Als Bewertungsmaßstäbe können die in den Zielen zu den Abwägungsindikatoren erfassten Benchmarks als Obergrenze und eine vorab erarbeitete und im UIMAS dokumentierte Referenzplanung als Untergrenze dienen.

Die Vergabe sollte in Form eines Verhandlungsverfahrens erfolgen. Sollte bei der Auswertung festgestellt werden, dass bei den Angeboten Informationen fehlen oder Optimierungen möglich sind, kann dieses mit den jeweiligen Bietern verhandelt und ergänzt werden. Das ökonomisch-ökologisch ausgewogenste Angebot sollte abschließend anhand einer Verhältniszahl $\left(\dfrac{Qualit\ddot{a}tspunkte}{Angebotspreis}\right)$ ausgewählt werden. Die Punkte für die qualitativen Bewertungskriterien werden über die Abwägung im UIMAS mit dem PAK ermittelt, wobei die erreichbaren Punkte und die Vorgehensweise bzgl. der Abwägungskriterien im Vorfeld definiert und in den Ausschreibungsunterlagen bekannt gegeben werden müssen [vgl. Anhang Projektbetrachtungen 2.3.]. Eine bessere Möglichkeit wäre noch die direkte Abwägung unter den Angebotsoptionen mit dem Abwägungsmodul des UIMAS, was aufgrund des derzeitigen Vergaberechts in Deutschland allerdings nicht möglich ist.

Eine solche Abwägung und Ermittlung der besten Optionen sollte jedoch im Anschluss an die Angebotsbewertung erfolgen, da das nach der Bewertung beste Angebot nicht unbedingt auch bei allen Elementen die bestmögliche Option enthält [Bild 5.23]. Hierfür werden die Inhalte der Duplikate in das Ausgangssystem übertragen und eine Gesamtabwägung durchgeführt. Falls eine bessere Option zur Verfügung steht, sollte diese soweit möglich auch ausgeführt werden. Mit der Ausschreibung sind daher auch Vorgehensweisen zur adäquaten Vergütung des „geistigen Eigentums" der unterlegenen Bieter, das übernommen werden soll, und zur Kalkulation der Umsetzungskosten durch die ausführende Firma zu bestimmen.

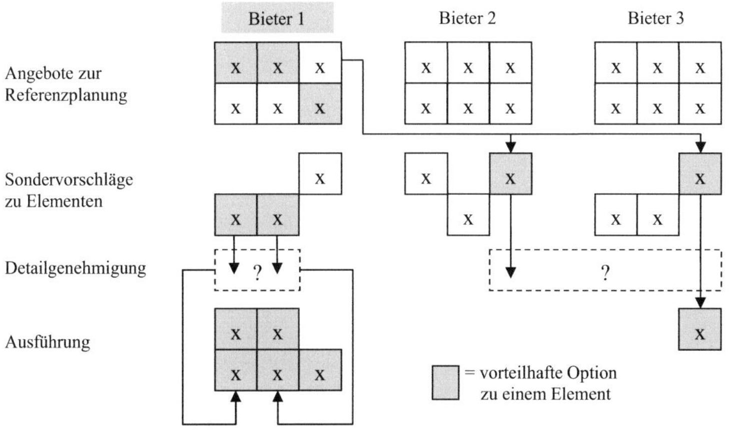

Bild 5.23:   Auswahl von Bieteroptionen

Bezüglich der Vergütung schlägt der Verfasser vier Ansätze vor:

-   Soweit eine separate Ausführung der Option (Trennung) möglich ist, sollte der jeweilige Anbieter die Umsetzung übernehmen (Nachunternehmer oder nachträgliche Arge).

-   Bei Übernahme einer fremden Option, die zu deutlichen Einsparungen führt, sind diese zu ermitteln und dem unterlegenen Bieter ein in der Ausschreibung festgelegter Einsparungsanteil auszuzahlen.

-   Bei Übernahme einer fremden Option, die zu wesentlichen ökologischen Verbesserungen führt, ist durch Abwägung zu ermitteln, ab welchen Mehrkosten das ökologisch bessere Angebot mit der Option des erfolgreichen Bieters gleichwertig wäre. Dieser Betrag ist, ggf. bis zu einer bei der Vergabe festgesetzten Höchstgrenze, dem unterlegenen Bieter auszuzahlen.

- Soweit nur geringe ökologische und/oder ökonomische Verbesserungen bestehen ist der Bieter mit einer Bonuszahlung in einer vorab definierten Höhe zu vergüten.

Entsprechende Bewertungskriterien und eine solche Regelung würden die Anbieter motivieren, innovative Lösungen zu entwickeln und auch zur Realisierung durch Dritte freizugeben. Bezüglich der Ausführungskosten durch Dritte ist zu bemerken, dass hier viele Faktoren Einfluss nehmen können und auch durch das zur Verfügungstellen von Informationen und Grundlagen durch den unterlegenen Bieter, die Umsetzung einer fremden Option durch den erfolgreichen Bieter nicht in jedem Fall erfolgen kann. Dennoch sollte eine Regelung vereinbart werden, wie die Ausführungskosten in einem solchen Fall kalkuliert werden, z.B. durch eine generelle Offenlegung der Urkalkulation wie es in Österreich üblich ist [vgl. Schn04]. Eine separate Vergütung der durch Auflagen entstehenden Zusatzarbeiten auf Nachweis sowie optionale Positionen bspw. für verschiedene Transportarten und Entfernungen bzgl. des Ausbruchtransportes in der Ausschreibung sind weitere Möglichkeiten.

Es kann der Fall eintreten, dass Lösungsvorschläge trotz der offen gehaltenen Genehmigungsbeschlüsse nicht von diesen abgedeckt werden und somit eine weitere Genehmigung erforderlich wird. Dies kann auch aufgrund von Detailprojekten (ggf. durch Vorbehalte im PFB) erforderlich sein, die erst mit oder nach der Vergabe abgeschlossen werden können. In einem solchen Fall sollte die Umsetzung nicht durch fehlende Genehmigungen verzögert werden, sondern durch den PAK parallel die Genehmigung durch Abwägungen zügig vorbereitet und an die Planfeststellungsbehörde herangetragen werden [vgl. Bart02 S.113]. Für die Planungen der Bieter in der Ausschreibung und die ggf. anschließenden Detailgenehmigungen sollte zudem ausreichend Zeit eingeplant werden. Das Missverhältnis zwischen den teilw. sehr langen Planungszeiträumen und dem bisher sehr knappen Zeiträumen für die Vergabe und Realisierung nach der Finanzierungsfreigabe gilt es zu beheben. Im Vergabeverfahren sollte je nach Umfang der erforderlichen Planungsleistungen der Bieter, die Bieterzahl begrenzt und auch eine Teilvergütung der Kalkulationskosten vorgesehen werden. Die von den Bietern in einem eher funktionalen Verhandlungsverfahren aufzubringenden Kosten betragen bei einem Tunnelprojekt oftmals mehr als 1 Mio. EUR für interne und externe Planungs- und Kalkulationsleistungen. Daher soll durch die Einschränkung der Bieterzahl die Erfolgswahrscheinlichkeit erhöht werden und durch eine Teilkostenerstattung für unterlegene Bieter die Angebotsabgabe der in einem Präqualifikationsverfahren aufgeforderten Bieter sichergestellt werden.

Über die bereits dargestellte Umsetzungsoptimierung in Detailprojekten hinaus können Verbesserungen auch durch die gezielte Verantwortungsweitergabe und Anforderungen zu Betrachtungen vor der Ausführung erreicht werden. Die Vorgaben (Pflichtenhefte) dafür sind durch den PAK mit Anweisungen über das UIMAS weiterzugeben. Ein wesentlicher Erfolgsfaktor ist dabei die Sicherung einer grundlegenden, ökologisch-ökonomisch ausgewogenen Arbeitsphilosophie der verantwortlichen Beteiligten, insbesondere in der Bauleitung. Im Zuge der Entwurfsplanung, der Ausschreibung und der Arbeitsvorbereitung sind die Anforderungen und Maßnahmen bzgl. der Optionen von Fachplanern oder der Baufirma und der BÜ/UBB umzusetzen und dem PAK wiederum über das UIMAS vor der Realisierung zur Prüfung bzw. Genehmigung mitzuteilen.

Beispiele dafür sind die Forderung der Entwicklung eines verbesserten Transportkonzeptes durch die Bieterangebote mit entsprechenden Bewertungskriterien [vgl. Anhang 9] oder durch die Baufirma zu erstellende Risikoanalysen (z.B. PEC/PNEC-Werte), Stoffdatenbanken und vorausgehende Methodenbeschreibungen (Methode Statements), wie am Beispiel [Anhang Projektbetrachtungen 7.] beschrieben. Die Benennung der mit den Anforderungen verfolgten Ziele ist dabei ebenso wichtig wie die Bestimmung der Projektphasen, in denen die Umsetzung erfolgen soll, und der jeweiligen Verantwortlichen.

Beim Tunnelvortrieb könnte eine sehr geringe Verschmutzung des Ausbruchgutes eine Detailforderung des PAK sein. Daraus folgende Pflichten, bspw. die Reduzierung von Verunreinigungen und Verwendung unschädlicher Stoffe im Tunnelvortrieb, können durch Anweisungen, Anreize und Kontrollen zum umweltschonenden Einsatz umgesetzt werden. Bei Erddruckschilden sind davon vor allem die Konditionierungsmittel (Tenside), Dichtungsfette, das Verpressgut für den Ringspalt und die Hydrauliköle betroffen. Als Maßnahmen sind eine Analyse zur Auswahl der besten verfügbaren Stoffe, Verfahrensbeschreibungen zum Einsatz der Stoffe und Maßnahmen entlang der Tunneltrasse sowie deren Detaillierung und Umsetzung durch die Ausführenden möglich. Zeitnahe im UIMAS aufzunehmende Ergebnisse werden durch die UBB und den PAK freigegeben bzw. kontrolliert und bewertet.

Mit einer Verfahrensanweisung werden z.B. Schildfahrer verpflichtet Konditionierungsmittel nur in kritischen Bereichen und nur mit Zustimmung der UBB zu verwenden. Ebenso könnten die Daten zum Einsatz in einem online Monitoringsystem mit Benennung des Einsatzgrundes und des verantwortlichen Schildfahrers eine weitere Maßnahme sein [vgl. MFS-Geo Anhang Projektbetrachtungen 7.5.]. Von Beginn an klare Verantwortungsweitergaben an die „letzten Planer", d.h. die für die Arbeiten an der Arbeitsstelle Verantwortlichen [vgl. GeKi06] und Ausführende in Anlehnung an die beim MCT beschriebene Vorgehensweise [vgl. Anhang Projektbetrachtungen 7.3.], können zu optimierten Vorgehensweisen und verantwortungsbewusstem sowie wissendem Handeln beitragen. Dieser Weg wurde nach dem beschriebenen Vorfall auch beim KBT gewählt und die spezielle Verantwortung einer Person zugeordnet [vgl. Anhang Projektbetrachtungen 3.4.].

Ein weiterer Ansatz zur begleitenden Verbesserung durch zeitnahe Betrachtungen und Sicherung einer umweltschonenden Realisierung bildet die Begleitung der Umsetzung durch eine UBB [vgl. Sche97; BuRa99; ScRi01; Schw04; BuMZ04]. Die Anforderungen an die Qualifikation und Aufgaben der UBB sind vom PAK im UIMAS durch hinterlegte Verantwortlichkeiten zusammenzutragen (Pflichtenheft) und bei der Auswahl der UBB zugrunde zu legen. Die UBB übernimmt auf der Baustelle die Rolle des Umweltbeauftragten in Betrieben mit Informations- und Berichtsverantwortung, Überwachungs- und Kontrollaufgaben, Initiativ- und Innovationsfunktion sowie Vertretungsfunktion [vgl. Bapa08 S.75].

Neben der naturschutzfachlichen Kompetenz sollte die UBB auch technisch qualifiziert und in die technischen Abläufe direkt eingebunden sein. Dies könnte auch durch die bereits angesprochene Kompetenzstelle auf Seiten der Baufirma erfolgen. Nur so können Technikfolgeabschätzungen, Verbesserungen und Kontrollen an der Ursachenquelle (d.h. auch im Tunnel) mit in das Pflichtenheft der UBB aufgenommen werden. Die Umsetzung und Beauftragung der UBB sowie deren Vergütung könnte in Anlehnung an die Vorgaben des EBA [RWHS05b S.66ff], der Veröffentlichung der DB Projektbau Dresden und des Dresdner Instituts für Verkehr und Umwelt e.V. [Kühn04] und einem unveröffentlichten Leitfaden des FGSV [FGSV03a] erfolgen. Die UBB sollte dabei ein Teil der BÜ sein und als ein die Realisierung vor Ort begleitendes Organ des PAK dienen [vgl. Bild 5.24].

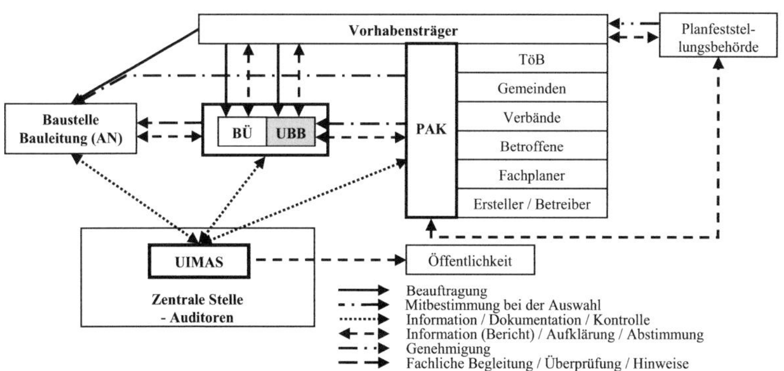

Bild 5.24:   UBB innerhalb der Projektorganisation [FGSV03a mod.]

Durch die Erfassung der Parameter und Rahmenbedingungen einer Option, die deren ökologische und/oder ökonomische Belange wesentlich beeinflussen können, sowie der jeweiligen Auflagen und Maßnahmen im

UIMAS kann eine UBB und die Ausführenden diese während der Umsetzungsphase kontrollieren. Besondere Anforderungen an die Projektbegleitung sind durch den PAK im UIMAS mit den jeweiligen Verantwortlichkeiten zu erfassen. Neben reinen Soll-Ist-Vergleichen können durch die Baufirma, die BÜ und UBB durchgeführte Schwachstellenanalysen bzw. Umweltzirkel wesentlich zur ausgeglichenen, komplikationsarmen Projektrealisierung beitragen.

Eine Kopplung von Auswirkungen der einzelnen Optionen über die verursachenden Prozesse an den Bauzeitenplan zur Ganglinienbetrachtungen [vgl. Mada06] könnte z.B. dabei helfen, Auswirkungen sinnvoll zu bündeln und Ausführungszeiten zu verringern oder zu entzerren, um hohe Belastungen zu verhindern. Zudem kann durch die Forderung von Alarm- und Grenzwerten, z.B. zu Schadstoffen im Abwasser, und der kontinuierlichen Erfassung der tatsächlichen Werte im UIMAS oder damit verbundenen Monitoringsystemen durch die Baufirma oder die UBB die Kontrolle der ökologisch verträglichen Realisierung gesichert werden. Durch Alarmwerte wird den Beteiligten ein Zeitpuffer zur Reaktion gegeben, in dem vor Ort (Baufirma, BÜ, UBB) oder unter direktem Einbezug des PAK, dem Notfallprozess entsprechend, Maßnahmen zur Abwendung von Nichtkonformitäten abgestimmt werden können. Hierbei sind die im UIMAS verfügbaren, wesentlichen Anforderungen an die Optionen zu berücksichtigen, die Ergebnisse und Maßnahmen zu dokumentieren sowie ggf. auch eine Abwägung unter verschiedenen Reaktionsmöglichkeiten vorzunehmen.

Durch eine UBB und die jeweiligen Verantwortlichen, deren Tätigkeit mit Hilfe der Informationsbereitstellung über das UIMAS wesentlich erleichtert wird, können somit Abweichungen von Anforderungen, Annäherungen an kritische Zustände oder das Vorliegen geänderter Rahmenbedingungen erkannt werden. Anpassungen bzw. Verbesserungen werden durch die UBB angestoßen, sind unter den Beteiligten zu entwickeln und nach Abwägung im PAK umzusetzen. Mit dieser Vorgehensweise könnte auf die Dynamik der Umwelt und des Projektes reagiert werden. Eine ggf. erforderliche

Anpassung des PFB durch ein Planänderungsverfahren oder soweit möglich einem Sammelplanänderungsverfahren am Ende der Realisierung [vgl. Anhang Projektbetrachtungen 4.2.3.], ist dabei zu beachten.

Ein Beispiel aus der Ausbruchbewirtschaftung ist die Kontrolle des möglichen Reibungswinkels für die Flächeninanspruchnahme der Ausbruchablagerung. Durch dessen Erfassung, entweder durch die UBB oder die Baufirma, und den Vergleich mit dem angenommen Reibungswinkel kann, wie in [Bild 5.22] dargestellt und beim Beispiel in [Anhang Projektbetrachtungen 4.2.] bereits beschrieben, bei einem größeren Reibungswinkel die Flächeninanspruchnahme deutlich reduziert werden. Bei diesem Beispiel bestehen kaum Beeinträchtigungen oder Risiken für andere Bereiche. Bei Veränderungen können jedoch möglicherweise Interessenskonflikte mit anderen Bereichen auftreten, die über die UBB auf kurzem Kommunikationsweg an den PAK herangetragen und von diesem ggf. auch im Zuge einer Baustellenbesprechung diskutiert und entschieden werden müssen.

Aufgrund der Risikobetrachtungen sind durch die Verantwortlichen in Absprache mit der UBB, der BÜ und dem PAK ggf. Notfallprozesse zu konkretisieren oder festzulegen, falls noch keine Prozesse vorgesehen sind. Unbedingt zu beschreiben ist dabei der Auslösepunkt, ab dem der Notfallprozess in Kraft treten soll, z.B. durch die Erreichung eines Alarmwertes. Den Stand der Umsetzung von Maßnahmen sowie Abweichungen von Annahmen und Änderungen werden von der UBB oder anderen Verantwortlichen der Ausführung im UIMAS dokumentiert und durch Kommentare ergänzt. Die Daten stehen so allen Beteiligten und insbesondere dem PAK zur Verfügung, zu dem die UBB als erweiterter Arm des PAK eine direkte und enge Kommunikation pflegen sollte.

Durch Abweichungsberichte (NCRs) werden alle Interessensgruppen über Änderungen informiert und die Zuverlässigkeit der Beteiligten bewertbar. NCRs sind bei Abweichungen von Annahmen (Rahmenbedingungen und Wirkungszusammenhängen) oder Vorgaben von den jeweiligen Verantwortlichen und/oder der UBB zu erstellen und müssen Korrektur- und zukünftige Vorbeugemaßnahmen vorschlagen, die vom PAK diskutiert und genehmigt werden.

Über die Dokumentation im UIMAS kann auch die Erstellung von Umweltberichten durch die UBB in Anlehnung an das öffentliche Berichtswesen nach der EMAS-Verordnung unterstützt werden [vgl. BIS Anhang Projektbetrachtungen 6.2.]. Wesentliche Berichtsinhalte sollten die ökologischen Wechselwirkungen der Optionen mit der Umwelt, die Beschreibung des Umsetzungsstandes von Auflagen und Maßnahmen, Abweichungen, die Vorgehensweisen zur Sicherung der weiteren ausgewogenen Realisierung und die Abwägungsergebnisse bei Änderungen sein. Die Anforderungen an eine ökologische Berichterstattung, wie Adressierung der Stakeholderinteressen, Vollständigkeit, Aktualität und Vergleichbarkeit sollten dabei berücksichtigt werden [vgl. BaPa08 S. 225ff]. Durch diese im UIMAS hinterlegten Informationen und Berichte wird die Kontrolle auch von außerhalb wesentlich verbessert und unausgewogene „ad hoc" Entscheidungen oder Entscheidungen ohne die Beteiligung bzw. Information von betroffenen Entscheidungsträgern vermieden. Durch die strukturierte Datenaufnahme und Dokumentation wird zudem der Informationsrückfluss sichergestellt und eine Auswertung der Daten und damit die Gewinnung von Erkenntnissen für weitere Projekte ermöglicht.

Eine weitere Aufgabe der UBB sollte die regelmäßige Schulung der Beteiligten, insbesondere zu Beginn von neuen Arbeitsabschnitten sein, in denen die Arbeiter und Führungspersonen auf die jeweiligen ökologischen Belange, Auflagen, Maßnahmen, Anweisungen und Prozesse hingewiesen werden. Eine Sensibilisierung für die ökologischen Belange und die Schaffung einer Grundlage, um die Aufgaben verantwortungsvoll ausführen zu können, sind die wesentlichen Ziele der Schulungen. Durch regelmäßige Rundgänge und Gespräche mit den Beteiligten können die Informationen aktualisiert und die Sensibilität aufrechterhalten werden. Gute Erfahrungen mit einer solchen Vorgehensweise wurden beim GBT gemacht [vgl.

StSc02]. Das UIMAS kann diese Aufgaben durch die Informationsvorhaltung und Dokumentationsmöglichkeiten unterstützen.

5.3.5 Externe Begleitung (Audit)

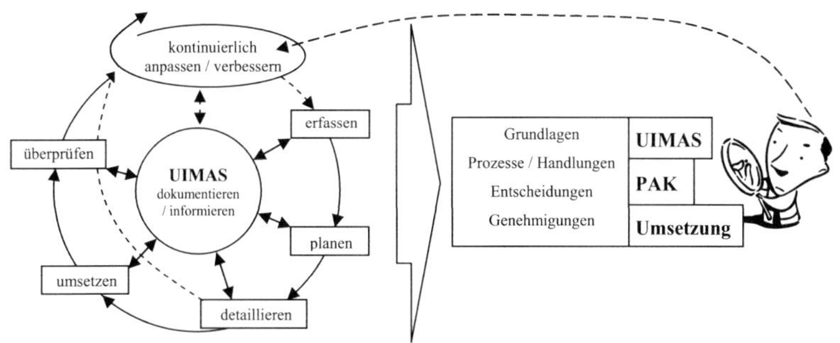

Bild 5.25:   „Projektbegleitendes Öko-Controlling" – externe Begleitung

Eine Begleitung entlang des gesamten Lebenszyklus durch unabhängige Auditoren und daraus resultierenden Anregungen angelehnt an die unter 4.1.7 beschriebene Vorgehensweise nach ESAS, kann eine ausgewogene und neuste Erkenntnisse berücksichtigende Umsetzung fördern. Die Auditoren müssen für den jeweiligen Aufgabenbereich speziell qualifiziert (einschlägige Ausbildung, mehrjährige Berufserfahrung im Bereich der zu auditierenden Elemente, Zertifizierung) und bzgl. des neusten SdT geschult sein. Die kontinuierliche Schulung der Auditoren sollte durch eine zentrale Stelle z.B. einer Sonderabteilung der STUVA [vgl. 5.3] erfolgen. Dort sollten auch die UIMAS Systeme aller Projekte zusammenlaufen, das UIMAS weiterentwickelt, zielgerichtete Forschungen unter Beteiligung anderer Fachstellen betrieben sowie allgemeine Anforderungen an Audits erarbeitet werden. Auch eine Normendatenbank, die aufgrund des dynamischen (Umwelt-)rechts einer kontinuierlichen Pflege bedarf, könnte hier betreut und vorgehalten werden.

Die Evaluierung der Projektabschnitte in Audits erfolgt im Anschluss an die jeweiligen Abschlussbetrachtungen des PAK [vgl. 5.3.1] in Form von zu Projektbeginn oder mit vorangehenden Audits an den PAK kommuni-

zierten und an standardisierte Prüfschritte angelehnte Prüfungen, Zielerrei-
chungs-, Wirkungs- und Vollzugskontrollen [vgl. FüSc 08 S.602ff]. Damit
die Verfügbarkeit der erforderlichen Daten für die verschiedenen Auditstufen gesichert ist, sind entsprechende Fragestellungen (z.B. aus Erkenntnissen anderer Projekte) und Anforderungen aufgrund von Auditstandards
sowie deren Ziele frühzeitig mitzuteilen. Um Erkenntnisse zu allg. offenen
Fragen zu erhalten, die z.B. aus zurückliegenden projektübergreifenden
Betrachtungen entstehen können, sollten diese frühzeitig an die jeweiligen
Projektverantwortlichen kommuniziert und eine entsprechende Datenaufnahme vorbereitet werden.

Ausgangspunkt für die Audits ist das UIMAS mit den darin hinterlegten Informationen (z.B. Daten zu Optionen, Abschlussberichte und Berichte der
UBB), die mit dem Wissen der Auditoren und ggf. auch eigenen Recherchen sowie klärenden Gesprächen mit den Projektbeteiligten ergänzt werden. Ergebnis der Audits sind unabhängige Beurteilungen (Berichte) zu den
getroffenen Entscheidungen, Projektzwischenständen (vorhandene Informationen, Annahmen) und Vorgehensweisen, die an den PAK adressiert
und über das UIMAS für die Genehmigungsbehörde und ggf. auch die allgemeine Öffentlichkeit zugänglich sind. In diesen Berichten soll auf Mängel und auf (mit innovativen Ansätzen) erreichte, ausgewogene Konzepte
eingegangen werden.

Im Anschluss an die Audits werden die Ergebnisse in Besprechungen von
den Auditoren präsentiert und mit dem PAK diskutiert. Damit erhält der
PAK eine fachliche, neutrale Rückmeldung zum Projekt. So können bestehende Defizite oder Unverhältnismäßigkeiten, die der jeweilige PAK nicht
erkannt hat oder ggf. auch nicht mehr als solche erkennt, aufgedeckt werden. Zu Defiziten, die erst durch diese externen Hinweise berücksichtigt
werden, kann es bspw. durch Unkenntnis im PAK (z.B. neuster SdT) oder
Schieflagen, die durch mit der Projektentwicklung gewachsene Kompromisse entstanden sind, kommen. Die Berücksichtigung der Auditergebnisse, d.h. ob Anregungen in Form von Änderungen aufgenommen, zur

weiteren Bearbeitung weitergeben oder begründet abgelehnt werden, obliegt dem PAK unter Führung des Vorhabenträgers. Grobe Unstimmigkeiten werden aufgrund der Informationsweitergabe an die Genehmigungsstellen nicht unbeachtet bleiben.

Die Erfahrungen mit der Einführung der externen Audits zur Sicherheit im Straßenbereich mit der ESAS zeigten, dass beim Einsatz von Auditorenteams viele Verbesserungen und damit ein großer Nutzen mit sehr geringen Mehraufwendungen erreicht werden können [vgl. Brüh03]. Neben den Audits am Ende der Projektphasen kann es auch sinnvoll sein, eine kontinuierliche Begleitung durch Auditoren vorzusehen. Dies gilt besonders für Projekte, bei denen der Vorhabenträger (z.B. eine kleine Gemeinde) und der PAK wenig Erfahrung mit Tunnelprojekten haben. Durch die kontinuierliche Begleitung steht dem PAK dann ein umfangreiches Wissen zur Verfügung, das die Abwicklung unterstützt und Mängel bzw. Fehler vermeiden hilft. Diese Berater sollten dann allerdings nicht die eigentlichen Audits durchführen, da deren Neutralität und Objektivität durch die aktive Beteiligung am Prozess nicht mehr gegeben ist.

Beispielsweise würden die Auditoren auf eine maschinelle Vortriebsvariante aufmerksam machen, falls diese aufgrund der Erfahrungen der Auditoren betrachtenswert wäre, jedoch durch falsche Annahmen (fehlerhaft berechnete Wirtschaftlichkeit, Fehler bei Annahmen zu Ausbrucheigenschaften und Bodenverschmutzung…) nicht weiter betrachtet wurde. Ebenso würde auf einen möglichen Bandtransport bei einem durch bebaute Gebiete verlaufenden Transportweg verwiesen werden, soweit dieser generell möglich ist und bisher nicht betrachtet wurde.

Eine Standardisierung bei der Projektdurchführung und die Nutzung des UIMAS werden mit der Auditierung durch eine zentrale Stelle wesentlich gefördert. Dazu tragen die Durchführung von auf Standards beruhenden Audits, zentrale Einweisungen von Projektbeteiligten in das UIMAS und in die Auditanforderungen sowie die zentrale Verwaltung der UIMAS bei. Hierdurch wird auch die spätere Auswertung von Projekten durch die zentrale Stelle zur Verbesserung der Prozesse und zum Erkenntnisgewinn unterstützt. Die Inhalte der Audits sollten regelmäßig durch Forschungs- und Facherkenntnisse, Auswertungen vergangener Projekte und aktuelle Betriebsdaten, die über die UIMAS oder daran gekoppelte Monitoringsysteme zur Verfügung stehen, weiterentwickelt und wo möglich standardisiert werden.

Zu diesem Zweck sollte beim letzten Audit mit dem PAK – vor dessen Auflösung – auch ein „Lessons Learned – Workshop" abgehalten werden. Als Zeitpunkt ist die zweite Hauptprüfung nach DIN 1076, also vor Ablauf der Gewährleistungsfrist, geeignet. Unter Beteiligung der Auditoren, des PAK und verantwortlichen Planern, Ausführenden und Betreibern sollten in diesen „Workshops" Abweichungen und Verbesserungsvorschläge, basierend auf der im UIMAS dokumentierten bisherigen Verlaufsbeschreibung, „Neuen Erkenntnissen" sowie Abweichungs- und Auditberichten, besprochen und daraus Anregungen zur Verbesserung in der Verlaufsbeschreibung festgehalten werden.

Anschließend sind im Betrieb durch die zentrale Auditstelle regelmäßig Audits bspw. mit den alle 6 Jahre stattfindenden Hauptprüfungen nach DIN 1076 unter Beteiligung der Betreiber und verantwortlicher Kontrollstellen durchzuführen. Durch betriebsbegleitende Wirkungs- und Zielereichungskontrollen (z.B. zu LBP-Maßnahmen) sowie dem Vergleich von Betriebsbefunden und Betriebsdaten (z.B. Schadensursachen, Schadstoffkonzentrationen, Energieverbrauch) mit Benchmarks und Informationen anderer Projekte, können entsprechende Anforderungen an zukünftige Maßnahmen im Projekt und weitere Erkenntnisse für zukünftige Projekte gewonnen werden. Die Informationen dafür sind durch Monitoringsysteme zu erfassen oder durch die Betreiber manuell in das UIMAS einzupflegen.

Durch die beschriebene Datenverfügbarkeit und den Datenaustausch, zu denen das UIMAS wesentlich beiträgt, werden ein projektübergreifender Wissensaufbau mit Wissensdatenbanken und der Informationsrückfluss über Standards zu den Audits gefördert. Daneben findet ein Informationsrückfluss über die Auditoren und Veröffentlichungen zu allgemeinen Forschungen und Erkenntnissen aus Projekten und Projektvergleichen statt. Die sich mit den Projektbegleitungen, Projektvergleichen und allgemeinen Untersuchungen entwickelnden Standards für Audits sollten [vgl. 4.2] nicht statisch, sondern sich an das jeweilige Projekt dynamisch anzupassende Grundlagen aufgefasst werden. Die Anforderungen an die jeweiligen Auditstufen hängen stark von der jeweiligen Projektphase (Detaillierungsgrad) und den Ergebnissen vorangehender Audits als auch der Projektentwicklung ab. Standards können in Form von Benchmarks z.B. zum Materialeinsatz oder Checklisten, die z.B. Anwendungsmöglichkeiten und Eigenschaften sowie vorzusehende Prüfschritte zu Optionen aufzeigen können, weitergegeben werden. Die von technischen Arbeitsgruppen entwickelten und laufend aktualisierten BVT-Merkblätter, welche z.B. erreichbare Verbrauchs- oder Emissionsniveaus einzelner industrieller Tätigkeiten aufzeigen, können hier als Vorbild dienen [vgl. UBA09].

Zusammenfassend haben die Auditoren und die zentrale Stelle folgende Aufgaben:

- Förderung einer ausgewogenen, auf dem Stand der Technik basierenden Projektrealisierung durch Einbringung aktueller Erkenntnisse,

- Kontrolle der Stakeholderbeteiligung und einer ausgewogen Interessensberücksichtigung - Förderung des Vertrauens in die ausgewogene Projektrealisierung,

- Wissensaufbau, Wissensbereitstellung, Entwicklung von Standards.

6 Diskussion

Viele der in den ersten Kapiteln erläuterten Defizite, die mit den derzeitig üblichen Herangehensweisen nicht effizient behoben werden, können mit dem „Projektbegleitenden Öko-Controlling" unter Einsatz des UIMAS gelöst werden. Neben den Vorteilen des Wissensaufbaus, der besseren Kommunikation, der gezielteren Betrachtung, Strukturierung, Verantwortungszuordnung und Transparenz werden an dieser Stelle auch kritische Punkte diskutiert, die einer Anwendung entgegenstehen können.

6.1.1 Bedarf

„Es wird doch schon alles berücksichtigt"; diese Aussage wird oft geäußert, wenn es um den Nutzen zusätzlicher Anstrengungen im betrachteten Bereich geht. In der Regel trifft die Aussage wie in Kapitel 3 / Anhang exemplarisch aufgezeigt leider nicht zu. Werden bei gesetzlichen Forderungen diese zumindest in der Planung berücksichtigt und geprüft, werden innovative, dem neusten SdT entsprechende Realisierungsvarianten und -methoden momentan noch stark behindert. Die bloße Anwendung von gültigen Normen und zugelassenen Bauteilen stellt nicht immer die Einhaltung des geforderten SdT sicher. Ebenso wird dadurch keine optimierte Umsetzung, sondern lediglich ein genehmigungsfähiges Vorgehen erreicht. Geltende Normen können durch die Praxis oder neue Forschungsergebnisse schon überholt sein. Dieses Wissen wird jedoch nur durch kontinuierliche Auseinandersetzung mit der Thematik und speziellen Fortbildungen gesichert und ist von Projektbeteiligten, die nur selten mit der Materie in Berührung kommen, nicht zu erwarten. Eine Ergänzung des PlafeV und der damit einhergehenden Verfahren ist daher erforderlich.

Im Zuge der immer wichtiger werdenden Umweltaspekte ist eine fachlich vertiefte, gemeinschaftliche und begleitete Projektdurchführung, auch aufgrund des in diesem Bereich höher werdenden Haftungsrisikos für die

Planer und Ausführenden sinnvoll. Bei vermeidbaren bzw. nicht berücksichtigten ökologischen Folgen durch nicht dem SdT entsprechenden oder im speziellen Fall ungeeigneten Umsetzungen beträgt die Haftung für die so genannten Mangelfolgeschäden immerhin 30 Jahre [vgl. Hilk09].

Auch bei der Einführung der ESAS wurde entgegengehalten, dass bereits alle Möglichkeiten ausgeschöpft werden. Die nun nach der RAA standardmäßig anzuwendenden Sicherheitsaudits waren anfänglich umstritten. Die Ergebnisse von Pilotprojekten zeigten jedoch schnell Umsetzungsdefizite, das bisher ungenutzte Verbesserungspotential und damit Vorteile durch die Anwendung der ESAS auf. Mit geringem Zusatzaufwand werden heute eine genauere Prüfung, eine verbesserte Umsetzung und Kosteneinsparungen bewirkt [vgl. Brüh03].

Neben dem Verbesserungspotential und der Risikovermeidung ist die positive Außenwirkung durch den Einsatz des „Projektbegleitenden Öko-Controllings" zu beachten. Das schlechte Image der Baubranche und die oft mangelnde Akzeptanz von Bauprojekten bei Betroffenen aufgrund des teilw. „raubeinigen" Umgangs mit der Umwelt in der Vergangenheit werden durch diese Vertrauen fördernden Maßnahmen verbessert. Wie die Anwendung der EMAS oder der DIN 14001ff in der stationären Industrie ein größeres Vertrauen bei interessierten Kreisen erreicht haben, kann das „Projektbegleitende Öko-Controlling" einen ausgewogeneren Interessensausgleich bei Bauprojekten ermöglichen. Eine erhöhte Akzeptanz und mehr Vertrauen bei den Beteiligten und der Bevölkerung, dass eine ökologisch-ökonomische Projektdurchführung tatsächlich verfolgt und erreicht wird, tragen zu konstruktiveren und gemeinsam getragenen Projektabwicklungen bei zukünftigen Projekten bei.

6.1.2 Informationsaustausch

Der Vorbehalt, durch den regen und vollständigen Austausch von Informationen und steigender Transparenz die Kontrolle zu verlieren, sitzt bei den Projektverantwortlichen tief. So ist es nachvollziehbar, dass dem „Projektbegleitenden Öko-Controlling" kritisch gegenüber gestanden werden kann. Noch komplexere Verfahren, noch mehr Aufwand, Auflagen und Festlegungen könnten vor allem bei der intensiveren Betrachtung von Technik und Umwelt befürchtet werden.

Diese denkbaren Konsequenzen stehen allerdings im Widerspruch mit dem vorgestellten Ansatz und fördern keine ökologisch-ökonomisch ausgewogene Realisierung. Des Weiteren wird Kontrolle erst durch Transparenz ermöglicht. Mit dem „Projektbeteiligten Öko-Controlling" muss auch ein Umdenken der Beteiligten einhergehen. Der Erhalt von Handlungsfreiräumen, unter gleichzeitiger kontinuierlicher Betrachtung und Berücksichtigung aller Faktoren bei Entscheidungen und die dafür notwendige Kommunikation, sind die entscheidenden Erfolgsfaktoren, die durch den Einsatz des „Last Planner Systems" gefördert werden können [vgl. Ball00]. Indem alle Projektbeteiligten frühzeitig und kontinuierlich alle Informationen bereitstellen, wird eine ganzheitliche Planung ermöglicht, in der alle Interessen ausgewogen berücksichtigt werden können.

Ebenso wie die Organisationen der Zukunft basieren auch die Projekte der Zukunft auf Kommunikation. Wenn es früher galt „wer arbeitet – produziert" muss es zukünftig auch heißen „wer arbeitet – kommuniziert". Entscheidungen (ggf. aus Sicherheitsbedürfnissen heraus) müssen mit den maßgebenden Hintergründen und möglichen Alternativen weitergegeben werden, damit in nachfolgenden Projektphasen Anpassungen, Verbesserungen (Alternativen) und innovative Umsetzungen erreicht werden können [vgl. Baek03 S.29ff].

Entscheidungen ohne Hinterfragungen zu akzeptieren und ungeprüft zu übernehmen, wird kein Weg sein, mit dem sich zukünftig alle Projektbeteiligten zufrieden geben werden. Vielmehr müssen die Ungewissheiten mit den Ergebnissen kommuniziert und die Festlegungen bei steigender Gewissheit getroffen oder ggf. nachträglich angepasst werden können. Die Projektrealisierung der Zukunft muss daher mit den Unsicherheiten aufgrund der dynamischen Umwelt umgehen können. Durch fundierte, aktuelle Informationsbereitstellung, unzensierte Kommunikation sowie anpassungsfreundliche Entscheidungsfindungen und Genehmigungsverfahren wird dieser Prozess unterstützt. Ein wesentliches Grundprinzip des Lean Management [vgl. Gehb08], die Vermeidung von Verschwendungen, ist umfänglich auf den ökologisch-ökonomischen Bereich übertragbar und bewirkt die andernorts bereits festgestellten Verbesserungen.

Auflagen, die als Vorsorgepuffer zur Begegnung möglicher Umweltschädigungen formuliert werden, gilt es zu vermeiden. Dies wird im Lean Management mit dem „Pull"-Prinzip erreicht, indem Entscheidungen zum letztmöglichen Zeitpunkt aus der Organisation „herausgezogen" („Pull") und nicht durch frühe Festlegungen die Umsetzung „durchgedrückt" („Push") werden. Die Umsetzung dieses Prinzips mit dem im Zuge des Lean Construction entwickelten „Last Planner System" (LPS) hat bereits erhebliche Verbesserungen bei Bauvorhaben gezeigt. Durch die frühzeitige Einbeziehung aller Beteiligten, eine offene, vertrauensvolle und kontinuierliche Kommunikation und die Verantwortungsweitergabe im LPS werden die Beteiligten in die Lage versetzt, „Verschwendungen" bzw. Abweichungen und Verbesserungsmöglichkeiten selbstständig zu identifizieren und die Umsetzung entsprechend der eigenen Bedürfnisse anzupassen. Schlanke und damit auch schnellere Projektrealisierungen (Konzentration auf den tatsächlichen Bedarf) sowie eine erhöhte Verlässlichkeit der Beteiligten (direkte Absprachen) sind Ergebnisse des LPS. Durch das mit der echten Zusammenarbeit für alle Beteiligten verfügbare Expertenwissen und die gemeinsame Verfolgung der Gesamtoptimierung (keine Blockaden) wird zudem das Lernen im Projekt und für die einzelnen Beteiligten gefördert. Ebenso werden mit der Kommunikation, dem Aufzeigen von Problemen und Fehlern (nicht deren Verbergen) und der Möglichkeit existierende Sachverhalte verstehen und kombinieren zu können in der Gruppe innovative Lösungen gefunden und die Verbesserung zukünftiger Prozesse gefördert [vgl. Stef07; SSGD08; Gehb08a].

Neben den soeben beschriebenen Vorteilen ist auch die Möglichkeit der Risikominimierung für verantwortliche Beteiligte ein Argument, den Informationsaustausch zu fördern. Ökologische Auswirkungen, die nicht beachtet oder aufgrund mangelnder Kommunikation nicht erkannt wurden, können nachträglich durch Folgeschäden zu sehr hohen finanziellen Konsequenzen führen [vgl. Kuhn08]. Durch Dokumentation der Entscheidungsfindung und Handlungen kann auch die persönliche Haftung der Verantwortlichen im Schadens- und Strafverfolgungsfall minimiert werden.

Letztendlich werden auch die mit dem Umweltinformationsgesetz (UIG) absehbar immer größer werdenden Informationsrechte der Öffentlichkeit eine Ausweitung des Informationsflusses und mehr Transparenz erforderlich machen. Eine verbesserte Informationsgrundlage, mit der dargelegt werden kann, dass das Angemessenste getan wurde, um eine ökologisch-ökonomisch verhältnismäßige Projektrealisierung zu erreichen, wird somit zunehmend wichtiger.

6.1.3 Handlungssicherheit

Durch den Erhalt von Handlungsspielräumen, durch das stufenweise Vorgehen (Elementansatz) mit dem „Projektbegleitenden Öko-Controlling" [vgl. Bild 5.17] stellt sich die Frage, ob damit nicht ein Verlust an Handlungssicherheit einhergeht. Der Wegfall eines Planfeststellungsbeschlusses, der früh alles zusammenfassend berücksichtigt, ruft Vorbehalte hervor.

Es ist nicht Ziel des „Projektbegleitenden Öko-Controlling" die Genehmigungsverfahren (PlafeV, UVP, LBP) zu ersetzen und damit auch Regelungen in strittigen Belangen zu verhindern [vgl. 5.3.1]. Absehbar ist jedoch, dass ein PFB, der die Rahmenbedingungen über einen langen Zeitraum „einfriert" und dessen Festlegungen anschließend „nur" noch bei der Umsetzung einzuhalten sind, nicht länger praktiziert werden kann. Schon jetzt stehen PlafeVen in der Kritik, da diese nicht alle Belange auf einmal regeln können und viel zu früh die maßgebenden, sich jedoch auch verändernden Rahmenbedingungen erfassen müssen [vgl. ÖIAV02]. Die Anforderung die Dynamik der Umwelt über den gesamten Projektverlauf zu berücksichtigen und sich ergebende Möglichkeiten zu nutzen, ist daher absehbar und in der Systemik bereits aufgegriffen.

Grundsätze der Systemik sind die möglichst lange Anpassbarkeit und Erweiterbarkeit von Ergebnissen und die kontinuierliche Erfassung des Ist-Zustandes der Umwelt, da sich die Teile des Ganzen gegenseitig bedingen [vgl. NBHM04 S6ff]. Das „Projektbegleitende Öko-Controlling" nimmt diese Forderung durch die Weitergabe der Verantwortung für eine ausgewogene Realisierung und den dafür notwendigen Hintergrundinformationen auf, um Entscheidungen kontinuierlich anpassen und zu einem späteren Projektzeitpunkt aufkommende Optionen bei der Projektrealisierung berücksichtigen zu können.

Ebenso unterstützt das stufenweise immer detaillierter werdende Vorgehen diese Forderung, das auch dem im Lean Management bewährten Prinzip der „kleinen Losgrößen" entspricht. Dieses Prinzip steht für die Reduzierung der Komplexität durch Verkleinerung der einzelnen Planungsinhalte. Des Weiteren soll Komplexität nicht durch komplexere Organisationen, sondern durch die Möglichkeit des Lernens und der Kompensation von Fehlern begegnet werden [vgl. Gehb08a].

Durch die Vergrößerung der Wissensbasis (frühzeitige Kommunikation) und der Schaffung von Handlungsspielräumen (offen lassen von Festlegungen) wird mit dem „Projektbegleitenden Öko-Controlling" die Beeinflussbarkeit der Projektrealisierung auch in späteren Projektphasen verbessert (z.B. neue Optionen) und damit die Sicherheit und Verlässlichkeit einer ausgewogenen Projektrealisierung erhöht [vgl. Bild 6.1]. Von dieser Sicherheit hängt letztendlich auch die Handlungssicherheit ab, da es durch offen gebliebene Belange oder spätere Abweichungen aufgrund falscher Annahmen, von denen bei einer dynamischen Umwelt auszugehen ist, nachträglich zu massiven Problemen und Widerständen gegen die Projektrealisierung kommen kann.

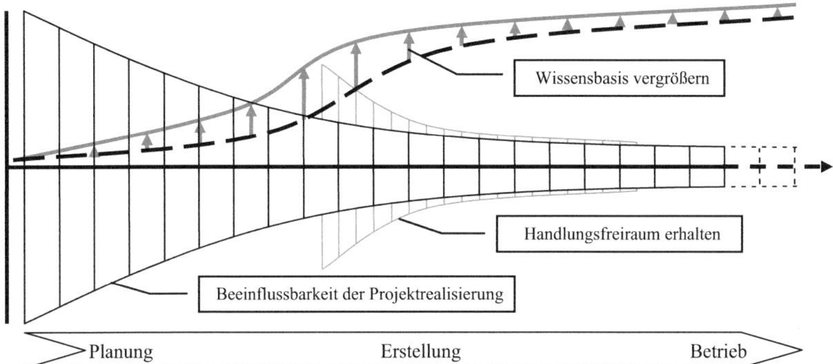

Bild 6.1:   Vergrößerung der Wissensbasis und des Handlungsspielraums

Die Thematik ist nicht nur für den Tunnelbau von Bedeutung, sondern kann alle Bauprojekte betreffen, die massiv in die Umwelt eingreifen. Die vermeintliche Handlungssicherheit mit einem PFB kann zu katastrophalen Folgen führen, wie es sich aktuell beim Neubauprojekt des STKW Datteln darstellt. Nachdem bereits ca. 1 Milliarde Euro in den Rohbau investiert wurden, könnte nun der Rückbau drohen und weitere Kosten in gleicher Höhe entstehen, ohne dass mit dem Kraftwerk eine kWh Strom erzeugt wurde. Nach Kritik aus der Öffentlichkeit, dass das PlafeV in unzulässiger Weise durchgeführt und wesentliche Umweltbelange nicht berücksichtigt worden seien, wurden nach einem von Bürger- und Naturschutzseite ange-stoßenen Normenkontrollantrags, zwei von drei Teilbaugenehmigungen widerrufen. Die Richter entschieden, dass mit dem Neubau gegen Landes-planungsrecht verstoßen und der Schutz der Umwelt nicht ausreichend berücksichtigt wurde. Dazu kam es, weil die Planung zu wenig transparent, zu komplex und in Bereichen auch nicht detailliert genug erfolgte. Ebenso erfolgte keine kontinuierliche Überprüfung von genehmigungsbeeinfluss-enden Annahmen, die nun in Frage gestellt werden. Die tatsächlichen Aus-maße des Projektes wurden den Betroffenen so erst mit Baubeginn deutlich und führten zu den späten Protesten und der Klage. Der Wille des Vor-habenträgers mit Unterstützung der Politik das Vorhaben unverändert durchzusetzen [vgl. Bran09] zeugt von Ignoranz gegenüber den Betroffenen, der Umwelt und dem Rechtsbewusstsein. Durch dieses Vorgehen kann der Streit sich nun noch über Jahre hinziehen und das Projekt zu einem Fiasko werden lassen. Die Konsequenzen in Form von immer schwerer zu erlangenden Genehmigungen bei Folgeprojekten sind dabei absehbar [vgl. DoSc09].

Die Aussage, dass die Ausweitung der Handlungsfreiheit einen Rückgang der Handlungssicherheit bedingt, ist nicht korrekt. Sicherheit wird letztendlich erst durch Kommunikation, Akzeptanz und die Anpassung des Projektes an die tatsächlichen Gegebenheiten erreicht und bedingt eine Betrachtung auch nach dem PFB.

6.1.4 Einsparungen

Bei jedem neuen Ansatz sind die Kosten zu beachten, damit nicht der Eindruck aufkommt, dass durch das „Projektbegleitende Öko-Controlling" zusätzliche Kosten entstehen, die nicht finanzierbar sind. Für Projekte mit Baukosten im Millionenbereich dürfte es allerdings außer Frage stehen, dass grundsätzlich eine systematische Aufnahme und Beurteilung sinnvoll ist. Wahrscheinlich werden durch die Optimierungen, Entfall von Mehrfachplanungen sowie einem strukturierterem und schnelleren Verfahrensablauf mehr Finanzmittel eingespart, als für das „Projektbegleitende Öko-Controlling" entstehen.

Betragen die Umweltplanungskosten momentan zwischen 1 - 2% der Herstellkosten [vgl. ÖIAV02 S.7] ist zukünftig eine Erhöhung auf 3 - 5% abzusehen und angebracht. Die Kosten für effektive ökologische Maßnahmen, wie z.B. der Einsatz von umweltfreundlichen Maschinen, bewegen sich dabei oft nur im Promille-Bereich der Projektkosten, wohingegen die Wirkung solcher Maßnahmen deutliche Vorteile bringen kann. Besondere Maßnahmen wie aufwändige Amphibiendurchlässe oder der denkbare Einsatz von Ökostrom bei TBM-Vortrieben können allerdings schnell sechsstellige Zusatzkosten hervorrufen, die ggf. unangemessen im Verhältnis zum Nutzen sind.

Grundsätzlich sollten daher die Auswirkungen einzelner Maßnahmen ganzheitlich betrachtet werden und eine Entscheidung im Konsens nach einer Abwägung erfolgen. Daher ist es angezeigt, den Aufwand im Bereich der Umweltplanung von bisher 90% für die Aufnahmen und nur 10% für die Bewertung und Abwägung in ein ausgeglicheneres Verhältnis zu bringen, um der ökologischen Vorsorge gerecht zu werden und die Verhältnismäßigkeit zu sichern [vgl. PoRS99 S.141].

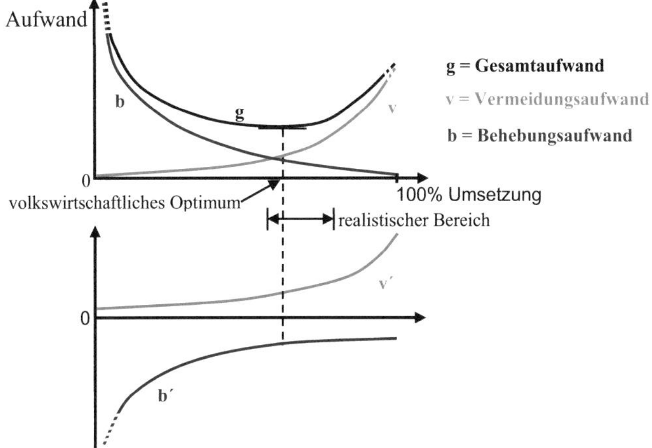

Bild 6.2:   Vermeidungs- und Behebungsaufwand [Homes S. 215mod.]

Mit der relativ aufwändigen Elementmethode und den dafür notwendigen Detailaufnahmen entstehen Kosten, jedoch auch fundierte Grundlagen und nachvollziehbare Ergebnisse [vgl. ScMa06]. Die notwendigen Untersuchungen, die Datenpflege und die Entscheidungen beim „Expliziten Abwägen" durch mehrere Beteiligte im PAK bedeuten zunächst auch einen Mehraufwand, der besonders in der Vorplanung, aber auch in den nachfolgenden Phasen, in denen die Umweltbetrachtungen weitergehen, zu tragen ist. Die erforderliche Datenerhebung deckt sich allerdings in weiten Teilen mit den Aufnahmen im Zuge der UVP und sonstigen Planungen, sodass eine gegenseitige Ergänzung zwischen dem „Projektbegleitenden Öko-Controlling" und den bestehenden Aufnahmen zu erwarten ist. Die Mehrkosten dürften im Verhältnis zu den Projektkosten marginal sein und sich zudem rentieren, indem Fehlplanungen und kostenintensive Anpassungen, durch frühzeitiges Erkennen, Steuern und die Anpassbarkeit der Ergebnisse, vermieden werden (erhöhte Sicherheit). Es handelt sich daher vielmehr um eine Umverteilung bei den Projektkosten, wobei ein verhältnismäßiges Gleichgewicht zwischen dem Vermeidungs- und Behebungsaufwand anzustreben ist [vgl. Bild 6.2]. In vielen Fällen wird die Vermeidung jedoch sinnvoller und wirtschaftlicher sein, als die nachträgliche Heilung [vgl. SeSc00].

Bei fertig gestellten Projekten betrugen die durchschnittlichen Kostenüberschreitungen 22% gegenüber dem Kostenvoranschlag, 47% gegenüber der Vergabesumme und die durchschnittlichen Bauzeitverlängerungen 35% [vgl. bpi90]. Das „Projektbegleitende Öko-Controlling" wird sich durch eine reibungslosere und mit weniger „Überraschungen" verbundene Projektrealisierung auszahlen. Insbesondere ein frühzeitiges und kontinuierliches Umfeldmanagement trägt dabei zu kürzeren Projektzeiten sowie weniger Umplanungen, Unterbrechungen, Nachforderungen und Reibungsverlusten bei [vgl. StKJ03 S. 46f].

Der nebenbei erzielte Erkenntnisgewinn durch die Möglichkeit des Lernens im Projekt, bringt weiteren Nutzen. Ein besseres Verständnis der ökologischen und ökonomischen Belange trägt dazu bei, dass Verschwendungen (z.B. unnötige Untersuchungen) sowie (Haftungs-)Risiken vermieden [vgl. Kuhn08] und Wissen für zukünftige Projekte aufgebaut werden können. Bei der Prämienbemessung für Haftpflicht- und Folgeschädenversicherungen spielen zudem die Maßnahmen zur Risikoabwehr eine wesentliche Rolle [vgl. Boss05]. Klare Verantwortungszuweisungen und ein transparentes, dokumentiertes Vorgehen der kontinuierlichen Bemühungen für ein ausgewogenes ökologisch-ökonomisches Verhältnis reduzieren das Risiko und infolge die Prämien.

Letztendlich können auch noch weitere Kostenvorteile auftreten, wie Einsparungen durch Ressourcenschonungen oder der volkswirtschaftliche Nutzen, der durch eine Beschleunigung der Planungsverfahren z.B. über eine verbesserte Qualität der Planunterlagen erreichbar ist [vgl. ÖIAV02 S.37; DS 15/2311 S.7].

6.1.5 Methodenvielfalt und Unabhängigkeit

Ein letzter wesentlicher Vorbehalt gegen den neuen Ansatz könnte sein, dass durch diesen die Methodenvielfalt beschränkt wird, indem bspw. die Methode für ein Gutachten vorgegeben wird, und die Unabhängigkeit der einzelnen Projektbeteiligten durch die eingeräumten Mitspracherechte verloren geht. Mit dem „Projektbegleitenden Öko-Controlling" wird tatsächlich und bewusst die Unabhängigkeit in Bereichen aufgegeben. Dies wird insbesondere durch den PAK und die begleitende Begutachtung durch zentral organisierte Auditoren bewirkt, die einen projektübergreifenden Vergleich fördern und aus den Erkenntnissen heraus Einfluss auf das Vorgehen nehmen können.

Nach wie vor sind die Projektbeteiligten, insbesondere der Projektträger frei in der Methodenwahl und der Entscheidung, welche Anregungen berücksichtigt werden. Letzteres ist jedoch durch die Informationsverfügbarkeit für alle Projektbeteiligten, Betroffenen und die Genehmigungsbehörde eher theoretisch, da Abweichungen i.d.R. begründet werden müssen.

Neben den beschriebenen Vorgehensweisen zur Strukturierung des Vorgehens und der Informationen sind die Methoden generell offen. Nach welcher Methode Auswirkungen in den ökologischen Bereichen bewertet werden, beeinflusst das „Explizite Abwägen" nicht. Generell sind zusätzliche Bewertungsmodule für die Vorbereitung der Bewertung, die bestehende Methoden abbilden, möglich und sinnvoll, solange die Hintergrundinformationen verfügbar bleiben. Mit steigendem Austausch und Erfahrungen ist bei den Methoden sowie bei den Bewertungskriterien und Indikatoren mit einer Vereinheitlichung zu rechnen. Da das Vorgehen stark von den jeweiligen Projektrahmenbedingungen abhängig ist, werden in diesem Bereich keine expliziten Vorgaben gemacht. Das Vorgehen muss sich im

Projekt entwickeln, wobei mit der Zeit auch hier mit einem Erfahrungstransfer zu rechnen ist.

Für den teilw. Verlust der Unabhängigkeit bei der Projektumsetzung, werden durch den Ansatz Vorteile durch eine „Vereinheitlichung" erreicht. Erfahrungen und Lösungsansätze aus anderen Projekten stehen zur Verfügung und müssen nicht neu erarbeitet werden. Des Weiteren wird ein Lernprozess unterstützt und die Sicherheit der Berücksichtigung aktueller Erkenntnisse und das wissende Handeln gefördert.

Es ist besser auch im ökologischen Bereich Initiative zu zeigen und durch ein einheitlich angewendetes „Projektbegleitendes Öko-Controlling" mehr Transparenz und die Einbeziehung aller Beteiligten zu fördern. Die Alternativen sind immer schärfer werdende normative Anforderungen wie anhand des sehr dynamischen Umweltrechts zu erkennen ist. Die Alternativen sind selbständiges, verantwortungsvolles Handeln („Pull"), bei dem viel Handlungsfreiheit erhalten bleibt bzw. Bewährtes zu übernehmen ist, oder verschärfte Gesetze und Normen („Push"), die den speziellen Projektanforderungen als allgemeine Vorgaben oft nicht gerecht werden können. Eine eigenverantwortliche Vorsorge und die damit einhergehende Selbstregulierung im Sinne einer langfristigen und tragfähigen Entwicklung sind auch nach Ansicht des Autors sinnvoller, als die Reaktion auf verschärfte Vorschriften [vgl. Schi95 S.62].

Eine zukünftige Veränderung ist gewiss, die Akteure können jedoch zwischen dem Agieren (z.B. mit Hilfe des „Projektbegleitenden Öko-Controlling") oder dem Reagieren (erfüllen nicht projektspezifischer, suboptimaler Regelwerke) wählen.

7   Zusammenfassung und Ausblick

Ökologische Auswirkungen bei Infrastrukturprojekten wie dem Tunnelbau sind unumgänglich und die Umsetzung im Interesse der Allgemeinheit erforderlich, um die benötigte Infrastruktur bereitstellen zu können. Das dabei entstehende Spannungsfeld zwischen Ökologie und Ökonomie, in dem entschieden werden muss, was ökologisch erforderlich, ökonomisch sinnvoll und technisch realisierbar ist, gilt es zukünftig verstärkt zu berücksichtigen.

Zunächst wurden in der vorliegenden Arbeit Schwachstellen im ökologisch-ökonomischen Bereich bei der derzeitigen Abwicklung von Tunnelprojekten herausgearbeitet. Mit dem „Projektbegleitenden Öko-Controlling" wurde anschließend ein neuer Ansatz entwickelt, der auf in anderen Bereichen bewährten Methoden aufbaut, und dessen Anwendbarkeit und Vorteile aufgezeigt.

Das verfolgte Ziel der kontinuierlichen Verbesserung der ökologisch-ökonomisch ausgewogenen Projektrealisierung wird insbesondere durch die andauernde Betrachtung der Optionen, der dabei stattfindenden Aufnahme und Dokumentation von Informationen sowie Diskussionen unter den Projektbeteiligten erreicht. Durch den Einsatz des Managementansatzes in einem projektbegleitenden Arbeitskreis, wie bereits teilw. im Regierungspräsidium Tübingen eingesetzt, wird die Arbeit der Beteiligten wesentlich erleichtert. Die Projektbeteiligten werden zeitnah mit relevanten Informationen versorgt und ökologische sowie ökonomische Auswirkungen und deren Ursachen transparenter. Hierdurch werden die Auswahl bestmöglicher Optionen und gezielte Anpassungen bei Veränderungen entlang des gesamten Lebenszyklus unterstützt. Durch die Strukturierung werden die vielen bestehenden Anforderungen und Maßnahmen in einem System zusammengefasst und koordiniert. Zusammenhänge werden besser verstanden und Synergieeffekte genutzt.

Das „Projektbegleitende Öko-Controlling" bildet einen grundlegenden Baustein für dynamische Umweltverträglichkeitsbetrachtungen, der zukünftig aufgegriffen und weiterentwickelt werden sollte. Dies ist insbesondere vor dem Hintergrund der häufigen Planungsanpassungen, verzögerten Realisierungen und dem steigenden ökologischen Bewusstsein in der Öffentlichkeit zur Sicherung der zukünftigen Akzeptanz von Bauprojekten ratsam. Zudem verstärken die großen Unsicherheiten im Tunnelbau in diesem Bereich den Bedarf nach einem dynamischen Ansatz. Die Einsatzmöglichkeit des „Projektbegleitenden Öko-Controllings" beschränkt sich jedoch nicht auf den Tunnelbau. Eine Übertragung auf alle wesentlich in die Umwelt eingreifenden Bauvorhaben ist sinnvoll. Die Anwendung sollte unabhängig von der Projektgröße erwogen werden, da auch von kleinen Projekten wesentliche ökologische Auswirkungen ausgehen können.

Alle Punkte des in Kapitel 4.3 aufgeführten Verbesserungsbedarfs werden mit dem „Projektbegleitenden Öko-Controlling" adressiert. Einige Defizite lassen sich jedoch nur mit zusätzlicher Unterstützung durch politische Vorgaben oder institutionelle und normative Anpassungen ausräumen. Dies betrifft bspw. folgende Punkte:

- Frühzeitige Einbindung aller Projektbeteiligter durch VOB Anpassung,
- Ökologisch-ökonomisch ausgewogene Bewertung von Angeboten durch Anpassung der HVA B-StB und der VOB,
- Erhöhung der Finanzierungsmittel in der weichenstellenden Vorplanungsphase durch Anpassung der Honorarverteilung in der HOAI,
- Zusammenführen der bisher unabhängigen Finanzierungstöpfe für die einzelnen Projektphasen und Schaffung wirksamer Anreize, die eine ganzheitliche Betrachtung und Optimierung sichern,
- Förderung eines gestuften Genehmigungsprozesses und Vereinfachung von Plananpassungen (Dynamisierung der Planung) durch Anpassung des VwVfG.

Daneben sollte die Politik zukünftig eine kontinuierliche und zügige Projektbearbeitung mit vorangehender oder paralleler Finanzierungssicherung sowie die Vermeidung von Projektüberhäufungen durch eine beständige

Priorisierung sichern. Ebenso ist eine ausreichende Qualifikation bei allen Beteiligten sicherzustellen und dafür in allen Bereichen Maßnahmen wie der Erhalt oder Aufbau von kompetenten Mitarbeitern bzw. Kompetenzzentren zu verfolgen.

In einem weiteren Schritt ist die Weiterentwicklung und Konkretisierung des vorgestellten Managementsystems durch die Anwendung in Pilotprojekten anzustreben, die durch interdisziplinäre Forschungsteams betreut werden. Das System kann an die Bedürfnisse einer speziellen Anwendung angepasst und die Prozesse und Hilfsmittel (z.B. Checklisten und Indikatoren) konkretisiert und abgestimmt werden. Dies setzt jedoch einen freien Zugang zu Projektinformationen und die Möglichkeit von Datenaufnahmen voraus, was bisher durch verfahrensrechtliche Bedenken, dem Schutz von Know-how und unklaren behördlichen Zuständigkeiten behindert wurde.

Die gezielte Erfassung erster Daten (z.B. Ökobilanzdaten) und Kennwerte und der Aufbau eines Wissensmanagements, zur Bereitstellung der Ergebnisse einzelner Projekte und von Auswertungen, sollten damit einhergehen bzw. in einem weiteren Schritt folgen. Die Vermeidung einer unübersichtlichen Datenflut durch unwesentliche oder veraltete Daten bei Wissensabfragen ist zu beachten, um den langfristigen Nutzen und die Anwendung eines solchen Systems zu fördern. Auch Ergänzungen des Managementsystems in Form von Datenbanken zu Optionen, Vorbewertungsmodulen oder durch die Implementierung eines Geoinformationssystems (GIS) können entwickelt werden.

Forschungsbedarf besteht auch im Bereich der Ursache-Wirkungsbeziehungen ökologischer Auswirkungen und der Beeinflussung der Ökonomie durch ökologische Faktoren. Bei dem Verbrauch von Energie auf Baustellen wurden bereits Forschungen durchgeführt und energiesparende Maßnahmen abgeleitet. Solche Forschungen sind bspw. in den Bereichen sekundärer Luftschall, Gesamtlärm und Lärmwirkung auf Tiere noch durchzuführen und entsprechende Optimierungen voranzutreiben sowie „beste verfügbare Techniken" zur Abwehr von Auswirkungen zu bestimmen.

Tabellenverzeichnis

Abbildungsverzeichnis

Abkürzungsverzeichnis

AA	Arbeitsanweisungen
ADAC	Allgemeiner Deutscher Automobil-Club
AG	Auftraggeber
AN	Auftragnehmer
ANFO	Ammonium Nitrate Fuel Oil (Sprengstoffart)
Arge	Arbeitsgemeinschaft
ATG	Alp Transit Gotthard AG (Tochtergesellschaft der Schweizerischen Bundesbahn AG)
BAST	Bundesanstalt für Straßenwesen
BE	Baustelleneinrichtung
BIS	Baustelleninformationssystem der Umweltbaubegleitung (GBT Los Amsteg)
BoVEK	Bodenverwertungs- und Entsorgungskonzept - Qualitätsmanagement-Prozess PM 60 der DB Projektbau
BSC	Balanced Scorecard
bspw.	Beispielsweise
BÜ	Bauüberwachung
BüG	Besonders überwachtes Gleis
BUIS	Betriebliche Umweltinformationssysteme
BUWAL	Bundesamt für Umwelt, Wald und Landschaft (Schweiz)
BVT	Beste verfügbare Technik
BVWP	Bundesverkehrswegeplan
bzgl.	Bezüglich
bzw.	Beziehungsweise
CBA	Choosing by Advantage (Bewertungssystem)
cm	Zentimeter
CO	Kohlenmonoxid
CO2	Kohlendioxid
CTP	Citytunnelprojekt
D&C	Design and Construct (Planen und Bauen)
D.A.R.T.S	Durable And Reliable Tunnel Structures
d.h.	das heißt
DB AG	Deutsche Bahn AG
DEGES	Deutsche Einheit Fernstraßenplanung und Bau GmbH
DFG	Deutsche Forschungsgemeinschaft
DM	Deutsche Mark (bis Ende 2001 gesetzliches Zahlungsmittel der Bundesrepublik Deutschland)

DME	Dieselmotoremissionen - dazu gehören u.a. CO, CO2, SO2, SOX, HC, PAH und Partikel)
DP	Detailprojekt
EBA	Eisenbahnbundesamt
EDV	Elektronische Datenverarbeitung
EP	Einheitspreisposition
EPB	Maschineller Vortrieb mit Erddruckschild (Earth pressure Balance)
ESAS	Empfehlungen für das Sicherheitsaudit von Straßen
EURO 1-6	Europäische Abgasnormen für Kraftfahrzeuge auf Grundlage europäischer Verordnungen
evtl.	Eventuell
FFH	Flora-Fauna-Habitat
FFH-VE	Flora-Fauna-Habitat Verträglichkeitseinschätzung
FFH-VP	Flora-Fauna-Habitat Verträglichkeitsprüfung
FHT	Felderhaldentunnel
fm³	Festkubikmeter
GBT	Gotthard-Basistunnels
ggf.	gegebenenfalls
GIS	Geoinformationssystem
GOK	Geländeoberkante
GW	Grundwasser
HC	Sammelbegriff für flüchtige organische Substanzen (Kohlenwasserstoffe (C_mH_n)
HOAI LP	Leistungsphase nach der Honorarordnung für Architekten und Ingenieure
i.d.R.	in der Regel
IN GBTN	Ingenieursgemeinschaft Gotthard-Basistunnel Nord
inkl.	inklusiv
insb.	insbesondere
insg.	insgesamt
IVU-Richtlinie	Richtlinie 96/61/EG des Europäischen Parlaments und des Rates vom 15. Januar 2008 über die integrierte Vermeidung und Verminderung der Umweltverschmutzung (ersetzt durch Richtlinie 2008/1/EG)
KBT	Katzenbergtunnel
KEA	Kumulierter Energie Aufwand (nach Ökoinstitut – System GEMIS)
km	Kilometer
km/h	Kilometer pro Stunde (Geschwindigkeitsangabe)
KNA	Kosten-Nutzen Analysen
Krw-/AbfG	Gesetz zur Förderung der Kreislaufwirtschaft und Sicherung der umweltverträglichen Beseitigung von Abfällen (Kreislaufwirtschafts- und Abfallgesetz)
kW	Kilowatt

kWh	Kilowattstunde
KWT	Kaiser-Wilhelm-Tunnel
LAP	Landschaftspflegerischer Ausführungsplan
LBP	Landschaftspflegerischer Begleitplan
LEED	Leadership in Energy and Environmental Design
LKW	Lastkraftwagen
LPS	Last Planner System
LRA	Landratsamt
m	Meter
m³	Kubikmeter
max.	maximal
MCG	Malmö Citytunnel Group
MCT	Malmö Citytunnel
MFS	Masse-Feder-System (erschütterungsmindernde Gleisbettung)
MFS-Geo	baulosübergreifendes Umweltinformationssystem beim Malmö Citytunnel
Mio.	Millionen
MIPS	Materialinput pro Serviceeinheit (nach Wuppertal-Institut)
Mix	Maschineller Vortrieb mit Mixschild (wahlweise Erddruck-, Flüssigkeits- oder Druckluftstützung bzw. ungestützter Ortsbrust)
NATURA-2000-Gebiete	Flora-Fauna-Habitat-Gebiete und Vogelschutzgebiete nach den Richtlinien der Europäischen Union und gemäß §34 BNatSchG
NCR	Non Conformance Report (Abweichungsbericht)
NISTRA	Nachhaltigkeits- Indikatoren für Straßeninfrastrukturprojekte (Bundesamt für Straßen - Schweiz)
NÖT	Neue Österreichische Tunnelbauweise (Spritzbetonvortrieb)
o.ä.	oder ähnlich
ÖBB	Ökologische Baubegleitung
ONB	Obere Naturschutzbehörde
ÖIAS	Ökologisch-Ökonomisches Informations- und Abwägungssystem
ÖRA	Ökologische Risikoanalyse
PAH	Polyzyklische aromatische Kohlenwasserstoffe
PAK	Projektbegleitender Arbeitskreis
Partikel	Feinstaub und Ruß (PM10)
PEC	maximal mögliche Schadstoffkonzentration aufgrund der Produkteigenschaften und der Verwendungsweise (Predicted Environmental Concentration)
PFB	Planfeststellungsbeschluss
PGVf	Plangenehmigungsverfahren (Schweiz)
PKW	Personenkraftwagen
PlafeV	Planfeststellungsverfahren
PNEC	für die Umwelt verträgliche Konzentration (Predicted No effect Concentration)

PPP	Privat-Public-Partnership (bzw. ÖPP = Öffentlich-Private-Partnerschaften)
QMH	Qualitätsmanagementhandbuch
QMS	Qualitätsmanagementsystem
QSP	Qualitätssicherungsplan
RAM	Ramholztunnel
RABT	Richtlinien für die Ausstattung und den Betrieb von Straßentunneln
RE-Entwurf	Entwurf nach der „Richtlinien für die Gestaltung von einheitlichen Entwurfsunterlagen im Straßenbau"
ROE	Raumordnungsentscheid
ROV	Raumordnungsverfahren
RP	Regierungspräsidium
RWA	Raumwirksamkeitsanalyse
s	Sekunde
SdT	Stand der Technik
SO2	Schwefeldioxid
SOx	Schwefeloxide
SPV	Sprengvortrieb
STKW	Steinkohlekraftwerk
STUVA	Studiengesellschaft für unterirdische Verkehrsanlagen
SUP	Strategische Umweltverträglichkeitsprüfung
SWOT-Analyse	Analyse der Strengths (Stärken), Weaknesses (Schwächen), Opportunities (Chancen) und Threats (Gefahren)
TBM	Maschineller Vortrieb mit Tunnelbohrmaschine (im Hartgestein)
teilw.	Teilweise
To	Tonnen
TöB	Trägern öffentlicher Belange
Tokm	Tonnen-Transportkilometer
TRIMM	Risikomanagementsystem der DB Projektbau
TVM	Tunnelvortriebsmaschinen (Überbegriff für Tunnelbohr- und Schildmaschinen)
u.a.	unter anderem
UBB	Umweltbaubegleitung
UIG	Unternehmensinterne Genehmigungen
UIMAS	Umweltinformationsmanagement- und Abwägungssystem
UIS	Umweltinformationssystem der DB AG zur bundesweiten Erfassung von Abfällen im Zuge des Abfallmanagements
UMS	Umweltmanagementsystem
URE	Umweltrisikoeinschätzung
UVB	Umweltverträglichkeitsbericht (Schweiz)
UVP	Umweltverträglichkeitsprüfung
UVPG	Umweltverträglichkeitsprüfungsgesetz

UVP-Schutzgüter	Schutzgüter nach §2 UVPG
UVS	Umweltverträglichkeitsstudie
VA	Verfahrensanweisung
V-N-Tabelle	Vorteile-Nachteile Tabelle (Abwägungssystem)
WHO	World Health Organization
WKT	Wattkopftunnel
WSG	Wasserschutzgebiet
z.B.	zum Beispiel
ZiE	Zustimmung im Einzelfall

Quellenverzeichnis

Selbständige Literatur

ASFINAG06   ASFINAG Bau Management GmbH: Ausschreibungsgrundlagen A14
             Pfändertunnel 2. Röhre. 2006

ATG02   AlpTransit Gotthard AG: Gotthard-Basistunnel - Werkvertrag für
             Amsteg unterzeichnet. Pressemitteilung vom 21.02.2002

ATG05   AlpTransit Gotthard AG (Hrsg.): Die neue Gotthardbahn.
             Engelberger Druck AG, Stans 2005

Bach78   Bachfischer, Robert: Die ökologische Risikoanalyse : eine Methode
             zur Integration natürlichen Umweltfaktoren in die Raumplanung;
             operationalisiert und dargestellt am Beispiel der Bayerischen
             Planungsregion 7. Dissertation Technische Universität München.
             1978

Baek03   Baecker, Dirk: Organisation und Management. Suhrkamp Verlag
             Frankfurt am Main. Erste Auflage 2003. ISBN 3-518-29214-5

Ball00   Ballard, Herman Glenn: The Last Planner System of Production
             Control. Dissertation an der "School of Civil Engineering - Faculy of
             Engineering" der Universität Birmingham. May 2000.

BaPa08   Baumast, Annett; Pape, Jens (Hrsg.): Betriebliches
             Umweltmanagement - Nachhaltiges Wirtschaften in Unternehmen. 3.
             aktualisierte und bearbeitete Auflage. Eugen Ulmer KG Stuttgart
             2008. ISBN 978-3-8001-5564-4

Bart02   Bartsch, Ralf H.: Funktionale Leistungsbeschreibung mit
             Konstruktionswettbewerb. Ein neuer Weg für den Tunnelbau.
             Überarbeitete Dissertation. Universität Innsbruck 2002.
             ISBN 3-901249-59-1

Bast06   Bundesanstalt für Straßenwesen: Jahresbericht 2006. Berichte der
             Bundesanstalt für Straßenwesen. Allgemeines Heft A 31.Verlag für
             neue Wissenschaft GmbH, Bergisch Gladbach November 2007.
             ISBN 978-3-86509-747-7

Bech03   Bechmann, Arnim: Das Praxis-Defizit der Umweltverträglichkeits-
             prüfung : Struktur, Ausmaß, Ursachen, Folgen. Verlag Edition
             Zukunft, Barsinghausen 2003. ISBN 3-89799-180-2

Bech98   Bechmann, Arnim: Anforderungen an Bewertungsverfahren im
              Umweltmanagement - dargestellt am Beispiel der Bewertung für die
              UVP. Verlag Edition Zukunft Barsinghausen 1998.
              ISBN 3-89799-007-5.

BeHW03   Behrens, Christian; Heck, Andreas; Wirth, Steffen: Anreiz und
              Belohnungsregelungen für EMAS-Organisationen auf europäischer
              Ebene und Bewertung hinsichtlich der nationalen Umsetzbarkeit.
              Texte des Umweltbundesamtes 72, Berlin, Oktober 2003.
              ISSN 0722-186X

BGL07   Baugeräteliste (BGL) 2007 - 1. Aufl., 2007.
              ISBN 978-3-7625-3619-2

BiTh08   Bielecki, R., Thewes, M.: Auswahl umweltschonender sicherer
              Bauverfahren zur Herstellung unterirdischer Infrastruktur
              (Verkehrstunnel, Ver- und Entsorgungstunnel). Veröffentlichung zur
              Studie im Auftrag der Deutschen Bundesstiftung Umwelt (DBU)
              2008.

BLfU06   Bayrisches Landesamt für Umwelt (Hrsg.): Erfolgskontrolle von
              Ausgleichs- und Ersatzmaßnahmen. Fachtagung am 14./15.
              November 2005. Augsburg 2006. ISBN 3-936385-88-2

BMVBS07   Bundesministerium für Verkehr, Bau und Stadtentwicklung
              (BMVBS): Leitfaden Kunst am Bau. 2. Auflage Bonn 2007.

BMVBW03   Bundesministerium für Verkehr, Bau- und Wohnungswesen (Hrsg.):
              Grundzüge der gesamtwirtschaftlichen Bewertungsmethode -
              Bundesverkehrswegeplan 2003. Berlin, Februar 2002.

Boos05   Boos, Roman et. Al.: Unterirdische Verkehrssysteme - Chancen und
              Risiken für die Versicherungsindustrie. Münchener
              Rückversicherungs-Gesellschaft (Hrsg.). München 2005.
              Bestellnummer 302-04351

bpi90   Büro für Planung und Ingenieurtechnik GmbH (bpi): Kostenvergleich
              Vergabe - Abrechnung ausgewählter Tunnelbauwerke. 1990

BPS00   Bahadir, Müfit; Parlar, Harun; Spiteller, Michael (Hrsg.): Springer
              Umweltlexikon. 2. Auflage. Springer Verlag Berlin Heidelberg 2000.
              ISBN 3-540-63561-0

BrKä06   Brunner Walter, Kästli Benno 2006: KMU-Verträglichkeit von
              Umweltauflagen Fallbeispiel Baubranche, Analyse, Beurteilung,
              Handlungsempfehlungen. Umwelt-Wissen Nr. 0636. Bundesamt für
              Umwelt, Bern.

BrLe00   Brilon, Werner; Lemke, Kerstin: Straßenquerschnitte in Tunneln.
            Forschung Straßenbau und Straßenverkehrstechnik. Heft 785.
            Bundesministerium für Verkehr, Bau und Wohnungswesen,
            Abteilung Straßenbau, Straßenverkehr. April 2000.
            ISBN 3-934458-20-3

BuEn99a   Buchwald, Konrad; Engelhardt, Wolfgang (Hrsg.): Umweltschutz -
            Grundlagen und Praxis. Band 16/I. Verkehr und Umwelt: Wege zu
            einer umwelt-, raum- und sozialverträglichen Mobilität. Economica-
            Verlag Bonn 1999. ISBN 3-87081-632-5

BuEn99b   Buchwald, Konrad; Engelhardt, Wolfgang (Hrsg.): Umweltschutz -
            Grundlagen und Praxis. Band 16/II. Verkehr und Umwelt:
            Umweltbeiträge zur Verkehrsplanung. Economica-Verlag Bonn 1999.
            ISBN 3-87081-138-2

Bund01   Bundesamt für Bauwesen und Raumordnung (Hrsg.): Leitfaden
            Nachhaltiges Bauen. Im Auftrag des Bundesministeriums für
            Verkehr, Bau- und Wohnungswesen. Stand Januar 2001

Bund98   Deutscher Bundestag (Hrsg.): Konzept Nachhaltigkeit : vom Leitbild
            zur Umsetzung; Abschlußbericht der Enquête-Kommission "Schutz
            des Menschen und der Umwelt - Ziele und Rahmenbedingungen einer
            nachhaltig zukunftsverträglichen Entwicklung" des 13. Deutschen
            Bundestages. Deutscher Bundestag, Referat Öffentlichkeitsarbeit,
            Bonn 1998. ISBN 3-930341-42-5; Drucksache 13/11200

BUWAL91   Bundesamt für Umwelt, Wald und Landschaft (Hrsg.): Mitteilungen
            zum Gewässerschutz Nr. 6 - Wegleitung,
            Gewässerschutzmassnahmen bei der Tunnelreinigung. Bern 1991

DARTS04   DARTS – The reports: Working Package 2 Service Life Aspects.
            Reports 2.1 - 2.18. CUR Gouda, May 2004.
            ISBN 90 3760 4838 (CD Rom)

DARTS04a   DARTS – The reports: Working Package 3 Report 3.1;
            Environmental aspects of tunnels - Identification and quantification
            of environmental effects. CUR Gouda, May 2004.
            ISBN 90 3760 4838 (CD)

DARTS04b   DARTS – The reports: Working Package 3 Report 3.3;
            Environmental aspects of tunnels - Design method and tool to
            optimise tunnel designs and minimize their environmental impacts.
            CUR Gouda, May 2004. ISBN 90 3760 4838 (CD)

DARTS04c   DARTS – The reports: Working Package 3 Report 3.4;
            Environmental aspects of tunnels - Application of the design
            methodology for noise and air qualities. CUR Gouda, May 2004.
            ISBN 90 3760 4838 (CD)

DBAG06   Deutsche Bahn AG: Richtlinie 808.0210 - Kostengruppenkatalog (KGK). Stand 2006

DBPB05   DB Projektbau GmbH: Gegenüberstellung der Variante Ost und Variante West. Abwägungsprozess. Stand 05.04.05

DBPB06   DB Projektbau GmbH (Hrsg.): Ausbau der Neubaustrecke Karlsruhe-Basel; Der Tunnel durch den Katzenberg. Stand 2006.

DGGT95   Deutschen Gesellschaft für Geotechnik e.V. (Hrsg.): Empfehlungen des Arbeitskreises "Tunnelbau". Ernst & Sohn Verlag 1995. ISBN 3-433-01291-1

DRL07   Deutscher Rat für Landschaftspflege (Hrsg.): 30 Jahre naturschutzrechtliche Eingriffsregelung : Bilanz und Ausblick. Schriftenreihe des Deutscher Rates für Landschaftspflege Heft 80 2007. ISSN 09305165

DS 15/2311   Deutscher Bundestag: Drucksache 15/2311 Erfahrungsbericht der Bundesregierung zum Verkehrswegeplanungsbeschleunigungsgesetz. 2004

Ecoplan07   Ecoplan: Handbuch eNISTRA - ein Tool für zwei sich ergänzende Methoden zur Bewertung von Strasseninfrastrukturprojekten: NISTRA – Nachhaltigkeitsindikatoren für Strasseninfrastrukturprojekte KNA - Kosten-Nutzen-Analyse gemäß VSS-Norm SN 641 820. Handbuch für die Version eNISTRA 2006.2. Bern und Altdorf 2007

Eich00   Eichler, Klaus (Hrsg.): Fels- und Tunnelbau. Expert Verlag 2000. ISBN 3-8169-1741-0

EkHS81   Ekhoff, Johann; Heidemann, Claus; Strassert, Günter: Kritik der Nutzwertanalyse. IfR Diskussionspapier Nr.11. Institut für Regionalwissenschaften der Universität Karlsruhe 1981.

Fend07   Fendrich, Lothar (Hrsg.): Handbuch Eisenbahninfrastruktur. Springer Verlag 2007. ISBN 3-540-29581-X

FGSV02   Forschungsgesellschaft für Straßen- und Verkehrswesen (FGSV): Empfehlungen für das Sicherheitsaudit von Straßen - ESAS. Ausgabe 2002. FGSV-Verlag Köln 2002.

FGSV03   Forschungsgesellschaft für Straßen- und Verkehrswege (Hrsg.): Hinweise zur Abfallentsorgung im Straßenbetriebsdienst. 2003

FGSV03a   Forschungsgesellschaft für Straßen- und Verkehrswesen (FGSV): Leitfaden für eine Umweltbaubegleitung (UBB) bei Straßenbaumaßnahmen. unveröffentlichter Entwurf 2003.

FGSV09   Forschungsgesellschaft für Straßen- und Verkehrswesen (Hrsg.):
          Straßenbau A - Z : Sammlung technischer Regelwerke und amtlicher
          Bestimmungen für das Straßen- und Verkehrswesen.
          Loseblattsammlung Stand 2009. ISBN 978-3-503-11072-8

FüSc08   Fürst, Dietrich; Scholles Frank (Hrsg.): Handbuch Theorien und
          Methoden der Raum- und Umweltplanung. 3. vollständig
          überarbeitete Auflage. Verlag Dorothea Rohn 2008.
          ISBN 978-3-939486-23-7

Füss78   Füssel, Martin: Die Begriffe Technik, Technologie, Technische
          Wissenschaften und Polytechnik. Didaktischer Dienst Franzbecker,
          1978. Texte zur mathematisch-naturwissenschaftlich-technischen
          Forschung und Lehre; Band 2.
          ISBN 3-88120-003-7

Gehb00a   Gehbauer, Fritz: Skripte zur Vorlesungsreihe
          Baubetriebswirtschaftslehre, Bautechnik I und Bautechnik II.
          Institutsveröffentlichungen des Institut für Technologie und
          Management im Baubetrieb Universität Karlsruhe (TH). Reihe V
          Heft 16 Baubetriebstechnik I (2000)

Gehb00b   Gehbauer, Fritz: Skripte zur Vorlesungsreihe
          Baubetriebswirtschaftslehre, Bautechnik I und Bautechnik II.
          Institutsveröffentlichungen des Institut für Technologie und
          Management im Baubetrieb Universität Karlsruhe (TH). Reihe V
          Heft 17 Baubetriebstechnik II (2000)

Gehb01   Gehbauer, Fritz: Skripte zur Vorlesungsreihe
          Baubetriebswirtschaftslehre, Bautechnik I und Bautechnik II.
          Institutsveröffentlichungen des Institut für Technologie und
          Management im Baubetrieb Universität Karlsruhe (TH). Reihe V
          Heft 30 Baubetriebswirtschaftslehre (2001)

Gehb08   Gehbauer, Fritz: Lean Management im Bauwesen.
          Vorlesungsumdruck Institut für Technologie und Management im
          Baubetrieb Universität Karlsruhe (TH). (2008)

GeKo08   Gehbauer, Fritz; Kohlbecker, Fabian: Abschlussbericht zu DFG-
          Forschungsprojekt GE 577/22-1 „Entwicklung eines Management-
          modells zur ganzheitlichen Optimierung der Umweltverträglichkeit
          als Teil der Projektrealisierung am Beispiel des Tunnelbaus" Institut
          für Technologie und Management im Baubetrieb. 2008.

Gett02   Getto, Petra: Entwicklung eines Bewertungssystems für
          ökonomischen und ökologischen Wohnungs- und
          Bürogebäudeneubau. Dissertation an der Bergischen Universität
          Wuppertal. Deutscher Verband der Projektsteuerer 2002.

GGKM03	Girmscheid, G.; Gamisch, T.; Klein, Th.; Meinlschmidt, A.: Versinterung von Tunneldrainagen – Mechanismen der Versinterungsentstehung. Eidgenössische Technische Hochschule Zürich, Institut für Bauplanung und Baubetrieb, 2003.
Girm08	Girmscheid, Gerd: Baubetrieb und Bauverfahren im Tunnelbau, 2. Auflage. Ernst Sohn Verlag, 2008. ISBN 978-3-433-01852-1
GoMa06	Goertz, Monika; Marty, Michael: Umweltdelikte 2004 - Eine Auswertung der Statistiken. Texte 19/06. Umweltbundesamt Dessau 2006. ISSN 1862-4804
Gren03	Grenier, Alain: Bewertungsverfahren beim Straßenbau - Nutzen und Kosten neuer Straßen. GVE Gesellschaft für Verkehrspolitik und Eisenbahnwesen Berlin 2003. ISBN 3-89218-508-5
HaPf92	Hallay, Hendric; Pfriem, Reinhard: Öko-Controlling - Umweltschutz in mittelständischen Unternehmen - Ein Informationssystem für die Zukunft von Natur und Unternehmen. Campus-Verlag 1992. ISBN 3-593-34738-5
HaSM83	Hasenauer, Rainer; Strohmeier, Ernst; Mak, Otmar: Optimierung von Strassentunnelprojekten hinsichtlich Bau- und Betriebskosten. Bundesministerium für Bauten und Technik. Straßenforschung Heft 217 (1983). ISSN 0379-1491
HaWo92	Hagelauer, W.; Wolff, G.: Luft, Boden, Abfall Heft 24 - Technische Verwertung von Bodenaushub. Ein Beitrag zum sparsamen und schonenden Umgang mit dem Boden. Umweltministerium Baden-Württemberg. Stuttgart 1992.
HBEFA04	UBA Berlin, BUWAL, UBA Wien: Handbuch Emissionsfaktoren des Strassenverkehrs (HBEFA, Version 2.1). Bern/Heidelberg/Graz/Essen August 2004.
HeHa04	Hester, R. E.; Harrission, R.M. (Hrsg.): Issues in environmental science and technology - 20 Transport and the environment. The Royal Society of Chemistry 2004. ISBN 1-59124-916-3
Hilp84	Hilpert, Thilo (Hrsg.): Le Corbusiers "Charta von Athen" : Texte und Dokumente. Vieweg Verlag, Braunschweig 1984. ISBN 3-528-08756-0
HoBo05	Holldorb, Christian; Bories, Christiane: Betriebliche Unterhaltung von Straßentunneln. Durth Roos Consulting GmbH im Auftrag des Bundesministeriums für Verkehr, Bau- und Wohnungswesen. Karlsruhe, Februar 2005

HoKB93 — Hoek, E; Kaiser, P.K., Bawden, W.F.: Support of Underground Excavations in Hard Rock. Balkema Rotterdam 1993. ISBN 90-5410-186-5

Home84 — Homes, Jürgen: Erfassung und Bewertung der Umweltbelastungen bei innerstädtischen Bauprozessen. Dissertation an der Universität Hannover. VDI-Verlag Düsseldorf 1984. ISBN 3-18-146704-9

IFSG02 — IFEU; SGKV: Vergleichende Analyse von Energieverbrauch und CO_2-Emissionen im Straßengüterverkehr und Kombinierten Verkehr Straße/Schiene. IFEU (Institut für Energie- und Umweltforschung Heidelberg GmbH); SGKV (Studiengesellschaft für den kombinierten Verkehr e.V.) 2002

IGBT04 — Ingenieurgemeinschaft Gotthard-Basistunnel, Nord: Erschütterung und Körperschall (Bericht Nr.:1000.3300-12) 2004.

IGBT07 — Ingenieurgemeinschaft Gotthard-Basistunnel, Nord: Unterlagen zum Gotthard-Basistunnel Los Amsteg. Stand 2007.

ILF02 — ILF Beratende Ingenieure: Kaiser-Wilhelm-Tunnel (KWT) Bau des Neuen und Erneuerung des Alten KWT - Vorplanung. Erläuterungsbericht. ILF 2002

IlWe06 — Ilg, H.; Weber, R.: Lärmschutzvorrichtung - Abklärung für die Ausführung der baulichen Maßnahmen bei der Entladegosse. Fachbauleitung Materialbewirtschaftung Amsteg 2006.

ITA08 — International Tunnelling and Underground Space Association: Guidelines for good occupational Heals and safety practices in Tunnel construction. 2008. ISBN 978-2-9700624-0-0

Jeke02 — Jeker, Rolf E. (Hrsg.): Gotthard-Basistunnel. Der längste Tunnel der Welt. Die Zukunft beginnt. Werd-Verlag Zürich 2002. ISBN 3-85932-420-9

KBT02 — Planfeststellungs- und Ausschreibungsunterlagen zum Katzenbergtunnel

KeSZ03 — Keller, Mario; Straehl, Peter; Zbinden, René: Nachrüstung von Baumaschinen mit Partikelfiltern – Kosten/Nutzen-Betrachtung. BUWAL Umwelt-Materialien Nr. 148, Bundesamt für Umwelt, Wald und Landschaft, Bern 2003.

Kohl06 — Kohlbecker, Fabian: Vergleich der deutschen und australischen Beschaffungsmethode bei Public Private Partnerships im öffentlichen Hochbau anhand von allgemeinen Unterlagen und Verdingungsunterlagen zu zwei PPP-Gefängnissen. Diplomarbeit am Institut für Technologie und Management im Baubetrieb. April 2006.

KoHL08   Kohlbecker, Fabian; Haynberg, Rolf; Langenbacher, Gabriel:
          Ökologisch-ökonomisches Informations- und Abwägungssystem
          (ÖIAS) - Projektdokumentation, Steuerung, Abwägung. Institut für
          Technologie und Management im Baubetrieb Universität Karlsruhe
          (TH). Karlsruhe 2008.

Koly05   Kolybas, Dimitrios: Tunelling and Tunnel Mechanics - A Rational
          Approach to Tunneling. Springer Heidelberg 2005.
          ISBN 3-540-25196-0

KöPW04   Köppel, Johann; Peters, Wolfgang; Wende, Wolfgang: Eingriffs-
          regelung, Umweltverträglichkeitsprüfung, FFH-Verträglich-
          keitsprüfung. Eugen Ulmer GmbH & Co. Stuttgart 2004.
          ISBN 3-8252-2512-7

Kühn04   Kühnert, Herbert: Ökologische Baubegleitung/Bauüberwachung -
          Schwerpunkt Naturschutz und Landschaftspflege. Dresdner
          Arbeitsmaterialien zum Umweltschutz im Eisenbahnbau. Heft 1
          (2004). DB ProjektBau GmbH Projektzentrum Dresden und Dresdner
          Institut für Verkehr und Umwelt e.V. c/o Technische Universität
          Lehrstuhl Verkehrsökologie (Hrsg.). ISSN 1613-5105

KWT06   Planfeststellungsunterlagen zum neuen Kaiser-Wilhelm-Tunnel

LEED00   U. S. Green Building Council: LEED Green Building Rating System
          - Version 2.0 Leadership in Energy and Environmental Design.
          March 2000

Lehn90   Lehner, Alfred: Der Einfluß der Arbeitszeitdisposition und der
          Lohngestaltung auf die Vortriebskosten im Tunnelbau. Dissertation.
          Technische Universität Wien 1990

Leit04   Leitner, Wolfgang: Baubetriebliche Modellierung der Prozesse
          maschineller Tunnelvortriebe im Festgestein : von der Penetration zur
          Vortriebsgeschwindigkeit. Dissertation am Institut für Baubetrieb,
          Bauwirtschaft und Baumanagement der Universität Innsbruck 2004.

LeSp01   Leuenberger, Christian; Spittel, Uta: Vollzug Umwelt -
          Luftreinhaltung bei Bautransporten. Bundesamt für Umwelt, Wald
          und Landschaft, Bern 2001.

Loth08   Lother, Simon: Aktives Umweltmanagement von Baufirmen zur
          Verbesserung der Umweltverträglichkeit und Wirtschaftlichkeit von
          Tunnelbauprojekten. Diplomarbeit am Institut für Technologie und
          Management im Baubetrieb. Karlsruhe 2008.

LUBW99   Landesanstalt für Umweltschutz Baden-Württemberg (Hrsg.):
          Bodenaushub ist mehr als Abfall. 1. Auflage. Karlsruhe 1999.
          ISBN 3-88251-272-5

Lüns99   Lünser, Heiko: Ökobilanzen im Brückenbau - eine umweltbezogene, ganzheitliche Bewertung. Dissertation an der Universität Stuttgart 1997 unter dem Titel: Zur Berücksichtigung von Umweltbelastungen bei der Bewertung von Brücken. Birkhäuser Verlag 1999. ISBN 3-7643-5946-3

Maha03   Mahammadzadeh, Mahammad: Nachhaltige balanced scorecard - Konzeptionen und Erfahrungen. Deutscher Instituts-Verlag GmbH Köln 2003. ISBN 3-602-14199-3

Maid04a   Maidl, Bernhard: Handbuch des Tunnel- und Stollenbaus, Band I. 3. Auflage. Verlag Glückauf GmbH, 2004. ISBN 3-7739-1331-1

Maid04b   Maidl, Bernhard: Handbuch des Tunnel- und Stollenbaus, Band II. 3. Auflage. Verlag Glückauf GmbH, 2004. ISBN 3-7739-1332-X

MCT08   Malmö Citytunnel Group: Unterlagen zum Projekt Malmö Citytunnel. 2008

Mitr07   Mitric, Zarko: Untersuchung und Vergleich des konventionellen und maschinellen Tunnelbauvortriebs zu Aspekten des Ressourcenverbrauchs, ausgehender Umweltbelastungen und der Wirtschaftlichkeit. Diplomarbeit am Institut für Technologie und Management im Baubetrieb. Karlsruhe 2007.

MJSP97   Maidl, Bernhard; Jodl, Hans G.; Schmidr, Leonhard R.; Petri, Peter: Tunnelbau im Sprengvortrieb. Springer Verlag, 1997. ISBN 3-540-62556-9

Mühe07   Müller-Herbers; Sabine: Methoden zur Beurteilung von Varianten. Arbeitspapier 4.Auflage. Fakultät Architektur und Stadtplanung Institut für Grundlagen der Planung Prof. Dr. Ing. Walter Schönwandt Universität Stuttgart. April 2007.

Mühl94   Mühlenkamp, Holger: Kosten-Nutzen-Analyse. R. Oldenbourg Verlag 1994. ISBN 3-486-22847-1

MüHo03   Müller-Wenk, Ruedi; Hofstetter, Patrick: Umwelt-Materialien Nr. 166 Lärm - Monetarisierung verkehrslärmbedingter Gesundheitsschäden. Bundesamt für Umwelt, Wald und Landschaft. Bern 2003

MüSt   Müller, Wolfgang; Steltmann, Jürgen: Belüftungskonzeptionen von Straßentunnel-Anlagen. Zweibrücken, TLT-Turbo GmbH.

NBHM04   Ninck, Andreas; Bürki, Leo; Hungerbühler, Roland; Mühlmann, Heinrich: Systemik - vernetztes Denken in komplexen Situationen. 4. vollständig überarbeitete Auflage. Verlag Industrielle Organisation Zürich 2004. ISBN 3-85743-720-0

NFF01   Norwegian Tunneling Society (NFF): Diesel oil in underground
             construction - Report of a technical study. November 2001.
             ISBN 82-91341-58-3

ÖIAV02   ÖIAV Arbeitskreis „Nutzen der UVP im Spannungsfeld zwischen
             Technologie, Ökologie und Ökonomie": Beitrag zur Weiterentwick-
             lung der UVP. Wien, April 2002.

Oßwa05   Oßwald: Aktenvermerk zum Thema: Verschmutzung Feuerbach nach
             Überlaufen der Abwasseraufbereitungsanlage auf BE Süd;
             Chronologie. Katzenbergtunnel 05.11.05.

PoRS99   Poschmann, Christian; Riebenstahl, Christoph; Schmidt-Kallert,
             Einhard: Umweltplanung und -bewertung. 1. Auflage. Perthes Gotha
             1998. ISBN 3-623-00847-8

Port95   Porter, Theodore M.: Trust in Numbers - The Pursuit of Objectivity in
             science and Public Life. Princeton University Press 1995.
             ISBN 0-691-03776-0

PrRR06   Probst, Gilbert; Raub, Steffen; Romhardt, Kai: Wissen managen - wie
             Unternehmen ihre wertvollste Ressource optimal nutzen. 5. überar-
             beitete Auflage. Verlag Dr. Th. Gabler Wiesbaden 2006.
             ISBN 3-8349-0117-2

RWHS05   Eisenbahn-Bundesamt (Hrsg.): Umwelt-Leitfaden zur eisenbahn-
             rechtlichen Planfeststellung und Plangenehmigung sowie für
             Magnetschwebebahnen. Teil I: Einführung - Überblick über die
             umwelt- und naturschutzrechtlichen Instrumente in der eisenbahn-
             rechtlichen Planfeststellung. 5. Fassung Stand Juli 2005.

RWHS05b   Roll, Eckhard; Walter, Bertram; Hauke, Cornelia; Sommerlatte,
             Kirsten: Umwelt-Leitfaden zur eisenbahnrechtlichen Planfeststellung
             und Plangenehmigung sowie für Magnetschwebebahnen. Teil III -
             Umweltverträglichkeitsprüfung, naturschutzrechtliche Eingriffs-
             regelung. 5. Fassung. Eisenbahn Bundesamt. Juni 2005.

SaAl81   Saaty, Thomas L.; Alexander, Joyce M.: Thinking with models -
             mathematical models in the physical, biological, and social sciences.
             1. Auflage Pergamon Press 1981. ISBN 0-08-026475-1

SaSc04   Sager, Fritz; Schenkel, Walter: Evaluation der Umweltverträglich-
             keitsprüfung. Umwelt-Materialien Nr. 175 Bundesamt für Umwelt,
             Wald und Landschaft, Bern 2004.

Sche03   Scheck, Ottmar: Lexikon der Betriebswirtschaft. 5., völlig
             überarbeitete und erweiterte Auflage. Deutscher Taschenbuchverlag
             GmbH & Co. KG München 2003. ISBN 3-4230-5810-2

Schi95   Schimmelpfeng, Lutz (Hrsg.): Öko-Audit : Umweltmanagement und Umweltbetriebsführung nach der EG-Verordnung 1836/93. Blottner Verlag Taunusstein 1995. ISBN 3-89367-048-3

Schu96   Schulze Darup, Burkhard: Bauökologie. Bauverlag Berlin 1996. ISBN 3-7625-3301-6

ScSt95   Schaltegger, Stefan; Sturm, Andreas: Öko-Effizienz durch Öko-Controlling - zur praktischen Umsetzung von EMAS und ISO 14001. vdf Hochschulverlag AG an der ETH Zürich und Schäffer-Poeschel Verlag 1995. ISBN 3-7910-0992-3

Simo03   Udo E. Simonis (Hrsg.): Öko Lexikon. C.H. Beck Verlag oHG München 2003. ISBN 3-406-49477-3

Simo67   Simon, Herbert Alexander: Models of man, social and rational - mathematical essays on rational human behavior in a social setting. 5. Auflage Wiley Verlag New York 1967

Simo81   Simon, Herbert Alexander: Entscheidungsverhalten in Organisationen - eine Untersuchung von Entscheidungsprozessen in Management und Verwaltung. Übersetzung der 3. stark erweiterten Auflage. Verlag Moderne Industrie Landsberg am Lech 1981. ISBN 3-478-39260-8

Stah94   Stahlmann, Volker: Umweltverantwortliche Unternehmensführung - Aufbau und Nutzen eines Öko-Controlling. Verlag C.H.Beck München 1994. ISBN 3-406-38367-X

Stall06   Stallmann, Miriam: Verbrüche im Tunnelbau - Ursachen und Sanierung. Diplomarbeit Fachhochschule Stuttgart – Hochschule für Technik. Karlsruhe 2006

Stef07   Steffek, Peter: Last Planner System. Vorlesungsumdruck Institut für Technologie und Management im Baubetrieb Universität Karlsruhe (TH). Karlsruhe 2007

StKr02   Stäubli, A.; Kropf, R.: Luftreinhaltung auf Baustellen – Baurichtlinie Luft. Vollzug Umwelt. Bundesamt für Umwelt, Wald und Landschaft BUWAL, Bern 2002.

Stra84   Strassert, Günter: Entscheidung über Alternativen ohne Super-Zielfunktion: schrittweise und interaktiv. IfR Diskussionspapier Nr. 14. Institut für Regionalwissenschaften. Karlsruhe 1984

Stra95   Strassert, Günter: Das Abwägungsproblem bei multikriteriellen Entscheidungen: Grundlagen und Lösungsansatz - unter besonderer Berücksichtigung der Regionalplanung. Verlag Peter Lang Frankfurt am Main [u.a.] 1995. ISBN 3-631-49026-7

Stre04   Streck, Stefanie: Entwicklung eines Bewertungssystems für die
              ökonomische und ökologische Erneuerung von Wohnungsbeständen.
              Dissertation an der Bergischen Universität Wuppertal. Deutscher
              Verband der Projektsteuerer 2004.

SUDu03   Staatliches Umweltamt Duisburg: Stand der Technik zur Minderung
              staubförmiger Emissionen bei Umschlag, Lagerung oder Bearbeitung
              von festen Stoffen. Stand Juli 2003

Suhr99   Suhr, Jim: The Choosing By Advantages Decisionmaking System.
              Quorum Books, Westport 1999. ISBN: 1-56720-217-9

Thal96   Thalmann, Céderic: Beurteilung der Möglichkeiten der
              Wiederverwertung von Ausbruchmaterial aus dem maschinellen
              Tunnelvortrieb zu Betonzuschlagstoffen. Dissertation Technische
              Hochschule Zürich. 1996

ThSe06   Thöni, Lotti; Seitler, Eva: Gesamtstaubfracht und
              Stickstoffdioxidkonzentrationen bei der NEAT-Baustelle TA Amsteg.
              FUB - Forschungsstelle für Umweltbeobachtung November 2006

Tied07   Tiedtke, Jürgen (Hrsg.): Allgemeine BWL Betriebswirtschaftliches
              Wissen für kaufmännische Berufe – Schritt für Schritt. 2., überarbeite
              Auflage. Gabler Verlag Wiesbaden 2007. ISBN 978-3-409-29740-0

Toan06   Duc Toan, Nguyen: TBM and Lining - Essential Interfaces.
              Dissertation submitted to the Politecnico di Torino, Consortium for
              the Research and Permanent Education (COREP), and D2 Consult
              Dr. Wagner Dr. Schulter GmbH & Co. KG.Turin, Italy October 2006.

Trus08   Truschel, Johannes: MCG Malmö Citytunnel Group - Construction of
              tunnels, shafts and cross passages. January 29, 2008

UBA05   Umweltbundesamt (Hrsg.): BVT-Merkblatt über die besten
              verfügbaren Techniken zur Lagerung gefährlicher Substanzen und
              staubender Güter. Januar 2005

UBA07   Umweltbundesamt (Hrsg.): Ökonomische Bewertung von
              Umweltschäden - Methodenkonvention zur Schätzung externer
              Umweltkosten. Dessau April 2007

UMBW95   Ministerium für Umwelt Baden-Württemberg: Luft, Boden, Abfall -
              Heft 31: Bewertung von Böden nach ihrer Leistungsfähigkeit -
              Leitfaden für Planungen und Gestattungsverfahren. September 1995

VERT96   VERT - Ein gemeinsames Projekt der AUVA / Suva / TBG:
              Abgasschadstoffe von Dieselmotoren im Tunnelbau. Bulletin 3: Mehr
              Luft oder weniger Abgasschadstoffe? Bewetterungsmaßnahmen
              contra Abgasnachbehandlung. Juli 1996

Vorb99   Vorbach, Stefan: Prozessorientiertes Umweltmanagement - ein Modell zur Integration von Umweltschutz, Qualitätssicherung und Arbeitssicherheit. Dissertation an der Technischen Universität Graz. Gabler Edition Wissenschaft 1999. ISBN 3-8244-7144-2

Wend01   Wende, Wolfgang: Praxis der Umweltverträglichkeitsprüfung und ihr Einfluss auf Zulassungsverfahren - eine empirische Studie zur Wirksamkeit, Qualität und Dauer der UVP in der Bundesrepublik Deutschland. Dissertation an der Technischen Universität Berlin 2001. 1. Auflage Nomos-Verlag Baden-Baden 2001. ISBN 3-7890-7645-7

Zang70   Zangemeister, Christof: Nutzwertanalyse in der Systemtechnik - eine Methode zur multidimensionalen Bewertung und Auswahl von Projektalternativen. Dissertation an der Technischen Universität Berlin. Wittmannsche Buchhandlung München 1970.

Ziek04   Ziekow, Jan (Hrsg.): Praxis des Fachplanungsrechts. Werner-Verlag 2004. ISBN 3-8041-4306-7

ZwLU02   Zwiener, Gerd; Lehmann Jürgen; Urban, Heinz-Peter: Ökologisches Baustoff-Lexikon: Daten - Sachzusammenhänge - Regelwerke . 2. durchgesehene und überarbeitete Auflage. C. F. Müller Verlag Heidelberg 2002. ISBN 3-7880-7549-X

ZwMö06   Zwiener, Gerd; Mötzl, Hildegund: Ökologisches Baustoff-Lexikon : Bauprodukte, Chemikalien, Schadstoffe, Ökologie, Innenraum. 3., völlig neu bearbeitete und erweiterte Auflage. C. F. Müller Verlag Heidelberg 2006. ISBN 3-7880-7686-0

Unselbständige Literatur

AbDi06   Abele, M.; Dinglinger, J.: Katzenbergtunnel: Ausbau- und Neubaustrecke Karlsruhe-Basel. In: Tunnel, Heft 5 (2006), S.46-50. ISSN 0722-6241

AdMO06   Adam, Dietmar; Markiewicz, Roman; Oberhauser, Andreas: Aktuelle Entwicklungen der Geothermienutzung im Eisenbahnwesen. In: ETR Eisenbahntechnische Rundschau Band 55, Heft 5 (2006). S. 316-322. ISSN 0013-2845

AeSe03   Aeschbach, Markus; Seingre, Gerard: Vergleich TBM-Vortrieb/ Sprengvortrieb im Baulos Raron aus der Sicht des Projektingenieurs. In: AlpTransit-Tagung 2003. Fachtagung für Untertagbau. Gotthard-Basistunnel, Lötschberg-Basistunnel, 12. Juni 2003 in Locarno. Band 2. S.21-26. ISBN 978-3-908483-77-9

Baue08   Bauer, Ute: LEED - wie man der Baubranche Nachhaltigkeit schmackhaft macht. In: Konstruktiv, Heft 267 (2008). S.38-39.

Bert03   Bertholet, Francois: Vergleich TBM-Vortrieb/Sprengvortrieb im Baulos
              Raron aus der Sicht des Unternehmers. In: AlpTransit-Tagung 2003.
              Fachtagung für Untertagbau. Gotthard-Basistunnel, Lötschberg-Basis-
              tunnel, 12. Juni 2003 in Locarno. Band 2. S.13-19.
              ISBN 978-3-908483-77-9

BGKS04   Bargstädt, Hans-Joachim; Guttenberger, Peter; Kath, Thilo; Schuster,
              Andre: Untersuchung zur verbesserten Energiebedarfsermittlung von
              Baustellen. In: Bautechnik, Band 83 Heft 8 (2006). S.555-559.
              ISSN 0932-8351

BiSc00   Binder, R.; Schretthauser, M.: Automatisches Tunnelbelüftungssystem.
              In: Tiefbau, Heft 11 (2000). S. 692-694. ISSN 0944-8780

Blin89   Blindow, F.K.: Kostensenkung im Tunnelbau durch Controlling. In:
              Tunnel und Umwelt: Herausforderungen für Technik und
              Volkswirtschaft. Vorträge der STUVA-TAGUNG '89 in Frankfurt am
              Main. Düsseldorf September 1990. ISBN 3-87094-632-6

BrSS02   Bräker, Fritz; Stähli, Daniel; Struder, Mario: Überwachung von
              Setzungen - Oberflächensetzungen als Folge des Tunnelvortriebs. In:
              Die neue Gotthardbahn - Herausforderungen und Lösungen. AlpTransit
              Gotthard AG 2002. S.17-19

Brüh03   Brühning, Ekkehard: Empfehlungen für das Sicherheitsaudit von
              Straßen - ESAS. In: Straßenverkehrstechnik, Band 47, Heft Nr.1
              (2003), S. 36-40. ISSN 0039-2219

Brux06   Brux, Gunter: Moderner Tunnelbau - Entwicklungen und Tendenzen.
              In: EI – Eisenbahningenieur, Band 57, Heft 4 (2006) S. 46-48.
              ISSN 0013-2810

Büch02   Büchler, Toni: Instrumentarium für effizientes Controlling. In: Die
              neue Gotthardbahn - Herausforderungen und Lösungen. AlpTransit
              Gotthard AG 2002. S.20- 23

BuMZ04   Buske, Christian; Matheisen, Jens; Zeise, Michael: Anwendung der
              Umweltbaubegleitung bei Straßenbauvorhaben in Thüringen.
              Tätigkeiten zur Vermeidung von Umweltschäden in der Baupraxis. In:
              Naturschutz und Landschaftsplanung, Band 36, Heft 1(2004), S. 14-20.
              ISSN 0940-6808

Chro06   Chromy, Walter: Dieselmotoremissionen im Tunnelbau und in
              geschlossenen Räumen. In: Tiefbau, Heft 9 (2006). ISSN 0944-8780

CNNB08   City North News (Brisbane Australien), Thursday 17/4/2008. Seite 6

DAUB01   Arbeitskreis „Betoninnenschalen" des Deutschen Ausschusses für unterirdisches Bauen (DAUB): Betonauskleidungen für Tunnel in geschlossener Bauweise. In Tunnel, Heft 3 (2001). S. 27-43. ISSN 0722-6241

DAUB04   Deutscher Ausschuss für Unterirdisches Bauen: Empfehlungen des Deutschen Ausschusses für Unterirdisches Bauen e.V. (DAUB) zu Planung und Bau von Tunnelbauwerken. In: Tunnel, Heft 4 (2004), S.73-79. ISSN 0722-6241

DAUB93   Deutscher Ausschuss für Unterirdisches Bauen: Sicherung des Ideenwettbewerbs in Genehmigungsverfahren für Bauvorhaben. In: Tunnel, Heft 5 (1993), S.276-278. ISSN 0722-6241

DAUB97   Deutscher Ausschuss für Unterirdisches Bauen: Funktionale Leistungsbeschreibung für Verkehrstunnelbauwerke - Möglichkeiten und Grenzen für die Vergabe und Abrechnung. In: Tunnel, Heft 4 (1997), S.62-62. ISSN 0722-6241

DBAG08   Deutsche Bahn : Presseinformation - Das Jahrhundertbauprojekt Neuer Kaiser-Wilhelm-Tunnel an der Moselstrecke beginnt. Enthüllung des Bauschildes markiert den Baubeginn / 200 Millionen Euro Gesamtinvestition. Frankfurt am Main, 13. August 2008.

DÖF00   DAUB, ÖGG, FGU (Hrsg.): Empfehlungen für Konstruktion und Betrieb von Schildmaschinen. In: Tunnel, Heft 6 (2000). S.54-76. ISSN 0722-6241

DoKB07   Dorgarten, Hans-Wilhelm; Krause, Thomas; Billig, Bodo: Umsetzung neuer Entwicklungen im maschinellen Tunnelvortrieb in aktuellen Projekten. In: Tunnel verbinden - Connection by Tunnels. Studiengesellschaft für unterirdische Verkehrsanlagen: Vorträge STUVA-Tagung 2007. Bauverlag Gütersloh 2007. S. 79-84. ISBN 978-3-7625-3623-9

Dold00   Dolde, Klaus-Peter: Rechtliche Aspekte einer Gesamtlärmbetrachtung. In: Landesanstalt für Umweltschutz Baden-Württemberg (Hrsg.): LärmKongress 2000.

DoSc09   Dohmen, Frank; Schmid, Barbara: Erhebliche Verunsicherung: Nach dem Baustopp für das Vorzeige-Kohlekraftwerk in Datteln droht der Anlage der komplette Abriss - und dem Land eine Diskussion über die Zukunft der Stromversorgung. In: Der Spiegel Jahrgang 46 (2009). Spiegel-Verlag. S. 82f. ISSN 0038-7452.

EnHa07   Endress+Hauser: Abwasser beim Tunnelbau - Überwachung der Wasseraufbereitung. In: Wasser Luft und Boden, Band 51, Heft 11-12 Teil SUPPL S. 9 (2007). S.9ff. ISSN 0938-8303

Fink08   Finke, Manfred: Die Ökobilanz - eine Komponente der Nachhaltigkeits-
              bewertung. In: Naturwissenschaftliche Rundschau, Band 61, Heft 1
              (2008). ISSN 0028-1050

FöAT08   Förder, Martin; Abel, Frank; Tirpitz, Ernst-Rainer: Der Malmö City-
              tunnel, Schweden - Tunnelbau in Skandinavien. In: Beton- und
              Stahlbetonbau, Band 103, Heft 10 (2008). S.689-697. ISSN 0005-9900

FuEn08   Fuchs, Bastian; Englert, Stephanie: Risikoverteilung im Bauvertrag.
              Baugrund- und Systemrisiken unter besonderer Berücksichtigung von
              Sondervorschlägen und Nebenangeboten (Teil 1: Baugrundrisiko). In:
              Tiefbau, Band 119, Heft Nr.9 (2008). S. 558-561. ISSN 0944-8780

Gälz96   Gälzer, Ralph: Zur landschaftsgerechten Deponie großer Gesteins-
              mengen. In: Anthos, Heft 1 (1996). S. 15-17. ISSN 0003-5424

Gehb08a   Gehbauer, Fritz: Lean Organization: Exploring Extended Potentials of
              the Last Planner System. In: Tagungsband der16. IGLC Konferenz am
              16-18 Juli 2008 in Manchester (UK). S. 3-13

Gehb92   Gehbauer, Fritz: Baubetrieb 2000 – in Forschung, Lehre und Beratung.
              In: Baumaschine und Bautechnik, Heft 4 (1992), S.236ff.
              ISSN 0005-6693

GeKi06   Gehbauer, Fritz; Kirsch, Jürgen: Lean Construction – Produktivitäts-
              steigerung durch "schlanke" Bauprozesse. In: Bauingenieur Band 81
              Heft 11 (2006). S.504-509. ISSN: 0005-6650

Geld04   Geldermalsen, Leendert A. van: Environmental aspects in tunnel
              design. In: Safe and Reliable Tunnels. Innovative European
              Achievements. Proceedings of the first International Symposium 4-6
              February 2004, Prague, Czech Republic. ISBN 90 376 0452 8

Gjær08   Gjæringen, Gunnar: The influence and effect of operation and
              maintenance on the different phases of a Norwegian road tunnel. In:
              NORWEGIAN TUNNELLING SOCIETY - Publication No. 17:
              Underground Openings – Operations, Maintenance and Repair 2008.
              S. 69-72. ISBN 978-82-92641-10-1

GLMG07   Gastine, Eric; Le Roy, Ronan; Molitorisz, Peter; Gereb, Gabor: Online-
              Überwachung beim Bau der U-Bahn-Linie U4 in Budapest – Gebäude-
              monitoring, Lärm- und Erschütterungsschutz sowie geotechnische und
              hydrologische Datenerfassung. In: Bautechnik, Band 84, Heft 6 (2007),
              S. 422-425. ISSN 0932-8351

Haac08a   Haack, Alfred: Entwicklungen beim Bau und Betrieb von Tunneln. In:
              Tiefbau, Heft 4 (2008), S. 224ff. ISSN 0944-8780

Haac08b   Haack, Alfred: Tunnelbau in Deutschland: Statistik 2007/2008, Analyse und Ausblick. In: Tunnel, Heft 8 (2008), S.14ff. ISSN 0722-6241

Haac87   Haack, A.: The Maintenance and Repair of Tunnels from an International Point of View. In: The Maintenance and Repair of Tunnels from an International Point of View. Working Group 6 - Maintenance and Repair. International Tunnel and Underground Space Association (ITA) 1987. S. 1-36

Hage05   Peters, Hagen: Aufbereitung Wasser am GBT_2005 In: bbr : Fachmagazin für Brunnen- und Leitungsbau, Heft 10 (2005). S. 36-39. ISSN 1611-1478

HaPf06   Hager, Hubert; Pfanner, Martin: Projektkostencontrolling in der ÖBB Infrastruktur Bau unter Anwendung der ÖGG Richtlinie "Kostenermittlung für Projekte der Verkehrsinfrastruktur. In: Felsbau, Rock and Soil Engineering, Band 24, Heft Nr.5 (2006). S. 97-102. ISSN 0174-6979

HeSc06   Hecht, Hans-Peter; Schaser, Friedrich: Ausbau- und Neubaustrecke Karlsruhe-Basel: Streckenabschnitt 9 / Katzenbergtunnel. In: ETR Eisenbahntechnische Rundschau, Band 55, Heft 1/2 (2006), S. 39-46. ISSN 0013-2845

Hilka09   Hilka, Matthias: Die Haftung des Planers bei der Verwendung zugelassener Bauteile/Systeme. Kanzlei Heiermann Franke Knipp unter: http://www.hoai.de/online/haftungsrecht.php

Hill02   Hiller, David: Noise and vibration impacts of tunnels. In: Tunnels & Tunneling International, Band 34, Heft 6, (2002). S. 31ff. ISSN 0041-414X

HKKM05   Höhenscheid, Karl-Josef; Köppel, Werner; Krupp, Rudolf; Meewes, Volker: Bewertung der Straßenverkehrsunfälle. Entwicklung der Unfallkosten in Deutschland 1995 bis 1998 - Unfallkostensätze 2000. In: Straßenverkehrstechnik, Band 44, Heft 9 (2005). S. 448-451. ISSN 0039-2219

HMRS06   Hitz, Arthur; Marti, Dorrit; Reinecke, Tino; Schneebeli, Walter: Verwertung belasteter Schlämme aus dem Gotthard-Basistunnel. In: Tagungsband der DepoTech 2006.

Hoek01   Hoek, Evert: BIG TUNNELS IN BAD ROCK - 2000 TERZAGHI LECTURE. In: ASCE Journal of Geotechnical and Geoenvironmental Engineering, Band 127, Heft 9 (2001). S. 726-740. ISSN 1090-0241

Holz04   Holze, Beate : Umweltcontrolling und Umweltkostenrechnung als Voraussetzung zur Planung nachhaltiger Umweltmaßnahmen. In: Zeitschrift für Controlling, Band 16, Heft 10 (2004). S.557-562.

HüHo03   Hüting, Ralf; Hopp, Wolfgang: Die Änderung von Planfeststellungs-
          beschlüssen. In: Umwelt und Planungsrecht - Zeitschrift für Wissen-
          schaft und Praxis, Band 23, Heft 1 (2003). S. 1-9. ISSN 0721-7390

Jaco08   Jacob, Klaus: Industrie im Spannungsfeld von Ökonomie und Ökologie.
          In: Informationen zur politischen Bildung, Heft 287. Bundeszentrale für
          politische Bildung, Bonn 2008.

JBRC06   Jefferies, Marcus; Brewer, Graham; Rowlinson, Steve; Cheung, Yan Ki
          Fiona; Satchell, Aaron: Project Alliance in the Australian Construction
          Industry: A Case Study of a Water Treatment Project. In: Symposium
          on CIB W92: sustainability and value through construction
          procurement, 29 November - 2 Dezember. Stalford 2006.

John03   John, Max: Organisationsstrukturen und Risikoverteilung bei Tunnel-
          projekten in Österreich. In: Felsbau, Rock and Soil Engineering, Band
          20, Heft Nr.5 (2003). S. 72-78. ISSN 0174-6979

KoLü04   Kohler, Niklaus; Lützkendorf, Thomas: Der Lebenszyklus von Bau-
          werken und seine Berücksichtigung in Prozessen der Planung und
          Entscheidungsfindung. In: Wissenschaftliche Zeitschrift der Tech-
          nischen Universität Dresden, Band 53, Heft 1-2 (2004). S.35-39. ISSN
          0043-6925

Kuhn08   Kuhn, Stefanie: Haftung für Hamster - Das Umweltschadensgesetz
          birgt neue Risiken. In: DAB DEUTSCHES ARCHITEKTENBLATT,
          Ausgabe Baden-Württemberg, 2008. ISSN 0012-1215

KvSn08   Kværner, Jens; Snilsberg, Petter: The Romeriksporten railway tunnel —
          Drainage effects on peatlands in the lake Northern Puttjern area. In:
          Engineering Geology, Band 101 (2008), S.75-88. ISSN 0013-7952

LaBo02   Ladefoged, L. M.; Borchardt, P.: Planning the Citytunnel at Malmö. In:
          Bauingenieur, Band 77, Heft 6 (2002). S.261-265. ISSN 0005-6650

LeSS07   Lenz, Udo; Stank, Harri; Stummeyer, Hans-Jürgen: Dimensionierung
          von Masse-Feder-System für Eisenbahnen. Grundlagen - Lastannahmen
          - Abstimmfrequenz - Gleiskinematik - Statik. In: EI –
          Eisenbahningenieur, Band 58, Heft 3 (2007). S.12-18. ISSN 0013-2810

Mada06   Madany, Magdy Abdel Rahman: Environmental Management of
          Underground Construction Projects. In: International Symposium :
          Utilization of underground space in urban areas. 6-7 November 2006,
          Sharm El-Sheikh, Egypt.

MaDe01   Marti, Dorrit; Delb, Valentin: Umweltbelastungen durch Sprengstoffe.
          In: Nobel Hefte, Heft 1(2001). S.61-64. ISSN 0029-0858

MaPP07   Mayer, Herbert; Pechhacker, Andreas; Pichler, Dieter: Das Masse-Feder-System im Lainzer Tunnel. In: ETR - Eisenbahntechnische Rundschau, Heft 9 (2007).

MaPr94   Maier, Gerhard; Preißinger, Klaus: Wattkopftunnel - Probleme und Lösungen aus Sicht des Auftraggebers und des Auftragnehmers. In: Innovationen im unterirdischen Bauen - Tagungsband STUVA-Jahrestagung 1993 in Hamburg. S. 51-55. ISBN 3-87094-634-2

MeFS05   Meinlschmidt, Alfred; Fröhlich, Bernhard; Schleubusch, Michael: Schäden, Ursachen und Instandsetzung von alten Eisenbahntunneln. In: Eisenbahntechnische Rundschau, Band 54, Heft 6 (2005). S. 371-377. ISSN 0013-2845

ÖIAV03   ÖIAV Arbeitskreis „Bürgerbeteiligung": Bürgerbeteiligung bei Infrastrukturprojekten - Leitfaden für eine erfolgreiche Partizipation - Erfahrungen aus der Praxis. In: Netzwerk Bau - Fachzeitschrift für Baumanagement und Bauwirtschaft, Heft 02 (2003). S.54-69

Pete03   Peters, Hagen: Wasserreinigung am Gotthard-Basistunnel. In: Tiefbau, Heft 12 (2003), S. 740-742. ISSN 0944-8780

Pete05   Peters, Hagen: Aufbereitung von Schmutzwasser beim Bau des Gotthard-Basistunnels. In: bbr Fachmagazin für Brunnen- und Leitungsbau, Band 56, Heft 10 (2005). S. 36-39. ISSN 1611-1478

PfWi06   Pfefferle, Martin; Winzer, Markus: Schlammfahne im Rhein ist gestoppt. Die Bahn installiert derzeit ein Klärbecken für den Abraum aus dem Katzenbergtunnel / Landratsamt spricht von Fischsterben. In: Badische Zeitung vom 23.02.2006

Plan91   Planco Consultin GmbH: Externe Kosten des Verkehrs. In: ETR Eisenbahntechnische Rundschau, Band 40, Heft 8 (1991), S.535. ISSN 0013-2845

Prüf06   Prüfer, Andreas: Drei Wege zur günstigen Bauabfallentsorgung. In: UmweltMagazin, Heft 9 (2006). S.39-41. ISSN 0341-1206

QuMi03   Quick, Hubert; Michael, Joachim: Wechselwirkung und Verantwortung der Projektbeteiligten beim Tunnelbau in Deutschland. In: Felsbau, Band 21, Heft Nr. 5 (2003). S. 66-71. ISSN 0174-6979

Rade05   Raderbauer, Bernd: Lötschberg-Basistunnel – Los Steg/Raron.In: PORR-NACHRICHTEN 147-2005 Die Fachzeitschrift des PORR-Konzerns. S.11-26.

ReBT08   Redaktion Bautechnik: Bautechnik aktuell - Neuer Ramholztunnel in Osthessen. In: Bautechnik, Band 85, Heft 8 (2008). S. 568. ISSN 0932-8351

RiFC07   Río, Olga; Fernández-Luco, Luis; Castillo, Ángel: Environmental
            friendly tailor-designed shotcrete. In: The 3rd Central European
            Congress on Concrete Engineering, Visegrád, Ungarn September 17-18,
            2007. S.179-184.

RoKS02   Rozycki, Christian von; Köser, Heinz; Schwarz, Henning:
            Ressourcenintensität des ICE-Verkehrssystems - Ergebnisse eines
            Ökologieprofils. In: ETR Eisenbahntechnische Rundschau, Band 51,
            Heft 12 (2002), S. 798-802. ISSN 0013-2845

Ross09   Ross, Jim: Alliance Contracting: lessons from the Australian
            experience. Paper for seminar at LIPS conference - Karlsruhe 09. - 11.
            Dezember 2009.

SaLM07   Sandrone, F.; Labiouse, V.; Mathier, J.-F: Data collection for Swiss
            road tunnels maintenance. In: Felsbau, Band 25, Heft 1 (2007). S. 8-14.

ScGl91   Schrewe, Friedrich; Glatzel, Leo: Aufgaben und Ziele von
            Langzeitbeobachtungen an Tunneln der Neubaustrecken der Deutschen
            Bundesbahn. In: Eisenbahntechnische Rundschau, Band 40, Heft 1-2
            (1991). S. 79-85. ISSN 0013-2845

Scha02   Schaefer, Sigrid: Betriebliche Umweltinformationssysteme (BUIS). In:
            Zeitschrift für Controlling, Band 14, Heft 12 (2002). S.723-724.
            ISSN 0935-0381

Sche90   Scheelhase, Klaus: Der Einfluss des geänderten Umweltbewusstseins
            auf den städtischen Bahntunnelbau der 80er Jahre. In: Tunnel und
            Umwelt: Herausforderungen für Technik und Volkswirtschaft. Vorträge
            der STUVA-TAGUNG '89 in Frankfurt am Main. Düsseldorf
            September 1990. ISBN 3-87094-632-6

Sche97   Schenker, André: Ökologische Baubegleitung. In: Schweizer Ingenieur
            und Architekt, Heft 20 (1997). S.394-396. ISSN 0251-0960

Schn04   Schneider, Eckart: Der Österreichische Tunnelbauvertrag. In: Aktuelle
            Fragen der Vertragsgestaltung im Tief- und Infrastrukturbau – Beiträge
            aus Theorie und Praxis. i3b-Schriftenreihe "Bauwirtschaft und
            Projektmanagement", Heft 07, Innsbruck 2004. S.19ff.
            ISBN 3-8334-1843-5

Scho02   Schoppe, Ingo: Baustellenabwasser. In: Umwelt FOCUS, Heft 3 (2002).

Schr03   Schrobenhausen, H. Peter: Wasserreinigung am Gotthard-Basistunnel.
            In: Tiefbau, Heft 12 (2003). S.740-742. ISSN 0944-8780

ScHR06   Schneebeli, Walter; Hitz, Arthur; Reinecke, Tino: Verwertung
            belasteter Schlämme aus dem Gotthard-Basistunnel. In: DepoTech 2006
            - Tagungsband. VGE Verlag Essen 2006. S.383-391

Schw04   Schwoon, Gesa: Umweltbaubegleitung - Ein neues Instrument zur
              umweltverträglichen Realisierung von Straßenbauprojekten oder
              zusätzlicher Aufwand mit geringem Nutzen? In: Straße + Autobahn,
              Band 55, Heft 7 (2004). S. 388-392. ISSN 0039-2162

ScMa06   Schneider, Eckart; Mathoi, Thomas: Kostenplanung im Ingenieurtief-
              und Tunnelbau - Ermittlung der Rohbaukosten für Tunnelprojekte. In:
              Felsbau, Band 24, Heft 1 (2006). S. 53-61. ISSN 0174-6979

ScRi01   Schläppi, Ernst; Ritschard, Yvonne: Ökologische Baubegleitung. In:
              Umwelt Focus, Heft 6 (2001)

SeMa07   Selke, Jan-Wlef; Mahammadzadeh, Mahammad: Motive für den
              Umweltschutz in Betrieben. In: UmweltMagazin, Heft 09 (2007). S.68.
              ISSN 0173-363-X

SeSc00   Seiler, Jürgen; Schliebe, Ulrich: Ökologische Bauüberwachung an
              Bahnstrecken – Umweltschutz, Wirtschaftlichkeit und
              Öffentlichkeitsarbeit beim Ausbau der S-Bahnstrecke Nürnberg - Roth.
              In: Eisenbahningenieur, Band 51, Heft 4 (2000). S. 15-18.
              ISSN 0013-2810

SiKW02   Simmen, Charly; Kassubek, Daniel; Weber, Robert:
              Aufbereitungsanlage Amsteg - Maschinentechnologie für täglich 10000
              t Material. In: Die neue Gotthardbahn - Herausforderungen und
              Lösungen. AlpTransit Gotthard AG 2002. S.4-5

Sits08   Sitsen, Michael: Die Umweltverträglichkeitsprüfung bei Änderungs-
              oder Erweiterungsvorhaben. In: Umwelt und Planungsrecht - Zeitschrift
              für Wissenschaft und Praxis, Band 28, Heft 8 (2008). S. 292-298.
              ISSN 0721-7390

SRTT04   Schmidt, Mareike; Rexmann, Birgit; Tischew, Sabine; Teubert,
              Hendrik: Kompensationsdefizite bei Straßenbauvorhaben und
              Schlussfolgerungen für die Eingriffsregelung. In: Naturschutz und
              Landschaftsplanung, Band 36, Heft 1 (2004). S. 5-13. ISSN 0940-6808

SSGD08   Simon, Stefan; Schriek, Thomas; Gehbauer, Fritz; Dittmann, Marc: Last
              Planner, ein Instrument für Bauprojekte nach den Grundsätzen des Lean
              Managements. In: Jahrbuch - Verein Deutscher Ingenieure, VDI-
              Gesellschaft Bautechnik (Hrsg.). VDI Verlag Düsseldorf 2008.
              S.116-143. ISBN 978-3-18-401660-9

SSSV07   Schlosser, Thomas; Schmidt, Michael; Schneider, Marcus; Vermeer,
              Pieter: Potenzial der Tunnelbaustrecke des Bahnprojektes Stuttgart 21
              zur Wärme- und Kältenutzung. Schlussbericht Universität Stuttgart Juli
              2007

StAb07   Stüber, Bernd; Abel, Frank: Umsetzung der besonderen
            Umweltschutzauflagen beim Bau des Citytunnels in Malmö/Schweden.
            In: Tunnel verbinden - Connection by Tunnels. Studiengesellschaft für
            unterirdische Verkehrsanlagen: Vorträge STUVA-Tagung 2007.
            Bauverlag Güthersloh 2007. S. 65-70. ISBN 978-3-7625-3623-9

Stäu03   Stäubli, Andreas: Bewältigung von Abwasser und Schlamm. In:
            AlpTransit-Tagung 2003. Fachtagung für Untertagbau. Gotthard-
            Basistunnel, Lötschberg-Basistunnel, 12. Juni 2003. S. 109-113.
            ISBN 978-3-908483-77-9

StKJ03   Stempkowski, Rainer; Kovar, Andreas; Jodl, Hans-Georg: Strategisches
            Umfeldmanagement - Neue Konzepte für die erfolgreiche Umsetzung
            von Projektmarketing bei Infrastrukturprojekten. In: Netzwerk Bau,
            Heft 2 (2003). S.38-47

Stol98   Stoltze, Björn: Neutralisation alkalischer Abwässer mit Kohlendioxid
            beim Bau des Tunnels Farchant. In: Tunnel, Heft 3 (1998). S.57-60.
            ISSN 0722-6241

Stra05   Strassert, Günter: Entscheidungskriterien, multikriterielle. In:
            Handwörterbuch der Raumordnung. 4., neu bearbeitete Auflage. Ritter,
            Ernst-Hasso [Hrsg.]. Akademie für Raumforschung und Landesplanung
            Hannover 2005. S.213- 220. ISBN 3-88838-555-5

StSc02   Stäubli, Andreas; Schneebeli, Walter: Umweltmanagement ist
            Chefsache. In: Die neue Gotthardbahn - Herausforderungen und
            Lösungen. AlpTransit Gotthard AG 2002. S.9

Thal00   Thalheimer, Erich: Construction noise control program and mitigation
            strategy at the Central Artery/Tunnel Project. In: Noise control
            engineering journal, Band 48, Heft 5 (2000). S.157-165.
            ISSN 0736-2501

Thal95   Thalmann, Céderic: Optimale Wiederverwertung von TBM-
            Ausbruchmaterial. In: Schweizer Ingenieur und Architekt, Band 113,
            Heft 47 (1995). S. 1091-1096. ISSN 0251-0960

Thal97   Thalmann-Suter, C.: Tunnelhaufwerk - lästiges Entsorgungsmaterial
            oder potentieller Betonzuschlag? In: Tunnel, Heft 1 (1997). S.23-34.
            ISSN 0722-6241

ThPl03   Thuro, K.; Plinninger, R.J.: Klassifizierung und Prognose von
            Leistungs- und Verschleissparametern im Tunnelbau. In: Taschenbuch
            für den Tunnelbau 2003. Deutsche Gesellschaft für Geotechnik. Essen
            (Glückauf) 2003. S. 62-126. ISBN 978-3-7739-1286-2.

TTFC07   Teuscher, Peter; Thalmann, Cédric; Fetzer, Armin; Carron, Christophe: Alpenquerende Tunnel - Materialbewirtschaftung und Betontechnologie beim Lötschberg-Basistunnel. In: Beton- und Stahlbetonbau, Band 102, Heft 1 (2007). S. 2-10. ISSN 0005-9900

WABB91   Wissenschaftlicher Ausschuss für Bau- und Betriebstechnik (WABB): Aerodynamik im Tunnel. In: ETR Eisenbahntechnische Rundschau, Band 40, Heft 8 (1991), S. 534. ISSN 0013-2845

WaLS06   Walter, Felix; Lieb, Christoph; Simmen, Helen: Nachhaltigkeitsbeurteilung des Bundes bei Strassenprojekten: NISTRA. In: Umweltrecht in der Praxis (URP), Band 20, Heft 5 (2006). ISSN 1420-9209

ZbHi95   Zbinden, Peter; Hitz, Arthur: Die Materialbewirtschaftung beim Projekt AlpTransit Gotthard. In: Schweizer Ingenieur und Architekt, Band 113, Heft 47 (1995). S.1080-1081. ISSN 0251-0960

ZiBa07   Ziegler, Martin; Baier, Christian: Optimierung von Vereisungsmaßnahmen im Tunnelbau durch die Anwendung numerischer Simulationen. In: Tunnel verbinden - Connection by Tunnels. Studiengesellschaft für unterirdische Verkehrsanlagen: Vorträge STUVA-Tagung 2007. Bauverlag Gütersloh 2007. S. 177-183. ISBN 978-3-7625-3623-9

Gespräche

BUNG   Unterlagen und Gespräche mit Vertretern der BUNG Ingenieure AG

RP   Unterlagen und Gespräche mit Vertretern der Abteilung 4 des
Karlsruhe   Regierungspräsidiums Karlsruhe

RP   Unterlagen und Gespräche mit Vertretern der Abteilung 4 des
Tübingen   Regierungspräsidiums Tübingen

Internet

Bran09   Brandtner, Andreas: E.ON kann wesentliche Arbeiten auf der Baustelle Datteln fortsetzen. Klare politische Unterstützung durch das Land Nordrhein-Westfalen. Pressemitteilung vom 24.09.2009. Unter: http://www.kraftwerk-datteln.com/pages/ekw_de/Aktuelles/Pressemitteilungen/Pressemitteilung.htm?id=1411084

BuRa99   Buske, Christian; Raabe, Renate: Möglichkeiten und Grenzen einer ökologischen Baubegleitung im Zusammenhang mit der Realisierung von Straßenbauprojekten. 1999. Unter: http://www.thueringen.de/imperia/md/content/tmlnu/17.pdf

Dest08   Statistisches Bundesamt Deutschland: Tabellen zur Güter- und
              Personenbeförderung. Unter: www.destatis.de

Dest07   Statistisches Bundesamt Deutschland: Beförderungsleistung nach
              Verkehrsträgern und Güterabteilungen 2007. Unter:
              http://www.destatis.de/jetspeed/portal/cms/Sites/destatis/Internet/DE/C
              ontent/Statistiken/Verkehr/Gueterbefoerderung/Tabellen/Content75/Ver
              kehrstraegerGueterabteilungB,templateId=renderPrint.psm

DWDS09   Das digitale Wörterbuch der deutschen Sprache des 20. Jahrhunderts.
              Unter: http://www.dwds.de/woerterbuch

FGSV08   Forschungsgesellschaft für Straßen- und Verkehrswesen:
              Zusammenstellung betriebsdienstrelevanter Regelwerke und ihrer
              Bedeutung für die Praxis. Version 1.1 - Stand 01.01.2008. Unter:
              www.fgsv.de/fileadmin/road_maps/Regelwerk_Betriebsdienst_Version
              _1_1.pdf

GBI09   GBI Gackstatter Beratende Ingenieure: Referenzen Wattkopftunnel
              Ettlingen. Unter:
              http://www.gackstatter.de/detail_referenzen.php?referenzen_id=177

Hilk09   Matthias Hilka: Die Haftung des Planers bei der Verwendung
              zugelassener Bauteile/Systeme. (Rechtsanwalt in Frankfurt am Main,
              Kanzlei Heiermann Franke Knipp). Unter:
              http://www.hoai.de/online/haftungsrecht.php

LEGEP09   LEGEP Software GmbH: LEGEP in Kürze. Unter:
              http://www.legoe.de/index.php?AktivId=1054

RPKA06   Regierungspräsidium Karlsruhe: Pressemitteilung vom 02.02.2006:
              Michaelstunnel in Baden-Baden: Sanierungsarbeiten im Zeitplan.
              Unter: http://www.rp-karlsruhe.de

RPKA07   Regierungspräsidium Karlsruhe: Pressemitteilung vom 20.06.2007:
              Wattkopftunnel bei Ettlingen Regierungspräsident Dr. Rudolf Kühner
              vor Ort: Wiedereröffnung planmäßig am 31. Juli. Unter: http://www.rp-
              karlsruhe.de

RPKA08   Regierungspräsidium Karlsruhe: Pressemitteilung vom 05.12.2008: L
              562 - Wattkopftunnel bei Ettlingen; Sicherheitstechnische Nachrüstung
              / Fluchtstollen;
              Auftrag für den Bau erteilt - Vorarbeiten beginnen. Unter:
              http://www.rp-karlsruhe.de

UBA09   Homepage Umweltbundesamt: Beste verfügbare Techniken- (BVT) -
              Download der BVT-Merkblätter. Unter
              http://www.bvt.umweltbundesamt.de/sevilla/kurzue.htm

Normen und Richtlinien

2008/1/EG	Richtlinie 2008/1/EG des Europäischen Parlaments und des Rates vom 15. Januar 2008 über die integrierte Vermeidung und Verminderung der Umweltverschmutzung.
67/548/EWG	Richtlinie der Europäischen Gemeinschaften 67/548/EWG: Einstufung, Verpackung und Kennzeichnung gefährlicher Stoffe. 2004
96/61/EG	Richtlinie 96/61/EG des Rates vom 24. September 1996 über die integrierte Vermeidung und Verminderung der Umweltverschmutzung
AAVO	Verordnung des Ministeriums für Ernährung und Ländlichen Raum über die Ausgleichsabgabe nach dem Naturschutzgesetz. Zuletzt geändert durch Artikel 111 des Gesetzes vom 01.01.2005 (GBl. 2004 S. 469)
AEG	Allgemeines Eisenbahngesetz vom 27. Dezember 1993 (BGBl. I S. 2378 (2396) (1994, 2439)), zuletzt geändert durch Artikel 8 des Gesetzes vom 26. Februar 2008 (BGBl. I S. 215)
AKS 85	Bundesministerium für Verkehr: Anweisung zur Kostenberechnung für Straßenbaumaßnahmen. Ausgabe 1985
ARS 41/01	Bundesministerium für Verkehr, Bau- und Wohnungswesen: Allgemeines Rund- schreiben Straßenbau ARS 41/01
AVV Baulärm	Allgemeine Verwaltungsvorschrift zum Schutz gegen Baulärm – Geräuschimmissionen – Vom 19. August 1970. Version 03/2003 der Vorschriftensammlung der Staatlichen Gewerbeaufsicht BW
BBodSchG	Bundes-Bodenschutzgesetz vom 17. März 1998 (BGBl. I S. 502), zuletzt geändert durch Artikel 3 des Gesetzes vom 9. Dezember 2004 (BGBl. I S. 3214)
BGV C 22	BG BAU: Unfallverhütungsvorschrift Bauarbeiten - VBG 37 Prävention Tiefbau. Stand Oktober 2002
BHO	Bundeshaushaltsordnung vom 19. August 1969 (BGBl. I S. 1284), zuletzt geändert durch Artikel 9 des Gesetzes vom 13. Dezember 2007 (BGBl. I S. 2897)
BImSchG	Gesetz zum Schutz vor schädlichen Umwelteinwirkungen durch Luftverunreinigungen, Geräusche, Erschütterungen und ähnliche Vorgänge, Bundes-Immissionsschutzgesetz in der Fassung der Bekanntmachung vom 26. September 2002 (BGBl. I S. 3830), zuletzt geändert durch Artikel 1 des Gesetzes vom 23. Oktober 2007 (BGBl. I S. 2470)

BMVBW98   Bundesministerium für Verkehr, Bau- und Wohnungswesen: Leitfaden für die Planentscheidung Einschnitt oder Tunnel. Verkehrsblatt - Verlag 1998.

BNatSchG   Gesetz über Naturschutz und Landschaftspflege, Bundesnaturschutzgesetz vom 25. März 2002 (BGBl. I S. 1193), zuletzt geändert durch Artikel 3 des Gesetzes vom 22. Dezember 2008 (BGBl. I S. 2986)

BVerwG07   Bundesverwaltungsgericht Leipzig: Urteil des 9. Senates vom 17. Januar 2007 zum Weiterbau der Westumfahrung Halle ("Halle-Urteil"). BVerwG 9 20.5

BWaldG   Bundeswaldgesetz vom 2. Mai 1975 (BGBl. I S. 1037), zuletzt geändert durch Artikel 213 der Verordnung vom 31. Oktober 2006 (BGBl. I S. 2407)

ChemG   Chemikaliengesetz in der Fassung der Bekanntmachung vom 2. Juli 2008 (BGBl. I S. 1146)

DepV   Deponieverordnung vom 24. Juli 2002 (BGBl. I S. 2807), zuletzt geändert durch Artikel 2 der Verordnung vom 13. Dezember 2006 (BGBl. I S. 2860)

DIN 1076   DIN Deutsches Institut für Normung e.V.: DIN 1076 Ingenieurbauwerke im Zuge von Straßen und Wegen - Überwachung und Prüfung. Beuth Verlag GmbH, Berlin November 1999.

DIN 14001   DIN Deutsches Institut für Normung e.V.: DIN EN ISO 14001 Umweltmanagementsysteme - Anforderungen mit Anleitung zur Anwendung (ISO 14001:2004); Deutsche und Englische Fassung EN ISO 14001:2004. Beuth Verlag GmbH, Berlin Juni 2005.

DIN 14040   DIN Deutsches Institut für Normung e.V.: DIN 14040 Umweltmanagement – Ökobilanz – Grundsätze und Rahmenbedingungen. Beuth Verlag GmbH, Berlin Oktober 2006

DIN 18299   DIN Deutsches Institut für Normung e.V.: DIN 18299 VOB Vergabe- und Vertragsordnung für Bauleistungen - Teil C: Allgemeine Technische Vertragsbedingungen für Bauleistungen (ATV) - Allgemeine Regelungen für Bauarbeiten jeder Art. Beuth Verlag GmbH, Berlin 2006.

DIN 18312   DIN Deutsches Institut für Normung e.V.: VOB Vergabe- und Vertragsordnung für Bauleistungen Teil C: Allgemeine Technische Vertragsbedingungen für Bauleistungen (ATV) Untertagebauarbeiten. Beuth Verlag GmbH, Berlin Dezember 2002

DIN 18320 DIN Deutsches Institut für Normung e.V.: VOB Vergabe- und
Vertragsordnung für Bauleistungen Teil C: Allgemeine Technische
Vertragsbedingungen für Bauleistungen (ATV) -
Landschaftsbauarbeiten. Beuth Verlag GmbH, Berlin Dez. 2006

DIN 18920 DIN Deutsches Institut für Normung e.V.: DIN 18920
Vegetationstechnik im Landschaftsbau - Schutz von Bäumen,
Pflanzenbeständen und Vegetationsflächen bei Baumaßnahmen.
Beuth Verlag GmbH, Berlin Dezember 2002

DIN 4020 DIN Deutsches Institut für Normung e.V.: DIN 4020 Geotechnische
Untersuchungen für bautechnische Zwecke. Beuth Verlag GmbH,
Berlin 2003.

DIN 4150 DIN Deutsches Institut für Normung e.V.: Erschütterungen im
Bauwesen Teil 1: Vorermittlung von Schwingungsgrößen. Jun2001.
Teil 2: Einwirkung auf Menschen in Gebäuden. Jun1999.
Teil 3: Einwirkung auf bauliche Anlagen. Feb1999.

DIN 45020 DIN Deutsches Institut für Normung e.V.: DIN EN 45020 - Normung
und damit zusammenhängende Tätigkeiten — Allgemeine Begriffe
(ISO/IEC Guide 2:2004)

DIN 67524 DIN Deutsches Institut für Normung e.V.: DIN 65524 Beleuchtung
von Straßentunneln und Unterführungen. Beuth Verlag GmbH, Berlin
Teil 1: Allgemeine Gütemerkmale und Richtwerte. Juli 2006.
Teil 2: Berechnung und Messung. Juni 1992.

DIN 9000 DIN Deutsches Institut für Normung e.V.: DIN EN ISO 9000
Qualitätsmanagementsysteme - Grundlagen und Begriffe. Beuth
Verlag GmbH, Berlin Dezember 2005.

DSchG Gesetz zum Schutz der Kulturdenkmale (Denkmalschutzgesetz) in
der Fassung vom 6. Dezember 1983 (GBl. S. 797), zuletzt geändert
durch Artikel 6 des Gesetzes zur Neuregelung des Gebührenrechts
vom 14. Dezember 2004 (GBl. S. 895)

EBA01 Eisenbahn-Bundesamt: Richtlinie Anforderungen des Brand- und
Katastrophenschutzes an den Bau und Betrieb von Eisenbahntunneln.

EBO Eisenbahn-Bau- und Betriebsordnung vom 8. Mai 1967 (BGBl. 1967
II S. 1563), zuletzt geändert durch die Verordnung vom 19. März
2008 (BGBl. I S. 467)

EMAS Verordnung (EG) Nr. 761/2001 des europäischen Parlaments und des
Rates vom 19. März 2001 über die freiwillige Beteiligung von
Organisationen an einem Gemeinschaftssystem für das
Umweltmanagement und die Umweltbetriebsprüfung (EMAS) (ABl.
L 114 vom 24.4.2001, S. 1) in der Fassung vom 01.01.2007.

FFH-Richtlinie	Richtlinie 92/43/EWG des Rates vom 21. Mai 1992 zur Erhaltung der natürlichen Lebensräume sowie der wildlebenden Tiere und Pflanzen.
FStrAbG	Fernstraßenausbaugesetz in der Fassung der Bekanntmachung vom 20. Januar 2005 (BGBl. I S. 201), geändert durch Artikel 12 des Gesetzes vom 9. Dezember 2006 (BGBl. I S. 2833)
FStrG	Bundesfernstraßengesetz in der Fassung der Bekanntmachung vom 28. Juni 2007 (BGBl. I S. 1206)
GefStoffV	Verordnung zum Schutz vor Gefahrstoffen, Gefahrstoffverordnung vom 23. Dezember 2004 (BGBl. I S. 3758, 3759), zuletzt geändert durch Artikel 2 der Verordnung vom 18. Dezember 2008 (BGBl. I S. 2768)
GWB	Gesetz gegen Wettbewerbsbeschränkungen in der Fassung der Bekanntmachung vom 15. Juli 2005 (BGBl. I S. 2114), zuletzt geändert durch Artikel 4 des Gesetzes vom 18. April 2009 (BGBl. I S. 770)
HNL S-99	Bundesministerium für Verkehr, Bau- und Wohnungswesen (BMVBW): Hinweise zur Berücksichtigung des Naturschutzes und der Landschaftspflege beim Bundesfernstraßenbau (HNL-S 99), Stand 1999.
HOAI	Verordnung über die Honorare für Leistungen der Architekten und der Ingenieure (Honorarordnung für Architekten und Ingenieure)
HVA B-StB	Bundesministerium für Verkehr, Bau und Stadtentwicklung (BMVBS): Handbuch für die Vergabe und Ausführung von Bauleistungen im Straßen- und Brückenbau. Teil 1 -Richtlinien für das Aufstellen der Vergabeunterlagen. Stand 2003 Teil 2 - Richtlinien für das Durchführen der Vergabeverfahren. Teil 3 - Richtlinien für das Abwickeln von Verträgen.
KrW-/AbfG	Gesetz zur Förderung der Kreislaufwirtschaft und Sicherung der umweltverträglichen Beseitigung von Abfällen, Kreislaufwirtschafts- und Abfallgesetz vom 27. September 1994 (BGBl. I S. 2705), zuletzt geändert durch Artikel 5 der Verordnung vom 22. Dezember 2008 (BGBl. I S. 2986)
KV2005	Verordnung über die Durchführung von Kompensationsmaßnahmen, Ökokonten, deren Handelbarkeit und die Festsetzung von Ausgleichsabgaben - Hessen (KV - Kompensationsverordnung). Vom 1. September 2005
LAGAM20	Mitteilung der Länderarbeitsgemeinschaft Abfall (LAGA) 20: Anforderungen an die stoffliche Verwertung von mineralischen Abfällen. Endfassung vom 06.11.2003

MAmS
Forschungsgesellschaft für Straßen- und Verkehrswesen: Merkblatt zum Amphibienschutz an Straßen. FGSV-Verlag 2000

MUVS
Forschungsgesellschaft für Straßen- und Verkehrswesen: Merkblatt zur Umweltverträglichkeitsstudie in der Straßenplanung. Stand 2001

PFRL07
Richtlinie für den Erlass planungsrechtlicher Zulassungsentscheidungen für Betriebsanlagen der Eisenbahn des Bundes nach § 18 AEG sowie für Betriebsanlagen von Magnetschwebebahnen nach § 1 MBPlG (Planfeststellungsrichtlinien). 2007

PlafeRL07
Richtlinien für die Planfeststellung nach dem Bundesfernstraßengesetz. Stand Januar 2008

RAA08
Forschungsgesellschaft für Straßen- und Verkehrswesen: Richtlinien für die Anlage von Autobahnen. Ausgabe 2008. ISBN 978-3-939715-51-1

RABT
Forschungsgesellschaft für Straßen- und Verkehrswesen: Richtlinien für die Ausstattung und den Betrieb von Straßentunneln.(RABT). FGSV-Verlag Köln 2006. ISBN 3-937356-87-8

RAS
Forschungsgesellschaft für Straßen- und Verkehrswesen: Richtlinien für die Anlage von Straßen. FGSV-Verlag

RE 85
Bundesministerium für Verkehr: Richtlinien für die Gestaltung von einheitlichen Entwurfsunterlagen im Straßenbau. Verkehrsblatt Verlag, Dortmund, 1985

REACH-Richtlinie
Verordnung (EG) Nr. 1907/2006 des europäischen Parlaments und des Rates vom 18. Dezember 2006 zur Registrierung, Bewertung, Zulassung und Beschränkung chemischer Stoffe (REACH).

Ril 853
DB Netz AG: Richtlinie 853 - Eisenbahntunnel planen, bauen und instand halten. Gültig ab 01.06.2002

RiStWag
Forschungsgesellschaft für Straßen- und Verkehrswesen: Richtlinien für bautechnische Maßnahmen an Straßen in Wasserschutzgebieten. FGSV-Verlag 2002

RLS-90
Forschungsgesellschaft für Straßen- und Verkehrswesen: Richtlinien für den Lärmschutz an Straßen. FGSV-Verlag 1992

SIA 198
Schweizerischer Ingenieur- und Architekten-Verein (Hrsg.): SIA Norm 198 - Untertagbau 1993. Nachdruck 3/1994.

SN 640 312a
Vereinigung Schweizerischer Strassenfachleute (VSS): Schweizer Norm SN 640 312a - Erschütterungen - Erschütterungseinwirkungen auf Bauwerke. April 1992

SprengG   Sprengstoffgesetz in der Fassung der Bekanntmachung vom 10.
             September 2002 (BGBl. I S. 3518), zuletzt geändert durch Artikel
             150 der Verordnung vom 31. Oktober 2006 (BGBl. I S. 2407)

StGB   Strafgesetzbuch in der Fassung der Bekanntmachung vom 13.
             November 1998 (BGBl. I S. 3322), zuletzt geändert durch Artikel 1
             des Gesetzes vom 31. Oktober 2008 (BGBl. I S. 2149)

TA-Lärm   Sechste Allgemeine Verwaltungsvorschrift zum Bundes-Immissions-
             schutzgesetz (Technische Anleitung zum Schutz gegen Lärm - TA
             Lärm) vom 26. August 1998

TA-Luft   Erste Allgemeine Verwaltungsvorschrift zum Bundes-Immissions-
             schutzgesetz (Technische Anleitung zur Reinhaltung der Luft - TA
             Luft) vom 24. Juli 2002

UIG   Umweltinformationsgesetz vom 22. Dezember 2004 (BGBl. I S.
             3704)

UMBw99   Ministerium für Umwelt und Verkehr Baden-Württemberg (Hrsg.):
             LBP - LAP Landschaftspflegerische Kompensationsmaßnahmen im
             Straßenbau. Anleitung zur Umsetzung. Dezember 1999

USchadG   Umweltschadensgesetz vom 10. Mai 2007 (BGBl. I S. 666), geändert
             durch Artikel 7 des Gesetzes vom 19. Juli 2007 (BGBl. I S. 1462)

UVPG   Gesetz über die Umweltverträglichkeitsprüfung in der Fassung der
             Bekanntmachung vom 25. Juni 2005 (BGBl. I S. 1757, 2797), zuletzt
             geändert durch Artikel 7 der Verordnung vom 22. Dezember 2008
             (BGBl. I S. 2986)

VDI 3837   Verein deutscher Ingenieure: VDI 3837 - Erschütterungen durch
             oberirdische Schienenbahnen - Spektrales Prognoseverfahren. 2006

VgV   Vergabeverordnung in der Fassung der Bekanntmachung vom 11.
             Februar 2003 (BGBl. I S. 169), zuletzt geändert durch Artikel 1 u. 2
             der Verordnung vom 23. Oktober 2006 (BGBl. I S. 2334)

VOB   Bundesministerium für Verkehr, Bau und Stadtentwicklung
             (BMVBS): Vergabe- und Vertragsordnung für Bauleistungen. Stand
             2006   Teil A - Allgemeine Bestimmungen für die Vergabe von
                          Bauleistungen.
                      Teil B - Allgemeine Vertragsbedingungen für die
                          Ausführung von Bauleistungen.

VwVfG   Verwaltungsverfahrensgesetz in der Fassung der Bekanntmachung
             vom 23. Januar 2003 (BGBl. I S. 102), zuletzt geändert durch Artikel
             10 des Gesetzes vom 17. Dezember 2008 (BGBl. I S. 2586)

WHG   Gesetz zur Ordnung des Wasserhaushalts, Wasserhaushaltsgesetz in der Fassung der Bekanntmachung vom 19. August 2002 (BGBl. I S. 3245), zuletzt geändert durch Artikel 8 des Gesetzes vom 22. Dezember 2008

ZTV-ING   Bundesanstalt für Straßenwesen: Zusätzlichen Technischen Vertragsbedingungen und Richtlinien für Ingenieurbauten. Verkehrsblatt Verlag 2007

ZTV-La StB   Bundesministerium für Verkehr, Bau und Stadtentwicklung: Zusätzliche technische Vertragsbedingungen und Richtlinien für Landschaftsbauarbeiten im Straßenbau. Ausgabe 2005. Verkehrsblatt Verlag. ISBN 3-937356-79-7

Anhang Projektbetrachtungen

1. Neuer Kaiser-Wilhelm-Tunnel (Planungsphase)

Der zweigleisige Kaiser-Wilhelm Tunnel in der Nähe von Cochem wurde bis 1908 erstellt und seit 1913 bereits mehrere Male umgebaut. Im Zuge der Sicherstellung des Zugverkehrs untersuchte die DB ProjektBau ab 2001 verschiedene Realisierungsansätze. Im Ergebnis werden nach den Planungs- und Genehmigungsprozessen die Züge zukünftig durch zwei eingleisige Röhren geführt. Hierzu wird ein östlich neben dem bestehenden Tunnel liegender Tunnel neu erstellt und der alte Tunnel anschließend erneuert. Der im TVM-Vortrieb (mit maximal 21 bar Wasserdruck) geplante 4.242m lange Tunnelneubau wird ca. 200 Mio. Euro kosten und ungefähr 367.000m³ Ausbruch liefern sowie 77.000to Beton für die Innenschale verbrauchen [DBAG08].

1.1. Technische Festlegungen

Die Planungs- und Genehmigungsprozesse [Anhang 11] des neuen Kaiser-Wilhelm-Tunnels (KWT) verliefen im Vergleich zu anderen Projekten relativ zügig und so konnte innerhalb von sieben Jahren mit den ersten „Bauarbeiten" begonnen werden [vgl. KWT06; DBAG08]. Vor allem durch die Auflage zum sofortigen Vollzug im PFB, aufgrund des schlechten baulichen Zustandes des bestehenden Tunnels, wurden aufschiebende Wirkungen von Klagen vermieden und eine schnelle Finanzmittelbereitstellung sichergestellt.

Im Folgenden wird auf einige oft anzutreffende Aspekte innerhalb der Planungs- und Genehmigungsphase eingegangen, die hinsichtlich der Optimierung der Umweltverträglichkeit kritisch sind und durch zeitliche Verzögerungen zwischen Genehmigung und Ausführung noch verstärkt werden.

Bereits in der Vorplanungsphase wurden neben den Trassenvarianten auch Bau- und Entsorgungsvarianten sowie mögliche BE-Flächen betrachtet und in der UVS zum ROV berücksichtigt. Mit dem Raumordnungsentscheid (ROE) wurden dann neben Maßgaben für die weitere Planung Vorentscheidungen auf der Grundlage von angenommenen Planungsdetails getroffen.

Die östliche Trassenführung wurde den Vorplanungen des Vorhabenträgers folgend präferiert, da eine alleinige Erneuerung des alten Tunnels (Nullvariante) tunnelbautechnisch zu aufwändig und der weitere Betrieb im Begegnungsverkehr nach den Richtlinien des EBA [vgl. EBA01] nicht mehr zulässig war. Die westliche Trasse hätte zu technischem Mehraufwand, wirtschaftlichen Nachteilen (Baukosten, Bauzeit), mehr Flächenverbrauch und Eingriffen in Natura-2000-Gebiete sowie zum Abriss eines denkmalgeschützten Gebäudes geführt [vgl. Tabelle 0.3].

Nach einer geologischen Prognose wurde bei der Ausbruchverwertung die Instandsetzung von Wald- und Wirtschaftswegen (Oberbaumaterial) und Geländemodellierungen als zum Planungszeitpunkt einzig mögliche Lösung unter verschiedenen Maßgaben bestätigt. Für ebenfalls mögliche Verwertungen im Straßenbau auf Landes- oder Bundesebene sollten weiterhin geeignete Projekte gesucht, die bisherige Planung bzgl. der Eingriffe optimiert sowie fehlende fachliche und landschaftspflegerische Untersuchungen und Bewertungen nachgeholt werden. Der Einsatz als Betonzuschlag oder Geschiebeersatzmaterial im Flussbau wurde in der geologischen Prognose als ungeeignet eingestuft und daher nicht weiter betrachtet.

Aufgrund der geplanten Verwendung des Ausbruchmaterials wurde der LKW-Transport (ca. 24.500 Fahrten) als einzig mögliche Lösung bestätigt. Um die spürbaren Beeinträchtigungen der Anwohner und des lokalen Erholungswertes in Grenzen zu halten, sollten allerdings Varianten untersucht werden, um die Begleiteffekte wie Lärm, Staub und gasförmige Emissionen zu vermindern. Der schienengebundene Abtransport wurde durch die direkte Verlademöglichkeit auf bestehenden Gleisen ohne Zwischenlagerung als ökologisch vorzugswürdig bezeichnet. Ein Gleistransport zusammen mit der Ausbesserung der Waldwege war jedoch nicht möglich. Der Gleistransport sollte jedoch in der Planung weiter berücksichtigt werden, da nur die lokale Verwertung des Ausbruchs diesem entgegenstand. Dagegen wurde der Transport mit Förderband aufgrund technischer Schwierigkeiten (Steigungen), erheblichen Flächenbedarfs und erwarteter erheblicher Lärmentwicklung durch eine Brecheranlage nicht weiter verfolgt. Gleiches galt für den Binnenschifftransport, der nur bei Verwertung des Ausbruchs im Wasserbau in Frage gekommen wäre.

Bei den Vortriebsmethoden wurden der maschinelle Vortrieb (TBM) und der Sprengvortrieb (SPV) mit und ohne Zwischenangriff jeweils für die Ost- und Westtrasse betrachtet und bereits Maßnahmen z.B. bei Überschreitung von Grenzwerten (Nachtsprengverbot, langsamer Vortrieb) vorgesehen. Obwohl der SPV aufgrund der resultierenden Ausbrucheigenschaften (weniger Feinanteile) für die Verwertung des Ausbruchs für Waldwege besser geeignet gewesen wäre, wurde der maschinelle Vortrieb vor allem wegen der kürzeren Bauzeit vom Vorhabenträger bevorzugt [vgl. Tabelle 0.4]. Im ROE werden die Vortriebsmethoden hinsichtlich ihrer Umweltauswirkungen im Wesentlichen als neutral angesehen. Die Vorauswahl im ROE basiert auf der angenommenen Bauzeitverkürzung und der Annahme, dass die Tübbinganlieferung problemlos über die vorhandenen Gleise erfolgen kann. Für den Beton und Stahl bei SPV wurde dies nicht für möglich gehalten und außerdem eine zusätzliche Zwischenlagerungsfläche für den Ausbruch des Zwischenangriffs bei SPV für erforderlich angesehen. Das Vortriebsverfahren wurde nach Zustimmung im ROE und der gewünschten Einsparung von Planungsmitteln nicht mehr betrachtet und der TBM-Vortrieb in das PlafeV eingebracht.

Für die Baustellenbereiche (BE-Flächen) wurden mit dem ROE Schall- und Erschütterungsgutachten gefordert und Optimierungen der Flächengrößen, der Lage von Wohn- und Materialcontainern sowie der Auswirkungen auf das Landschaftsbild und den Fremdenverkehr verlangt.

Die im ROE aufgelisteten Maßgaben wurden nach Freigabe der weiteren Planungsmittel in der Entwurfsplanung berücksichtigt und in den erarbeiteten Plafe-Unterlagen angesprochen. Die Trassenwahl wurde überprüft sowie Betrachtungen der Transport- und Verwertungsvarianten weitergeführt und vertieft. Weitere Hinweise im ROE, die nicht mit den Maßgaben aufgelistet wurden, mussten aus verschiedenen Textstellen herausgesucht werden, wodurch es leicht zu einem Informationsverlust kommt.

Eine mögliche Verwertung in einem ca. 80km entfernten Tontagebau für eine bereits planfestgestellte Rekultivierungsmaßnahme wurde im Zuge der weiteren Planung ermittelt. Diese wurde der Verwertung im Waldwegebau vorgezogen, da erhebliche Konflikte im PlafeV sowie technische und wirtschaftliche Nachteile erwartet wurden. Erste vertragliche Absprachen zwischen dem Vorhabenträger und Tongrubenbetreiber wurden noch während dem PlafeV getroffen, nachdem eine Untersuchung der geogenen Belastungen (max. Z 1.1 nach [LAGAM20]), aufgrund von erhöhten Nickelkonzentrationen, die auch im Tontagebau anzutreffen sind, die Verwertungsmöglichkeit bestätigte. Weiterhin konnte keine Verwertung bei landes- und bundesweiten Straßenbauprojekten ermittelt werden.

Mit der Bevorzugung der Tontagebaurekultivierung wurde auch der dabei mögliche und als umweltverträglicher angenommene Bahntransport favorisiert. Dieser ist nach Kostenschätzung gegenüber der verbleibenden Alternative LKW-Transport (Forstweginstandsetzung) um mehrere Millionen Euro günstiger, da zusätzliche naturschutzfachliche Untersuchungen, Flächeninanspruchnahmen und erforderliche Ausgleichsmaßnahmen vermieden werden konnten.

Die BE-Flächen wurden auf ein absolut notwendiges Minimum reduziert und nicht quantifizierte Erschwernisse für den Bauablauf in Kauf genommen, um die Genehmigungsfähigkeit sicherzustellen. Für möglichen weiteren Flächenbedarf im Zuge der Bauarbeiten werden im PFB Abstimmungen mit den Eigentümern und den Betroffenen verlangt.

Aufgrund von Einwendungen sowie der Anpassung des BVWP 2003 und der damit einhergehenden Erhöhung der Prognosen der Güterzugbelegung der Trasse wurden erhöhte Schall- und Erschütterungseinflüsse erwartet und mussten betrachtet werden. In einem Planänderungsverfahren konnten diese Erhöhungen mit dem „Besonders überwachten Gleis" (BüG) (Abzug bei Schallberechnung von 3dB(A)) und einem schweren Masse-Feder-System (MFS) kompensiert werden.

Letztendlich wurden mit der Planfeststellung parallel zur Trasse auch bauliche Belange (Vortriebsverfahren, Ausbruchverwertung, Ausbruchtransport, BE-Flächen), konstruktive Belange (schweres MFS, Abdichtung des Tunnels mit Druckreduzierung auf max. 3 bar (bisheriger Tunnel hatte Drainage)) und betriebliche Belange (BüG) festgestellt. Diese technischen Festlegungen basieren auf der Grundlage der Genehmigungsplanung und dienten finanziellen Vorteilen sowie zur Sicherung der Genehmigung. Eine weitere Betrachtung aus ökologischer Sicht erfolgte im weiteren Verlauf nicht mehr. Durch die Trennung von Planungs-, Erstellungs- und Betriebsmitteln wurden die ökonomischen Auswirkungen für die Bauphase (Erstellungserschwernisse) oder den Betrieb (BüG) nur am Rande betrachtet.

Bei der Begründung des Verwertungskonzepts ist keine ganzheitliche Betrachtung erkennbar. Die Argumentation der Vorteilhaftigkeit der Tongrubenrekultivierung betrachtet z.B. nicht, dass bei den Forstwegen trotzdem Instandhaltungsmaßnahmen erforderlich werden. Die Eingriffe, Untersuchungen und Ausgleichsmaßnahmen werden zumindest teilw. im Zuge der späteren Instandsetzung anfallen und das notwendige Oberbaumaterial extra gewonnen und/oder von weiter her antransportiert werden. Das zusätzliche Transportaufkommen zum Tontagebau von ca. 72 Mio. tokm würde bei dieser Betrachtung einen stark negativen Beitrag bedeuten.

Die Planfeststellungsbehörde übernimmt die eher ökonomisch optimierten Planungen und Argumentationen des Antragstellers und vollzieht diese nach. Weiterreichende Betrachtungen oder Hinterfragungen erfolgen i.d.R. nur bei sich aufdrängenden Problemen und Änderungshinweisen aus Einsprüchen. Eine ganzheitliche Optimierung ist hierdurch bisher nicht gesichert, da vor allem aktuelle und lokale Probleme mit Interessensvertretern im Vordergrund stehen. Die wirtschaftlichste Option, die gleichzeitig auch den geringsten öffentlichen Widerstand hervorruft, aber nicht unbedingt ökologischer ist, wird gewählt. Eine ganzheitliche Optimierung ist durch diese Verfahrensweise nicht wahrscheinlich.

Bei der frühen Festlegung der Vortriebsmethode erfolgte keine vertiefende Betrachtung bzgl. der ökologischen Aspekte, da nicht alle in der Fachwelt bekannten und relevanten Unterschiede (Erschütterung, Lärm, Ressourcen, Verunreinigung, Risiken...) in die Überlegungen mit einbezogen wurden. Während der Genehmigungsplanung ist dies auch schwierig und nicht sinnvoll, da viele Annahmen erforderlich wären. Im weiteren Planungsverlauf werden nur noch die Auflagen und Maßnahmen des PFB umgesetzt. Die früheren Festlegungen (Annahme der vortriebsneutralen Umweltauswirkungen) sind daher zum Planungsende kritisch zu hinterfragen.

Das Betriebskonzept ist nach bisheriger Auslegung des VwVfG nicht Bestandteil des PlafeV und daher führen spätere Änderungen des Betriebskonzepts oder Verkehrsaufkommens im Betrieb nicht zu Planänderungsverfahren. Das Beispiel der veränderten Verkehrsprognosen im Zuge des BVWP 2003 zeigt, dass Änderungen der Verkehrszahlen und –zusammensetzung ökologische Auswirkungen haben, infolgedessen die zum Antragszeitpunkt getroffenen Prognosen nicht mehr stimmen und somit das BüG und das MFS erforderlich wurden.

1.2. Auflagen

Bei den Lärm- und Staubemissionen betreffenden Auflagen des PFB fällt auf, dass diese sehr früh auf der Grundlage der Genehmigungsplanung festgelegt werden und die in der UVS zunächst allgemein formulierten Auflagen im PFB mit konkreten technischen Forderungen belegt werden. Möglichkeiten und Anreize für Optimierungen durch größere Detailtiefe in späteren Projektphasen gehen damit verloren. Falls nicht weitere Absprachen oder Optimierungen festgelegt werden, erfolgt im Normalfall die reine Umsetzung der Auflagen aus dem PFB.

Tabelle 0.1:   Auflagen aus dem Planfeststellungsbeschluss [KWT06]

<table>
<tr><td>

Auflagen für die Ausführungsplanung
- Bauzeitige Lärmschutzwand an Baustraße
- Geschlossener Bauzaun (Sicht und Staubschutz)
- Schutzmaßnahmen an besonders durch den Baustellenverkehr gefährdeten Stellen (z.B. Schulen)
- Reifenwaschanlagen
- Informations- und Anlaufstelle für Interessierte und Betroffene während der Bauzeit
- Schweres Masse-Feder-System
- Besonders überwachtes Gleis

Auflagen zu späteren Abstimmungen
- Absprache mit zuständigen Fachbehörden bzgl. der erforderlichen Wasserreinigungsanlagen
- Offenhaltung des Wanderwegenetzes nach Absprache mit den Gemeinden
- Abstimmung der Logistikplanung (Verkehrsregelungsmaßnahmen) mit den Gemeinden
- Unbedenklichkeit von Injektionsarbeiten im Vorfeld mit den Wasserbehörden abzuklären

Auflagen für die Bauausführung
- Einweisung des Bauleiters vor Baubeginn und regelmäßige Kontrolle der Schutzmaßnahmen während der Bausphase, um Eingriffe in benachbarte Vegetationsbestände zu vermeiden
- Betankung, Wartung und Reinigung von Maschinen nur auf speziellen Flächen
- Alle gebotenen Mittel zur Reduzierung des Baulärms zu ergreifen (Einhaltung AVV, Verwendung emissionsarmer Baumaschinen)
- Beweissicherung für Erschütterungen
- Vermeidung von Staubimmissionen in der Baustellenumgebung durch Wässern der BE-Flächen und Baustraßen zum Schutz der Anwohner, Tiere und Pflanzen vor Staubauswirkungen
- Beaufsichtigung der Umsetzung von LBP-Maßnahmen durch eine fachlich qualifizierte ökologische Bauleitung

</td></tr>
</table>

1.3. Aufnahmen, Abwägungen, Informationsweitergabe

Für die Ermittlung und Bewertung von ökologischen Auswirkungen bilden die sehr detaillierten und umfangreichen Aufnahmen zu vorhanden Schutzgütern, möglichen Betroffenheiten und Vorbelastungen im Zuge der umweltrechtlichen Untersuchungen eine gute Grundlage. Ergebnisse der verschiedenen, nach Schutzgütern getrennt ablaufenden Ermittlungen [vgl. Anhang 12] werden sowohl in der UVS, dem LBP und der FFH-VP verwendet, wodurch sich verschiedene Textbausteine und Tabellen in den unterschiedlichen Beiträgen wiederfinden.

Tabelle 0.2:   Vergleich verschiedener Transportoptionen [KWT06]

| | schienen-gebundener Abtransport | Abtransport per | | |
		Förder-band und Schiff	Förder-band	LKW
Betroffener Bereich	unmittelbare Umgebung der bestehenden Bahntrasse	unteres Ellerbach-tal, Mosel	Brochemer Tal, Ellerbach-tal, FFH- und Vogel-schutzgebiet	unteres Ellerbachta l und B49, K22, L106	Brochemer Tal, Ellerbachtal, FFH- und Vogelschutz gebiet
Menschen	(-)	-	-	--	-
Tiere	(-)	-	--	(-)	--
Pflanzen		-	--	-	-
Boden		-	--	-	-
Wasser		-	--	-	-
Klima/Luft		(-)	(-)	-	-
Landschaft	(-)	--	--	--	--
Sach- und Kulturgüter				(-)	

(-)   Beeinträchtigungen möglich
-    geringe Beeinträchtigungen zu erwarten,
--   erhebliche Beeinträchtigungen zu erwarten

Entsprechend den Untersuchungen werden auch die Erläuterungen in den Berichten nach UVP-Schutzgütern getrennt gegliedert. Selten gibt es Übersichten, in denen Auswirkungen von verschiedenen technischen Optionen bzgl. aller Schutzgüter gegenübergestellt werden [vgl. Tabelle 0.2]. Häufiger sind Übersichten zu Wirkfaktoren vorhanden, die einen Überblick der jeweiligen ökologischen Aspekte und den verursachenden Planungsbestandteilen, eingeteilt in bau-, anlage- und betriebsbedingte Bestandteile geben [vgl. Anhang 13]. Jedoch müssen auch bei solchen Übersichten nähere Informationen zu den Auswirkungen einzelner technischer Optionen, relevanten ökologischen Rahmenbedingungen und Bewertungsgrundlagen aufwändig aus den einzelnen Kapiteln der Schutzgüter herausgezogen werden. Oft wird dabei die Sammlung durch Verweise auf weitere Unterlagen oder Gutachten zusätzlich erschwert.

In der UVS und im LBP werden die technischen Eingriffsoptionen etwas differenzierter formuliert, bspw. der bauzeitige Wasseranfall durch den Tunnelvortrieb oder die temporäre BE-Flächeninanspruchnahme. Es werden aber keine Unterschiede bzgl. der verschiedenen technischen Umsetzungsmöglichkeiten aufgezeigt oder berücksichtigt. Neben den auf Grundlage der angenommenen Planungsbestandteile und der erfassten ökologischen Rahmenbedingungen ermittelten Eingriffen werden in der UVS und dem LBP zudem Maßnahmen formuliert, mit denen die Vermeidung, der Ausgleich oder Ersatz für Eingriffe verfolgt wird.

Eingriffe und Maßnahmen erhielten beim KWT eine Identifikationsnummer, die in der UVS und dem LBP verwendet wurden, wobei im LBP nur Eingriffe und Maßnahmen, die den Naturschutz betreffen, aufgeführt sind. In mindestens einem Fall kam es dabei zu einer Abweichung der Nummern zwischen den Dokumenten, wahrscheinlich durch einen Übertragungsfehler. Im Zuge der Eingriffsbilanzierung im LBP wurden den Eingriffen die jeweilige(n) Maßnahme(n) in einer Tabellenform gegenüber gestellt, um die Kompensation der Eingriffe aufzuzeigen [vgl. Anhang 14]. Die Ermittlung der erforderlichen Größe der LBP-Maßnahmen erfolgte dabei anhand von Kompensationsfaktoren, die in einem Umweltleitfaden des EBA als Richtwerte enthalten sind [vgl. RWHS05b S.103ff]. Daneben war eine verbal-argumentative Begründung im Text des LBP erforderlich, da die Faktoren nicht die räumlich-funktional zu begründende Ableitung von Art und Umfang der Kompensationsmaßnahmen ersetzen können.

Eine Bilanzierung für Eingriffe und Maßnahmen zu den restlichen UVP-Schutzgütern (Menschen, Kultur- und Sachgüter) fehlt, da diese bisher nicht gefordert wird. Verknüpfungen zwischen Eingriffen und Maßnahmen bei diesen UVP-Schutzgütern müssen daher aus dem Text der UVS entnommen werden und erschweren die Nachvollziehbarkeit weiter. Ein einfaches Beispiel dafür sind die in der UVS erwähnten Wochenendführungen durch die Tunnelbaustelle als Ausgleich für die Abwertung des lokalen Erholungswertes.

Im LBP wurden zu den LBP-Maßnahmen Maßnahmenblätter [vgl. Anhang 15; RWHS05b S.109] erstellt, die den betreffenden Eingriff, Verbindungen zu anderen Maßnahmen, Anforderungen an die Umsetzung sowie die Pflege aufzeigen. Beschreibungen oder Verweise auf Hintergründe und maßgebende ökologische Rahmenbedingungen werden nicht aufgeführt. Dadurch werden sinnvolle Anpassungen durch erkennbare veränderte Rahmenbedingungen nicht weiter unterstützt. Von den späteren Beteiligten werden nur die Maßnahmenblätter bei der Ermittlung und Umsetzung herangezogen und Veränderungen somit nicht erkannt. Für die restlichen UVS-Maßnahmen gibt es keine Maßnahmenblätter, die in Form von zu konkretisierenden Arbeitsanweisungen denkbar wären.

Einige in der UVS erwähnte Maßnahmen sind überhaupt nicht in den Maßnahmenauflistungen enthalten und haben daher auch keine Nummerierung. Es handelt sich meist um Hinweise zu sonstigen vorbeugenden Maßnahmen, z.B. die Verwendung von biologisch abbaubarem Hydrauliköl. Diese Hinweise können leicht übersehen werden und sind im PFB, ebenso wie einige der „UVS-Maßnahmen" nicht erwähnt. Da im PFB die Nummern von Eingriffen und Maßnahmen nicht übernommen wurden, sind Vollständigkeitskontrollen und das Nachvollziehen von Verknüpfungen wiederum schwierig. Ist die Anzahl der Eingriffe (15) und Maßnahmen (27) beim KWT noch übersichtlich und die Problematik daher begrenzt, wird dies bei größerer Anzahl und hinzukommender weiterer Betrachtungen bei Detaillierungen zu großen Problemen bei der Übersichtlichkeit führen, das Risiko von Übertragungsfehlern erhöhen sowie spätere Anpassungen weiter erschweren.

In den jeweils nachfolgenden Phasen werden nur die Entwicklungen weitergegeben, die zu den dargestellten Lösungen geführt haben oder weiter zu berücksichtigen sind. Die nicht weiter verfolgten Varianten werden weder archiviert, noch stehen die dabei gewonnen Erkenntnisse bei späteren Optimierungen zur Verfügung.

Bei den Bewertungen innerhalb der UVS wurde ein Verfahren in Anlehnung an die ökologische Risikoanalyse [vgl. Kapitel 4.1.1] verwendet. Die ermittelten Empfindlichkeiten der einzelnen Schutzgüter sind in einer 3-4-stufigen Skala (z.B. gering, mittel, hoch) eingeordnet (textliche Begründung). Ebenso werden die Eingriffe durch die Verknüpfung der Empfindlichkeiten mit den angenommenen Auswirkungen der Eingriffe in einer 4-stufigen Skala (kein Eingriff, gering, mittel, hoch) bewertet und textlich begründet. Diese orientieren sich dabei soweit möglich an vorhanden normativen Maßstäben, z.B. der DIN 4150 bei Erschütterungen. Da die Verknüpfungen nur tabellarisch dargestellt werden und Hintergründe in den textlichen Begründungen oder bei Verweisen in sonstigen Dokumenten zusammenzusuchen sind, ist auch bei diesen Bewertungen die Transparenz der Entscheidungsfindung als unzureichend anzusehen.

Gleiches gilt für die Vergleiche im Zuge der Planungen, die teilw. im PFB in textlicher Form wieder zu finden sind [Tabelle 0.3]. Auch hier werden die möglichen Optionen bzgl. der UVP-Schutzgüter und ökonomischer Aspekte gegenübergestellt, die angesprochenen Aspekte jedoch teilw. ohne Verweise in unterschiedlichen Textstellen und Dokumenten aufgeführt. Auch die vorgenommene Auswertung der ordinalen Rangfolgen der Optionen bzgl. der einzelnen Kriterien [Tabelle 0.4], ist als alleinige Bewertungsgrundlage kritisch zu betrachten. Nur mit zusätzlichen Informationen ist die Bewertung transparent und nachvollziehbar.

Spätere, auf den alten Grundlagen aufbauende Abwägungen z.B. bei veränderten Rahmenbedingungen oder neuen Optionen sind, wenn überhaupt nur durch eine aufwändige Informationssuche möglich. Auch eine neuerliche Bewertung der Vortriebsmethode ist ohne die damaligen detaillierten Betrachtungen und Vergleiche schwierig.

Tabelle 0.3:   Gegenüberstellung Trassenvarianten [DBPB05 mod.]

	Variante Ost	Variante West
Technische Aspekte		
Bau		
Bauzeit	6 ,5 Jahre	7 ,5 Jahre
zusätzliche Baukosten		2,3 Mio EUR
Endgültiger Flächenbedarf	3.500 m²	11.150 m²
Betrieb		Unterhaltung von zwei großflächigen Stützbauwerken in Cochem und in Eller
Schutzgut Mensch		
Erschütterung		
Immissionszunahme	22 Häusern	16 Häusern
mögliche Anhaltswert-überschreitung	7 Häusern²	5 Häusern
erf. Maßnahme	Schwere Masse-Feder-System	Schwere Masse-Feder-System
Schall		
Anz. IO Grenzwertüber-schreitung (wesentl.)	57	61
geschätzte Kosten aktive Maßnahmen	708 TEUR	752 TEUR
geschätzte Kosten passive Maßnahmen	103 TEUR	119 TEUR
Kommunale Raumplanung	- Abbruch eines Wohn- und Bürogebäudes, Auflassung eines Schuhgeschäftes	- Auflassung einer Disco und eines Fitnessstudios
Umweltaspekte		
Schutzgut Landschaft		- bis zu 30m hohe Stützmauer am Pinnerberg in Cochem - bis zu 50m hohe Stützmauer am Calmont in Eller - erheblicher Eingriff in die Topographie - erhebliche Beeinflussung des Landschaftsbildes
Schutzgut Sach- und Kulturgüter	- +kein Kulturdenkmal betroffen	- Abbruch des denkmalgeschützten Gebäudes westlich des Nordportals (Disco, Fitnessstudio)
Schutzgut Boden		- Flächenversiegelung von 11.150 m² (drei mal höher als bei der Ostvariante)
Schutzgut Wasser	variantenneutral	
Schutzgüter Klima / Luft	variantenneutral	
Schutzgüter pflanen und Tiere	+ mit Schutzzielen der FFH-Gebiete und Vogelschutzgebiete vereinbar	- aus derzeitiger Sicht mit den Schutzzielen des FFH-Gebietes „Moselhänge" nicht vereinbar - erhebliche direkte Eingriffe in Natura 2000 Gebiete

Tabelle 0.4:   Gegenüberstellung Bauweisen [ILF02 mod.]

		TBM	SPB ohne Zwischenangriff (ZA)	SPB mit Zwischenangriff (ZA)
Technische Aspekte				
Bau				
Bauzeit (Monate)		32 (Nettobauzeit 24)	40	30
Bauzeitiger Flächenbedarf	Ost	17.500 m²	17.500 m²	26.200 m² (ZA von B259)
	West	18.000 m²	18.000 m²	25.500 m² (ZA von K18)
Betrieb		variantenneutral		
Kosten		variantenneutral		(-) Zusatzkosten für ZA
Raum- und Siedlungsstruktur, Umwelt				
Raumnutzung				
Kommunale Raumplanung		(+) kurze Bauzeit	(-) lange Bauzeit (-) Lärm und Erschütterungen durch Sprengen	(+) kurze Bauzeit (-) Lärm und Erschütterungen durch Sprengen
Erholung / Landschaftsbild		(+) kurze Bauzeit (-) andauernde Erschütterungen	(-) lange Bauzeit (-) Lärm und Erschütterungen durch Sprengen	(+) kurze Bauzeit (-) Verlärmung der ZA-Bereiche (-) Lärm und Erschütterungen durch Sprengen
Sachgüter		(+) kurze Beanspruchungsdauer der Straßen	(-) lange Beanspruchungsdauer der Straßen	(+) kurze Beanspruchungsdauer der Straßen
Kulturgüter		variantenneutral		
Umwelt				
Boden		(+) keine Verunreinigungen im Ausbruchmaterial durch Sprengstoffrückstände und Spritzbeton	(-) Spritzbetonrückprall und Sprengstoffrückstände im Ausbruchmaterial (in der Regel für Ablagerung unbedenklich)	(-) Spritzbetonrückprall und Sprengstoffrückstände im Ausbruchmaterial (in der Regel für Ablagerung unbedenklich) (-) zusätzlicher Ausbruch aus ZA
Wasser		variantenneutral		(-) zusätzlicher Eingriff durch ZA-Stollen
Klima / Luft		variantenneutral		
Arten- und Biotopschutz		variantenneutral		

	Bauweise		
	TBM	SPB ohne ZA	SPB mit ZA
Technische/Wirtschaftliche Aspekte			
Bau			
Bauzeit	1	2	1
Bauzeitiger Flächenbedarf	1	1	2
Betrieb	1	1	1
Kosten	1	1	2
Raum- und Siedlungsstruktur, Umwelt			
Raumnutzung			
Kommunale Raumplanung	1	1	1
Erholung / Landschafts-bild	1	3	2
Sachgüter	1	2	1
Kulturgüter	1	1	1
Umwelt			
Boden	1	2	3
Wasser	1	1	2
Klima / Luft	1	1	1
Arten- und Biotopschutz	1	1	1
Summe	(12)	(17)	(18)

Die Aufnahmen bzgl. der UVP-Schutzgüter und deren Empfindlichkeiten sind zwar insg. sehr umfangreich, eine entsprechend detaillierte Betrachtung der ökologischen Unterschiede der technischen Optionen erfolgt jedoch in keiner Projektphase. Die Dokumentations- und Abwägungsformen ermöglichen keine Transparenz, um spätere Optimierungen, unter Berücksichtigung der bisherigen Betrachtungen, vornehmen zu können. Relevante Informationen werden zudem nur nach Schutzgütern sortiert. Für die späteren Planer und Techniker, die nach technischen Optionen unterscheiden, ist die derzeitige Darstellung daher wenig geeignet.

Da nur eine Umsetzung der Ergebnisse (LBP-Maßnahmenblätter und Auflagen des PFB) erfolgt, ist die fehlende Transparenz bisher nicht problematisch. Bei mehr Transparenz könnten Daten kontinuierlich einer Datenbank und einem Abwägungssystem zugeführt, die Informationen vernetzt dargestellt und für unterschiedliche Verwendungen weitergegeben werden. Kontinuierliche Systeme werden aktuell jedoch nur bei der Kostenverfolgung eingesetzt.

2. Felderhaldentunnel (Ausführungsphase)

Im Auftrag des Regierungspräsidium (RP) Tübingen wird der 760m lange Felderhaldentunnel im Zuge der Ortsumgehung eines Kurortes gebaut. Für den größtenteils in NÖT-Vortrieb erstellten und mit einem Fluchtstollen ausgestatten Tunnel wurden ca. 16 Mio. Euro veranschlagt. Der Kostenanteil der LBP-Maßnahmen wurde mit etwa 3% der Realisierungskosten der Gesamtmaßnahme angesetzt. Nach der Linienbestimmung 1988 und einem Genehmigungsprozess von 1990 bis 2002 wurde 2005 ausgeschrieben, 2006 bezuschlagt und mit den Arbeiten begonnen. Die Fertigstellung war für 2009 vorgesehen.

Überwiegend Ingenieurbüros übernahmen die Planung und Bauüberwachung, da das RP nicht über Planungskapazitäten und Spezialkenntnisse im Tunnelbaubereich verfügte. Aus vergaberechtlichen Gründen wurden unterschiedliche Büros für die einzelnen Planungsabschnitte beauftragt. Um eine Kontinuität sicherzustellen und Informationsverluste zu vermeiden, wäre die Beauftragung einer Arbeitsgemeinschaft aus notwendigen Ingenieurbüros mit Weiterbeauftragungsoptionen für nachfolgende Planungsphasen einschließlich der BÜ empfehlenswert gewesen.

2.1. Projektbegleitender Arbeitskreis

Aufgrund massiver Einwendungen der Betroffenen gegen die geplante Variante des 1990 eingeleiteten PlafeV wurde im RP Tübingen ein „Projektbegleitender Arbeitskreis" (PAK) eingesetzt, dessen Aufgabe die Entwicklung einer modifizierten, genehmigungsfähigen Variante war. Der PAK ist ein informelles Instrument, das einen partnerschaftlichen Ansatz [Bild 0.3] durch frühzeitige Beteiligung und Kommunikation der „Planer", Träger öffentlicher Belange (TöB), Verbände und teilw. auch Fachleute verfolgt und bisher nur bei komplexen Projekten eingesetzt wird. Sein Bestehen endet bereits mit der Erlangung eines PFB.

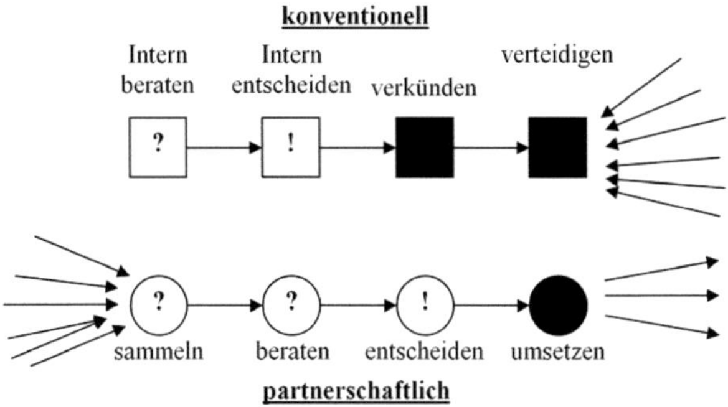

Bild 0.3:   partnerschaftliches Planen

Ein wesentliches Ziel des PAK ist es, fehlendes Hintergrundwissen zu vermitteln, Planungen nachvollziehbar und Entscheidungen transparenter zu gestalten und frühzeitig die verschiedenen Anliegen der Betroffenen zu berücksichtigen. Hierdurch können Probleme an den Schnittstellen zwischen Planung und Genehmigung frühzeitig verhindert und die Akzeptanz der Planung erhöht werden. Auch die effiziente Verwendung von Planungsmitteln (Steuergelder) wird unterstützt, da nicht genehmigungsfähige Planungen frühzeitig erkannt und geändert werden.

Der PAK setzt sich aus Vertretern der Planer, Kommunen, Behörden, Betroffenen und Verbänden zusammen und wird entsprechend der vorgesehenen Themen durch Betroffene oder Fachleute erweitert. Aus Effektivitätsgründen sollte der Teilnehmerkreis auf 20 Personen begrenzt und Interessierte nachfolgend informiert werden. Bisher werden jedoch eher mehr Teilnehmer eingeladen, um Ausgrenzungen zu vermeiden.

Durch diese Vorgehensweise können aufkommende Problemstellungen zeitnah erörtert werden. Die Planung entwickelt sich mit den Inhalten und Abstimmungsergebnissen der regelmäßigen und protokollierten Besprechungen. Da es sich beim PAK nur um ein informelles Werkzeug handelt, sind die getroffenen Aussagen nicht bindend und schließen Genehmigungsschwierigkeiten im anschließenden PlafeV nicht aus. Die Verlässlichkeit von Aussagen ist allerdings zu erwarten, wenn zeitnah geplant wird und keine neuen Erkenntnisse aufkommen. Bei längeren Verfahren können jedoch bisherige Teilnehmer durch neue Personen ersetzt und bereits abgestimmte Themen wieder in Frage gestellt werden.

Grundsätzlich ist eine frühzeitige Einrichtung eines PAK zu empfehlen, da bisher viele Aspekte erst sehr spät und ohne die Konsultierung von Experten behandelt werden. Hierzu zählen vor allem bauliche und betriebliche Gesichtspunkte. Detailliertere Betrachtungen von Auswirkungen, Abhängigkeiten und Wechselwirkungen unterschiedlicher technischer Optionen sind daher bisher selten. Auch sollte die Planfeststellungsbehörde entgegen der bisherigen Praxis eingebunden werden, um kritische Punkte frühzeitig zu erkennen und die Genehmigungsfähigkeit sicherzustellen.

Der PAK wird nur in der Planungsphase eingesetzt und endet mit dem PFB und nicht mit Abschluss der Ausführung. Dadurch geht ein großer Teil des Planungs-Know-how für die Ausführungsphase verloren. Bei nachträglichen Anpassungen der LBP-Maßnahmen oder aufgrund von Änderungen in der Ausführung werden nur die technischen und ökonomischen Faktoren und Risiken betrachtet, ohne die genehmigungsrelevanten Aspekte der ökologischen Zielsetzungen zu berücksichtigen. Änderungsanfragen aus der Ausführungsphase werden bisher ohne Einbindung entsprechender Prozessbeteiligter bearbeitet und entschieden. Selten werden Teilnehmer des PAK eingebunden. Eine Weiterführung des PAK als Kontrollorgan und Ansprechpartner während der Bauausführung wäre daher sinnvoll. Der Informationsfluss über ein Informationssystem von der Baustelle zum PAK ist generell denkbar, um eine umweltverträgliche Ausführung zu sichern und spätere Optimierungen zu unterstützen. Dies ist bisher noch nicht in der Zielsetzung des PAK enthalten.

Die Ergebnisse des PAK werden ausschließlich in Protokollform dokumentiert und die Abwägung in Form verbal-argumentativer Diskussionen geführt. Für Interessensgruppen und spätere Projektbeteiligte sind die Protokolle einerseits nicht zugänglich, andererseits die Ergebnisse nur schwer nachvollziehbar. Abhilfe könnte ein Informationssystem schaffen, das die Informationen vernetzt erfasst und eine Abwägungsmethode, die den Diskussionsprozess begleitet und Ergebnisse transparent darstellt. Ein solches System könnte auch zur Information der bei den einzelnen Sitzungen nicht Beteiligten dienen und deren Stellungnahmen erfassen.

Der PAK greift bereits ansatzweise Prinzipen der Lean Construction auf, bspw. indem frühzeitig verschiedene Interessenträger eingebunden, Ziele und Entscheidungen gemeinsam entwickelt sowie erforderliche Informationen bei Bedarf eingeholt werden. Durch die weitere Berücksichtigung von Grundgedanken der Lean Construction, z.B. Transparenz, Treffen von Entscheidungen zum letztmöglichen Zeitpunkt (Pull-Prinzip), Einbindung der letzten Planer und die kontinuierliche Verbesserung [vgl. GeKi06], ist eine Verbesserung der Ergebnisse des PAK zu erwarten. Die Anwendung des „Last Planner Systems" [vgl. Ball00] im PAK ist daher empfehlenswert.

2.2. Verantwortlichkeiten in der Bauphase

Die Überwachung der ökologischen Belange fällt in Deutschland i.d.R. in den Verantwortungsbereich der technischen BÜ. Aufgrund der Projekterfahrungen der beauftragten Ingenieurbüros wird die Einhaltung der Anforderungen grundsätzlich kontrolliert und auf die Wirkung der Sicherungsmaßnahmen („end of pipe" Technologie) vertraut. Ökologische Details oder weniger auffällige Abweichungen von Rahmenbedingungen können wegen fehlender Fachkenntnisse und ökologisch ungeschultem Personal nicht erkannt werden. Die Ökologie erhält so, trotz möglicher baubedingter Beeinträchtigungen nahe gelegener FFH-Gebiete, sensibler Fauna im Vorfluter und spezielleren Festlegungen und Auflagen zur Sicherung einer ökologisch verträglichen Bauausführung, nicht den eigentlich erforderlichen Stellenwert. Daher sollten diese Aufgaben an ein in dieser Fragestellung spezialisiertes Büro übertragen werden, um eine ökologisch verträgliche Bauausführung, die umfassende Kontrolle der Vorgaben und eine vertiefte

Auseinandersetzungen mit den Risiken sicherzustellen. Kontrollen durch Behörden fanden nur in Form einer einzelnen Stichprobe statt, wobei nur offensichtliche Belange wie die Funktionsfähigkeit der Abwasserreinigungsanlage, IST-Werte von Gewässern und die Flächeninanspruchnahme kontrolliert wurden.

Bild 0.4:   Kohlenwasserstoffspuren im Tunnel

2.3. Berücksichtigung ökologischer Belange in der Ausschreibung

Im offenen Verfahren nach VOB/A wurden die Leistungen als Einheitspreise mit einer Bearbeitungszeit von nur 6 Wochen angefragt. Vorgesehen war ein konventioneller Vortrieb mit Lockerungssprengungen, es konnten aber auch andere Verfahren angeboten werden. Insgesamt 11 Bieter gaben ein Angebot ab. Die Angebotssumme der Bestbietenden variierten um mehr als 10%. Die Vergabesumme lag 11% unter dem Kostenvoranschlag.

2.3.1. Vergabekriterien

Als Vergabekriterien galten Wirtschaftlichkeit (Preis, Betriebs- und Folgekosten), technischer Wert und Gestaltung. Bei Nebenangeboten sollte der Amtsentwurf als Referenzobjekt herangezogen werden. Ökologische Kriterien und nähere Angaben zu Unterkriterien, Gewichtungen sowie Bewertungsmethoden wurden nicht bekannt gegeben. Nach [HVA B-StB] wurde der technische Wert mit 10-20% und die Gestaltung mit 5-10% gewichtet. Da Bewertungen mit qualitativen Kriterien vergaberechtlich leicht angreifbar sind, wurden überwiegend quantifizierbare Kriterien verwendet, um einem möglichen Nachprüfungsverfahren vorzubeugen.

Durch die wachsende Bedeutung ökologischer Aspekte sollten zukünftig die Vergabekriterien Anreize für eine möglichst umweltverträgliche Ausführung beinhalten. Vorstellbar ist dies unter dem Kriterium „technischer Wert" mit einer höheren Wichtung als bisher. Hierzu ist bei den Vergabestellen ein Umdenken hin zu einer ökonomisch-ökologischen Angebotswertung erforderlich. Die ökologischen Wertungskriterien müssen so formuliert werden, dass Wertungen objektiv nachvollziehbar sind und so das Vergabeverfahren rechtlich nicht angreifbar ist. Alle angebotsrelevanten ökologischen und ökonomischen Unterkriterien sollten mit Wichtung und Wertungsmethode in den Ausschreibungsunterlagen aufgeführt werden [vgl. Anhang 9].

Solange ökologische Wertungskriterien noch nicht eingeführt sind und zwischen Angeboten unter wirtschaftlichen Aspekten nur geringe Differenzen bestehen, sollte das ökologisch weitergehende Angebot beauftragt werden. Hierdurch können Anreize für ökologisch und ökonomisch optimierte Angebote gefördert werden.

2.3.2. Geforderte Unterlagen

Entsprechend der Angebotsaufforderung mussten die Bieter neben Nachweisen ihrer technischen und wirtschaftlichen Leistungsfähigkeit auch eine Aufstellung der vorgesehenen Nachunternehmer den Angeboten beifügen. Des Weiteren wurde eine Geräteliste aller vorgesehenen Baumaschinen mit Leistungswerten und der geplanten Einsatzdauer (Betriebsstunden) gefordert. Diese Informationen wurden als Nachweis der Leistungsfähigkeit benötigt und nicht für eine ökologische Beurteilung oder Bewertungen des geplanten Primärenergieverbrauchs und der Maschinenemissionen genutzt.

Vor Beginn der Ausführung wurde vom AN ein Qualitätsmanagementsystem (QMS) nach DIN 9000ff verlangt, das dem AG vorzulegen und ggf. anzupassen war. Durch Angaben von Zuständigkeiten, zulässigen Toleranzen, Kontroll- und Überwachungskonzepten wird ein System installiert, um die Einhaltung der dem Auftrag zugrunde liegenden Anforderungen zu gewährleisten. Zu erarbeitende Bestandteile des QMS waren:

- ein Qualitätsmanagementhandbuch (QMH) zur Aufbau- und Ablauf-organisation des AN und der von ihm zu erbringenden Leistungen,

- Verfahrensanweisungen (VA) und Arbeitsanweisungen (AA) zur Be-schreibung und Regelung aller ablauforganisatorischen Festlegungen sowie

- produktions- oder tätigkeitsbezogene Arbeitsabläufe und Qualitäts-sicherungspläne (QSP), die Qualitätssicherungsmaßnahmen und Form-blätter für Nachweise enthalten.

Ökologische Aspekte, Prozesse und Kontrollen zur Sicherung einer umweltverträglichen Ausführung sind nicht im QMS oder in Form eines Umweltmanagementsystems (UMS) nach DIN 14001 oder vergleichbaren Ansätzen gefordert. Hierdurch wird eine Chance für eine kontinuierliche Berücksichtigung von ökologischen Aspekten vertan. Wegen der geringen ökologischen fachlichen Kenntnisse der Baubeteiligten ist ein UMS auf der Baustelle ein sehr sinnvolles Instrument, um negative ökologische Auswir-kungen, zusätzlichen administrativen Aufwand und ökonomische Folgen durch Verstöße und Havarien zu verhindern und Optimierungsprozesse zu unterstützen.

2.3.3. Ökologische Hinweise in der Baubeschreibung

Die ökologisch relevanten Planungsbestandteile z.B. Auflagen aus dem PFB und LBP-Maßnahmen wurden in Form von einzuhaltenden Normen und Anforderungen an die Bauausführung teilw. mit Erläuterungen bzgl. der zu verhindernden Eingriffe in die umfangreiche Baubeschreibung auf-genommen. Verweise auf die betreffenden Stellen in den Genehmigungs-unterlagen gab es nicht und auch die im LBP vergebenen Nummern für Eingriffe und Maßnahmen wurden nicht weiterverwendet.

Eine Zusammenstellung aller ökologisch relevanten projektspezifischen Anforderungen war weder in den Unterlagen der Planfeststellung noch in den Verdingungsunterlagen zu finden, wodurch Vollständigkeitskontrollen bei der Erstellung der Verdingungsunterlagen und Wertung der Angebote erschwert wurden. Zur Vermeidung von Ausführungsdefiziten durch fehl-endes Wissen und zur Vermeidung von Fehlkalkulationen mussten auch die

Anbieter die Unterlagen intensiv auf projektspezifische, ökologische Anforderungen prüfen.

Informationsdefizite konnten auch dadurch entstehen, dass der PFB und zugehörige Unterlagen nicht mit den Ausschreibungsunterlagen bereitgelegt wurden, sondern nur im RP Tübingen zur Einsichtnahme bereitlagen. Eine Einsichtnahme erfolgte i.d.R. nicht, da die anbietenden Bauunternehmen von der Vollständigkeit der Verdingungsunterlagen ausgehen und die Bearbeitungszeit für das Angebot sehr kurz war.

Vollständiger und übersichtlicher Informationsfluss und finanzielle Anreize für ökologische Aspekte sollten zukünftig bei Ausschreibungen bedacht werden, um die Sicherung und Optimierung der Umweltverträglichkeit zu fördern.

2.3.4. Nebenangebote

Nebenangebote wurden in der Ausschreibung zugelassen und für den Bereich der Ausbruchverwendung (Vermeidung, Verwertung, Beseitigung) ausdrücklich kostengünstigere oder umweltverträglichere Änderungsvorschläge erwünscht. Bei abweichenden Entsorgungskonzepten musste den Nebenangeboten auch die Genehmigung der Abfallwirtschaftsbehörde beigelegt werden und soweit erforderlich, eine Anpassung des Sicherheitsund Gesundheitsschutzplans durch den AN erfolgen. Trotz der Aufforderungen zu umweltverträglicheren Angeboten war eine Bewertung der alternativen Entsorgungskonzepte mithilfe ökologischer Kriterien nicht vorgesehen. Auch die ursprünglich am Genehmigungsverfahren Beteiligten wurden nicht in den Bewertungsprozess involviert. Eine umfassende Berücksichtigung umweltrelevanter Aspekte durch veränderte technische Details hat daher scheinbar nicht stattgefunden und Abweichungen vom PFB konnten leicht übersehen werden.

Statt des ausgeschriebenen steigenden Vortriebs, bei dem anfallendes Wasser im natürlichen Gefälle aus dem Tunnel gelangt, wurde ein steigender Kalottenvortrieb mit daran anschließendem fallendem Vortrieb des Restquerschnittes (Strosse und Sohle) beauftragt mit wesentlichen Änderungen im Vortrieb und bei der Wasserhaltung gegenüber dem Amtsentwurf. Der AN hatte die mit dem Nebenangebot verbundenen technischen und ökologischen Risiken zu tragen.

Durch das geänderte Verfahren sammelt sich an der Ortsbrust das Tunnelwasser und musste aus dem Tunnel gepumpt werden. Dies ist gegenüber dem Amtsentwurf ökologisch gesehen schlechter. Dem gegenüber konnte der Ausbruchtransport durch den Tunnel direkt zu den Ablagerungsorten erfolgen und eine Zwischenlagerung und der bis dahin geplante gebündelte Transport durch den Kurort vermieden werden. Diese Variante ist ökologisch deutlich besser und wiegt die Nachteile des Abpumpens des Tunnelwassers auf. Durch dieses Nebenangebot konnten sowohl erhebliche ökologische, als auch ökonomische Vorteile generiert werden, was zeigt, dass die Umsetzung ökologischer Aspekte nicht generell zu einer Verteuerung führt.

2.3.5. Vergütung ökologischer Leistungen

Die in der Baubeschreibung aufgeführten ökologischen Aspekte wurden überwiegend mit dem Zusatz „eine besondere Vergütung hierfür erfolgt nicht (o.ä.)" versehen. Die entsprechenden Kosten waren daher in die angefragten Einheitspreispositionen (EP) einzurechnen. Nur klar abgrenzbare ökologische Maßnahmen, die nicht direkt mit einer technischen Leistungsposition in Verbindung zu bringen waren, z.B. Baumschutzmaßnahmen, Reifenwaschanlagen und Wasserreinigungsanlage wurden in Einzelpositionen abgefragt und beauftragt. Beispiele für einzurechnende Leistungsbestandteile sind:

-   QMS und Genehmigungen (EP für Pauschale der BE-Einrichtung)

-   vorbehaltene Anpassungen der Sprengarbeiten und des Maschineneinsatzes aufgrund von Emissionswerten durch den AG (EP für Spreng- und Erdarbeiten)

-   besondere Ablagerung von Ausbruchmaterial (Separierung und Verwendung als temp. Lärmschutz) (EP für Ausbruchtransport)

-   emissionsmindernde Maßnahmen (Befeuchtung zur Staubminimierung, temp. Lärmschutz) (EP für Ausbruchtransport und Erdarbeiten)

-   Entsorgung von Spritzbetonrückprall (EP für Vortriebsarbeiten)

Durch diese Verfahrensart werden die ökologischen Positionsbestandteile einer Massenposition vergütet unabhängig davon, ob die Leistung erbracht wurde oder nicht. Dies begünstigt eine unzureichende oder völlig unterlassene Umsetzung der geforderten Maßnahmen. Die ökonomischen Belange werden in den Vordergrund gestellt und in der Folge bspw. keine Befeuchtung zur Staubminimierung bei Materialbewegungen durchgeführt.

Daher sollten für ökologisch bedeutsamen Maßnahmen, i.d.R. alle Auflagen des PFB und LBP-Maßnahmen, Einzelpositionen vorgesehen werden. Hierdurch wird die Berücksichtigung in der Kalkulation und im Auftrag sichergestellt und die BÜ muss die Leistungserbringung kontrollieren, wenn diese Positionen vom AN abgerechnet werden. Somit wird der Stellenwert der ökologischen Leistungen angehoben sowie die Umsetzung unterstützt. Durch die dann gegebene Kostentransparenz können die Kostenauswirkungen von ökologischen Aspekten besser eingeschätzt und Optimierungen gefördert werden. Die hierdurch gewonnen Erkenntnisse können dann bei späteren Projekten berücksichtigt werden. Eine solche Vorgehensweise wäre z.B. durch eine Ergänzung der DIN 18299 möglich, indem dort eigene EP für ökologisch relevante Leistungsbestandteile aufgenommen werden. Bei Pauschalen sollten dann keine ökologischen Leistungspositionsanteile mehr berücksichtigt werden.

3. Katzenbergtunnel (Ausführungsphase)

Der Katzenbergtunnel (KBT) zwischen Efringen-Kirchen und Bad-Bellingen wird durch die DB Projektbau Karlsruhe/Freiburg realisiert. Der KBT wurde, nach der Reduzierung von anfänglich 15 Trassenvarianten, in einem ROV als die umweltverträglichste und mit den Zielen der Raumordnung und Landesplanung übereinstimmende Lösung ausgewählt, nachdem die Varianten ohne Tunnel an „Platzmangel" und zu erheblichen Eingriffen in ein Landschaftsschutzgebiet scheiterten [vgl. HeSc06]. Der bisherige bzw. geplante Ablauf des Projektes von 1988 bis 2012 ist in [Anhang 16] aufgeführt [vgl. HeSc06; KBT02].

Der KBT besteht aus zwei eingleisigen Röhren in einschaliger Tübbingbauweise mit jeweils 9385m Länge (davon 8984m bergmännisch aufgefahren) und Querschlägen für Rettungswege alle 500m. Die Überdeckung beträgt zwischen 25m und 110m, der maximale Wasserdruck liegt bei 9 bar. Der Vortrieb erfolgte maschinell mit zwei Erddruckschilden (EPB) mit einem Außendurchmesser von 11,60m und erzeugte ca. 1,8 Mio. fm³ Ausbruch. Der Rohbau wurden für ca. 249 Mio. Euro vergeben [vgl. AbDi06].

3.1. Vortriebsneutrale Ausschreibung

Für die Herstellung des Katzenbergtunnels standen auf Grund der Tunnellänge, Geologie und Hydrologie sowohl die Spritzbetonbauweise (NÖT), als auch der maschinelle Vortrieb (TVM) zur Auswahl. Dies ermöglichte dem AG, die Vortriebsmethode dem Wettbewerb zu unterstellen. Im PFB wurde anerkannt, dass beide Vortriebsverfahren hinsichtlich der Umweltverträglichkeit gleichwertig sind und eine frühzeitige Festlegung auf ein Verfahren für den Vorhabenträger nicht sinnvoll ist. Ein detaillierter Vergleich der Vortriebsmethoden wurde im PlafeV jedoch nicht vorgenommen, sondern nur die jeweiligen Eingriffe und genehmigungsrelevanten Aspekte bei der UVP und der Festlegung der erforderlichen Maßnahmen berücksichtigt. Eine Anpassung bspw. der LBP-Maßnahmen an das letztlich gewählte Vortriebsverfahren ist nicht ersichtlich. Ebenso wurden keine speziellen Auflagen oder Vorbehalte zu den Vortriebsvarianten festgelegt, sondern nur auf allg. noch einzuholende Genehmigungen hingewiesen.

Nach einem Präqualifikationsverfahren erfolgte die Ausschreibung und Vergabe im Verhandlungsverfahren mit den monetären Bewertungskriterien Preis, Ausführungsfristen, Bauablauf und Qualität. Beide Vortriebsmethoden wurden konkurrierend mit jeweils separaten, vollständigen Unterlagen ausgeschrieben, die sich in einigen ökologisch und ökonomisch relevanten Punkten unterscheiden. Nebenangebote wurden bei gleichzeitiger Abgabe eines Hauptangebotes zugelassen, durften jedoch nicht von den Konstruktionsprinzipien und vorgesehenen Planungsvorgaben des AG oder dem Rahmen des PFB abweichen.

Die Vortriebsvariante NÖT hätte für die vorgegebene Bauzeit einen Zwischenangriff und somit eine zusätzliche dritte BE-Fläche benötigt, wofür Flächen ausgewiesen waren. Nach Beauftragung des TVM-Vortriebes wurden bis dahin in der Planung nicht vorgesehene Flächen für die Tübbingproduktion (Feldfabrik, Lagerflächen), die jedoch in den Verdingungsunterlagen bereits erwähnt waren, erforderlich. Hierfür musste der AN die erforderlichen Genehmigungen einholen.

Beim Transport der Ausbruchmassen zum nahe gelegenen Steinbruch konnten die Bieter für den einseitigen TVM-Vortrieb generell zwischen LKW- und Bandtransport wählen. Aufgrund der drei Vortriebsstellen kam bei NÖT wirtschaftlich nur der LKW-Transport in Frage. Aus Gründen der Vergleichbarkeit wurde daher der LKW-Transport als Referenz ausgeschrieben. Auch bei der Abrechnung der Ausbruchtransporte bestand ein Unterschied; während bei NÖT die Leistungen nach m^3 mit einer eigenen Einheitspreisposition (EP) vergütet werden sollten, mussten diese bei TVM in die Einheitspreise der Vortriebsarbeiten (nach Tunnelmeter) eingerechnet werden.

Bezüglich des Ressourcenbedarfs bestanden Ungleichheiten, z.B. durch die erforderliche Schildwiege (Stahlbetonsohle im Einschnittbereich) bei TVM, bei NÖT den Zugangstollen zum Zwischenangriff (mit Wiederverfüllung) und den Unterschieden bei der Tunnelschale. Diese sollte entweder als einschaliger 60cm dicker Tübbingausbau oder als Spritzbeton mit einlagiger Kunststoffdichtungsbahn und Betoninnenschale von 40-60cm Dicke ausgeführt werden.

Ein vom AN zu erstellendes Qualitätsmanagementsystem (QMS) auf Basis der DIN EN ISO 9001 ohne direkte ökologische Aspekte, wurde in der Wertung berücksichtigt. Durch die vorgegebenen Wertungskriterien wurden die Angebote allerdings nur auf wirtschaftlich optimierter Basis kalkuliert. Nach Auswertung lagen die Angebote für NÖT und TVM preislich relativ nahe beieinander.

3.2. Ausbruchbewirtschaftung

Um eine rechtssichere und wirtschaftliche Abwicklung des Abfallmanagements für die großen Ausbruchmassen und die Vermeidung von Verzögerungen oder Behinderungen zu erreichen, wird bei der DB Projektbau nach dem relativ neuen internen Qualitätsmanagement-Prozess PM 60 vorgegangen, der unter der Abkürzung BoVEK (Bodenverwertungs- und Entsorgungskonzept) bekannt ist [vgl. Bild 0.5]. Durch die darin enthaltenen Prozesse, Untersuchungen und Beweissicherungen entstanden beim KBT relevante Kosten von mehreren 100.000 Euro, die bei diesem Großprojekt etwa 0,5% der Rohbaukosten ausmachen. Konkretere Aussagen zu ökologisch bedingten ökonomischen Auswirkungen konnten allerdings nicht ermittelt werden, da keine geeigneten Daten oder Auswertungen verfügbar waren. Ökobilanzielle Betrachtungen erfolgten mit dem BoVEK nicht, da nur die wirtschaftlichste Option verfolgt wird und die Verwendung von Steuergeldern für rein ökologische Verbesserungen von den Finanzgebern nicht freigegeben wurde.

Das Verwertungskonzept wurde in zwei Stufen bestimmt und dabei grundsätzlich die Verwertung der Entsorgung vorgezogen. Beginnend mit der Vorplanung erfolgte die BoVEK-Grobplanung, in der zunächst die Überschussmassen, generelle Materialeigenschaften und Verwertungsmöglichkeiten (Nutzung intern/extern, Deponierung) betrachtet wurden. Da keine unmittelbaren Verwendungsmöglichkeiten erkennbar waren, wurde beim KBT zunächst die Ablagerung der Überschussmassen in drei ortsnahen, großflächigen Seitenablagerungen vorgesehen. Auf Drängen der Beteiligten im Anhörungsverfahren wurde dieses Konzept fallen gelassen und die Rekultivierung eines nahe gelegenen Steinbruchs angestrebt, die mit der ersten Planänderung eingebracht wurde. Der Steinbruch war bereits 1992 durch eine immissionsschutzrechtliche Genehmigung des Landratsamtes (LRA) für die Aufnahme von Tunnelausbruchsmassen vorgesehen.

Mit dem PFB wurden die Grobplanung und damit die Einlagerung im Steinbruch festgestellt. Vorgaben und Vorbehalte wurden dabei in Form

von weiteren Abstimmungspflichten des Entsorgungs- und Verfüllungs-
konzepts mit dem LRA vor Baubeginn und der späteren Festlegung des
konkreten Umfangs der in Anspruch zu nehmenden Flächen durch ein
ergänzendes Verfahren getroffen.

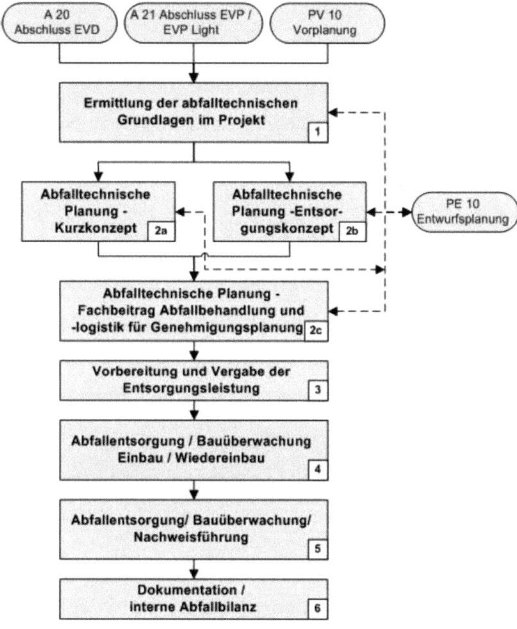

Bild 0.5:   Ablauf BoVEK [PM60 DB Projektbau]

Da eine vollständige Umsetzung des Grobkonzeptes meist nicht möglich
ist, erfolgte auch beim KBT die Konkretisierung des Ausbruchverbleibs im
Zuge der anschließenden Feinplanung, die kontinuierlich mit der Realisierung auch vom AN angepasst wurde. Dabei waren genauere Untersuchungen und Gutachten durchzuführen und weitere Absprachen und Ver-
träge unter den Beteiligten zu treffen. Für die Einlagerung mussten z.B. die
für den Steinbruch bis dahin geltenden Grenzwerte für Schwermetalle aufgrund erkannter geogener Belastungen des Ausbruchmaterials durch einen
Bescheid des LRA ausgesetzt werden.

Der beauftragte EPB-Vortrieb fordert die Verwendung von Tensiden zur Schaumbildung (EPB), die den Ausbruch belasten und zusätzliche aufwändige Genehmigungsverfahren nach sich zogen. Um die Einlagerung des Ausbruchs zu ermöglichen, mussten die Grenzwerte aus einem Vorbescheid des LRA von 1998 geändert werden, da vermehrt mit organischen Schadstoffen zu rechnen war, die die bisher auf der Grundlage eines NÖT-Vortriebs genehmigten Grenzwerte überschritten. Mangels Erfahrungen zu diesem Thema bestand bei den zuständigen Genehmigungsstellen deutlicher Informationsbedarf. Durch unzureichende Produktinformationen und gleichzeitiger Anwendung anderer Stoffe wurde die Abschätzung der möglichen Auswirkungen zusätzlich erschwert. Daher wurden vom LRA zusätzliche Auflagen zum Einsatz der Tenside, zur Kontrolle der Einhaltung von Grenzwerten des konditionierten Ausbruchs, zu erforderlichen Monats- und Quartalsberichten an das LRA sowie nachträglichen Schüttkörperuntersuchungen im Steinbruch auferlegt. Eventuell erforderliche „Sanierungsmaßnahmen" behielt sich das LRA vor. Der Einsatz von Tensiden wurde zudem nur bei tatsächlich eintretender technischer Erforderlichkeit erlaubt. Inwieweit und wie dies vor Ort umgesetzt wurde, konnte im Zuge dieser Arbeit nicht ermittelt werden. Das Streben der Ausführenden nach Vortriebsleistung stand dem ökologischen Wunsch nach geringem Einsatz von Tensiden entgegen. Kontrollen über die Verwendung durch das LRA gab es hierzu nach Aussage der Beteiligten anscheinend nicht.

Der im PFB vorgesehene LKW-Transport hätte zu einer temporären Verdoppelung des Schwerverkehrs und damit zu Schallpegelerhöhungen und Luftverschmutzungen geführt. Dies wurde im PFB als hinnehmbar bezeichnet und der Bandtransport wegen der hohen temporären Flächeninanspruchnahme, der Vielzahl an betroffenen Eigentümern und erheblichen Mehrkosten nicht weiter verfolgt. Im Zuge der späteren Genehmigungen wurde jedoch der Transport des Ausbruchs zum Steinbruch mit Förderband verlangt. Die erforderlichen Flächen für die Bandtrasse führten zu langwierigen Verhandlungen mit Anrufung des RP Freiburg als Entscheidungsbehörde. Schließlich konnte eine einvernehmliche Lösung gefunden werden.

Bezüglich des Spritzbetonrückpralls wurden keine speziellen Anforderungen gestellt. Dieser konnte bei den Querschlägen (konventioneller Vortrieb) ohne Separierung mit dem Ausbruch „entsorgt" werden.

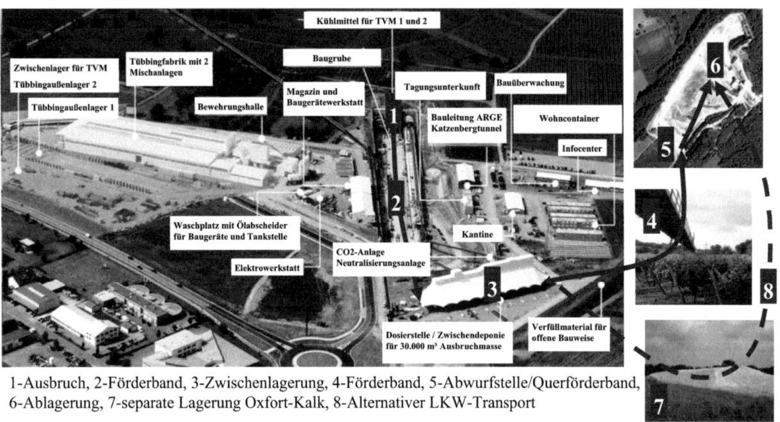

1-Ausbruch, 2-Förderband, 3-Zwischenlagerung, 4-Förderband, 5-Abwurfstelle/Querförderband, 6-Ablagerung, 7-separate Lagerung Oxfort-Kalk, 8-Alternativer LKW-Transport

Bild 0.6:   Ausbruchverwertungskonzept [DBPB06 S.8 mod.]

Da gemäß Bauvertrag noch erforderliche Genehmigungen und Vereinbarungen ausschließlich dem AN ohne Einbindung des AG übertragen wurden, erhielt der AG erforderliche Informationen für die Bauüberwachung erst mit den Ausführungsgenehmigungen und den Auflagen des EBA.

Im Zuge der Vortriebsarbeiten wurden noch vier wesentliche Änderungen bzw. Anpassungen im BoVEK-Feinkonzept erforderlich:

Die angetroffenen Materialeigenschaften des Gebirges erforderten zeitweise eine Stabilisierung mit ungelöschtem Kalk, um den Bandtransport zu ermöglichen. In Ausnahmefällen musste auf LKW-Transport umgestellt werden, was zu „Klagen" aus der Bevölkerung führte.

Die geplanten Böschungswinkel des Schüttkörpers mussten wegen der Materialeigenschaften reduziert werden, wodurch die Aufnahmekapazität des Steinbruchs vermindert wurde und ggf. Alternativen für überschüssige Erdmassen gefunden werden mussten.

Der angetroffene hochwertige Oxfort-Kalk wurde separat neben der Baustelle gelagert, um diesen nach Möglichkeit wirtschaftlich zu verwerten. Die zusätzliche Flächeninanspruchnahme war nach dem PFB separat zu genehmigen. Letztendlich verwendete der AN diese Massen für Verfüllungen am Nord- und Südportal, da keine wirtschaftliche Verwertung gefunden werden konnte.

Durch das Antreffen von Naturbitumen im Ausbruch bedurfte es einer weiteren Anpassung. Obwohl es für ökologische Veränderungen der Genehmigungen keinen strukturierten Verfahrensablauf gab, konnte eine ungewöhnlich schnelle Lösung innerhalb von zwei Monaten herbeigeführt werden. Hierbei unterstützte der systematische BoVEK-Prozess wesentlich. Nachdem die „verunreinigten" Ausbruchmassen separiert, abgedeckt gelagert und beprobt wurden, konnten diese nach einer gutachterlichen Empfehlung auch in den Steinbruch eingelagert werden. Die rasche Genehmigung und Abwicklung ersparte dem AG erhebliche Kosten.

Die Dokumentation aller Ausbruchmengen und Entsorgungswege erfolgte über das bahneigene „Umweltinformationssystem" (UIS), das deutschlandweit dem Abfallmanagement der DB AG dient.

3.3. Risikomanagement

Im Zuge der Ausführung können Veränderungen z.B. bei den geologischen Verhältnissen gegenüber der Vertragsbeschreibung auftreten, die erhebliche Auswirkungen auf den Vortrieb haben können. Zur Dokumentation von Vertragsabweichungen wurden daher beim KBT vor Baubeginn und während der Durchführung vier Arten von Beweissicherungen durchgeführt. Ein Abgleich mit den Rahmenbedingen der UVS erfolgte dabei nicht.

- bautechnische zum Zustand von bestehenden Bauwerken,
- geodätische zur Erfassung von Setzungen,
- erschütterungstechnische zur Erfassung von Erschütterungen sowie
- ökologische, in Form von Grundwassermessungen (Pegel und Qualität), Ausbruch- und Schüttkörperkontrollen und Kontrollen der Wasserqualität und Umgebung der betroffenen Vorfluter.

Außerdem wurden Störfallkataloge bspw. für das Festfahren der TVM, Blockieren des Schneidrades durch große Blöcke, hohe Oberflächensetzungen (> 30mm) oder den Austritt von Konditionierungsmittel an der Oberfläche erstellt. In Form von Erläuterungsberichten inkl. Ablaufs- und Organisationsdarstellungen wurden diese mit den Angeboten abgegeben und dienen zur frühzeitigen Lösung von möglichen Problemen.

Für die Abwehr von Umweltrisiken oder Vorgehensweisen bei Havarien gab es keinen Notfallplan oder eindeutige Verantwortlichkeiten.

Eingetretene oder erkannte mögliche Risiken wurden im Risikomanagementsystem der DB Projektbau (TRIMM) erfasst. Betrachtet wurden bspw. erforderliche Bauwerke für den Umweltschutz, ggf. zusätzliche Deponieflächen aufgrund des reduzierten Schüttungswinkels im Steinbruch, geringere Vortriebsleistungen sowie Nachtragsforderungen. Die Risiken werden nummeriert in einem betriebswirtschaftlich aufgebauten Datenbanksystem mit Beschreibung der Eigenschaften, Ursachen und den Attributen Eintrittswahrscheinlichkeit, monetäre/terminliche Bewertung sowie betreffende Projektphase(n) eingepflegt und kontinuierlich aktualisiert. Ebenso können vorgesehene Gegenmaßnahmen zu den jeweiligen Risiken zugeordnet werden. Ziel dieser Vorgehensweise ist es, wesentliche Risiken sowie deren Ursachen, Auswirkungen und Kosten frühzeitig zu erkennen und geeignete Gegenmaßnahmen ergreifen zu können.

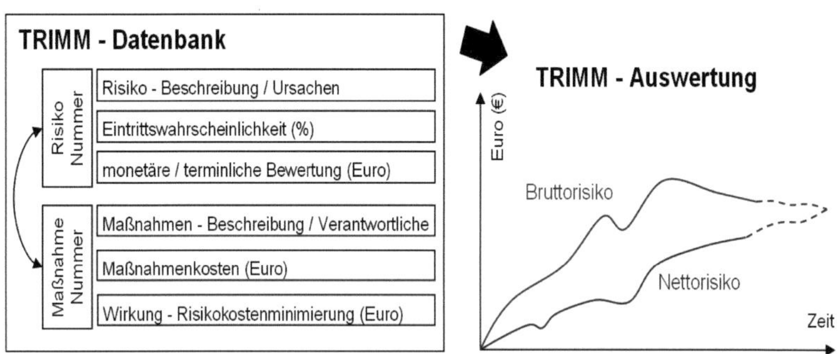

Bild 0.7:   Risikomanagementsystem TRIMM

Der Risikokostenverlauf (Risikokostensumme) kann über die Projektzeit als Liniengrafik dargestellt werden, wobei allg. nur kostenwirksame Risiken ab 50% Eintrittswahrscheinlichkeit berücksichtigt werden. Dabei sind Bruttorisikokosten die Kosten, die bei Risikoeintritt entstehen und Nettorisikokosten die Bruttorisikokosten abzüglich der Kostenminimierung durch Gegenmaßnahmen unter Addition deren Eigenkosten [Bild 0.7]. Eine Sortierung nach den Projektphasen und nach Wesentlichkeit der Risiken ist ebenfalls möglich.

Die Risikobetrachtung startete beim KBT während der Projektplanung. Anfangs wurden von den „Planern" allerdings nur Planungsrisiken betrachtet, die teilw. zu Umplanungen zur Risikominimierung führten. Die erste Phase der Risikobetrachtung wurde mit der Vorhabengenehmigung und der Vergabe abgeschlossen.

Erst nach dem Eintritt finanziell erheblicher Belastungen während der Vortriebsarbeiten in 2006 wurden die Risiken der Bauphase einer umfassenden Betrachtung und Bewertung unterzogen und weitere Realisierungsrisiken in TRIMM dokumentiert. Seither werden die TRIMM-Daten regelmäßig an fixen Terminen mit allen Verantwortlichen besprochen, aktualisiert, Gegenmaßnahmen geplant und Risikoberichte zur Übersicht erstellt. Mit TRIMM werden jedoch ausschließlich ökonomische und keine ökologischen Vorsorgeziele verfolgt.

3.4. Vorgehen bei Störungen und Zwischenfällen

Trotz der Auflagen aus dem PFB und vollzogener Maßnahmen kommt es häufig zu nicht oder zu spät erkannten ökologisch bedeutsamen Störungen und Zwischenfällen. Diese könnten verringert oder zumindest deren Auswirkungen reduziert werden, wenn durch vorausschauende Überlegungen, vorbeugende Maßnahmen, frühzeitige Alarmierung und Notfallpläne Vorsorge getroffen wird. Persönliche (Verantwortung) oder monetäre Anreize können hier zusätzlich unterstützen.

Nachfolgend werden beispielhaft ökologische Probleme mit Staubbelastungen und Gewässerverschmutzung aufgezeigt.

Gemäß Ausschreibung sollte der Boden vor Vernässung geschützt werden. Dies erfolgte durch einen Regenschutz (Dosierzelt). Durch fehlende Vorkehrungen gegen Staubaustrag kam es zu unzumutbaren Belästigungen der Bevölkerung. Die Klagen wurde nach zwei Sturmschäden an den Zeltplanen berücksichtigt, indem die Zwischenlagerstätte besser eingehaust, das Schuttgut berieselt sowie Reinigungsfahrten und Förderbandeinhausungen eingerichtet wurden. Trotz dieser Maßnahmen konnte die Staubbelästigung nicht auf ein erträgliches Maß reduziert werden. Den Betroffenen mussten daher Entschädigungen gezahlt werden.

Im PFB wurde unter Auflagen genehmigt, einen Bach als Vorfluter für das gereinigte Tunnelwasser zu verwenden. Auf Grundlage der angenommenen und genehmigten Grenzwassermenge bei den Vortriebsarbeiten (1l/s + 1 l/s Sicherheit) wurde die Wasserreinigungsanlage dimensioniert und die üblichen Reinigungsstufen (Absetzbecken, Neutralisationsbecken und Leichtstoffabscheider) integriert. Während des Vortriebes in der vorauseilenden Tunnelröhre fielen in einer Nachtschicht jedoch bis zu 20 l/s an und überlastete die Anlage sofort. Da der Vorfall nicht erkannt und die Ableitung nicht unterbrochen wurde, kam es in der Folge zur einer Verschlammung [vgl. Bild 0.8] des Baches auf ca. 5km Länge und einer fast vollständigen Auslöschung der vorhanden Flora und Fauna [vgl. PfWi06].

Erst durch Dritte wurde der Schaden am nächsten Tag bemerkt und gemeldet. Der Vortrieb wurde daraufhin umgehend eingestellt und polizeiliche Ermittlungen aufgenommen. Da für ökologische Havarien keine Maßnahmen vorgesehen waren, konnten erst nach mehreren Besprechungen zwischen dem LRA, dem AN und der BÜ „Ad hoc" Maßnahmen zeitlich verzögert festgelegt und durchgeführt werden. Bis zur Umsetzung gelangte weiterhin verschlammtes und getrübtes Wasser durch das verschmutzte Abflussrohr in den Bach. Erst zwei Wochen nach dem Vorfall wurde das Rohr gereinigt und zusätzliche Auffangbecken (Container) zur Reinigung der Anlage aufgestellt und beschädigte Anlagenteile repariert.

Bild 0.8:   Verschlammung Vorfluter [Oßwa05 mod.]

Ein neues Anlagenkonzept [vgl. EnHa07] mit Flockungsanlage und zusätzlichen Auffangbecken (Zeitpuffer für Reaktionen) wurde auf der Grundlage neuer Grenzwassermengen entwickelt, getestet und umgesetzt. Nach mehreren aufwändigen Prozessoptimierungen konnte durch die neue Anlage und geringeren anfallenden Bergwassermengen der geforderte Reinigungsgrad wieder erreicht werden. Zusätzlich wurde namentlich ein Verantwortlicher für Abwasser bestellt, dem ab diesem Zeitpunkt die Kontrolle und Einhaltung der Auflagen oblag.

Deutliche ökonomische Folgen des Zwischenfalls entstanden durch den Vortriebsstillstand, Organisationsaufwand, die Reinigungs- und Reparaturarbeiten an der Wasseraufbereitungsanlage, Reinigungsarbeiten am Bachbett, zusätzliche ökologische Ausgleichsmaßnahmen und Bußgelder. Zusätzlich musste die terminkritische Vortriebsleistung reduziert oder gar gestoppt werden, sobald die Auffangbecken gefüllt und die Reinigungskapazitäten erreicht waren. Um diese Problematik beim nachfolgenden zweiten Vortrieb zu vermeiden, wurden mit dem PFB bis dahin nicht genehmigte Grundwasserabsenkungen über vorhandene Erkundungsbohrungen beim LRA beantragt und genehmigt. Dadurch konnte das Grundwasser ohne vortriebsbedingte Verschmutzung und anschließenden Reinigungsaufwand versickert werden.

Durch die Änderung der Rahmenbedingungen und Zustimmung zur Grundwasserabsenkung konnte der teure geschlossene Vortrieb mit Erdbreistützung und Tensideeinsatz vermieden werden und so neben erheblichen ökologischen auch relevante ökonomische Vorteile erzielt werden. Solche Optimierungen sind nur möglich, wenn alle Beteiligten die Gesamtauswirkung betrachten und vermeiden, Einzelaspekte als nicht diskussionsfähig einzustufen.

3.5. Ökologisches Verbesserungspotential auf der Baustelle

Im Folgenden werden fünf beobachtete technische Aspekte angesprochen, die ökologische Auswirkungen verursachen und bisher wegen fehlender Vorgaben und Anreize nicht unter ökologischen Gesichtspunkten beachtet oder optimiert werden.

Bei unplanmäßigen AG- oder AN-seitig verursachten Stillständen kommt es zu erheblichen Stillstandskosten, unnötigen Bauzeitverlängerungen und zu erhöhten ökologischen Beeinträchtigungen, ohne dabei den Mehrwert des Projektes zu erhöhen. Zu solchen länger andauernden Stillständen kam es beim KBT durch Bundeshaushaltsmittelkürzungen und der abschnittsweisen Genehmigungen der Ausführungspläne. Während der Bauphase wurden alle Investitionsprojekte zwischen dem Bundesverkehrsministerium und der DB AG überprüft und nach Dringlichkeit priorisiert. Daher mussten Arbeiten am KBT auf Anweisung des AG teilw. eingestellt werden.

Durch die abschnittsweise und teilweise verspätete Genehmigung der Ausführungspläne [Ablauf Anhang 17] kam es zu Bauverzögerungen und längeren Baustopps. Ein Grund lag in der erstmaligen Anwendung der einschaligen Tübbingbauweise bei bis zu 9 bar Wasserdruck und der dafür erforderlichen unternehmensinternen Genehmigungen (UIG) und einer Zustimmungen im Einzelfall durch die Zulassungsbehörde.

In das Planungs- und Genehmigungsverfahren waren nicht alle Beteiligte von Anfang an eingebunden; jeder musste sich nacheinander in die entsprechenden Unterlagen einlesen. Dies verhinderte frühzeitige Absprachen und verursachte Verzögerungen. Durch Straffung der Abläufe wären ökologische und ökonomische Verbesserungen möglich gewesen.

Für Baugruben waren in der Ausschreibung freie Böschungen mit hohem Flächenbedarf vorgesehen. Ausgeführt wurden aus wirtschaftlichen Gründen eine temporäre Grundwasserabsenkung und ein Trägerbohlwandverbau mit erheblicher Reduzierung des Flächenbedarfs. Während der Bauzeit kam es allerdings durch die Grundwasserabsenkung zu Rutschungen, die zusätzliche Maßnahmen erforderlich machten. Ein Baugrubenverbau mit einer dichten Stahlspundwand ohne Grundwasserabsenkung wäre alternativ möglich gewesen und hätte die späteren zusätzlichen Maßnahmen und ökologischen Eingriffe verhindern können. Bei einem Spundwandverbau wären zudem weniger Fremdbestandteile im Boden verblieben (Verschmutzungen) und die Verbauteile hätten wieder verwendet werden können (Ressourcen). Eine ökologische Betrachtung beider Verbaumethoden hätte dies bereits im Entscheidungsstadium zeigen können.

Nach Abschluss der Vortriebsarbeiten wurden temporär benötigte Flächen nicht schnellstmöglich rekultiviert und den Folgenutzungen übergeben, wodurch der resultierende Eingriff verlängert wurde. Scheinbar ist die Weiternutzung als Zwischenlagerung für spezielle Baugeräte bis zum nächsten Einsatz kostengünstiger, als die frühzeitige Räumung und Rekultivierung. Ökologische Aspekte spielen keine Rolle, da Vorgaben und Anreize fehlen.

Materialquellen werden nach dem wirtschaftlichsten Angebot und der Verfügbarkeit ausgewählt. Ökobilanzielle Betrachtungen werden nicht berücksichtigt. Daher kann es zu „unnötigen" Transportleistungen kommen, die zu den bereits beschriebenen ökologischen Auswirkungen führen. Beim KBT wurde der Betonzuschlag lokal bezogen. Die Verwertung von geeignetem Ausbruch im Projekt wäre noch besser gewesen. Der Zement wurde nicht aus dem nächstgelegenen Werk der Lieferfirma in Leimen geliefert, sondern ausschließlich aus einem Werk in Schelklingen bezogen. Hieraus resultierten Mehrtransporte für die ca. 100.000to Zement von ca. 10,4 Mio. tokm.

Als letzter Punkt wird die allgemeine Verschwendung angesprochen, die auf Baustellen immer noch in vielen Formen auftritt und unnötig Ressourcen verbraucht. Beispiele sind:

- Undichte Wasserrohrleitungen werden nicht abgedichtet.

- Noch lange Zeit nach Abschluss der Vortriebsarbeiten wurden die Lüftungsschächte, die in der Tunnelmitte an die Oberfläche führen, nicht abgedichtet und brachten erhebliche Wassermengen in den Tunnel ein, die vor der Ableitung wieder zu reinigen waren.

- Auch im offenen Vortriebsmodus (ohne Ortsbruststützung) wurde die „Schnecke" mit hohem Energieverbrauch permanent eingesetzt, die eigentlich nur zum Druckabbau bei der Ausbruchförderung im geschlossenen Modus erforderlich ist.

- Vorhandene Energieressourcen, z.B. in Form von Abwärme aus den Kühlwasserkreislauf der TVM wurden nicht genutzt und auch die Nutzung von Geothermie nur zu Forschungszwecken in einer kleinen Testform verfolgt.

4. Neuer Ramholztunnel (Ausführungsphase)

Durch einen geologischen Einbruchschlot in der Tunnelmitte (Überdeckung ca. 54m) entstanden erhebliche Schäden an der Konstruktion des 1871 erbauten Ramholztunnels. Sofortige Sicherungsmaßnahmen ermöglichten einen weiteren Bahnbetrieb in eingeschränkter Form. Als endgültige Sanierungsmaßnahme wurde der neue Ramholztunnel (RAM) in Parallellage gegenüber einer Ertüchtigung unter laufendem Betrieb aus wirtschaftlichen und bahnbetrieblichen Gründen vorgezogen [vgl. MeFS05]. Der neue Tunnel hat einen Querschnitt von 124m², eine Länge von 474m, davon 440m bergmännisch im NÖT-Vortrieb erstellt und kostet ca. 15 Mio. Euro. Realisiert wird der Tunnel durch die DB Projektbau Frankfurt. Vom ROV bis zum PFB dauerte es etwa 6 Jahre und 1 Jahr für die Vergabevorbereitung mit Ausschreibung (ca. 5 Monate), die durch Auflagen zum sofortigen Vollzug direkt im Anschluss an den PFB eingeleitet wurde. Für die Bauzeit sind bis zur Inbetriebnahme ca. 2½ Jahre, davon 5 ½ Monate

Tunnelvortrieb vorgesehen [ReBT08]. Im Anschluss daran sollen die verbleibenden LBP-Maßnahmen umgesetzt werden.

4.1. Ökonomisch-ökologisches Verhältnis bei Maßnahmen

Bild 0.9:   Ausgleichsmaßnahme Bachrenaturierung

Während der Planungen zum RAM wurde die Renaturierung eines unter den Gleisen verrohrten Baches und die Förderungen einer Amphibienpopulationen als Ausgleichsziele für die bauzeitlichen, temporär hinzukommenden Eingriffe verfolgt. In diesem Zuge wurde im LBP etwa 100m vom Tunnelportal entfernt ein Durchlass unter den Schienen als Maßnahme zur Minimierung der vorhandenen bzw. zukünftig verbleibenden Barrierewirkung festgelegt. Vorgaben des Maßnahmenblattes sind eine naturnahe Herrichtung der Bachdurchlasssohle zur Verbesserung der Vernetzung von Lebensräumen von Amphibien und Kleintieren. Die Abmessungen des Durchlasses wurden mit ca. 27m Länge und 2m Breite angegeben. Aufgrund der baulichen Möglichkeiten und arbeitsschutzrechtlichen Bestimmungen wurde der Amphibiendurchlass als Rahmenbauwerk mit 3m Breite, 2m Höhe und 26,5m Gesamtlänge geplant und verursachte Kosten in Höhe von ca. 150.000 Euro. Die Auflagen wurden trotz der bekannten Kosten akzeptiert, da ohne das Zugeständnis des Vorhabenträgers die Genehmigungsfähigkeit erschwert worden wäre.

Während der Bauzeit wurde nur eine sehr geringe Froschpopulation festgestellt. Die in der UVS aufgenommenen Wanderbewegungen über die

Gleise konnten zudem teilw. nicht nachvollzogen werden. Kleinsäuger dürften einen Weg oberhalb des Tunnels bevorzugen.

Dennoch wurde dieses Zugeständnis an den Naturschutz auch später nicht in Frage gestellt. Bei Berücksichtigung der Ressourceninanspruchnahme und der zusätzlich entstehenden Umweltauswirkungen durch die Maßnahme ist die ökologisch-ökonomische Verhältnismäßigkeit der Maßnahme jedoch zumindest fraglich. Es bleibt die Hoffnung, dass der Amphibiendurchlass angenommen wird und eine deutliche Wirkung auf die Populationen und die Vernetzung der Lebensräume herbeiführt.

4.2. Berücksichtigung von Veränderungen in der Bauphase

Bild 0.10:   Fangeinrichtung neben Gleisen

Trotzt der vergleichsweise zeitnahen Planfeststellungsunterlagen von 2005 kam es auch beim neuen Ramholztunnel zu Planungsänderungen. Die Anlage eines Ersatzlaichgewässers als LBP-Maßnahme vor Beginn der Bauarbeiten konnte aufgrund der starken Durchlässigkeit des Untergrundes nicht realisiert werden. In Abstimmung mit der Oberen Naturschutzbehörde (OBN) wurden daher die vorgesehenen Leitzäune [vgl. Bild 0.10] entlang der Baustelle mit Fangeinrichtungen für Amphibien erweitert und die Wirksamkeit der Maßnahme kontrolliert. Zudem wurde die ursprünglich von der Baufirma zu übernehmende Betreuung durch Mitglieder eines lokalen Vereins ehrenamtlich übernommen. Dies führte zu einer motivierten und auch an Wochenenden gesicherten Betreuung. Die Arbeitsrisiken erregten bei den Verantwortlichen allerdings auch Besorgnis, da Ehrenamtliche in unmittelbarer Nähe der in Betrieb befindlichen Gleise tätig wurden. Aufgrund aktueller Erkenntnisse zu den Wanderbewegungen wird das Ersatzlaichgewässer nach Abschluss der Bauarbeiten an einer anderen Stelle realisiert.

Auch bei der Flächenverwendung ergaben sich Änderungen:

Ein oberhalb des Tunnels führender für Baustellen-Pkw freigegebener Waldweg wurde vom AN nicht verwendet. Hierdurch wurden Ausbesserungen und Beweissicherungen entlang des Weges sowie LBP-Maßnahmen vermieden.

Zusätzlich wurde ein kleines Betonmischwerk zur höheren Versorgungssicherheit aufgestellt und die BE-Fläche neben dem Tunnelportal durch eine später wieder zu entfernende Aufschüttung vergrößert. Diese Veränderung war nach Absprache mit der ONB und den Flächeneigentümern möglich und führte nach Aussage der Baufirma zu wesentlichen ökonomischen Verbesserungen. Außerdem konnte durch steilere Böschungswinkel der Flächenbedarf für die Zwischenlagerung reduziert und der Eingriff in eine Teilfläche vermieden werden [Bild 0.11].

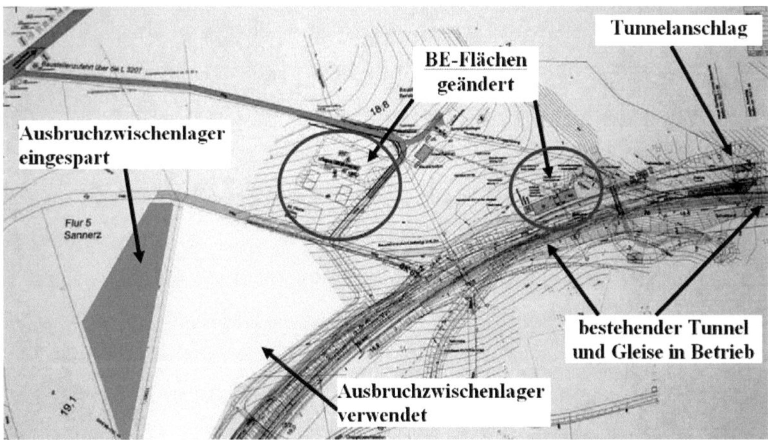

Bild 0.11:   geänderter Flächebedarf [Planunterlagen RAM mod.]

Der Tunnelausbruch wurde zur Verfüllung des alten Tunnels (19.000m³) und Rekultivierung der Einschnittbereiche (19.000m³) eingesetzt. Für den Großteil des Ausbruchs (ca. 50.000m³) konnte jedoch keine lokale Verwertung gefunden werden. Die mögliche Verfüllung eines lokalen Steinbruchs war aufgrund der Transportrouten durch ein FFH-Gebiet oder Wohngebiete nicht genehmigungsfähig. Daher wurde als einzige Lösung der Abtransport in einen über 300km entfernten Tontagebau mit hohem Transportaufwand (>35 Mio. tokm) und den damit einhergehenden Umweltauswirkungen, Transportkosten und Behinderungen des Bahnbetriebes vorgesehen.

Im Zuge der Bauausführung sollen nun jedoch auf Anregung des AN die Restmassen in einer unmittelbar neben der Baustelle liegenden alten Tongrube abgelagert werden, wodurch Kosten in Höhe von ca. 1 Mio. Euro eingespart werden könnten [vgl. ReBT08]. Die dafür erforderliche Planänderung und das Planänderungsverfahren laufen zurzeit noch, wobei die Aussichten für die lokale Ablagerung günstig stehen. Weshalb diese Möglichkeit nicht bereits in der Planung aufgegriffen wurde, blieb in den Gesprächen offen. Im Falle der direkten Planung des nun vorgesehenen Ablagerungskonzeptes bzw. der Offenlassung des Ausbruchverbleibs in der Ausschreibung mit Anreizen für den Ideenwettbewerb hätten doppelte Planungs- und Genehmigungsprozesse sowie zusätzliche Zwischenlagerungsflächen und die mit der Zwischenlagerung verbundenen Arbeiten/ Kosten ggf. vermieden werden können.

Auch bei der Vortriebsmethode kam es zu Anpassungen. Ursprünglich wurden im PFB wegen der möglichen Einflüsse auf den Bestandstunnel Sprengarbeiten ausgeschlossen, jedoch waren aufgrund örtlicher Gebirgsfestigkeiten Lockersprengungen erforderlich. Bei einer Probesprengung wurden die Schwingungen im alten Tunnel messtechnisch erfasst und durch einen Gutachter bewertet. In Folge dessen konnten der Vortrieb mit Lockerungssprengungen unter Auflagen zur Sprengstoffmenge und Abschlaglänge fortgesetzt werden. Die Sprengungen wurden messtechnisch überwacht und falls erforderlich angepasst. Eine Betrachtung der veränderten Umweltauswirkungen aufgrund der geänderten Ausbruch- und Wasserverunreinigungen z.B. mit Nitrit erfolgte nicht.

4.2.1. Ökologische Baubegleitung

Im PFB wurde die Beaufsichtigung der Maßnahmenumsetzung durch eine qualifizierte ökologische Bauleitung als Auflage gefordert, um die Umsetzung der LBP-Maßnahmen sicherzustellen. Über diese Auflage hinausgehend wurde beim RAM eine Ökologische Baubegleitung (ÖBB) in Form einer naturschutzfachlich qualifizierten Person eingesetzt. Zu einem Interessenskonflikt infolge der Überwachung des AG und AN für eine Behörde, jedoch Beauftragung und Vergütung durch den AG kam es nicht.

Neben der Einhaltung der Auflagen und der Umsetzung der Schutz-, Ausgleichs- und Ersatzmaßnahmen des LBP übernimmt die ÖBB beratende Tätigkeiten und dokumentiert ökologisch relevante Aspekte während des Bauablaufes. Des Weiteren sollen durch die ÖBB Überschreitungen der erlaubten Eingriffe verhindert, bei Optimierungsanfragen die ökologische Verträglichkeit mit den Auflagen abgewogen, die Genehmigungsfähigkeit überprüft und ggf. erforderliche Absprachen mit den Behörden unternommen werden. Durch aufklärende und informierende Gespräche mit den Baubeteiligten sowie Kontrollen insb. in den kritischen Bauphasen und bei vermuteten Verstößen werden durch die ÖBB unnötige Eingriffe verhindert und Verstößen nachgegangen. Beratend wurde die ÖBB bei den Veränderungen der Flächeninanspruchnahme und der Ausbruchverwertung tätig. Durch die fachliche Kompetenz können zudem ökologische Risiken auf der Baustelle zeitnah erkannt, eingeschätzt und geeignete Maßnahmen getroffen werden

Durch die ÖBB-Kontrollen auch im Baustellenumfeld konnte auf Auswirkungen besser und schneller reagiert werden. Des Weiteren kann die ÖBB Optimierungen in Form von reduzierten Eingriffen oder Anpassungen des LBP, bei Abweichungen von den zu Grunde liegenden ökologischen Rahmenbedingungen, anstoßen und/oder wirtschaftlichere Umsetzungen vorschlagen. Beim RAM wurden so die Verlegung des Ersatzlaichgewässers und die Schaffung eines Fledermaustunnels im Anfangsbereich der Verfüllung des alten Tunnels, nach Absprache mit dem AG und der ONB, realisiert.

Die ÖBB hat beim RAM jedoch keine direkte Weisungsbefugnis gegenüber dem AN, sondern nutzt als Teil der BÜ deren Kompetenzen. Werden Verstöße gegen Auflagen entdeckt, erfolgt eine Unterlassungserklärung und Aufklärung. Damit der AN die Position und den Nutzen der ÖBB akzeptiert, sind frühzeitige Sensibilisierungen und Verständnis wesentlich. In den meisten Fällen unterstützt die ÖBB den AN und vermeidet durch Hinweise Vorfälle, die zu Verzögerungen und Kosten führen. Eine gute(s) Kommunikation/Netzwerk zwischen den Beteiligten ist dafür eine Grundvoraussetzung; ebenso die Teilnahme an Baubesprechungen und die Einsicht in relevante Planungen. Dies ist beim RAM besonders wichtig, da die ÖBB nicht permanent vor Ort ist. Darüber hinaus lässt sich die ÖBB einen direkten Ansprechpartner beim AN (meist der Bauleiter) nennen, um eine direkte Kommunikation zu ermöglichen. Um die Beteiligten über den ökologischen Sachstand zu informieren, erstellt die ÖBB beim RAM bisher in Eigeninitiative regelmäßige „Ökoberichte". Diese dienen insb. den Behörden als Information und Kontrolle und führen in der Folge zu einer besseren Vertrauensbasis und Erleichterungen bei Absprachen für alle Beteiligte.

Vorteile des Einsatzes der ÖBB sind somit die rechtssichere Umsetzung der naturschutzfachlichen Auflagen, ein verstärkter Informationsfluss in Bezug auf ökologische Belange sowie die verfügbare fachliche Kompetenz auf der Baustelle in Form eines zentralen Ansprechpartners für die beteiligten Personenkreise. Zudem wird der administrative Aufwand durch den zentralen Ansprechpartner reduziert, unnötige Eingriffe sowie ggf. auch Zusatzkosten und Zeitverzögerungen vermieden und mehr Akzeptanz für ökologische Maßnahmen gefördert. Diese Vorteile lassen sich dann am besten realisieren, wenn die beauftragte ÖBB gute Kontakte zu den verantwortlichen Behörden und Ortskenntnisse hat. Genießt die ÖBB wie beim RAM das Vertrauen der Behörden, sind Absprachen auch ohne großen Aufwand und direkte Freigaben durch die ÖBB bei geringen Eingriffen nach kurzer Rücksprache möglich.

Der Aufgabenbereich der ÖBB sollte jedoch erweitert werden. Ökologische Bewertungen der Bieter und der Angebote sowie die Vermeidung von Auswirkungen an der Ursachenquelle sind sinnvolle Aufgabenerweiterungen. (Technik-)Folgeabschätzungen und Optimierungen an der Ursachenquelle unterbleiben i.d.R. noch. Beispiele dafür sind die fehlende Berücksichtigung der Nitritbelastung infolge der zusätzlichen Sprengarbeiten, die Entsorgung des Spritzbetonrückpralls mit dem restlichen Ausbruch und die späte Erkennbarkeit von vortriebsbedingten Auswirkungen, da die ÖBB nicht im Tunnel wirkt. Die Tätigkeit der ÖBB beruht bisher überwiegend auf den Prinzipien Vorbeugung und Beweissicherung. Aufgenommene Daten dienen momentan dazu, um bei Vorkommnissen die Ursachen zu ermitteln und im Streitfall zur Dokumentation. Ökologisch relevante Daten werden nicht gesammelt und ausgewertet, um Erkenntnisse für das Projekt und für die Planung und Ausführung zukünftiger Projekte zu erlangen.

4.2.2. Projektbegleitendes Ökokonto - Wertpunkteverfahren

Für die geänderte Flächeninanspruchnahme und für angepasste LBP-Maßnahmen wird durch die ÖBB ein projektbegleitendes Ökokonto geführt, um die Veränderungen zu dokumentieren und diese nach Abschluss der Baumaßnahme in einem Änderungsverfahren berücksichtigen zu können. Es handelt sich dabei um eine kontinuierliche, naturschutzrechtliche Bilanzierung mit dem Ziel, eine ausgeglichene Eingriffs- und Ausgleichsbilanz am Ende des Projektes zu erreichen. Die Dokumentation erfolgt in einem Tabellenprogramm und berücksichtigt die genaue Kartierung der Änderungen, welche Eingriffe vorgenommen oder unterlassen wurden und den daraus resultierenden ökologischen Wertverlust oder Gewinn. Auch der Grund der Veränderung (z.B. Planungsanpassung, zusätzlicher Bedarf, Handlungsfehler) und der Verursacher (AN, AG, andere) werden beschrieben. Änderungen erfolgen nach Absprache mit der ONB und in kritischen

Fällen unter Hinzuziehung von Fachleuten. Die Ausgleichsbilanz des LBP aus dem PlafeV sowie Verluste und Gewinne aus der Bauphase werden nach Abschluss der Arbeiten in einer Schlussbilanz gegenübergestellt und Defizite oder Kompensationsguthaben ausgewiesen. Daraufhin wird der LBP an die Veränderungen angepasst und zusätzliche Maßnahmen festgelegt oder verbleibendes Kompensationsguthaben für die Verwendung bei späteren Projekten bereitgestellt.

Wesentlich erleichtert wird diese Vorgehensweise durch die Anwendung der Kompensationsverordnung Hessen [KV2005], die bereits in einer älteren Fassung im PlafeV für den LBP verwendet wurde. In der [KV2005] werden zu einzelnen Flächentypen und ökologischen Inventaren (z.B. Baumarten) nach deren Ausprägung Wertpunkte zugeordnet. Mithilfe dieser Anhaltswerte wird die Situation vor und nach dem Eingriff bewertet und das Defizit festgestellt. Die Dauer der Eingriffe bis zur Erreichung des Ausgleichs wird dadurch berücksichtigt, dass bei Eingriffen unter drei Jahren die zwischenzeitliche Situation (z.B. Totalverlust durch BE-Flächen) nicht berücksichtigt wird und bei längeren Zeiträumen anteilig einzurechnen ist. Ausgehend von den ermittelten Defiziten werden die Kompensationsmaßnahmen rechnerisch über das Wertpunktesystem, verbal-argumentativ bzgl. des räumlichen und funktionalen Zusammenhangs festgelegt und die mit Nummern versehenen Maßnahmen sowie Eingriffe in einer Bilanz miteinander verknüpft.

Beim RAM wurde so ein Defizit von 56.484 Wertpunkten ermittelt, das über die Anlage von Streuobstwiesen ausgeglichen wurde. Der dabei erzielte Überschuss von 13.000 Punkten kann bei der Nachbilanzierung zur Kompensation eines evtl. hinzukommenden Defizits herangezogen werden. Zu einer Bilanzveränderung um mehrere tausend Punkte kann es schnell kommen, wenn z.B. für eine zusätzliche BE-Fläche Waldflächen zunächst in einen Schotterplatz und danach langsam wieder in eine Waldfläche umgewandelt werden. Einen positiven Bilanzbeitrag bewirken hingegen vermiedene Inanspruchnahmen, z.B. bei der Ausbruchzwischenlagerung.

Die Ermittlung der ebenso positiv anzurechnenden Ausgleichspunkte für den erwähnten Fledermaustunnel ist schwierig und letztendlich wahrscheinlich nur über einen Kostenvergleich darstellbar.

Durch neuere Forderungen der [KV2005] sind verbleibende Defizite vorzugsweise in FFH-Gebieten auszugleichen. Da in solchen Gebieten eine wirtschaftliche Aufwertung von Flächen selten möglich ist, bedeutet dies eine zusätzliche Belastung für den AG. Die Ausgleichskosten dürften wegen der Flächenbeschaffungskosten und dem geringen Aufwertungspotential bei solchen Maßnahmen, oft über den bei einer nicht umsetzbaren Kompensation zu zahlenden 0,35 Euro je Wertpunkt liegen. Die ÖBB unterstützt den AG daher bei der Auswahl geeigneter und wirtschaftlicher Maßnahmen für die Umsetzung der erforderlichen Kompensation.

Obwohl das angewendete Wertpunkteverfahren wesentliche Vorteile bzgl. der Transparenz des Maßnahmenumfangs und in Verbindung mit dem projektbegleitenden Ökokonto auch bzgl. der Zuordnung zu Eingriffen mitbringt, besteht auch hier Verbesserungsbedarf. Aspekte, die reine UVP-Schutzgüter (Mensch, Kultur- und Sachgüter) betreffen, werden nicht erfasst, da nur LBP-Maßnahmen berücksichtigt werden. Auch bei der Punkteermittlung bestehen noch Schwierigkeiten, die die Akzeptanz der Methode teilw. beeinträchtigen. Außerdem sind Ziele und Hintergründe separat aus dem LBP und der UVS herauszulesen, da diese nicht in einem System mit der Bilanz vernetzt weitergegeben werden.

4.2.3. Sammelplanänderungsverfahren

Um nicht bei jeder veränderten Betroffenheit, infolge von Abweichung oder bei Änderung des LBP, ein nach §76 VwVfG erforderliches Planänderungsverfahren durchführen zu müssen, ist beim RAM ein Sammelplanänderungsverfahren am Projektende vorgesehen. Bei diesem wird auf der Grundlage des projektbegleitenden Ökokontos die naturschutzrechtliche Abschlussbilanzierung vorgenommen. Um die Genehmigungsfähigkeit sicherzustellen, müssen jedoch bereits vor den Veränderungen die Zustimmungen der Betroffenen und Behörden eingeholt und die erforderlichen

Maßnahmen abgesprochen werden, die überwiegend direkt umzusetzen sind. Aufgrund der im Vorfeld erforderlichen Abstimmungen eignet sich das Vorgehen besonders bei Veränderungen, die einen überschaubaren Beteiligtenkreis betreffen, und wird bisher auch nur in solchen Fällen eingesetzt. Die allgemeine Öffentlichkeit wird dabei erst im Sammelplanänderungsverfahren beteiligt. Dies birgt mögliche Probleme in sich. Um das Verfahren allgemein einsetzten zu können, müssten die rechtlichen Grundlagen und die Kommunikationsformen geändert werden.

Das Sammelplanänderungsverfahren ist besonders positiv zu bewerten, da zusätzlicher Aufwand und Verzögerungen infolge von formellen Verfahren vor Veränderungen vermieden und auch kleine Änderungen im Zuge der Abschlussbilanzierung im allgemeinen Zusammenhang betrachtet werden können. Durch dieses Verfahren wird auch der Behördenaufwand reduziert, da statt vielen kleinen ein großes Verfahren erfolgen kann. Zudem bestehen dadurch Anreize zu einer umweltschonenden Bauausführung, da der AG von vermiedenen Eingriffen profitiert und für zusätzliche Eingriffe mit mehr Maßnahmen „bestraft" wird. Für den AN könnten die Anreize noch intensiviert werden, indem dieser an den Kosten und Einsparungen bzgl. der baubedingten Maßnahmen beteiligt wird.

5. Wattkopftunnel (Betriebsphase)

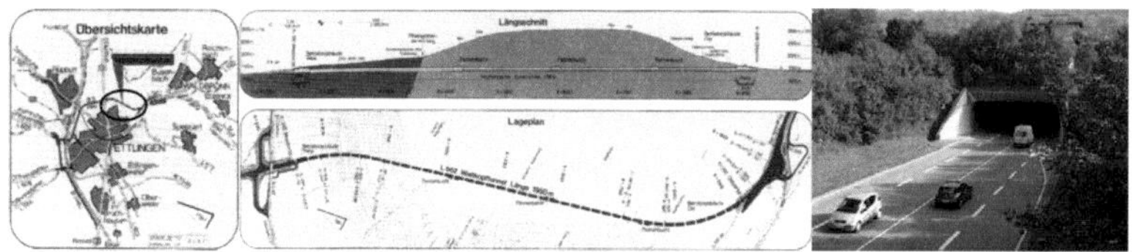

Bild 0.12:   Wattkopftunnel [MaPr94 mod.]

Der im Gegenverkehr betriebene, zweispurige Wattkopftunnel (WKT) wurde auf der Grundlage eines PFB von 1986 mit der Auflage des sofortigen Vollzugs, von 1988 - 1994 im Auftrag des RP Karlsruhe gebaut und 1994 dem Verkehr übergeben. Als Ortsumfahrung dient der 1.950m lange im

Bagger-/ Sprengvortrieb erstellte Tunnel der Entlastung der Anwohner. Unter Berücksichtigung eines Sondervorschlages erfolgte die Vergabe des Rohbaus für 57,5 Mio. DM. Die Angebote lagen zwischen 59,5 -92,4 Mio. DM. Wegen in den geologischen Voruntersuchungen nicht erkannter schwieriger Gebirgsverhältnisse musste in zwei Bereichen der ausgeschriebene Vollausbruchs in einen Ulmenstollenvortrieb umgestellt und ein Tagbruch bewältigt werden. Dies führte zu wesentlichen Mehrkosten und einem deutlich erhöhten Ressourcenverbrauch. Die Rohbaukosten stiegen auf 102 Mio. DM an, die Herstellungskosten auf ca. 120 Mio. DM [vgl. MaPr94].

Politischer Druck und die Aktualisierung der RABT führten 12 Jahre nach Nutzungsbeginn zur kompletten Schließung des Tunnels, um die erste große Modernisierungsmaßnahme (sicherheitstechnische Nachrüstungen) und den Bau eines Fluchtstollens umzusetzen. Die Kosten für die Modernisierung betragen ca. 8,4 Mio. Euro und 18,4 Mio. Euro für den Fluchtstollen [vgl. RPKA07; RPKA08].

Die spektakulären, ausländischen Tunnelkatastrophen führten zu sehr hohen Sicherheitsstandards in der neuen RABT. Ob diese bei der sehr geringen Anzahl von Ereignissen in deutschen Tunneln unter Beachtung ökologischer (Ressourcen und Emissionen) und ökonomischer Belange tatsächlich erforderlich sind, ist zu prüfen.

5.1. Betriebliche Aspekte im Planfeststellungsbeschluss und danach

UVS und UVP wurden im PlafeV durch Einwendungen gefordert, jedoch mangels gesetzlicher Bestimmungen nicht erstellt. Auch ohne diese wurden im PFB einige die Umwelt betreffende Maßgaben umgesetzt, von denen drei mit betrieblichem Einfluss angesprochen werden.

Der WKT durfte gemäß Auflagen nicht von Gefahrguttransporten benutzt werden, die somit weiterhin durch bewohnte Gebiete geleitet wurden. Entgegen der Auflagen wurde der Tunnel später auch für Gefahrenguttransporte zugelassen. Dies führte 2004 zu einem mangelhaften Ergebnis bei einer Risikobewertung durch den ADAC.

Gemäß RABT 1985 wurden während der Planung die jeweiligen Risiken bei einer Verkehrsführung durch den neuen Tunnel oder wie bisher durch bewohnte Gebiete verglichen und die Tauglichkeit der geplanten Lüftungsanlage im Brandfall geprüft. Der Abwägung der Planer folgend kam auch die Planfeststellungsbehörde zu dem Ergebnis, dass wegen der nicht gesicherten Tunnelbelüftung sowie möglicher Schädigungen der Konstruktion bei einem Gefahrgutunfall, Gefahrenguttransporte nicht zugelassen werden könnten. Notwendig wären ansonsten der zusätzliche Bau eines Fluchtstollens und ein aufwändigeres Lüftungssystem. Bei Entscheidungen, die eine Nutzenverminderung des Tunnels und ggf. ökologische Risiken in schützenswerten Bereichen zur Folge haben, sollten zukünftig ökologische und ökonomische Aspekte gleichberechtigt und transparent abgewogen werden.

Bild 0.13:   Modernisierung des Wattkopftunnels [GBI09]

Beim WKT kam eine Halbquerlüftung zum Einsatz, die über Lüftungsschlitze Frischluft zuführt. Nach Änderungen der RABT in 2003 und 2006 und dem zugelassenen Gefahrenguttransport im Tunnel musste dieses Konzept überarbeitet werden. Eine Auflage im PFB forderte die jeweils aktuelle RABT sowohl in der Ausführung als auch im Betrieb umzusetzen soweit dies technisch und finanziell möglich ist. Daher wurde während der Modernisierung 2006-2007 das Lüftungskonzept in ein Absauglüftungssystem mit Klappensteuerung geändert, das eine sektionsweise Absaugung im Brandfall ermöglicht. Dieses Lüftungssystem war schon während der Planung des WKT Stand der Technik, wurde aber aus Kostengründen nicht eingesetzt.

Die nachträgliche Umsetzung führte zu erheblichen Problemen und Kosten:

- zeitweilige Vollsperrung des Tunnels,
- Verkehrsbehinderungen, da mit dem Rückbau der damaligen Straßen keine leistungsfähige Umleitungsführung mehr vorhanden war,
- deutliche Zusatzkosten und erhöhte Ressourcenaufwendungen, da Umbauarbeiten im Bestand und unter Verkehr,
- keine Weiterverwendungsmöglichkeit ausgebauter Lüftungstechnik.

Obwohl die Lüftungsanlage noch einwandfrei funktionierte und vom RP Karlsruhe eine teilw. Erhaltung der Axialventilatoren vorgesehen war, wurden auch diese ausgetauscht, da Ersatzteile nicht mehr zur Verfügung standen, der Austausch kostengünstiger und zudem mit einer neuen Gewährleistung verbunden war. Die Lagerung der noch verwendbaren Lüftungsanlagen für Maßnahmen bei anderen Tunneln mit ähnlicher Technik wurde nicht erwogen. Am Beispiel der Lüftungsanlage sind sehr deutlich die bisher überwiegenden ökonomischen Abwägungskriterien zu erkennen. Eine parallele gleichwertige ökologische Betrachtung von Ressourcenaufwand, Verkehrsbehinderung und Abfallaufkommen (bei späteren Modernisierungen) wird weder bei der Planung noch im Zuge der Modernisierungsmaßnahmen selbst vorgenommen. Eine lebenszyklusübergreifende Betrachtung der ökonomischen und ökologischen Auswirkungen ist daher für die Zukunft zu empfehlen.

In der Planfeststellung wurde ein separater Rettungsweg als nicht erforderlich erachtet. Nach der neuen RABT ist dieser nun zwingend erforderlich und wird als paralleler 1.515m langer Fluchtstollen mit einem Querschnitt von 20m² erstellt. Bei einer sofortigen Realisierung wären mehrere Umsetzungsmöglichkeiten für einen Rettungsweg möglich gewesen, wie bspw. die Integration in einen vergrößerten Tunnelquerschnitt als abgetrennter Teil mit erheblichen Kosteneinsparungen.

Dieses Vorhaben wurde als eine Änderung von unwesentlicher Bedeutung gemäß § 74 Abs. 7 VwVfG und die UVP in einem Screeningverfahren, das der Prüfung einer UVP-Pflicht dient, als nicht erforderlich dargestellt. Ein weiteres PlafeV wurde daher nicht durchgeführt, das bei anderen, ähnlich gelagerten Projekten erforderlich war und teilw. wegen Einsprüchen mehrere Jahre dauerte. Die erforderlichen Genehmigungen für den Fluchtstollenbau wurden durch Einzelabstimmung mit den betroffenen Behörden und vertraglichen Regelungen mit den Grundstückseigentümern erlangt. Zu einer ganzheitlichen Betrachtung der ökonomischen und ökologischen Aspekte von Flächeninanspruchnahme, Vortriebsverfahren, Verkehrsumleitungen und den Ausbruchverwertungskonzepten für die 36.000m³ Stollenausbruch kam es nicht.

Aufgrund der Erfahrungen aus dem Neubau wurde ein Bagger-/ Sprengvortrieb festgelegt, ein Vortrieb mit TVM durch die ungeprüfte Annahme, dass dieser nicht wirtschaftlich sei, nicht weiter betrachtet. Die LKW Fahrten wurden, aufgrund des nahen Autobahnanschlusses und nicht vorgesehenen Durchfahrten durch sensible Gebiete als wenig relevant angesehen. Betrachtungen des Ressourcenverbrauchs durch Ökobilanzen fehlen gänzlich. Eine den Lebenszyklus übergreifende Betrachtung und ausgewogene Realisierung ist auf die Weise nicht gesichert.

5.2. Betriebsaspekte

Regelmäßig anfallende Arbeiten im WKT sind die Überprüfung und Wartung der technischen Tunnelausstattung und die Spülung der Tunneldrainage (teilw. starke Versinterungen). Für die jährlich 2-malige Tunnelreinigung wird der Tunnel gesperrt, das dabei anfallende Spülgut und Reinigungswasser in einem Regenüberlaufbecken aufgefangen und mit dem Straßenkehricht auf einer Deponie entsorgt. 2006 wurden 372m³ Wasser benötigt sowie 10to Straßenkehricht und 24,3to Drainagespülgut entsorgt. Für die Beleuchtung und Belüftung waren während der Jahre 1996 - 1999 im Mittel ca. 633.614 kWh erforderlich (ca. 60% für die Adaptionsbeleuchtung und Tunnelbeleuchtung am Tag, 21% für die Beleuchtung bei Nacht und 19% für die Belüftung). Die jährlichen Tunnelkosten beliefen sich beim WKT auf ca. 120 Euro pro Tunnelmeter, wovon etwa 33,3% auf den Betrieb, 37,5% auf die Wartung und 29,2% auf die Reinigung entfallen [vgl. HoBo05 S.29ff]. Werden die nun angefallenen Modernisierungskosten (8,4 Mio. Euro) auf die ersten 12 Betriebsjahre umgelegt, resultieren jährliche Unterhaltungskosten in Höhe von 934.000 Euro, die zu der Annahme von 1 - 1,5% in [Haac87] passen.

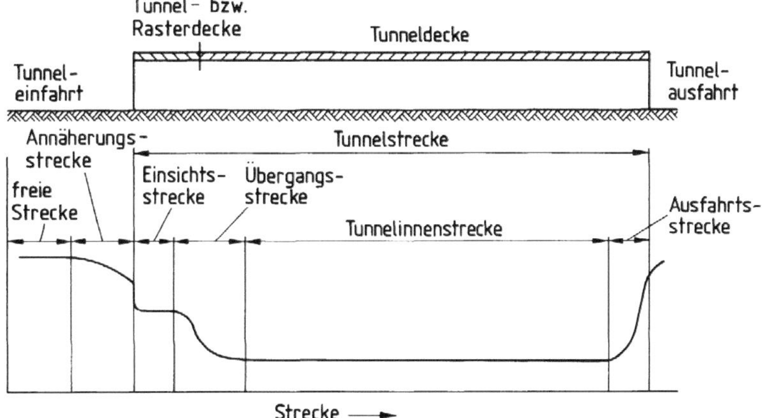

Bild 0.14:   Tunnelbeleuchtungszonen (Leuchtdichte) nach DIN 67524-1

Die Beleuchtung des WKT wird über Fühler an den Tunnelportalen automatisch an die Lichtverhältnisse im Außenbereich angepasst. Der Energieverbrauch des WKT ist im Verbrauchsvergleich pro Tunnelmeter zu anderen Tunneln relativ gering, jedoch bezüglich des Energiebedarfs für die Tunnelbeleuchtung am Tag erhöht. Die Nord-/Südlage der Portale führt besonders im Sommer zu einer hohen Umgebungshelligkeit an den Portalen und erfordert eine hohe Adaptionsbeleuchtung. Die maximale Verkehrsgeschwindigkeit wurde planungsseitig mit 70 km/h vorgegeben, um durch verkürzte Haltesichtweite vor allem eine Einsparung bei den Beleuchtungskosten (Energiebedarf) zu erreichen.

Die Belüftung wird über CO- und Sichttrübungsmessungen im Tunnel bedarfsgerecht vollautomatisch gesteuert. Eine Messung und Berücksichtigung der Umgebungswerte z.B. von NOx erfolgt nicht, da schon in der Planung von einer Einhaltung der Grenzwerte durch den Frischlufteintrag in den Tunnel, Verwirbelungen durch den Verkehr und bodennahe Winde ausgegangen wurde. Eine Abluftreinigung wird nicht in Erwägung gezogen und an einer unbefriedigenden und in der Industrie nicht mehr genehmigungsfähigen Lösung festgehalten.

Die Lüftung des WKT wird am wirtschaftlichen Optimum und dadurch auch energiesparend betrieben. Konsequenz ist ein deutlich sichtbarer „Trübungspfropfen" im Tunnel. Mehrere die Sicherheit und den Gesundheitsschutz betreffende Klagen wurden in der Vergangenheit abgewiesen, da eine erhöhte Lüftung deutliche Mehrkosten bedingen und weitere Reduzierungen der eingehaltenen Schadstoffgrenzwerte nur einer Komforterhöhung dienen.

Ein Vergleich der Betriebsdaten mit anderen Tunneln und Erstellung von Benchmarks ist schwierig, da Betriebsdaten bisher nur in den Betriebszentralen und Straßenmeistereien und nicht auch zentral erfasst werden. Erste zentrale Datenbanken bestehen bisher nur für Daten von sicherheitsrelevanten Vorfällen aufgrund von Forderungen der neuen RABT. Dies betrifft auch Daten zu Unterhaltungsmaßnahmen, zu denen insbesondere bei Straßentunneln bisher wenige Erfahrungen vorhanden sind. Erschwerend kommt hinzu, dass viele Arbeiten zusammen mit Maßnahmen durchgeführt werden, die durch die verschärfte RABT ausgelöst werden und damit nicht unbedingt zum ausgeführten Zeitpunkt notwendig sind. Erkenntnisse zum Betrieb und Unterhaltungsbedarf sollten zukünftig in einer zentralen Datenbank erfasst, vorgehalten und planenden sowie betreibenden Stellen zur Verfügung gestellt werden. Die Datenbank sollte die Möglichkeit der Einsicht von Einzeldaten und Hintergründen zu Vergleichszwecken sowie die Auswertungen von Kennzahlen und Benchmarks geben.

Das Verhältnis zwischen Baukosten und Betriebskosten ist für Benchmarks wenig geeignet, da nur in begrenztem Umfang direkte Wechselbeziehungen bestehen. Aussagekräftiger sind Angaben bezogen auf einen Tunnelmeter, wobei wesentliche Randbedingungen durch Klassenbildung berücksichtigt werden können. Für die Tunnelbeleuchtung wäre dann neben dem Energieverbrauch in KWh/Tunnelmeter bspw. auch die Himmelsrichtung der Portale, die Verkehrsgeschwindigkeit und die Helligkeitseigenschaften des Tunnels anzugeben. Eine solche Datenbank könnte an die Forschungen zum Tunnelbetrieb der Bundesanstalt für Straßenwesen (BAST) anschließen und durch diese gepflegt werden. Neben der Datenbankstruktur und den Auswertungsmöglichkeiten sollten dann auch Vorgaben zu den aufzunehmenden Werten festgelegt und Monitoringverfahren vorgegeben werden, die umweltrelevante Daten wie z.B. Verbrauchswerte, Abfallaufkommen, Gebirgswasserentzug von Drainagen und totale Schadstoffemissionen sowie Konzentrationswerte in der Tunnelumgebung berücksichtigen.

6. Gotthard-Basistunnel Los Amsteg (Ausführungsphase)

Bild 0.15:   Baustelleinrichtung Amsteg Gotthard-Basistunnel [ATG05 mod.]

Im Zuge des durch die Alp Transit Gotthard AG (ATG) in der Schweiz erstellten Gotthard-Basistunnels (GBT), umfasst das Baulos Amsteg zwei parallel laufende 11,4 km lange Eisenbahntunnelröhren, die überwiegend im TVM-Vortrieb erstellt wurden und den Vortrieb eines Zugangsstollens im Sprengvortrieb. Die Tunnelarbeiten wurden 2002 für etwa 426 Mio. Euro vergeben und sollten 2009 abgeschlossen sein [ATG02].

6.1. Projektphasen

Die Herangehensweisen in den einzelnen Projektphasen des GBT unterscheiden sich in einigen Details von denen bei deutschen Tunneln und führen zu einer erhöhten Berücksichtigung der ökologischen Belange.

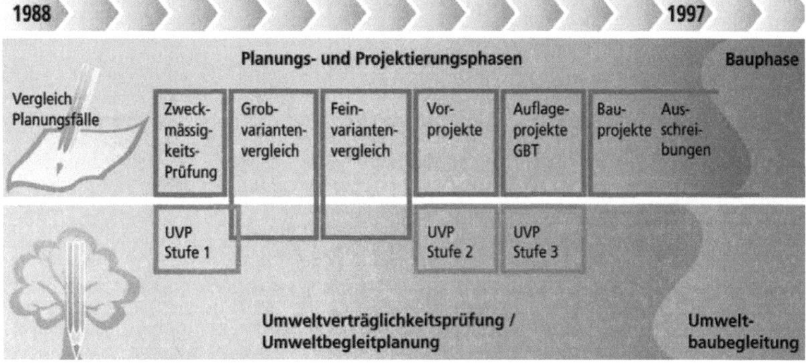

Bild 0.16:   Planungs- und Projektphasen des GBT [Jeke02 S.202]

Bereits 1990 wurden in der ersten UVP-Stufe neben dem generellen Verkehrskonzept auch erste Linienbetrachtungen durchgeführt und unüberwindbare Hindernisse sowie kritische Punkte identifiziert. Nach erfolgter Grob- und Feinvariantenplanung wurde über eine Botschaft 1990 die Schweizer Bevölkerung über das Vorhaben informiert und ein Volksentscheid für ein Gesetz zur Finanzierung des Projektes herbeigeführt. In den anschließenden Vorprojekten wurden zwei Linienvarianten näher untersucht, wobei Umweltauswirkungen einzelner technischer Belange (z.B. Ausbruchverwertung) und die im Pflichtenheft des ersten Umweltverträglichkeitsberichts (UVB) für die zweite Stufe der UVP vorgesehenen Aufgaben zu berücksichtigen waren. Auf Basis dieser Betrachtungen wurden im zweiten UVB von den Beteiligten Auflageprojekte zu einzelnen Teilabschnitten des GBT gefordert und damit auch ein weiteres Mitspracherecht bspw. von den betroffenen Kantonen gesichert.

Die Auflageprojekte wurden in einem dritten Schritt erarbeitet und detaillierte Umweltverträglichkeitsbetrachtungen bzgl. der Auswirkungen von

Bau- und Betriebstechniken betrachtet sowie Optimierungen an der Planung vorgenommen. Die Ergebnisse der Untersuchungen und Vergleiche als auch erfolgte Veränderungen gegenüber dem Vorprojekt wurden daran anschließend im UVB der dritten Stufe erläutert, mit dem weitere Detailprojekte (DP) gefordert wurden.

Im Plangenehmigungsverfahren (PGVf), mit dem die Plangenehmigung 1998 nach einer Einwendungsfrist erfolgte, wurde neben den TöB, Umweltschutzverbänden und direkt Betroffenen auch die allgemeine Öffentlichkeit beteiligt. Dabei ist positiv zu erwähnen, dass sich die Umweltverbände zusammengeschlossen hatten und so mit einer intern abgestimmten Meinung auftraten. Hierdurch entstanden weniger aufwändige Abstimmungsprozesse im PGVf. Die mit der Plangenehmigung auferlegten Detailprojekte wurden anschließend parallel zum Bauprojekt, das die Basis der Ausschreibung bildet, bearbeitet und in einzelnen Verwaltungsverfahren, an denen nur noch die jeweils Betroffenen zu beteiligen sind, durch die Umweltbehörde genehmigt. Für den Fall, dass Beteiligte dem erstellten DP nicht zustimmen, kann ein vereinfachtes PGVf erforderlich werden [vgl. Anhang 18]. Die meisten DP wurden überwiegend vor der Ausschreibung erstellt und genehmigt, reichten jedoch vereinzelt, je nach Verfügbarkeit erforderlicher Details, auch bis in die Ausschreibungs- und Ausführungsphase hinein und wurden dann teilw. durch die spätere Baufirma abgeschlossen.

Vorteilhaft für die Sicherung der Umweltverträglichkeit im gesamten Prozess war die Beauftragung einer Arbeitsgemeinschaft aus verschiedenen Ingenieurbüros von der Planung (Vorprojekt) bis zur Fertigstellung (Bauüberwachung und Umweltbaubegleitung). So wurden neben den technischen Planungen auch die Umweltplanungen inkl. UVB und die anschließende Einarbeitung von ökologischen Belangen in das Bauprojekt und die Verdingungsunterlagen durch ein dafür spezialisiertes Büro innerhalb der Arbeitsgemeinschaft begleitet. Die spätere Beurteilung der Umweltverträglichkeit der Angebote anhand der einzuhaltenden Umweltauflagen (Hürdenkriterien) und verwendeten Umweltkriterien bei der Vergabe der Hauptleistung erfolgte ebenfalls durch einen Mitarbeiter des Büros. Dieser übernahm in der Erstellungsphase dann auch die Umweltbaubegleitung (UBB), wobei das Büro noch als „Backoffice" für spezielle Fragestellungen im Hintergrund agierte. Informationsverluste an Schnittstellen konnten so reduziert und die Kontinuität der Planung und Umsetzung gefördert werden. Allerdings wurden auch bei dieser Vorgehensweise keine gleichbleibende Besetzung mit Mitarbeitern sowie transparente und strukturierte Datenweitergabe erreicht, was durch weitere Vorgaben bei der Vergabe der Planungsleistung noch verlangt werden könnte.

Die Planungen wurden mit dem beschriebenen, weiter abgestuften Verfahren wesentlich detaillierter und waren aufgrund der guten Ausstattung mit Planungsmitteln auch qualitativ hochwertig. Mit den DP können zudem verfrühte Festlegungen vermieden und die technischen Lösungen unter Berücksichtigung der Umweltverträglichkeit und ökonomischer Faktoren auf der Grundlage detaillierter Informationen weiter optimiert werden und die wahrscheinlich besten Konzepte zum Einsatz kommen. Zudem können mit den DP eine verträgliche Umsetzung sowie Messungen und andere Monitoringmaßnahmen während der Ausführung festgelegt werden. Anzumerken ist, dass die Entscheidungen auch hier nicht in ihrer Gesamtheit, sondern in einzelnen Genehmigungsverfahren betrachtet und abgewogen werden. Da auch in der Schweiz mit der Plangenehmigung keine Hindernisse mehr bestehen dürfen, die einer generellen Projektrealisierung im Wege stehen, wäre ein ähnliches Vorgehen auch in Deutschland durch Entscheidungsvorbehalte im PFB mit Pflichtenheften denkbar, wird jedoch derzeitig nicht oder nur selten für die letztendliche Bestimmung technischer Details eingesetzt. Beispiele von Detailprojekten des Baulos Amsteg waren:

- Erstellung eines Pflichtenhefts für die Umweltbaubegleitung, das die Organisation der UBB darstellte, erforderliche Qualifikationen und Aufgaben definierte sowie eine Checkliste für zu berücksichtigende Umweltmaßnahmen aus der Plangenehmigung und den Detailprojekten enthielt.

- Aufbau eines Umweltmanagementsystems, das Prozesse und Verantwortlichkeiten zur Sicherung einer verträglichen Umsetzung und Einhaltung von Auflagen, eine geeignete Dokumentationsform sowie das erforderliche Berichtswesen umfasst.

- Das den Lärmschutz betreffende DP musste nach der Verabschiedung der Baulärm-Richtlinie des BUWAL (neue Grenzwerte) nochmals erstellt werden. Es befasst sich mit den Lärmquellen der Baustelle und Prozessen zur Vermeidung unnötiger Schallemissionen. Mit dem DP wurden Vorgaben zu Arbeitszeiten, Schallschutzmaßnahmen und zu fordernden Emissionswerten in der Ausschreibung, z.B. bzgl. der Bewetterungsanlage bestimmt. Ebenso wurden ein Beschwerdetelefon, Schulungsmaßnahmen auf der Baustelle und ein Messkonzept für die Schallbelastungen während der Bauphase vorgegeben.

- Die Anlagenteile und Dimensionierung der Tunnelwasserreinigungsanlage wurde in mehreren Szenarien mit dem „worst case" für den Wasserandrang und Abwassereigenschaften möglicher Vortriebsmethoden untersucht. Als Ergebnis wurden zur Einhaltung der ermittelten Einleitbedingungen zwei redundante Anlagen mit Rückhaltebecken, Leichtstoffabscheider, Flockungsanlage, pH-Neutralisation und Nitritabreinigung festgelegt [vgl. Pete05].

- Zur Staub- und Luftschadstoffvermeidung wurden die Ursachenquellen und die erwarteten Emissionen in den einzelnen Realisierungsabschnitten z.B. aufgrund von näheren Angaben zu eingesetzten Geräten, vorgesehenen Betriebsstunden und Einsatzzeitpunkten ermittelt. Darauf aufbauend entwickelten die Planer Vermeidungs- und Maßnahmenmöglichkeiten, sowie Mess- und Überwachungskonzepte.

- Die abschließenden Konzepte für den Gewässerschutz vor wassergefährlichen Stoffen und LBP-Maßnahmen auf den Baustellenflächen wurden durch den Auftragnehmer mit erarbeitet.

- Die Materialbewirtschaftung (Verwertung, Deponierung, Transport) des Ausbruchs und anfallenden Schlammassen, hauptsächlich aus der Ausbruchaufbereitung und Wasserreinigungsanlage, wurde in mehreren DP betrachtet. Neben generellen Umsetzungsmöglichkeiten wurden auch die Eigenschaften aufgrund der Vortriebsmethoden oder Entstehungsorte näher untersucht und ein Prüfkonzept für die Baustelle zur Eignungsprüfung bzgl. der verschiedenen Verwendungszwecke entwickelt. Bezüglich der Schlammbewirtschaftung musste das betreffende DB während der Bauausführung fortgeschrieben werden, da durch Hydraulikölverunreinigungen wesentlich mehr verschmutzter

Schlamm anfiel als angenommen. Nach der Erarbeitung eines neuen Konzeptes und anschließender internationaler Ausschreibung der Entsorgungsleistung wurden die Schlämme als Rohmehlersatz in der Zementherstellung verwertet und so Deponiekapazitäten eingespart, jedoch mit erhöhten Transportleistungen [vgl. HMRS06].

6.2. Umweltbaubegleitung

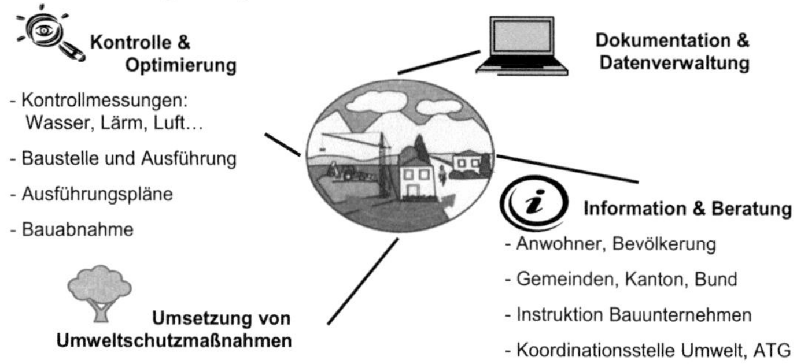

Bild 0.17:   Aufgaben der UBB am GBT [IGBT07 mod.]

Es bestehen einige Unterschiede zwischen der Umweltbaubegleitung in Amsteg und der ÖBB beim RAM. Als Teil der beauftragten Ingenieurgemeinschaft ist die UBB in die Bauleitung des AG integriert, tritt jedoch selbständig auf. Durch die Erstellung der Umweltplanung, die frühe Beteiligung im Vergabeverfahren und mit einem noch als Backoffice auftretenden Planungsbüro ist die UBB über die Entwicklung und Hintergründe der Umweltbelange informiert. Die fest auf der Baustelle eingesetzte UBB beruht auf einem detaillierten Pflichtenheft, das in einem DP entwickelt wurde, und ist neben den Kontrollen der LBP-Maßnahmen auch für die Kontrollen der weiteren Umweltschutzmaßnahmen, des Baustellenumfeldes und durchzuführende Messungen (Wasser, Luftschadstoffe, Staub) verantwortlich. Die UBB betreut daher bspw. auch die Wasserreinigungsanlage und wird bei Störungen automatisch informiert. Außerdem erfolgen durch die UBB Prüfungen der Ausführungsplanungen bzgl. der ökologischen Belange und ökologische Bauabnahmen. Neben der Kontrollaufgabe hat die UBB auch einen Beratungs- und Optimierungsauftrag. Auf der Grundlage des DP zum Umweltmanagementsystem (UMS) führt die UBB Schulungen auf der Baustelle durch, steht als Kontaktperson für Betroffene bereit und erstellt Umweltberichte auf der Grundlage der begleitenden Dokumentation [Bild 0.17].

Im Zuge des UMS wird ein Umweltverantwortlicher der Baufirma bestimmt, der als Ansprechpartner für die UBB dient. Es werden keine speziellen Qualifikationen und Kompetenzen von dieser Ansprechperson oder eine namentliche Benennung gefordert und so wurde ein Hochschulabsolvent ohne besondere Erfahrung und Kompetenz eingesetzt. Möglicherweise gingen hierdurch ein besserer Informationsfluss und schnellere Eingriffsmöglichkeiten verloren.

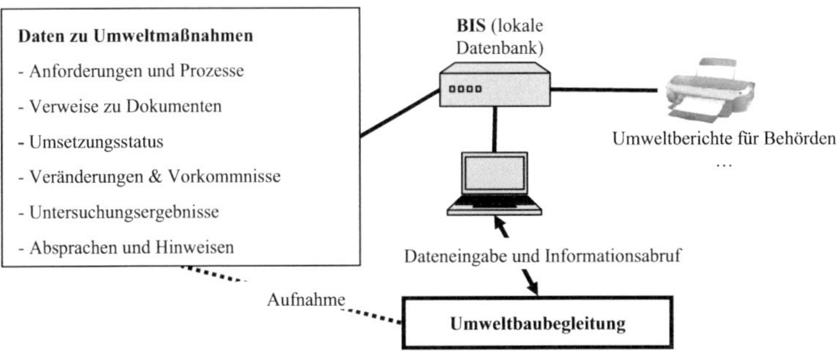

Bild 0.18:   Baustelleninformationssystem (BIS) am GBT

Für die Überwachung, Dokumentation und das Berichtswesen des UMS wurde ein Baustelleninformationssystem (BIS) in Form einer lokalen Datenbank erstellt, in der alle von der UBB zu betreuenden Umweltmaßnahmen eingepflegt wurden [Bild 0.18]. Weil das System erst nach der Vergabe durch das „Backoffice" erstellt wurde, war das Einpflegen der Daten sehr aufwändig, da Informationen aus den Dokumenten der Plangenehmigung und den Detailprojekten zusammengetragen werden mussten. Die Nummern der Maßnahmen aus den Dokumenten wurden nicht übernommen, jedoch Verweise auf die jeweiligen Dokumentenstellen aufgenommen. Das System erleichtert die Arbeit des UBB wesentlich und macht die Vorgänge transparenter. Das BIS ist ausschließlich der UBB direkt zugänglich. Informationen sind nur über gedruckte Umweltberichte (BIS-

Funktion) auch für die weiteren Interessenten nutzbar. Ökonomische Aspekte werden in diesem System auch bei neu hinzukommenden Maßnahmen nicht berücksichtigt und daher auch keine Abwägungsunterstützung zwischen ökonomischen und ökologischen Aspekten bereitgestellt. Die ökonomischen Aspekte der ökologischen Maßnahmen werden auch in Amsteg von keinem der Beteiligten detailliert erfasst. Dies liegt einerseits an den fehlenden entsprechenden Einheitspreispositionen und andererseits an dem mangelnden Interesse der Beteiligten an diesen Daten. Auf Nachfrage werden in der Kalkulation der Baufirma für Umweltmaßnahmen pauschal ca. 1,5% des Auftragswertes angenommen.

6.3. Ökologische Maßnahmen

Durch die Zusammenarbeit der UBB, dem AG/BÜ und dem AN konnten eine Vielzahl von ökologischen Maßnahmen umgesetzt werden:

Aufgrund von Beschwerden wurde ein erhöhter Schallpegel der Bewetterungsanlage festgestellt, der durch eine schallisolierende Einhausung auf das Soll reduziert wurde.

Infolge einer Verzögerung bei der Vergabe des Baulos „Erstfeld" wurden die Materialströme zum Kieswerk in Amsteg gegenüber dem entsprechenden Detailprojekt verändert. Hierdurch wurden die Schallemissionen der Entladegossen [Bild 0.19] erhöht und unter Leitung der UBB Abhilfemaßnahmen überlegt und getestet. Durch eine mobile Lärmschutzwand, reduzierte Fallhöhe und eine Begrenzung des Größtkorns bei den Materialumschlägen konnte eine Halbierung des Schallpegels erreicht werden.

Bild 0.19:   Schall Untersuchungen an der Entladegosse [IlWe06]

Lärmbelästigungen durch den Überfüllungsalarm von Zementsilos und weiteren unnötig Lärm erzeugenden Handlungen (z.B. Abschlagen von Baggerschaufeln) wurden durch die UBB unterbunden.

Die UBB erkannte schleichende Veränderungen z.B. die Ausweitung eines Waschplatzes über die abgedichteten Flächen hinaus und veranlasste notwendige Maßnahmen.

Nach Bekanntwerden deutlicher Mehrmassen von mit Kohlenwasserstoffen verschmutzen Schlamm bei Kontrollmessungen, wurde durch die UBB zu der Verunreinigungsursache eine Beprobung des Schlammes vorgenommen. Bei der Analyse konnte aus der Vielzahl eingesetzter Fette und Öle als Ursache das TBM-Hydrauliköl ermittelt werden. Jedoch wurde die Ursache nicht behoben, da die UBB vor allem für die Bereiche außerhalb des Tunnels zuständig ist und Kontrollen und Maßnahmen im Tunnel selten erfolgten.

Bild 0.20:   Zuschlag, Seeschüttung, Wasseraufbreitung [Jeke02; Pete03mod.]

Da im Normalfall aus Gründen der Verhältnismäßigkeit installierte Systeme und Abläufe nicht komplett umgeändert werden können, ist die UBB nur ein gutes „Werkzeug" für kleinere Veränderungen sowie betriebliche und organisatorische Maßnahmen. Systembedingte Umweltauswirkungen müssen im Vorfeld innerhalb der Detailprojekte (DP) angesprochen werden.

Durch ein DP wurde die Ausbruchbewirtschaftung eingehend betrachtet und mit Forschungsaufträgen unterstützt. Im Ergebnis wurde der Spritzbetonrückprall (im Mittel 12%) mit den oberen 10-20cm der temporären Sohle abgetragen und als Z-Material entsorgt. Des Weiteren wurde der

TBM-Ausbruch teilw. als Betonzuschlag verwertet. Weitere Restmassen mit geringer Belastung (pH-Wert, Schwermetalle, Kohlenwasserstoffe) konnten nach einer Reinigung als Seeschüttung [Bild 0.20] eingesetzt werden. Nur ein geringer Bruchteil der Ausbruchmassen musste auf Deponien.

Um erkannte Nitritbelastungen im Ausbruch, Schlamm und Tunnelwasser zu reduzieren wurden innerhalb des GBT-Gesamtprojekts Untersuchungen zu verschiedenen Sprengstoffen und Dieselabgasen durchgeführt sowie Maßnahmenkonzepte geprüft. Es stellte sich heraus, dass die Emissionen der möglichen Sprengstoffe stark voneinander abwichen und die Dieselemissionen nur einen geringen Anteil an den Nitritbelastungen hatten. Im Ergebnis wurde nur noch Emulsionssprengstoff verwendet und eine Nitritreinigungsstufe (Zugabe einer Natriumchloridlösung mit anschließenden Aktivkohlefiltern) bei der Wasseraufbereitungsanlage vorgesehen [vgl. Pete05]. Vorgeschlagene Maßnahmen im Tunnel zur Vermeidung des Übergangs der Luftschadstoffe in das Tunnelwasser wurden nicht ergriffen.

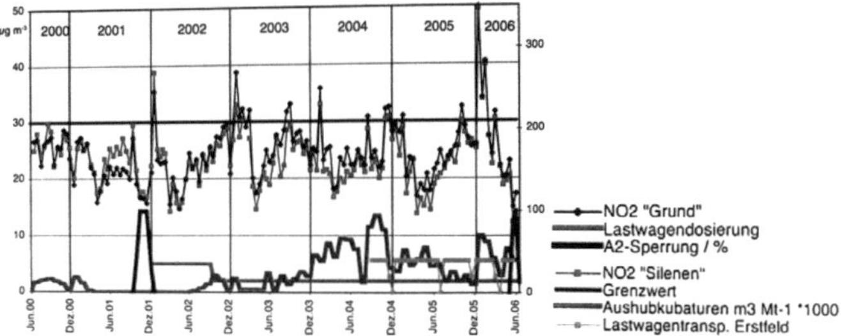

Bild 0.21:   Luftschadstoffmessungen mit Ursachenverlauf [ThSe06]

Für die Baustelleneinrichtungen waren strenge Emissionsauflagen zu erfüllen, die in Zusammenarbeit mit entsprechenden Spezialisten geplant und umgesetzt wurden. So z.B. eingehauste Förderbandtransporte und schallisolierte Materialaufbereitungs- und Betonanlagen sowie ortsfeste Bewässerungsanlagen für die Staubverminderung.

Die geforderten Messkonzepte sind wesentlich umfangreicher als in Deutschland üblich. Neben den Messungen am Zu- und Abfluss der

Wasseraufbereitungsanlage wurden bspw. kontinuierliche Messungen vor und nach der Einleitung im Vorfluter vorgenommen. Auch Luftschadstoffmessungen in der Umgebung erfolgten mit Aufnahme der möglichen Ursachenquellen [vgl. Bild 0.21], um eine Auswertung und die Steuerungsmöglichkeiten der Emissionen zu verbessern. Die Auswertungen wurden in Berichten veröffentlicht.

Bild 0.22:   Variable Tunnelschalung

Durch unvermeidbare Nachbrüche während des Vortriebs war absehbar, dass erhöhte Betonmassen für die Tunnelinnenschale notwendig werden. Um dem zu begegnen, wurde vom AG eine variable Tunnelschalung (Einstellungsmöglichkeiten von 4 Radien und 3 Umfänge) vorgesehen. Mit dieser konnte die bei normaler Schalung 30 - 80cm dicke Betonschale auf 30-50cm begrenzt und damit Ressourcen eingespart werden. Statisch gefordert war eine Betonstärke von 30-35cm. Die Ermittlung der optimalen Schalungskonfiguration erfolgte manuell mithilfe von CAD-Programmen (Überlagerung von Vermessungsquerschnitten) und Exceltabellen anhand der vorhandenen Vermessungsdaten. Ein durchgängiges Konzept für einen optimierten Schalungseinsatz kam nicht zum Einsatz. Das erste Schalungskonzept wurde wegen des hohen Arbeitsaufwandes verworfen und auch das überarbeitete System wurde max. alle 50m (5 Betonierabschnitte) angepasst. Der ökonomische Mehraufwand bei der Schalungsumstellung und ggf. hinzukommende Schwierigkeiten bei der Installation der Oberleitung wurden nicht betrachtet, können jedoch die Einsparungen bei den Betonkosten überwiegen. Der Einsatz einer Laservermessung mit anschließender

Schalungsplanung über eine längere Strecke und Kostenvergleiche mithilfe eines Computerprogramms erfolgten nicht.

Das warme, im Betrieb anfallende Drainagewasser soll für lokale Heizzwecke genutzt werden. Dies wird derzeitig untersucht und vorbereitet. Die Möglichkeiten der Wärmerückgewinnung (Tunnelwasser, Tunnelklimatisierung, TBM-Kühlwasser) während der Erstellung z.B. für den Wärmebedarf der BE wurde nicht genutzt.

7. Malmö Citytunnel (Ausführungsphase)

Der zweimal 6 km lange Malmö Citytunnel (MCT) wird von der Citytunnelprojektgesellschaft (CTP), einer selbständigen Bauherrenorganisation des Eisenbahnbauamts (Banverket) im Stadtbereich von Malmö (Schweden) realisiert. Als erster Tunnel in Schweden, wird dieser im TVM-Vortrieb (4,6km) und die Rampen in offener Bauweise hergestellt. Nach der Ausschreibung Ende 2003, die eine mehrmonatige, aufwändige und teure Angebotsbearbeitung vorsah, wurde die deutsch-dänische Arge „Malmö Citytunnel Group" (MCG) Ende 2004 beauftragt. Die Bauarbeiten begannen daraufhin 2005 und sollen 2010 abgeschlossen sein.

Die behördliche Genehmigung des Projektes erfolgte in drei Stufen. An erster Stelle stand ein Planfeststellungsverfahren, in dem der „Eisenbahnplan" mit detaillierten Beschreibungen wie das Projekt durchgeführt werden soll und vorgesehene Umweltschutzmaßnahmen festgestellt wurden. Durch das relativ neue schwedische Umweltgesetz (Environmental Code) war danach eine Zulässigkeitsprüfung durch Regierungsbehörden erforderlich, die einen Beschluss zur Vertretbarkeit des Projektes fassen mussten. In der dritten Stufe genehmigt ein spezielles Umweltgericht das Projekt, das die ökologischen Folgen sowie erforderliche Maßnahmen zur Vermeidung von Auswirkungen bewertet. Neben den ohnehin strengen Forderungen des „Environmental Code" wurden dabei, wie zwischen dem Vorhabenträger und der Umweltbehörde vereinbart, weitergehende Bestimmungen mit dem Gerichtsurteil (Environmental Verdict) festgelegt [Bild

0.24]. Das Urteil, das Grundlage für die besonderen Umweltschutzanforderungen auf der Baustelle wurde, beinhaltet u.a. projektspezifische Grenzwerte, die teilw. schärfer als die der Europäischen Union sind [vgl. LaBo02].

Beim MCT wurden besonders strenge Regeln bzgl. des Umweltschutzes aufgestellt. Zudem legte der Vorhabenträger hohen Wert auf die Transparenz zur Öffentlichkeit sowie eine offene und glaubwürdige Kommunikation. Dafür definierte CTP als Ziel eine positive Einstellung zum Projekt von mehr als 80% der Bevölkerung, das in regelmäßigen Meinungsumfragen überprüft und festgestellt wurde. Hierzu wird die Bevölkerung regelmäßig über das Projekt und umgehend bei Vorkommnissen umfassend informiert, um negativen Stimmungen vorzubeugen. Dieses Vorgehen ist die Konsequenz der schwedischen Staatsbahn Banverket aus der über 15 Jahre zurückliegenden Umweltkatastrophe des „Hallandsas Tunnels". Bei diesem wurde ein Injektionsmittel in das Gebirge injiziert, um schwere Wassereinbrüche zu stoppen. Infolge kam es bei den Arbeitern zu einer Häufung von Übelkeit sowie Fischsterben und Todesfällen bei Kühen an der Oberfläche. Die Recherchen der Presse deuteten auf eine Acrylamid-Kontamination hin, die aus einer Injektionsmittelrezepturveränderung resultierte und wegen fehlender Vorgaben nicht bekannt gegeben wurde. Umgehend wurde ein Verkaufsverbot für lokale Landwirtschaftsprodukte ausgesprochen, Anklage gegen die Verantwortlichen erhoben und der Tunnelbau für lange Zeit gestoppt. Neben den Kosten, Verzögerungen und dem Rücktritt leitender Angestellte führte der lange in der Presse behandelte Vorfall zu einem massiven Image- und Vertrauensverlust von Banverket in der Öffentlichkeit [vgl. LaBo02].

7.1. Ausschreibung und Verantwortungsweitergabe

Die Vergabe des MCT erfolgte als „Design and Construct" (D&C) Vertrag mit einem Pauschalpreis ohne separate Berücksichtigung von Preispositionen für die ökologischen Leistungen. Mit der funktionalen Ausschreibung forderte der AG von den Bietern eigene Entwürfe auf der Grundlage des abgesteckten planerischen Rahmens. Die Bewertung der Angebote erfolgte anhand der Kriterien Preis (60%), Kooperationsbereitschaft, Management- und Organisationsstruktur (20%), Umwelt (10%) und Technik (10%). Insbesondere die aufgestellten Managementsysteme mit Prozessen und Risikoherangehensweisen sowie Entscheidungsstrukturen, Verantwortlichkeiten, die Qualifikation der Kompetenzträger und die Umsetzungspläne zur Erfüllung der strengen Umweltanforderungen wurden bewertet.

Die Verdingungsunterlagen enthielten einen eigenen umfassenden Teil für ökologische Aspekte, in dem alle Anforderungen zentral und detailliert dargestellt wurden. Da damit keine klaren Umsetzungsvorgaben, sondern Anforderungen an die Planungen und die Bauausführung gestellt wurden, übernahm der AN die volle Verantwortung für die ökologische Verträglichkeit. Hierdurch wurde die Eigenkontrolle des AN in den Vordergrund gestellt. Der AG übernahm keine Verantwortung für die Planung und Ausführung, sondern erfüllte nur die ihm mit dem „Environmental Verdict" auferlegten Kontroll- und Berichtspflichten und stellte die Voraussetzungen dafür sicher. Genehmigungen oder eindeutige Aussagen waren daher vom AG nicht zu erhalten. Diese Tatsache verlangte vom AN die eigenverantwortliche Einhaltung der Anforderungen und eine bestmögliche Umsetzung zur Schonung der Umwelt durch die Einhaltung nachfolgend aufgelisteter Prinzipen [vgl. FöAT08]. Der AN muss unter Berücksichtigung der Verhältnismäßigkeit nach dem „Environmental Code" [vgl. Anhang 19]:

-   alle möglichen Auswirkungen untersuchen und prüfen sowie Vorsorgemaßnahmen treffen (Vorsorgeprinzip),

-   über ausreichende Qualifikation verfügen und alle relevanten Informationen besitzen,

-   die „beste verfügbare Technik" anwenden (BAT-Prinzip),

-   das jeweils umweltfreundlichste Produkt benutzen (Produkt-Prinzip),

-   die Nachhaltigkeit und das Kreislaufprinzip fördern (Ressourcen, Wasser, Energie, Abfall),

- eine Umsetzungslösung verwerfen, wenn wesentliche Risiken erkennbar sind und kein zwingender Grund für die weitere Umsetzung vorliegt (Stopp-Prinzip).

Anhaltswerte für den erforderlichen Umfang von Maßnahmen oder Mindeststandards, die eine Einhaltung der Forderungen sicherstellen, wurden weder vom Gesetz noch sonst zur Verfügung gestellt und somit vom AN ein Handeln nach bestem Wissen und Gewissen verlangt. Eine umfassende Dokumentation über Verhinderungen von ökologischen Auswirkungen, eindeutige Prozessstrukturen, Umweltmonitoring und Berichtswesen war daher als Beweis äußerst wichtig.

Die einzelnen Anforderungen wurden bei der Angebotsbearbeitung von verschiedenen Bearbeitern aus den Dokumenten filtriert und gelistet. Mit den meisten Aspekten (Emissionen inkl. Lärm und Vibrationen, Grundwasserbeeinflussung, Transportwege, Vegetation, Abfall und Ausbruchmaterial) war der deutsche Partner der Bietergemeinschaft vertraut, jedoch kamen auch neue Aspekte wie der Ressourcenverbrauch und die besonderen Regelungen zur Verwendung chemischer Produkte hinzu. Die Annahme, dass die Forderungen mit den in Deutschland eingespielten Standards vergleichbar seien, bewahrheitete sich nicht, da diese wesentlich schärfer umzusetzen waren und auch die Verantwortung dafür übertragen wurde. Der Aufwand zur Erfüllung der Auflagen wurde in der Kalkulation unterschätzt und führte während der Umsetzung zu aufwändigen und teuren Zusatzarbeiten, die auch zu Arbeitsbehinderungen führten.

Insbesondere der administrative Aufwand für Genehmigungsverfahren, Kontrollen und Dokumentation ist sehr hoch und durch den vereinbarten Pauschalpreis, der unter den veranschlagten Kosten lag, nicht gedeckt. Obwohl bei der Angebotserstellung bereits Experten für die Umweltplanung hinzugezogen wurden, werden in Zukunft durch das nun vorhandene Wissen bei Kalkulationen und Arbeitsvorbereitungen die Umweltaspekte noch stärker beachtet. Sinnvoll ist es, wenn bei der Angebotsbearbeitung für die ökologischen Aspekte das bei der späteren Ausführung vorgesehene Personal schon beteiligt wird. Des Weiteren könnte ein unabhängiges vom

AG eingesetztes Umweltplanungsbüro, das bereits in der Planung eingebunden war, durch die parallele Begleitung der Angebotsauswertung auf Schwachstellen in den Angeboten hinweisen und damit die Vergleichbarkeit der Angebote in ökologischer Hinsicht verbessern.

7.2. Umweltmanagement auf der Baustelle

Aufgrund der Forderungen in der Ausschreibung und der Vielzahl einzuhaltender Regularien einschließlich Dokumentation und Berichtswesen, hat die MCG ein Umweltmanagementsystem (UMS) auf Basis der DIN 14001 auf der Baustelle installiert. Dieses wurde nicht zertifiziert, sondern unterlag ausschließlich einer strengen Eigenkontrolle. Alle umweltrelevanten Prozesse (auch die Nachunternehmerleistungen) wurden mit dem UMS erfasst und die Art der Umsetzung im „Project Environmental Plan" mit „Environmental Procedures" beschrieben. Generelle darin enthaltene Erklärungen sind [vgl. StAb07]:

- Integration der Umweltschutzaspekte in den Planungsprozess, die Arbeitsvorbereitung und die Bauausführung.

- Sicherstellung der Berücksichtigung von Umweltschutzaspekten in allen Arbeitsanweisungen durch den Projektmanager.

- Durchführung von Schulungen, hinsichtlich des Umweltschutzes auf der Baustelle, für alle Mitarbeiter.

- Verpflichtung der Mitarbeiter, ihre Tätigkeiten jederzeit mit Rücksicht auf die Umwelt zu verrichten.

- Durchführung von internen Audits und Umweltinspektionen sowie Dokumentation umweltrelevanter Belange als Teil des Bauprozesses.

- aktuelles und transparentes Berichtswesen.

- permanente Weiterentwicklung der Umweltschutzprozesse.

Um die großen Datenmengen infolge der unterschiedlichen Anforderungen in den einzelnen Baubereichen zu dokumentieren und den Berichtspflichten nachzukommen, wurde ein baulosübergreifendes Umweltinformationssystem der CTP (MFS-Geo) mitbenutzt. Die Teilnahme an MFS-Geo vereinfachte die Datenerfassung und Informationsverfügbarkeit und verringerte das erforderliche Berichtswesen. Die aufgenommenen Daten konnte CTP wiederum direkt für die eigenen Berichte an die Behörde verwenden, wodurch insg. eine Win-Win-Situation entstand. Mit jährlichen Berichten wurden die tatsächlichen Projektauswirkungen umfassend beschrieben und Umweltvorfälle transparent dargestellt. Dafür wurden auch Messwertverläufe mit Grenzwertdarstellungen und der Ressourcenverbrauch sowie Abfallanfall kumuliert über die Projektzeit und aufgeschlüsselt nach Arten und Entstehungsorten veröffentlicht. Als weitere Teile des UMS stellte MCG eine Chemikaliendatenbank, ein Risikomanagement sowie Kontroll- und Inspektionspläne für Tätigkeiten und Bauabschnitte auf, die vorab dem Auftraggeber zur Freigabe vorgelegt wurden [vgl. StAb07].

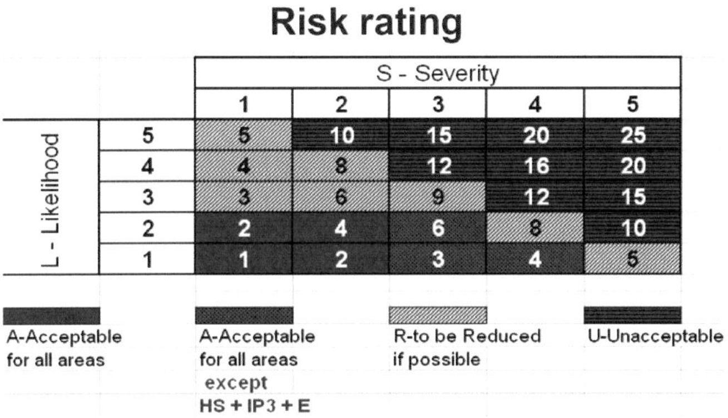

Risk rating

Bild 0.23: Risikobewertungsmatrix [Trus08]

Das Risikomanagement wurde mit einer Risikosoftware unterstützt, mit der die Risiken über Eintrittswahrscheinlichkeiten und Schadensfolgen anhand einer Risikomatrix [Bild 0.23] bewertet und anschließend in eine Risikodatenbank eingetragen wurden. In der regelmäßig aktualisierten Datenbank wurden die Risiken den Arbeitsprozessen oder Bauphasen zugeordnet und Zuständigkeiten für jedes Risiko festgelegt. Über Filterfunktionen konnten daraufhin einzelne Informationen zu den Risiken abgerufen werden, was bei der Erstellung von Arbeitsanweisungen, Schulungen und Einweisungen von Arbeitern hilfreich war. Die Risikobetrachtung startete bereits bei der Angebotsbearbeitung mit der Aufnahme von Basisrisiken aus den Verdingungsunterlagen und der Identifizierung weiterer Risiken unter Beteiligung von Planern und späteren Bauleitern. Zu betrachtende Risikobereiche waren Gesundheitsschutz und Sicherheit, ökologische und ökonomische Aspekte, öffentliche Meinung und Auswirkungen auf Dritte.

Für den Fall von Abweichungen von Vertragsvorgaben, z.B. bei Überschreitungen von vertraglich vereinbarten Grenzwerten, die immer unterhalb der Grenzwerte des "Environmental Verdict" lagen, musste MCG umgehend einen Abweichungsbericht (NCR) erstellen und an CTP weiterleiten. Neben der Beschreibung der Abweichung, dessen Ausmaßen und den Ursachen, mussten in den NCR auch ein Maßnahmenvorschlag und Korrekturvorschläge zur zukünftigen Vermeidung der Abweichung erstellt werden. Bis zur erfolgten Prüfung durch CTP konnte es dabei zur Arbeitseinstellung im betroffenen Bauabschnitt kommen (Fall 2 Bild 0.24). Da das Überschreiten des Grenzwerts gemäß „Environmental Verdict" einen Gesetzesverstoß darstellte, musste CPT einen solchen Vorfall den Behörden melden. Je nach Fallentscheidung konnte dies zu einem Gerichtsverfahren und damit möglichen Bußgeldern oder juristischen Konsequenzen für die Verantwortlichen führen (Fall 1 Bild 0.24). Auf Grund der sehr detaillierten Dokumentation der betrieblichen Abläufe konnte bis Anfang 2008 (Zeitpunkt der Betrachtung) den Verantwortlichen kein Verschulden nachgewiesen werden [vgl. StAb07].

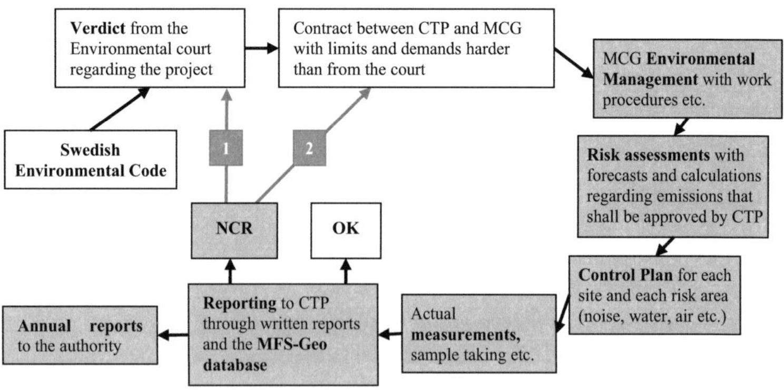

Bild 0.24:   Anforderungsweitergabe und Umweltmanagement [MCG08]

7.3. Verantwortlichkeiten

Für das UMS setzte MCG eine aus vier Personen bestehende Umweltgruppe ein, in der die ökologischen Belange nach der jeweiligen Qualifikation aufgeteilt wurden. Neben allgemeinen Rundgängen, Datenaufnahme und Berichtswesen führte die Gruppe die Risikoanalysen und Schulungen durch und diente als „Backoffice" für ökologische Fragestellungen der verantwortlichen Mitarbeiter auf der Baustelle. Auch eine Baustellenbroschüre zum Umweltschutz, die jeder Arbeiter ausgehändigt bekam und in der allgemeine Verhaltensweisen und Anfangsprozesse bei Umweltvorfällen enthalten waren, wurde durch die Gruppe erstellt.

Anders als in Deutschland wurde aufgrund der besonderen Gesetzeslage in Schweden die Verantwortung für die Umweltverträglichkeit bis in die Firmenspitze der AN weitergegeben und von dieser wiederum bis zu den Schichtleitern delegiert. Die Verantwortungsweitergabe erfolgt dabei entsprechend der jeweiligen Qualifikation und Einflussmöglichkeit der Mitarbeiter in schriftlicher Form mit eindeutiger persönlicher Verantwortlichkeit (Wer, Wann, Wofür) [vgl. StAb07]. Hierfür waren Schulungen und Umweltinformationsbereitstellungen sowie Arbeitsanweisungen sehr wichtig, um den jeweiligen Mitarbeitern ein verantwortliches Handeln zu ermöglichen. Bauleiter waren so neben Qualität, Kosten und Sicherheit auch für die ökologischen Aspekte im eigenen Handlungsbereich verantwortlich. Da behördliche Genehmigungen nicht ausgesprochen wurden, mussten die Verantwortlichen fortwährend die ökologischen Aspekte über Eigenkontrollen im Auge behalten und eine bestmögliche Umsetzung anstreben, um nicht persönlich haftbar gemacht zu werden. Dadurch erfolgte eine genaue Betrachtung der ökologischen Risiken im Vorfeld von Arbeiten, gezielte Einweisungen von Arbeitern und eine gewissenhafte Maßnahmenumsetzung und Kontrolle.

Dieses Vorgehen war vor allem für die deutschen Mitarbeiter fremd und führte bei der Nachunternehmerbeauftragung auch zu Problemen. Neben geforderten Umweltreferenzen von Nachunternehmen, Bewertungen zu den

Angaben zur Umsetzung als auch Unternehmens- und Referenzbaustellen-besichtigungen, mussten die Nachunternehmer die Qualitäts- und Umwelt-anforderungen übernehmen und zu kritischen Punkten Stellungnahmen abgeben. Eine vollständige Weitergabe der Verantwortung war jedoch oft nicht möglich, da mit steigender Verantwortungs- und Risikoübernahme der Angebotspreis rasch anstieg oder Unternehmen von Angeboten Ab-stand nahmen.

7.4. Auswahl chemischer Produkte

Die Verwendung chemischer Produkte erforderte aufgrund des Produkt-Prinzips einen eigenen, besonderen Auswahl- und Genehmigungsprozess, da aus den allgemeinen Zulassungslisten die bestmögliche Wahl nicht nachgewiesen werden konnte. In der Folge suchte MCG ausgehend von den zugelassenen Produkten nach denjenigen, die dem letzten Stand der Technik in Bezug auf die Umweltverträglichkeit entsprechen konnten. Die Neuentwicklung von Produkten im Projekt wurde aus Risiko- und Kosten-gründen ausgeschlossen. Daran anschließend erfolgte bei boden- oder was-serberührenden Stoffen eine Risikobewertung [vgl. Anhang 20] durch die Überprüfung auf verbotene Substanzen, Prüfung zu möglichen Folgen beim Einsatz und ggf. auch durch die Ermittlung ortsabhängiger PEC/PNEC-Werte in Anlehnung an die REACH-Richtlinie. Das Verhältnis sollte dabei möglichst klein sein, da PEC für die maximal mögliche Schadstoffkonzen-tration aufgrund des Produkts und seiner Verwendungsweise und PNEC für die maximal verträglichen Schadstoffkonzentration ohne Umweltfolgen stehen. Die kostenintensiven Untersuchungen mussten für jeden Einsatzort und erneut bei Veränderungen durchgeführt werden und erforderten im Normalfall über die Produktdatenblätter hinausgehende Informationen, z.B. Produktrezepturen (Firmengeheimnisse), mit denen besonders sensibel umgegangen werden musste.

Spätestens 8 Wochen vor der Produktanwendung und bei erforderlichen Erhöhungen der Produktmenge mussten Unterlagen zur Prüfung bei CTP mit einem Datenblatt und einem Sicherheitsblatt eingereicht werden. Das

Datenblatt enthielt eine Produktbeschreibung mit Herstellerangaben, die vorgesehenen Einsatzmengen und Einsatzorte, die Gefahrenanalyse und eine ggf. erfolgte Risikobewertung. Mit dem Sicherheitsblatt wurden Vorschriften zum Umgang, zur Lagerung, Entsorgung und Schutzausrüstung für den Einsatz des Produktes sowie Maßnahmen bei möglichen Umweltunfällen dargestellt. Innerhalb von 3 Wochen wurden die Unterlagen und Untersuchungen von Experten der CTP geprüft und ggf. zusätzliche Maßnahmen gefordert oder Produkte abgelehnt. Daraufhin musste eine erneute Suche gestartet werden.

Nach erfolgreicher Prüfung wurden die Produkte mit der beantragten Menge in MFS-Geo und mit sämtlichen Details in einer separaten Chemikaliendatenbank von MCG eingetragen [vgl. Anhang 21]. Die Kennzeichnung auf der Baustelle erfolgte mit Aufklebern, durch die der sachgerechte Umgang besser kontrolliert und mit der darauf befindlichen ID-Nummer leicht auf alle Produktinformationen in der Datenbank zugegriffen werden konnte. Eine Identifizierung mit dem Produktnamen, der meist schneller parat war als die ID-Nummer, war nicht möglich und in Anbetracht der über 300 Produkte und 1000 Genehmigungen schwierig. Eine Suchmöglichkeit über beide Kriterien ist empfehlenswert.

7.5. Umweltinformationssystem (MFS-Geo)

In MFS-Geo [Bild 0.25] konnten die Ausführungsbeteiligten, CTP und Behörden je nach Zugriffs- und Schreibrechten über das Internet Daten eintragen und auf Daten zugreifen. Dabei erfolgte die Datenaufnahme teilw. mit einem durch GIS-Software unterstütztem System orts- und zeitgenau mit strukturierten Ausgaben in graphischer und/oder tabellarischer Form. Im System wurden die verwendeten chemischen Produkte, der Verbrauch sowie Messwerte, Berichte und NCRs dokumentiert. Die kontinuierlichen Messungen (z.B. GW-Stand, Erschütterungen, Luftschadstoffe) wurden zunächst meist händisch und nur selten automatisch von den Messgeräten in eine Datenbank bei MCG eingegeben und von dort an MFS-Geo übertragen. MFS-Geo wertet automatisch die Informationsflut zeitnahe aus und überwacht über die im System hinterlegten Alarmwerte und vertraglichen Grenzwerte die Einhaltung von Auflagen. Wurden Überschreitungen der Alarmwerte festgestellt, erfolgte eine direkte elektronische Meldung an die Verantwortlichen, denen bis zur Grenzwerterreichung damit noch ein Handlungsspielraum blieb. Bei einer Grenzwertüberschreitung wurde automatisch ein NCR an die Verantwortlichen bei AN, AG und die Behörden gemeldet, woraufhin eine Besprechung für das weitere Vorgehen stattfand und der NCR vom AN zu bearbeiten war. Neben den Messdaten konnten auch ergriffene Maßnahmen und Ereignisse eingesehen und ausgewertet werden sowie Berechnungen und Annahmen anhand der Messwerte verifiziert und Abweichungen erkannt und ggf. darauf reagiert werden.

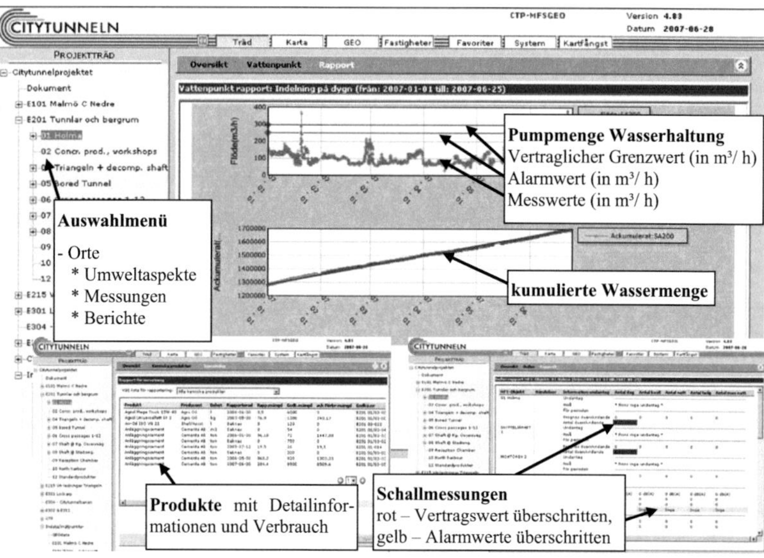

Bild 0.25:   Umweltdatenbank MFS-Geo Citytunnel Malmö [MCT08 mod.]

7.6. Ökologische Maßnahmen

Aufgrund der Produktanalysen wurde letztendlich Biodiesel als Treibstoff für die Maschinen gewählt, da sich dieser am umweltverträglichsten und risikoärmsten darstellte. Hierdurch waren jedoch besondere Maßnahmen an den Maschinenmotoren erforderlich, die zu Zusatzkosten führten, ohne dass diese in einer Datenbank zum Wissensaufbau für zukünftige Maßnahmen und Planungen aufgenommen und damit weitergegeben wurden. Während die Vorteile von Biodiesel auch im Vorfeld angenommen wurden, lernten die Beteiligten z.B. bei der Auswahl des Schildschwanzfettes für die TBM, dass es wesentliche Unterschiede zwischen den Produkten gibt und in diesem Fall das teuerste Produkt das Umweltverträglichste war und ausgewählt wurde. Die Mehrkosten konnten nicht an den AG weitergegeben werden. Bei einer solch konsequenten Umsetzung der ökologischen Produktbewertung müssten zukünftig die Hersteller reagieren und die Umweltverträglichkeit der eigenen Produkte immer weiter verbessern und für ökologische Bewertungen transparenter gestalten.

Durch die Schulungen, Kontrollen und NCR wurden auf der Baustelle Umweltverträglichkeitsoptimierungen erzielt und durch die intensive Befassung mit den Auswirkungen, Ursachen und Maßnahmenmöglichkeiten Wissen für spätere Projekte aufgebaut und dokumentiert. Leider wurden die einhergehenden ökonomischen Aspekte nicht erfasst.

Bild 0.26:   Schutzmaßnahmen bei Spritzbetonarbeiten [StAb07; Trus08]

Bei den Spritzbetonarbeiten der Querschläge wurden durch das Produktgenehmigungsverfahren von Anfang an spezielle Maßnahmen vorgesehen. Das am Spritzbetonarbeitsort anfallende Wasser wurde am Arbeitsort abgepumpt (1), über separate Abwasserleitungen in ein regelmäßig gereinigtes separates Absetzbecken im Tunnel geleitet, in Zwischentanks (2) gespeichert und im Falle der Kontaminierung separat entsorgt. Trotz dieser Maßnahmen traten zwei Grenzwertüberschreitungen mit PEC/PNEC-Verhältnissen bzgl. eines Schadstoffes von 1,25 und 4,1 auf. Mit dem NCR wurde daraufhin festgelegt, dass Spritzbetonrückprall auf mit Vlies ausgelegen Paletten aufgefangen und separat beseitigt wird, um den Wasserkontakt weiter zu verringern. Einen grenzwertigen Extremfall stellte das Verbot der Spritzbetonsicherung bei einem Querschlag dar, der infolge ohne jegliche Sicherung aufgefahren wurde (3). Dies erforderte vor und während der Arbeiten eine besondere Prüfung der Gebirgsstandsicherheit.

Anhang 1

Nach Richtlinie 2008/1/EG des Europäischen Parlaments und des Rates vom 15. Januar 2008 über die integrierte Vermeidung und Verminderung der Umweltverschmutzung (IVU-Richtline) Anhang IV:

Bei der Festlegung der besten verfügbaren Techniken (BVT), wie sie in Artikel 2 Nummer 12 definiert sind, ist unter Berücksichtigung der sich aus einer bestimmten Maßnahme ergebenden Kosten und ihres Nutzens sowie des Grundsatzes der Vorsorge und der Vorbeugung im Allgemeinen wie auch im Einzelfall Folgendes zu berücksichtigen:

1. Einsatz abfallarmer Technologie

2. Einsatz weniger gefährlicher Stoffe

3. Förderung der Rückgewinnung und Wiederverwertung der bei den einzelnen Verfahren erzeugten und verwendeten Stoffe und gegebenenfalls der Abfälle

4. Vergleichbare Verfahren, Vorrichtungen und Betriebsmethoden, die mit Erfolg im industriellen Maßstab erprobt wurden

5. Fortschritte in der Technologie und in den wissenschaftlichen Erkenntnissen

6. Art, Auswirkungen und Menge der jeweiligen Emissionen

7. Zeitpunkte der Inbetriebnahme der neuen oder der bestehenden Anlagen

8. Für die Einführung einer besseren verfügbaren Technik erforderliche Zeit

9. Verbrauch an Rohstoffen und Art der bei den einzelnen Verfahren verwendeten Rohstoffe (einschließlich Wasser) sowie Energieeffizienz

10. Die Notwendigkeit, die Gesamtwirkung der Emissionen und die Gefahren für die Umwelt so weit wie möglich zu vermeiden oder zu verringern

11. Die Notwendigkeit, Unfällen vorzubeugen und deren Folgen für die Umwelt zu verringern

12. Die von der Kommission gemäß Artikel 17 Absatz 2 Unterabsatz 2 oder von internationalen Organisationen veröffentlichten Informationen.

Anhang 2

ökologische Aspekte	Ursachen	mögliche ökologische Auswirkungen	Beeinflussbarkeit (dunkler = umfangreicher)			
			Tunnellage / Planungsphase	Vergabephase	Realisierung	Betrieb / Nutzung
Luftschadstoffe und Staub	*Luftschadstoffe –* Vortriebsverfahren (Sprengarbeiten und Dieselmaschinen), Transporte (insb. LKW), Straßenbau, Baustoffproduktion, Verkehr im Tunnelbetrieb abh. von der Tunnelbelüftungsanlage *Staub -* Vortriebsverfahren, Ausbruchbewirtschaftung, Erdarbeiten, Fahrwege (LKW), Umgang mit staubigen Stoffen	Luftverschmutzung (Partikel, HC-Emissionen, DME, NO_x, CO, CO_2 SO_2, Ozon, PAH), Gesundheitsbeeinträchtigungen (insb. Anwohner), Klimafolgen, Verschmutzungen durch Staub, Beeinträchtigung von Flora, Fauna und Boden, Beeinträchtigungen von Denkmälern und Gebäuden				
Veränderung von Boden und Grundwasser	Vortriebsverfahren - Einsatz von Sprengstoff, Hydraulik- und Schalungsölen, Schmierstoffen, Treibstoff sowie Chemikalien und ggf. erforderliche Grundwasserabsenkung, Ausbruchlagerung (Eluat), Frischbeton, Tunnelschale, Injektionen… (Eluat, GW-Hindernis, Bodenbestandteil), Tunneldrainage	Grundwasserentzug, Absenkung / Aufstau des GW-Spiegels, Grundwasserverunreinigung, Bodenverunreinigung				
Abwasser – Gewässerveränderungen	Berg- und Prozesswasser aus dem Tunnelvortrieb und Abwasser von der Baustellenfläche sowie ggf. auch aus der Ausbruchbewirtschaftung, Vortriebsverfahren - Einsatz von Sprengstoff, Hydraulik- und Schalungsölen, Schmierstoffen, Treibstoff sowie Chemikalien und ggf. erforderliche Grundwasserabsenkung, Reinigungs-, Lösch- und Straßenabwässer aus dem Tunnelbetrieb	Wasserverunreinigung (Schwebstoffe, pH-Wert, Kohlenwasserstoffe, Temperatur, Nitrit), Ressourcenbedarf für Abwasserreinigung, Gewässerverunreinigungen, Gewässerverlust oder -Absenkung				
Lärm und Erschütterungen	Vortriebsverfahren (insb. Sprengen und Ausbruchschutterung), Erd- und Tiefbauarbeiten, Transporte (Baumaterialien, Ausbruchbewirtschaftung), Tunnelkonstruktion (MFS, Schallschutz…) *Lärm - zusätzlich* Baustelleneinrichtung (Geräte, Bewetterung, Feldfabriken, Wartungs- und Reinigungsplätze, Abwasserbehandlungsanlage…), Verkehr im Tunnelbetrieb (insb. an Tunnelportalen) ggf. sekundärer Luftschall *Erschütterung - zusätzlich* Verkehr im Tunnelbetrieb (insb. Bahn)	Gesundheit und Wohlbefinden der Menschen, Beeinträchtigung von vorhandenen sozialen Beziehungen und menschlichen Nutzungen (insb. Gewerbe und Tourismus), Beeinträchtigung von Fauna (insb. Vögel), Beeinträchtigung von Bauwerken, Denkmälern und Produktionsstätten Beeinträchtigungen der Oberfläche (Boden, Landschaftsbild) bspw. durch Rutschungen				
Sicherheit	Unfall- / Brandrisiko (Gefahrgut), Sicherheitsdesign und Rettungskonzept	Gesundheit der Menschen, Dauerhaftigkeit der Konstruktion				

Gebirgs-beeinflussung	Vortriebsverfahren – ggf. erforderliche Grundwasserabsenkung, Gebirgsumlagerungen, Verformungen, Mehrausbruch (Einfließen) und Erschütterungen, Sicherungsmaßnahmen und Ausführung	Setzungen, Verschiebungen, Rutschung und Tagbruch an der Geländeoberfläche: Beeinträchtigung und Gefährdung von Gebäude, Sachgüter, Denkmäler, Menschen, Flora, Fauna und menschlichen Nutzungen				
Restmassen (insb. Ausbruch)	Tunnelquerschnitt (Betriebsanforderungen, Gebirge, Sicherungsbedarf, Vortriebsart, Tunnelschalenkonstruktion, Sondereinbauten - z.B. Tunnel-lüftungsanlagen und MFS), Sonstige Bauwerke – z.B. Rettungswege, Lüftungsschächte, Zugangsstollen (Nutzungs- und Baustellenanforderungen), Spritzbetonrückprall, Chemie- / Bentoniteinsatz, Mehrausbruch und Verbruchrisiko (abhängig von Vortriebsverfahren und Ausführung), Ausbruchweiterverwertung, Baustellenabfälle, Belasteter Ausbruch und Schlamm aus Abwasseraufbereitung, Abfälle aus der Tunnelbetriebsphase (Straßenabfälle, Kehricht, Schlamm aus Abwasserbehandlung, Drainagespülgut)	Deponieraumbedarf für Abfall (belasteter Ausbruch, Spritzbetonrückprall, Schlamm und Abfälle) Flächenbedarf (auch Zwischenlagerung), Transporte, Ressourcenbedarf, Lärm und Staubbelastung im Zuge der Ausbruchbewirtschaftung / Abfallbeseitigung				
Flächeninan-spruchnahme und Boden	Tunnelanlagen, Baustelleneinrichtungsfläche, Verkehrs-wege und Lagerflächen (abhängig von Vortriebsverfahren), Baugruben und Voreinschnitte, Zwischenlager- und Deponieflächen (Tunnelausbruch und Abfälle), Unsachgemäße Zwischenlagerung von Oberboden, Bodenverdichtungen im Zuge der Bauarbeiten, Verbruchrisiko im Zuge des Tunnelvortriebs, Flächen für LBP-Maßnahmen	Verbrauch an freien Flächen, Beeinträchtigungen der vorhandenen Flora und Fauna (insb. Rodungen), Verlust von Bodenfunktionen und Bodenwerten (Veränderung, Versiegelung, Oberbodenverlust), Beeinträchtigungen der menschlichen Nutzungen (insb. Landwirtschaft und Tourismus) und des Landschaftsbilds				
Verkehr	Transporte in der Bauphase (Ausbruchbewirtschaftung, Baustoffe, Maschinen und Anlagen), Transportart, Transportrouten, Verkehrsaufkommen, Wartungs- und Unterhaltungsarbeiten - Tunnel(teil)sperrungen	Verkehrsbehinderungen Verkehrsumleitungen, Unfallgefahren, Belästigungen und Gesundheits-schädigungen (Lärm, Erschütterung, Luftschadstoffe, Verschmutzung) Beeinträchtigung von Flora und Fauna (Transportstrecke, Staub, Kollisionen)				
Ressourcenbedarf	Hohlraumherstellung (Vortriebs-verfahren, Bauweise, Gebirgssicherung und Ausführung), Tunnelkonstruktion insb. Tunnelschale, sonstige Bauwerke des Tunnels, Baustelleneinrichtung (Bewetterung, Abwasserbehandlung, Feldfabriken), Transporte (Menge, Entfernung, Transportmittel), Tunnelnutzung (Fahrzeugantrieb), Tunnelbetrieb (Beleuchtung, Belüftung, Reinigung, Drainage), Tunnelunterhaltung und Tunnel-modernisierung, Ressourcenschonung (Ausbruch-, Abwasser- und Abwärmenutzung bei Erstellung; Geothermie- und Drainagewassernutzung im Betrieb)	Verbrauch endlicher Ressourcen: Primärenergie, mineralischen Rohstoffen, Stahl, Wasser ökologische Auswirkungen im Zuge der Baustoffherstellung				

Anhang 3

Spezifischer Energieverbrauch von Tunnelvortriebsmaschinen [vgl. Mitr07]:

Bei dieser Formel wird das Vorschubsystem der Maschine nicht berücksichtigt, da dieses nur ca. 10 % des Drehmoment-Energieverbrauchs ausmacht

$$Es = \left(\frac{M_D * m * 2\pi}{l * A}\right) * \left(\frac{10000}{36}\right) \quad \text{in kWh / fm}^3$$

$$Einheiten = \left(\frac{1.000.000\,Nm * \dfrac{1}{60s}}{\dfrac{\dfrac{1}{1.000}m}{\dfrac{1}{60}h} * m^2}\right) = \frac{\dfrac{1.000.000}{60}[Watt]}{\dfrac{60}{1.000}[\dfrac{m^3}{h}]} = \frac{10.000}{36}[kWh/fm^3]$$

E_S *Spezifischer Energieverbrauch [kWh / fm³]*

M_D *Drehmoment [MNm]*

m *Drehzahl [U/min]*

l *Vortriebsgeschwindigkeit = Nettovortriebsleistung [mm / min]*

A *Ausbruchfläche*

$M_D * m$ *Drehmoment * Drehzahl = Leistung [Watt]*

Spezifischer Energieverbrauch im konventionellen Vortrieb:

Energiebedarf von elektrisch betriebenen Baumaschinen [vgl. Lehn90 S.104]

Bei elektrobetriebenen Geräten hängt der Verbrauch an elektrischer Energie von der installierten Leistung und vom Leistungsfaktor $\cos\alpha$ ab.

Energieverbrauch $= P * \cos\alpha * t$ **in kWh**

P *Motorleistung [KW]*

$\cos\alpha$ *Anhaltswert zwischen 0,12 und 0,21 [l / kW]*

Treibstoffbedarf von dieselbetriebenen Baumaschinen [vgl. BGL07 S.13]

Der spezifische Kraftstoffverbrauch für Dieselmaschinen ändert sich mit Last, Drehzahl, Betriebs- und Verschleißzustand. Für Baumaschinen kann allgemein - unter Berücksichtigung betriebsbedingter Unterbrechungen - ein Kraftstoffverbrauch von 100 bis 175 g/kWh angenommen werden. Der zollamtliche Umrechnungsfaktor beträgt 0,84 kg/l (0,82-0,86 nach ISO 3675)

$$Treibstoffverbrauch = P*a*t \text{ in Liter Dieseltreibstoff}$$

P Motorleistung [KW]

a Leistungsfaktor [-]

t Betriebsdauer [h]

Spezifischer Sprengstoffverbrauch nach Langefors/Kihlström [Erfahrungswerte]:

$$q = 14/A + 0,8$$

q Spezifischer Sprengstoffaufwand in $[kg/fm^3]$

A Ausbruchquerschnitt $[m^2]$

Der Wert 0,8 kann bei günstigen Gebirge verringert werden [Girm08 S.121]

Weitere Anhaltswerte:

Sprengbarkeitsgrad (nach LEINS & THUM 1970)	Vorstollen kg/m^2	Kalottenvortrieb kg/m^2	Vollausbruch kg/m^2
leicht schießbar	1,0 - 2,0	0,2 - 0,7	0,1 - 0,4
mittelschwer schießbar	2,0 - 3,5	0,7 - 1,3	0,4 - 0,8
schwer schießbar	3,5 - 5,0	1,3 - 2,1	0,8 - 1,3
Sprengbarkeitsgrad (erweiterte Skala)	Vorstollen kg/m^2	Vorstollen kg/m^2	Vollausbruch kg/m^2
sehr schwer schießbar	--	2,1 - 3,0	(1,3 - 2,0)
extrem schwer schießbar	--	> 3,0	(> 2,0)

Bild: Sprengstoffverbrauch [ThPl03 S.4]

Anhang 4

In Deutschland erfolgt die Berechnung der Erschütterungen nach DIN 4050. Die Beurteilung von Erschütterungseinwirkungen auf Menschen erfolgt nach DIN 4150 Teil2, die der Bauwerkserschütterung nach DIN 4150 Teil 3.

Für die Beschreibung der Stärke der Erschütterung auf Bauwerke wird die maximale Schwinggeschwindigkeit v_R in [mm/s] verwendet.

Die maßgebende Immissions-Größe für Auswirkungen auf den Menschen ist der so genannte KB-Wert.

Abschätzung von Sprengerschütterungen:

Für die Prognose von Sprengerschütterungen im Fernfeld kann nach der DIN 4150 Teil 1 näherungsweise die folgende empirische Abstands-Lademengen-Beziehung

verwendet werden:

$$v_{max} = k \left(\frac{L}{L_0} \right)^b * \left(\frac{R}{R_0} \right)^{-m}$$

V_{max} *Maximalwert der Schwinggeschwindigkeit im Freifeld [mm / s]*

L *Lademenge Sprengstoff, in kg je Zündzeitstufe;*

L_0 *1 kg (Bezugsgröße*

R *Entfernung von der Sprengstelle [m]*

R_0 *1m (Bezugsgröße)*

k *Beiwert [mm/s], empirisch ermittelt (z. B. durch Probesprengungen)*

b, m *Kennzahlen, empirisch ermittelt*

Die Zahlenwerte für k, m, b sind durch in Bezug auf den Untergrund, das Sprengverfahren und den Entfernungsbereich vergleichbare Fälle zu belegen, wobei die mögliche Streubreite angemessen zu berücksichtigen ist.

Näherungsverfahren zur Ermittlung der Beurteilungsgröße KB aus direkten Erschütterungsregistrierungen [vgl. DIN 4150 Teil 2 S.9f]. Der Maximalwert des v(t)-Signals und der Frequenz der Aufzeichnungen sind zu bestimmen.

$$KB = \frac{1}{\sqrt{2}} * \frac{v_{max}}{\sqrt{1 + (f_0 / f)^2}}$$

$$KB_{F\,max} = KB * c_F$$

f *Frequenz [Hz]*
$F0$ *5,6 Hz (Grenzfrequenz des Hochpasses)*
v_{max} *maximale Schwingschnelle [mm/s]*
c_F *Konstante nach Tabelle 3 [-]*
KB *Beurteilungsgröße [-]*

Tabelle 3: Erfahrungswerte für die Konstante c_F für verschiedene Arten von Erschütterungseinwirkungen

Zeile	Kurzbeschreibung der Einwirkungsart[1]	c_F [2]
1	Harmonische Schwingungen mit geringen Verzerrungen (z. B. Sägewerke in großer Entfernung oder bei wesentlicher Resonanzbeteiligung)	0,9
2	Wie Zeile 1, jedoch stärker verzerrt — mehr als etwa 20 % Verzerrungen (z. B. Sägewerke in enger Nachbarschaft, wenn noch mehrere Oberschwingungen vorhanden sind)	0,8
3	Stochastische Schwingungen und periodische Vorgänge mit Schwebungen a) mit Resonanzbeteiligung (z. B. Webereien, Rammen, gemessen auf mitschwingenden Wohnungsfußböden); b) ohne Resonanzbeteiligung (z. B. auf nicht unterkellerten Wohnungsfußböden)	0,8 0,7
4	Einzelereignisse kurzer Dauer a) mit Resonanzbeteiligung b) ohne Resonanzbeteiligung	0,8 0,6

[1] Die Einordnung einer Messung in eine dieser Klassen sollte nach dem Bild der Schwingungsaufzeichnung erfolgen. Die genannten Beispiele sollten nur eine Orientierung geben, in welchen Situationen die einzelnen Klassen der Erschütterungseinwirkung häufig anzutreffen sind.

[2] Die Werte für c_F sind mittlere Erfahrungswerte. Abweichungen von etwa ± 15 % können auftreten.

Anhang 5

aus „Skript Bauphysik" Instituts für Massivbau und Baustofftechnologie der Universität Karlsruhe, Prof. Harald S. Müller.

Allgemeine Schallpegelberechnung

Schallpegel (L):   berechnet über den Schalldruck p

$$L = 20 \cdot \lg (p/p_0) \text{ dB}$$

mit $p_0 = 2*10\text{-}5$ Pa (N/m²) Bezugsdruck≙Hörschwelle bei 1000Hz)

oder über die Schallintensität I (da $I \sim p^2$)

$$\mathbf{L = 10 \cdot lg\ (l/l_0)\ dB}\ \text{mit}\ I = \frac{\Delta W}{\Delta A * \Delta t}$$

$$I_0 = 10\text{-}12 \text{ W/m2}$$

$$\Delta W = \text{Energie},\ \Delta A = \text{Fläche},\ \Delta t = \text{Zeitintervall}$$

Schalldruckpegel L_p [dB (A)]	Geräusch
0	Hörschwelle
10	gerade hörbarer Schall
15 ... 20	leises Blätterrauschen
30 ... 40	ruhige Wohnlage
40 ... 50	leise Unterhaltung, leises Büro
50 ... 60	normale Unterhaltung
70 ... 80	Straßenverkehr
80 ... 85	Rufen, Schreien
80 ... 90	Lastauto, dicht vorbeifahrend; Hauptverkehrsstraße
90 ... 100	Druckerei, Presslufthammer in 10 m Entfernung
100 ... 110	Eilzug, vorbeifahrend; Druckerei
110 ... 120	Kesselschmiede
120 ... 130	Propellerflugzeug in 3 m Abstand, schmerzhaftes Geräusch
130 ... 150	Düsenflugzeug bei Start in der Nähe
150 ... 160	Geschütz, Explosion

Bild: Einordnung von Schalldruckpegeln

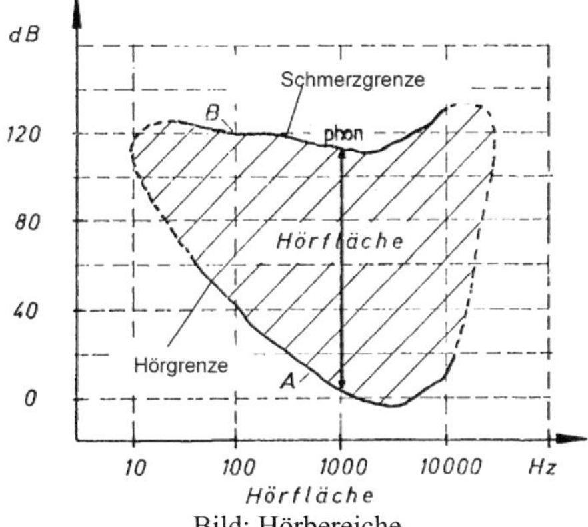

Bild: Hörbereiche

Bei der Überlagerung zweier Einzelpegel L_1 und L_2 mit $L_1 > L_2$ bestimmt nach

$$L_{ges} = L_1 * 10 \cdot lg \{1+10^{-(L_1-L_2)/10}\}$$

vor allem der größere Pegel den Gesamtpegel. Aus der Abbildung geht hervor, dass der Zuschlag zum größeren Pegel höchstens 3 dB betragen kann. Für $L_1 - L_2 \geq 6$ dB kann L_2 vernachlässigt werden.

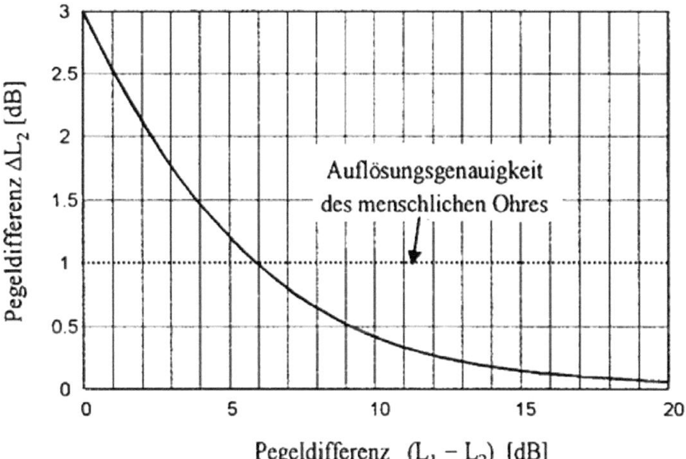

Bild: Schallpegelzuschlag

Der Summenpegel beliebig vieler Einzelpegel berechnet sich nach:

$$L_{ges} = 10 \cdot \lg \left(\sum_{i=1}^{n} 10^{\,L_i/10} \right)$$

Dabei bedeutet eine Erhöhung des Schallpegels um 10 dB etwa eine Verdoppelung des subjektiven Lautstärkeempfindens.

Für die Berechnung von **Schallpegeln an Immissionsorten** gilt für zwei Schallpegel L1 und L_2 in den Abständen r_1 und r_2 von der Schallquelle

$L_2 = L_1 - 20 \lg (r_2/r_1)$

Bei Linienschallquellen, z. B. Züge oder Straßenbahnen, gilt:

$L_2 = L_1 - 10 \lg (r_2/r_1)$

Für die Ermittlung des **Gesamtbeurteilungspegels verschiedener Schallquellen einer Baustelle** gelten bisher die Regelungen gemäß „Allgemeine Verwaltungsvorschrift zum Schutz vor Baulärm". Darin werden in der Berechnungsformel neben den Schalldruckwerten, Lästigkeitszuschläge bis zu 5 dB (A) bei deutlich hörbaren Tönen und Zeitkorrekturwerte für die Anpassung an die tägliche Betriebsdauer berücksichtigt.

Anhang 6

Bedarfsplanung	Bundesverkehrswegeplan (M = 1 : 2.500.000)	Strategische Umweltverträglichkeitsprüfung (SUP) (bis 2005 URE) (M = 1 : 50.000)	FFH-Verträglichkeits-einschätzung (FFH-VE) ggf. FFH-Verträglich-keitsprüfung (FFH-VP) (M = 1 : 25.000)
	Bedarfsplan (M = 1 : 750.000)		
Vorplanung (HOAI LP 1 + 2) (M = 1 : 25 000 - 1 : 2 500)	ggf. Raumordnungsverfahren (ROV) mit UVP	Umweltverträglichkeitsprüfung (UVP) 1. Stufe 1.2 Trassensuche 1.3 Variantenvergleich (M = 1 : 10 000 - 1 :5.000)	
	Bestimmung einer Vorzugsvariante und Linienbestimmung		
Entwurfplanung (HOAI LP 3) (M = 1 : 5.000 - 1: 1.000)	RE-Entwurf	Umweltverträglich-keitsprüfung (UVP) 2. Stufe 1.1 Optimierung der Vorzugsvariante (M = 1 : 5 000 - 1 : 1.000)	Naturschutz-rechtliche Eingriffsregelung mit Landschafts-pflegerischen Begleitplan (LBP) (M = 1 : 5 000 - 1 : 1.000)
	Kostenberechnung		
	Haushaltstechnisches Genehmigungsverfahren		
Genehmigungsplanung (HOAI LP 4)	Genehmigungsplanung		
	Planfeststellungsverfahren mit UVP		
Ausführungsplanung (HOAI LP 5) (M = 1 : 1.000 - 1: 500 in Ausnahmefällen 1 : 250)	Finanzierungsfreigabe und Einstellung in den Finanzhaushalt	Landschaftspflegerischer Ausführungsplan (LAP)	
Ausschreibung und **Vergabe** (HOAI LP 6 + 7)	Verdingungsunterlagen und Bauvertrag	Angebotsbewertung und Vergabe	
Arbeitsvorbereitung und **Erstellungsphase**	Verkehrsfreigabe	Ausführung, Bauüberwachung und ggf. ökologische Baubegleitung	
Betriebsphase	Unterhaltung, Betrieb und Pflege	Verfügbarkeit, Tunnelmanagement, Pflege von LBP-Maßnahmen	

Anhang 7

1) nach [PlafeRL07]

2) nach [PFRL07]

1)

Die Planunterlagen für das Anhörungsverfahren (Feststellungsentwurf) umfassen die auf die Planfeststellung abgestellten Unterlagen des Entwurfs gemäß RE und sonstige Unterlagen ("Der Plan").

Der Plan umfasst in der Regel:

a. Erläuterungsbericht, zugleich als allgemein verständliche Zusammenfassung i. S. von § 6 Abs. 3 Satz 2 und § 6 Abs. 4 Satz 2 UVPG, insbesondere der in den Buchst. e, n, o, p, q und r angesprochenen umweltrelevanten Angaben, mit Aufzählung der für den Plan erstellten Gutachten. Der Erläuterungsbericht enthält auch die Ergebnisse des Variantenvergleichs nach Nummer 11 Abs. 8,

b. Zeichenerklärung (Muster 66),

c. Übersichtskarte,

d. Übersichtslageplan,

e. Übersichtskarte mit Darstellung der geprüften Vorhabenvarianten,

f. Verzeichnis der Bauwerke, Wege, Gewässer und sonstigen Anlagen - Bauwerksverzeichnis - (Muster 77),

g. Ausbauquerschnitt, ggf. besondere Querschnitte,

h. Lageplan,

i. Höhenplan,

j. Leitungsplan, ggf. mit Darstellung erforderlicher Ersatztrassen,

k. Pläne für Kunstbauwerke,

l. Grunderwerbsverzeichnis (Muster 8),

m. Grunderwerbsplan in einem Maßstab, der die Grundstücksgrenzen und Grundstücksinanspruchnahme eindeutig erkennen lässt,

n. Unterlagen zur Regelung wasserrechtlicher/wasserwirtschaftlicher Sachverhalte, Erläuterungen und Pläne, ggf. Darstellung der bautechnischen Maßnahmen in Wassergewinnungsgebieten (nach RiStWag),

o. Unterlagen zur Regelung lärmtechnischer Sachverhalte, Erläuterungen und Pläne,

p. Ergebnisse der landschaftspflegerischen Begleitplanung, insbesondere landschaftspflegerischer Begleitplan mit Erläuterungen der Vermeidungs-, Minimierungs-, Ausgleichs.- und Ersatzmaßnahmen gemäß den "Musterkarten für die einheitliche Gestaltung landschaftspflegerischer Begleitpläne im Straßenbau - Ausgabe 1997 -,

q. artenschutzrechtlicher Fachbeitrag nach Nummer 13.

r. Soweit erforderlich und im Erläuterungsbericht nicht bereits enthalten

   o Beschreibung der infolge des Straßenverkehrs zu erwartenden Luftschadstoffbelastungen einschließlich der erforderlichen Schutzmaßnahmen,

   o Beschreibung von Art, Menge und ggf. Herkunft der für den Erdbau benötigten Massen sowie

   o Beschreibung von Art, Menge und ggf. Verbleib der bei der Herstellung der Straße anfallenden Überschussmassen,

s. Beschreibung der zu erwartenden erheblichen Auswirkungen auf Kultur- und sonstige Sachgüter,

t. integrierter Straßenraumentwurf (insbesondere beim Ausbau von Ortsdurchfahrten),

u. Beschilderungs- und Markierungsplan,

v. Unterlagen zur Beurteilung der Verträglichkeit des Vorhabens mit den Erhaltungszielen der Gebiete von gemeinschaftlicher Bedeutung (FFH-Gebiete) oder eines europäischen Vogelschutzgebietes, bei Unverträglichkeit Angaben zu Alternativen und zwingenden Gründen des überwiegenden öffentlichen Interesses,

w. Umstufungskonzept.

Die nach § 6 Abs. 3 und 4 UVPG erforderlichen Angaben sind in die entsprechenden Unterlagen aufzunehmen.

Zusätzliche Unterlagen sind in der Regel nicht erforderlich.

Mehrere Pläne können in einem Plan vereint werden, wenn die Darstellung klar und verständlich bleibt.

2)

Mit dem Antrag auf Planfeststellung sind je nach Vorhaben folgende Planunterlagen vorzulegen:

<u>1. Planfestzustellende Unterlagen</u>

Dazu gehören insbesondere:

- Inhaltsverzeichnis,

- ggf. Abkürzungsverzeichnis,

- Erläuterungsbericht (insbesondere Planrechtfertigung, Umfang, Zweck und Außenwirkungen der Maßnahme, Ergebnis eines ggf. erforderlichen

Variantenvergleiches mit Auswahlkriterien sowie eine Zusammenfassung der umweltrelevanten Daten i. S. des § 6 UVPG),

- Übersichtskarte mit Darstellung der geprüften Varianten,

- Übersichtsplan,

- Lageplan,

- Höhenplan,

- Regelquerschnitt und kennzeichnende Querschnitte,

- Bauwerksplan (z. B. Grundriss, Schnitte, Ansichten),

- Verzeichnis der Bauwerke, Wege, Gewässer und sonstiger Anlagen – Bauwerksverzeichnis (Muster 12.2) -,

- Grunderwerbsverzeichnis (Muster 12.3),

- Grunderwerbsplan in einem Maßstab, der die Grundstücksgrenzen der betroffenen Grundstücke mit den voraussichtlich zu erwerbenden Flächen eindeutig (parzellenscharf) erkennen lässt; es sind auch die dinglich zu belastenden oder nur vorübergehend beanspruchten Flächen auszuweisen,

- Baustelleneinrichtungsplan und Baustraßen,

- Leitungslageplan,

- Unterlagen zur Regelung wasserwirtschaftlicher Sachverhalte, z. B. zur Einleitung von Oberflächenwasser in oberirdische Gewässer und in das Grundwasser,

- Landschaftspflegerischer Begleitplan.

<u>2. Gutachten und sonstige Unterlagen, die zur Entscheidungsfindung benötigt werden</u>

Dazu gehören insbesondere:

- Umweltverträglichkeitsstudie,

- FFH-Verträglichkeitsstudie,

- Gutachten zu Schall, Erschütterungen und elektromagnetischen Feldern,

- Gutachten zum Brand- und Katastrophenschutz,

- Aussagen zu den Wirkungen des Vorhabens auf die Leistungsfähigkeit der Infrastruktur,

- sonstige Unterlagen und Gutachten, soweit sie zur Entscheidung erforderlich sind,

- der Nachweis des gemeindlichen Einverständnisses für bahnfremde Nutzungen (siehe RL 22 Abs. 3), soweit es sich um Vorhaben von örtlicher Bedeutung handelt,

- Baugrundgutachten.

Diese Unterlagen sind deutlich erkennbar durch den Vermerk „Nur zur Information" zu kennzeichnen.

Anhang 8

Inhaltsverzeichnis Vergabeunterlagen

0. **Anschreiben an die Bewerber**
☒ Anschreiben an die Bewerber
☒ Bewerbungsbedingungen
☒ dieses Inhaltsverzeichnis

> Dem Rücklaufexemplar nicht beilegen

Teil A **Bieterschreiben**
☒ Bieterschreiben

> Dem Rücklaufexemplar 1-fach beilegen

Teil B **Bauvertrag**
☒ Vertragstext
☒ Anlage 2.0 Protokolle und vertragsrelevanter Schriftverkehr siehe Unterschriftenseite
☒ Anlage 2.1 Besondere Vertragsbedingungen
☒ Anlage 2.2 Zusätzliche Vertragsbedingungen (ZVB-DB)
☒ Anlage 2.3 Zusätzliche techn. Bestimmungen zu § 3.2.7
☒ Anlage 2.3.1 Eisenbahnspezifische Liste Technischer Baubestimmungen (ELTB)
☒ Anlage 2.4 Nebenangebote
☒ Anlage 2.4.1 Nebenangebote Änderung Vertragstermine
☒ Anlage 2.4.1 Nebenangebote pauschalierte Teilleistung
☒ Anlage 2.5 Angaben zur Preisermittlung inkl. Formblätter
☒ Anlage 2.6 DVA-Versicherungsmerkblatt
☒ Anlage 2.7 Nachunternehmerverzeichnis
☒ Anlage 2.8 Qualitätssicherungsregelung
☒ Anlage 2.9 Kabelmerkblatt DB
☒ Anlage 2.10 Kapazitätsnachweis Maschinen
☒ Anlage 2.11 Kabelmerkblatt DB-Telematik
☒ Anlage 2.12 Bietererklärung
☒ Anlage 2.13 Kraneinsatz
☒ Anlage 2.14 Bauzeitenplan (AN)
☒ Anlage 2.14.1 Rahmenterminplan
☒ Anlage 2.15 Mittelabflussplan (AN)
☒ Anlage 2.16 Erläuterungsbericht zur geplanten Bauabwicklung (AN)

> Bestandteile der Verdingungsunterlagen
> Bitte als Rücklaufexemplar 2-fach im Original und einmal in Kopie vorlegen

Teil C **Allgemeine Vorbemerkungen zur Leistungsbeschreibung**
☒ Allgemeine Vorbemerkungen zur Leistungsbeschreibung
☒ Anlage 1 Musterzeichnung Bauschilder/Baustellenschilder

Teil D **Technische Vorbemerkungen zur Leistungsbeschreibung**
☒ Technische Vorbemerkungen zur Leistungsbeschreibung
☒ Anlage 1 Generelles Schema: Prüfung und Genehmigung von Ausführungsunterlagen

Teil E **Leistungsverzeichnis**
☒ LV-Langtext
☒ ☒ LV-Kurztext (s.a. Ziffer 3.2 der Bewerbungsbedingungen)
☒ ☒ Zusammenstellung der Lose
☒ ☒ Bieterangaben

> Bitte als Rücklaufexemplar 2-fach beilegen

Teil F **Planbeilagen**
☒ Anlage F000 Planverzeichnis
☒ Anlage F001 – F011 Planbeilagen

Teil G   **Sonstiges**

☒	Anlage 1	Planfeststellungsbeschluss
☒	Anlage 2	Vermessungsgrundlagen
☒	Anlage 3	Geologisches Gutachten
☒	Anlage 4	Tunnelbautechnisches Gutachten
☒	Anlage 5	UIG Ril 853
☒	Anlage 6	Bürgschaftsvordruck Vertragserfüllung
☒	Anlage 7	Bürgschaftsvordruck Gewährleistung

Bestandteile der Verdingungsunterlagen

Erstellt durch:

IGT - Ingenieurgemeinschaft für Geotechnik und Tunnelbau mbH - Zweigniederlassung Limburg

Anhang 9

Nach [ASFINAG06]

Ausschreibung und Angebot	A14 Pfändertunnel 2. Röhre
B1	**Ausschreibungsgrundlagen** **Seite 1**

ASFINAG BAU MANAGEMENT GMBH

B.1 AUSSCHREIBUNGSGRUNDLAGEN

Ausschreibung und Angebot	A14 Pfändertunnel 2. Röhre
B.1	**AUSSCHREIBUNGSGRUNDLAGEN** **Seite 20**

1,304.2 Zuschlagskriterien

1,304.2.1 Allgemeines

Für die Prüfung und Beurteilung der Angebote gelten die Vorgaben des Bundesvergabegesetzes – BVergG. Zur Beurteilung der Angebote werden neben dem Preis auch die Qualität der vom Bieter zu erbringenden, ausgeschriebenen Leistungen herangezogen. Im Zuge der Angebotsprüfung werden die Angaben des Bieters wie folgt bewertet.

Kriterium	Gewichtung
Preis	94 %
Qualität	6 %
Gesamtprozentanteil, welcher durch Verlängerung der Gewährleistungsfrist angerechnet wird	1 %
Gesamtprozentteil, welcher durch die Qualifikation des Schlüsselpersonals angerechnet wird.	2 %
Gesamtprozentteil, welcher durch die Umweltkriterien angerechnet wird.	3 %

1,304.2.5 Ad Zuschlagskriterium „Umwelt"

Unter Hinweis auf die Beilage 2 zu Zl. BMVIT – 319.514/0012-II/ST-ALG/2005 wird festgestellt, dass denjenigen Angeboten der Vorzug zu geben ist, die die geringste Lärm- und Luftschadstoffbelastungen verursachen.

Um die Gleichbehandlung der Bieter zu gewährleisten, wird die nachfolgend beschriebene, vereinfachte Bewertung der Umweltbelastung angewendet. Alle diesbezüglichen Daten oder Angaben haben keine Relevanz für die Abrechnung der Bauleistungen.

Als Kriterien für die Lärm- und Schadstoffbelastung werden die LKW-Massentransporte für das Ausbruchmaterial des Tunnels herangezogen.

Es sind die Transportentfernungen ab dem bergmännischen Tunnelportal bis zu den Standorten der erstmaligen Ressourcenverwertung einschließlich Leerfahrten für Rückfahrten in Ansatz zu bringen. Unter erstmaliger Ressourcenverwertung wird die Deponierung oder Annahme des Ausbruchmaterials zur Verwertung verstanden, nicht jedoch eine Zwischenlagerung z.B. im Portalbereich. Werden Rückfahrten für relevante Transporte des gegenständlichen Bauvorhabens herangezogen, entfällt die Anrechnung der Leerfahrten.

Vereinfachend gelten für die Transporte des Ausbruchmaterials folgende vorgegebene Ansätze:
Für die Verfuhr werden folgende Massen des Ausbruchsmaterials zum Ansatz gebracht:
-- beim zyklischen Vortrieb (NÖT):
  rd. 700.000 m^3 (fest) x 26 kN/m^3 x 0,1 t/kN = 1.820.000 t
-- beim kontinuierlichen Vortrieb (TVM):
  rd. 790.000 m^3 (fest) x 26 kN/m^3 x 0,1 t/kN = 2.054.000 t

Für die Transporte werden folgende Gewichtungsfaktoren in Abhängigkeit der benutzten Verkehrswege angesetzt:
-- Transport auf hochrangigem Straßennetz
  (Autobahnen, Schnellstraßen): $f_T = 0,1$
-- Transport auf überregionalem Straßennetz
  (in Österreich: vormals Bundesstraßen): $f_T = 0,5$
-- Transport auf regionalen Straßen (Landes- und
  Gemeindestraßen sowie untergeordneten Straßen): $f_T = 1,0$
-- Transport mit Förderband,
  Seilbahn, Bahn, Schiff: $f_T = 0,0$

Die Transportwege sind darzustellen und mit dem Angebot abzugeben.

Zur Berücksichtigung der Beförderungsmittel werden in Abhängigkeit der Emissionen folgende Faktoren angesetzt:
-- EURO 0-, 1-, 2-LKW: nicht erlaubt
-- EURO 3: $f_L = 1,0$
-- EURO 4: $f_L = 0,8$
-- EURO 5: $f_L = 0,6$
-- Transport mit Förderband, Seilbahn, Bahn, Schiff: $f_L = 0$

Die Errechnung des Gesamtfaktors „Umwelt" erfolgt nach folgendem Schema:

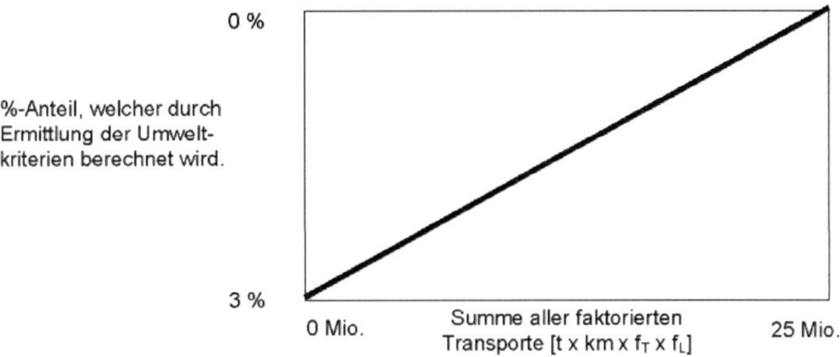

-- Bei Einsatz von Förderbändern beim TVM werden von der zu bewertenden Menge 9.100.000 [t x km] (Gesamtausbruch x mittlere Transportlänge) abgezogen.
-- Die Untergrenze wird mit 0 festgelegt. Eine Unterschreitung wird nicht bewertet.
-- Die Obergrenze wird mit 25.000.000 [t x km x f_T x f_L] festgelegt. Eine Überschreitung wird nicht bewertet.

Die Errechnung des Faktors „Umwelt" erfolgt für das Angebot Tunnelbau mit zyklischem Vortrieb und für das Angebot Tunnelbau mit kontinuierlichem Vortrieb nach demselben Schema.

Der Prozentanteil für die Bewertung der Umweltkriterien wird auf 2 Kommastellen gerundet.

Die Ermittlung ist im Anhang B1-IV anhand von verschiedenen Beispielen veranschaulicht.

Können die Angaben für Errechnung des Faktors „Umwelt" nicht nachgewiesen werden, wird der Faktor mit 0,00 % bewertet.

Zum Nachweis der Erfüllung der mit dem Angebot abgegebenen Daten ist ein elektronisches Aufzeichnungssystem zur Registrierung der Transporte einzurichten. Der AN ist verpflichtet, für sämtliche Transportfahrzeuge Typenscheine, aus denen die Zuordnung zu den LKW-Emissionsklassen hervorgeht, unaufgefordert vorzulegen. Die Transporte werden über den gesamten Zeitraum des Ausbruchs und der Ressourcenverwertung täglich dokumentiert. Die Überwachung der Aufzeichnungen erfolgt stichprobenartig durch die ÖBA.

Pönalebestimmungen
Werden die mit dem Angebot eingereichten Daten (Transportentfernungen, LKW-Klassen, Verkehrswege) nicht eingehalten und resultieren daraus Mehrbelastungen der Umwelt, wird die Mehrbelastung mit einem Pönalefaktor von 3 sanktioniert. Das Pönale errechnet sich mit der durch die Mehrbelastung des Transportes ergebenden %-Anteil des Faktors Umwelt, welcher mit dem Angebotspreis multipliziert wird. Als Basis der Mehrbelastung wird die tatsächliche abgerechnete (theoretische) Ausbruchkubatur und das spez. Gewicht γ = 2,6 t/m^3 herangezogen.

Beispiel:
Mehrbelastung der Umwelt:

         Ausbruchkubatur NÖT: 100.000m³
         Mehrkilometer auf der Autobahn mit LKW-Euro 4: 10 km
         Rückfahrten sind Leerfahrten ergibt Faktor 2
         $100.000 \ m^3 \times 2{,}6 \ t/m^3 \times 0{,}1 \ (f_T) \times 0{,}8 \ (f_L) \times 10 \ km \times 2$ (Fahrten) x
         3 (Pö) = 1.248.000 [t x km]

Pönale: 1.248.000 ergibt 0,15 % x Vergabesumme netto.

Werden die Transporte nicht wie gefordert dokumentiert, wird für jede fehlende Dokumentation ein Pönale von € 1.000,--/Tag einbehalten.

Die Pönalebestimmungen für die Umweltkriterien werden zusätzlich zur Deckelung der Pönale berechnet.

1,304.3   Ermittlung des Gesamtfaktors

Ermittlung des Gesamtfaktors Qualität

> Faktor Qualität = *Verlängerung der Gewährleistungsfrist (%) + Qualifikation Schlüsselpersonal (%) + Umweltkriterium (%)*

Anhang 10

Umweltrelevante Normen	
BNatSchG	Setzt die Ziele und Grundsätze für Naturschutz und Landschaftspflege und führt diesbezügliche Schutzgüter auf. Beinhaltet die Eingriffsregelung, d.h. die Bestimmung von erforderlichen Maßnahmen bei Eingriffen nach dem Grundsatz Vermeidung vor Ausgleich vor Ersatz. Jeder wird aufgefordert, nach seinen Möglichkeiten zur Verwirklichung der Ziele und Grundsätze des Naturschutzes und der Landschaftspflege beizutragen und sich so zu verhalten, dass Natur und Landschaft nicht mehr als nach den Umständen unvermeidbar beeinträchtigt werden. Setz auch die FFH-Richtlinie 92/43/EWG um.
BWaldG	Dient dazu den Wald wegen seines wirtschaftlichen Nutzens (Nutzfunktion) und wegen seiner Bedeutung für die Umwelt, insbesondere für die dauernde Leistungsfähigkeit des Naturhaushaltes, das Klima, den Wasserhaushalt, die Reinhaltung der Luft, die Bodenfruchtbarkeit, das Landschaftsbild, die Agrar- und Infrastruktur und die Erholung der Bevölkerung (Schutz- und Erholungsfunktion) zu erhalten und zu fördern.
ZTV-La StB / DIN 18320	Vorgaben für Landschaftsbauarbeiten und den Umgang mit Oberboden im Zuge der Bauarbeiten, um eine umweltverträgliche Realisierung zu unterstützen.
WHG	Schutz von Grund- und Oberflächengewässer in ihrer Funktion als Trink- und Brauchwasser und als Lebensraum für Flora und Fauna vor schädlichen Beeinträchtigungen. Regelt die Nutzung (Bewirtschaftung) von Gewässern (Genehmigungserfordernis) und dient dazu nachteilige Veränderung von Gewässern zu vermeiden (Vorsorgeprinzip).
BImSchG	Schutz von Menschen, Tieren und Pflanzen, Boden, Wasser, Atmosphäre sowie Kultur- und sonstigen Sachgütern vor schädlichen Umwelteinwirkungen infolge von Emissionen (z.B. Schadstoffe, Schall, Erschütterungen…) in Luft, Wasser und Boden, durch deren Vermeidung und Verminderung sowie Vorsorgen gegen Gefahren, erhebliche Nachteile und erhebliche Belästigungen, die auf andere Weise herbeigeführt werden können. Konkretisierungen sind in den einzelnen Verordnungen zum BImSchG zu finden.
TA Lärm (TA Luft)	Technische Anleitung, die dem Schutz der Allgemeinheit und der Nachbarschaft sowie der Vorsorge gegen schädliche Umwelteinwirkungen durch Geräusche (Luftverunreinigungen) dient. Ermittlungsverfahren, Bewertungsmaßstäbe und Immissionsrichtwerte für verschiedene Immissionsorte.

DIN 18920	Maßnahmen zum Schutz von Bäumen, Pflanzbeständen und Vegetationsflächen bei Baumaßnahmen.
DIN 4150	Schutz von Gebäuden und Menschen in Gebäuden vor Schäden und erheblichen Störungen durch Erschütterungen, die im Bauwesen entstehen. Ermittlungsverfahren, Bewertungsmaßstäbe und Immissionsrichtwerte für verschiedene Immissionsorte.
AVV Baulärm	Begrenzung der Schallemissionen von Baustellen bzw. Baumaschinen zum Schutz der Anwohner durch Festlegung von Immissionsrichtwerten. Hinweise zu möglichen Maßnahmen zur Minimierung des Baulärms.
BBodSchG	Schutz vor schädlichen Bodenveränderungen und nachhaltige Sicherung der Funktionen des Bodens. Bei Einwirkungen auf den Boden sollen Beeinträchtigungen seiner natürlichen Funktionen (Puffer-, Filter-, Speicherfunktion) sowie seiner Funktion als Archiv der Natur- und Kulturgeschichte so weit wie möglich vermieden werden.
KrW-/AbfG	Förderung der Kreislaufwirtschaft (Verwertung) zur Schonung der natürlichen Ressourcen und Sicherung der umweltverträglichen Beseitigung von Abfällen.
DepV	Regelt die spezifischen Annahmekriterien der Abfälle für verschiedene Deponieklassen und enthält zwingende Regelungen für die Entsorgung von Abfällen auf Deponien.
LAGA M20	Anforderung an die stoffliche Verwertung von mineralischen Abfällen und technische Regeln für die Verwertung sowie Probenahme und Analytik.
ChemG / EG/1907/2006 / GefStoffV / 67/548/EWG	Schutz des Menschen und der Umwelt vor schädlichen Einwirkungen gefährlicher Stoffe und Zubereitungen auf Wasser, Boden, Luft sowie die Nahrungskette, durch Gefahrensymbole sowie Risiko- und Sicherheitssätzen (R- und S- Sätze) (GefStoffV, 67/548/EWG) und vorbeugend durch Bewertungen und Risikoanalysen sowie Zulassungsbeschränkungen aufgrund des Verhältnisses zwischen maximal verträglicher zu maximal möglicher Konzentration (PEC/PNEC < 1) (REACH-Richtlinie).
StGB	Regelt u.a. Straftaten gegen die Umwelt (Gewässerverunreinigung, Bodenverunreinigung, Luftverunreinigung, Verursachung von Lärm und Erschütterung, unerlaubter Umgang mit gefährlichen Abfällen, Gefährdung schutzbedürftiger Gebiete) und dient damit der Aufrechterhaltung des Rechtsfriedens. Durch Sanktionen sollen Umweltschädigungen verhindert werden. Weitere Strafvorschriften zum Schutz der Umwelt außerhalb des StGB sind z.B. im BNatSchG zu finden. Maßnahmen in Form von Ordnungswidrigkeiten sind den einzelnen Fachgesetzen zu entnehmen (z.B. WHG)

UIG	Fordert den freien Zugang zu den bei den Behörden vorhandenen Informationen und Daten über den Zustand von Umweltbestandteilen wie Luft und Atmosphäre, Wasser, Boden, Landschaft und natürlichen Lebensräumen einschließlich Feuchtgebieten, Küsten- und Meeresgebieten, die Artenvielfalt und ihre Bestandteile, sowie die Wechselwirkungen zwischen diesen Bestandteilen; Faktoren wie Stoffe, Energie, Lärm und Strahlung, Abfälle aller Art sowie Emissionen, Ableitungen und sonstige Freisetzungen von Stoffen in die Umwelt, die sich auf die Umweltbestandteile auswirken oder wahrscheinlich auswirken.
DSchG	Dient dem Schutz und der Pflege von Kulturdenkmälern, insbesondere durch die Überwachung des Zustandes und der Abwendung von Gefährdungen.
Auflagen aus dem PFB bzw. anderen Genehmigungen	Projektspezifische Vorgaben zu Handlungen, Verfahren und Schutzvorkehrungen, die dem Vorhabenträger auferlegt werden, um ökologische Auswirkungen zu verringern und einen möglichst umweltverträglichen Bau und Betrieb zu erreichen.
USchadG	Legt die Pflichten bei Umweltschäden an Gewässern, Boden sowie Arten und deren natürlichen Lebensräumen und unmittelbaren Gefahren solcher Schäden fest. Pflichten: Informationspflicht, Gefahrenabwehrpflicht und Sanierungspflicht.

Verfahrensrelevante Normen

FstrG (AEG)	Regeln die Belange bei Bundesfernstraßen (Schienenwege) und konkretisiert allg. Normen darunter das Genehmigungsverfahren nach VwVfG.
ROG	Sicherung einer den natürlichen Gegebenheiten und wirtschaftlichen, sozialen sowie kulturellen Anforderungen gerecht werdenden Flächennutzung
VwVfG	Allgemeines Verfahrensrecht, darunter Regelung des Ablaufs von Genehmigungsverfahren wie dem PlafeV sowie ggf. erforderlichen Ergänzungen und Änderungen am PFB.
UVPG	Stellt die Umweltvorsorge nach einheitlichen Grundsätzen bei bestimmten öffentlichen und privaten Vorhaben sowie bei bestimmten Plänen und Programmen sicher, indem Auswirkungen auf die Umwelt im Rahmen von Umweltprüfungen frühzeitig und umfassend ermittelt, beschrieben und bewertet werden und die Ergebnisse der durchgeführten Umweltprüfungen bei allen behördlichen Entscheidungen über die Zulässigkeit von Vorhaben sowie bei der Aufstellung oder Änderung von Plänen und Programmen so früh wie möglich berücksichtigt werden.

RE 85	Dient der einheitliche Gestaltung der Entwurfsunterlagen für Straßenbaumaßnahmen der Bundesrepublik Deutschland.
AKS 85	Enthält Anweisung zur Kostenberechnung bei Straßenbaumaßnahmen
BMVBS98	Dient dazu, die Planungsentscheidung „Tunnel oder Einschnitt" im Zuge einer Wirtschaftlichkeitsuntersuchung, die in Form einer gesamtwirtschaftlichen Betrachtung (inkl. Umweltauswirkungen) mit einer Nutzwertanalyse und Kapitalwertmethode (Kostenwirksamkeitsanalyse) erfolgt, transparent und nachvollziehbar zu machen sowie allgemeingültige Bewertungsmaßstäbe vorzugeben.
KV2005 / AAVO	Bestimmung des erforderlichen Umfangs an Kompensationsmaßnahmen bzw. Ausgleichsabgaben, falls keine Ausgleichs- oder Ersatzmaßnahmen möglich sind, für Eingriffe in die Umwelt.
HOAI	Vorgaben und Honorargrenzen für die Berechnung von Entgelten für Leistungen von planungsbeteiligten Architekten und Ingenieuren.
DIN 18299	Allgemeine Regelungen für die Leistungsbeschreibung und Abrechnung im Zuge von Bauarbeiten.
DIN 18312	Regelungen für die Leistungsbeschreibung und Abrechnung im Zuge von Untertagebauarbeiten.
VOB / GWB / VgV / HVA B-StB	Vorgaben für die Ausschreibung, Vergabe und Ausführung von Bauleistungen

Technikrelevante Normen

ZTV-ING (Straße) Ril 853 (Bahn) RABT (Straße) (EBO) (Bahn)	Regelungen und technische Anforderungen für die Planung, den Bau und Betrieb von Tunneln.
DIN 67524	Anforderungen und Bemessung von Beleuchtung in Straßentunneln
RAA bzw. RAS	Straßenbauvorschriften – Regelungen, Bemessungsvorgaben und Anforderungen für die Planung von Straßen.
SprenG	Bestimmungen und Anforderungen für die Durchführung von Sprengarbeiten.
BGV C 22	Anforderungen bei Bauarbeiten allgemein und speziell bei Arbeiten unter Tage im Zuge des Arbeitsschutzes und der Unfallverhütung.

Anhang 11

2001 Grundlagenermittlung und Vorplanung	Planungsmittelfreigabe für Planungen der HOAI LP 1 + 2 Planungsarbeiten mit paralleler UVS und Vorbereitung des ROV. (Betrachtung von Trassen, Vortriebsmethoden, Ausbruchkonzepten)
2002 - 2003 Raumordnungsverfahren	ROV mit UVP 1.Stufe Raumordnungsentscheid 2003 (Vorauswahl der Trassenvariante und des Vortriebsverfahrens. Maßgaben die Ausbruchkonzeptplanung)
2003 Entwurfs- und Genehmigungsplanung	Planungsmittelfreigabe für Planungen der HOAI LP 3 – 4 Planungsarbeiten mit paralleler Erarbeitung von UVS, LBP und FFH-VP und Vorbereitung des Plafe. (Optimierung der Planung, insb. Betrachtung von Ausbruchkonzepten)
2003 – 2006 Planfeststellungs- verfahren	2003 Antrag auf Planfeststellung (PFB für Ende 2005 erwartet) 2004 Erörterungstermin
2004 - 2005 Planänderung	Planänderung durch Einwendungen und Aktualisierung des BVWP 2005 Antrag auf Planänderungsverfahren
2006 Planfeststellung	November 2005 - Beginn Erarbeitung PFB Juni 2006 Erlass des PFB (nach etwa 2,5 Jahre) Auflage des sofortigen Vollzugs
2007 Realisierungsvorbereitung	Finanzielle Baufreigabe durch das EBA und Freigabe der Projektrealisierung durch den Vorstand der DB AG
2007-2008 Vergabephase	Erstellung der Verdingungsunterlagen Ausschreibung und Vergabe der Bauleistungen
2008 – 2010 Ausführungsplanung	Erstellung der Ausführungsplanungen Prüfung der Ausführungsplanungen durch das EBA
2008 -2012 Bauphase	Beginn Bauarbeiten durch vorbereitende Arbeiten Herstellung der Tunnelvortriebsmaschine Vortriebsbeginn für 2010 geplant Fertigstellung des Tunnels für 2012 geplant

Anhang 12

Schutzgut	Untersuchungsparameter und -Indikatoren	Untersuchungstiefe und -maßstäbe		Untersuchungszeitraum	Untersuchungsfrequenz
Menschen	Lärm	gemäß Anforderungen 16. BImSchV für Bauzeit Immissionsrichtwerte nach AVV Baulärm			
	Erschütterungen	DIN 4150, Teil 2		Erschütterungsmessungen, Prognosen	
	Erholungswert	Erhebung erholungsrelevanter Bereiche			
Pflanzen und Tiere	Vegetation, Rote Liste und FFH-Arten, Schutzstatus nach BNatSchG	Artenlisten, Vegetationsaufnahmen Maßstab 1 :2.000		Sommer 2002	mehrere Begehungen zum Vegetationshöhepunkt
	Brutvögel	Artenliste		März - Juli	monatlich (insgesamt 5 Begehungen)
	Kriechtiere	Artenliste		Mai - Juli	5 Begehungen im Untersuchungszeitraum
	Lurchen	Artenliste		April - August	monatlich je 2 Nachtbegehungen (witterungsabhängig)
	Tagfalter	Artenliste		Mai - August	insgesamt 6 Begehungen, bei geeigneter Witterung
Boden	Pedologie	Analyse basierend auf Bodenkarten von Rheinland-Pfalz 1:25.000 oder 1:50.000, Biotopkartierung und Begehungen		Mai - August	Begehungen im Zuge der Biotoptypenkartierung
	Geologie	Geologisches Gutachten			
Wasser	Oberflächengewässer	Erhebung der Naturnähe im Rahmen der Biotoptypenkartierung		Sommer 2002	mehrere Begehungen
	Grundwasser	Hydrogeologisches Gutachten, Erkundungsbohrungen			
Klima	Klimafaktoren: Temperatur, Niederschlag	verkürzte Darstellung aufgrund nicht zu erwartender Erheblichkeit			
Luft	bestehender Verkehr	Ermittlung der Vorbelastung in Relation zur Belastung durch die Baumaßnahme			
Landschaft	Landschaftsbild, Geländerelief	Ortsbegehung, Erfassung landschaftbestimmender Elemente		Mai-August	mehrere Begehungen
Kultur- und sonstige Sachgüter	Kulturgüter	Mitteilung des Landesamtes für Denkmalpflege			
	Straßen, Wege, Leitungen Dritter	Auflistung der betroffenen Straßen, Wege und Leitungen Dritter, Recherche bei den zuständigen Behörden und Stellen			

nach [KWT06]

Anhang 13

Wirkfaktoren **baubedingt, anlagebedingt, betriebsbedingt** [KWT06]:

	Wirkfaktoren	Intensität	betroffene Schutzgüter	Dauer / Zeitraum	Ausbreitung und Anmerkungen
baubedingt					
Tunnel-baustelle	Lärm	gering, da im Tunnel	Menschen, Tiere	bauzeitig, in der Nacht reduziert	vgl. Stellungnahme zu Schall, Anlage 21 A
	Erschütterungen	Grenzwerte (Erschütterungen und Körperschall) werden durch begleitende Kontrollmaßnahmen eingehalten	Menschen, Tiere, Kultur- und sonstige Sachgüter	bauzeitig, permanent	vgl. Stellungnahme zu Erschütterungen, Anlage 22A
	Emission von Licht	Fahrzeuglichter (etwa 27 KFZ pro Stunde zw. 20.00 und 7.00 Uhr) Baustellenbeleuchtung permanent während Nachtstunden	Menschen, Tiere	bauzeitig während der Nacht-stunden im Portalbereich	alle Bereiche, von denen aus die Tunnelportale sichtbar sind
	gasförmige Emissionen, Staub	gering		bauzeitig	über Tunnelportale
	flüssige Emissionen	Wasseranfall 8-10 l/s während des Vortriebes, Wasser wurde als organisch und anorganisch unbedenklich bzw. chemisch unbelastet eingestuft	Menschen, Tiere, Pflanzen, Boden, Wasser	bauzeitig	Südportal, nach Vorklär-, Absetzbecken und Ölabscheider Einbringung in Ellerbach
	vorübergehende Flächenbean-spruchung Portalbereich (ohne BE-Flächen)	Nordportal: ca. 1.200 m² Südportal: ca. 2.300 m² (inkl. Wegflächen)	Sachgüter, Tiere, Pflanzen, Boden, Landschaft	wirksam bis zur erfolg-reichen Re-kultivierung oder Wieder-herstellung	-
	räumliche Grundwasser-veränderungen	unerheblich, keine Veränderung zum Ist-Zustand			-
	Unfallrisiken durch Bautätigkeit	Intensität nicht absehbar	Menschen, Wasser	bauzeitig	Tunnelbaustelle, Vorfluter (Verschmutzungsgefahr)
Baustellen-einricht-ungen	Lärm	Einhaltung der Immissionsrichtwerte nach AVV Baulärm	Menschen, Tiere	bauzeitig, in der Nacht reduziert	vgl. Stellungnahme zu Schall, Anlage 21
	Erschütterungen	als Körperschall wahrnehmbar (Cochem), Fremdüberwachung der Einhaltung der Grenzwerte	Menschen, Sach- und Kulturgüter	bauzeitig	vgl. Stellungnahme zu Erschütterungen, Anlage 22
	Emission von Licht	Beleuchtung der Fahrzeuge und BE-Flächen / Verwendung „insektenneutraler" Leuchtmittel	Menschen, Tiere	bauzeitig, nachts	
	gasförmige Emissionen	gering, Verkehr (Hauptemittent) nimmt durch Baumaß-nahme in Stoßzeiten max. 7,4% zu.	Menschen, Tiere, Pflanzen	bauzeitig, in der Nacht reduziert	

	Staub	Belastung tritt im Nahbereich der BE-Flächen auf.	Menschen, Tiere, Pflanzen, Landschaft, Sach- und Kulturgüter	bauzeitig, in der Nacht reduziert	Ausbreitung in der Regel auf wenige Meter begrenzt.
	flüssige Emissionen	keine, anfallendes Abwasser wird entsprechend entsorgt (z.B. Trocken-WC-Anlage)			
	vorübergehende Flächen-beanspruchung	2.810m² in Cochem (großteils bestehende und künftige Flächen der DB) 1 7.930m² in Eller	Menschen, Tiere, Pflanzen, Boden, Wasser, Landschaft, Sachgüter	wirksam bis zur erfolg-reichen Re-kultivierung/ Wieder-herstellung	
	ästhetische Auswirkungen	erheblich	Menschen, Landschaft	wirksam bis zur erfolg-reichen Re-kultivierung	Alle Bereiche, von denen aus die Baustelleneinrichtungen sichtbar sind.
	Unfallrisiko	nicht abschätzbar	Menschen, Tiere, Pflanzen, Boden, Wasser, Sachgüter, Landschaft		
Baustraße Eller	Lärm	Einhaltung der Immissionsrichtwerte nach AVV Baulärm	Menschen, Tiere	bauzeitig, in der Nacht reduziert	unteres Ellerbachtal
	Erschütterungen	unerheblich	Menschen, Tiere, Sachgüter	bauzeitig	
	Emission von Licht	Fahrzeughalter	Menschen, Tiere	bauzeitig, nachts	Alle Bereiche, von denen aus die Transport-wege sichtbar sind.
	gasförmige Emissionen	gering, Verkehr zu Stoßzeiten max. 7,4% des durchschnittl. Verkehrs an B49.	Menschen, Tiere	bauzeitig, in der Nacht reduziert	Nahbereich der Transportwege
	Staub	Belastung tritt im Nahbereich der Baustraße auf.	Menschen, Tiere, Pflanzen, Landschaft, Sach- und Kulturgüter	bauzeitig, in der Nacht reduziert	Ausbreitung in der Regel auf wenige Meter begrenzt.
	vorübergehende Flächen-beanspruchung	ca. 1,1 km, davon 900 m auf bestehenden Wegen, inkl. Bankett ca. 7 m breit (5,5 m Fahrbahnbreite)	Pflanzen, Tiere, Boden	bauzeitig	Nahbereich der Transportwege

	Wirkfaktoren	Intensität	betroffene Schutzgüter	Dauer / Zeitraum	Ausbreitung und Anmerkungen
anlagebedingt					
Bahn-anlagen	Flächenverbrauch	Nordportal: ca. 970 m², davon ca. 890m² auf bereits befestigten und versiegelten Flächen Südportal: ca. 2060m², davon ca. 529m² im Bereich des besteh-enden Rettungsplatzes mit bahnseitiger Böschung	Menschen, Pflanzen, Tiere, Sachgüter, Boden	permanent	neue Bahnanlagen, inkl. künftigem Rettungsplatz am Südportal
	Veränderung Geländerelief	unerheblich	Landschaft	permanent	neue Bahnanlagen
	ästhetische Auswirkungen	gering: neue Trasse gebündelt mit Bestand	Menschen	permanent	Alle Bereiche, von denen aus, die neuen Bahnanlagen sichtbar sind
	räumliche Grundwasser-veränderungen	Anstieg des Kluftgrundwassers, keine Auswirkung an Geländeoberkante, deshalb unerheblich	Wasser	permanent	Bereich zwischen Tunnelfirste und Geländeoberkante
	Veränderungen des Oberflächenwasser-haushaltes	gering: eine neue Brücke am Tunnelsüdportal über den Ellerbach (140m²)	Wasser	permanent	unmittelbarer Brücken bereich
	Barrierewirkungen	unerheblich aufgrund Bündelung mit Bestand			

	Wirkfaktoren	Intensität	betroffene Schutzgüter	Dauer / Zeitraum	Ausbreitung und Anmerkungen
betriebsbedingt					
Eisenbahn-verkehr	Lärm	innerhalb Grenzwerte 16. BImSchV, keine Erhöhung zum Ist-Zustand	Menschen, Tiere	permanent	vgl. Stellungnahme zu Schall, Anlage 21
	Erschütterungen	innerhalb Anhaltswerte nach DIN 4150, Teil 2	Menschen, Tiere, Sachgüter	permanent	vgl. Stellungnahme zu Erschütterungen, Anlage 22
	Barrierewirkungen	Zugverkehr, gemäß Betriebsprogramm, keine Erhöhung zum Ist-Zustand, deshalb unerheblich	Menschen, Tiere	permanent	gebündelt mit bestehender Trasse
	Flüssige Emissionen	keine Erhöhung zum Ist-Zustand, bei geschlossenen Wassersystemen keine mehr zu erwarten	Wasser, Boden	permanent	Bahngelände
	Emission von Licht	keine Erhöhung zum Ist-Zustand	Tiere	permanent	Alle Bereiche, von denen aus die Bahntrasse sichtbar ist
	Unfallrisiken	Unfallrisiken werden durch eingleisigen Betrieb in zwei getrennten Röhren verringert	alle Schutzgüter	permanent	nicht vorhersehbar
	Gefährdung von Tierindividuen durch Kollision	keine Erhöhung zum Ist-Zustand	Tiere	permanent	Bahngelände
Wartungs-arbeiten	Maßnahmen zur Beseitigung von Pflanzenaufwuchs	regelmäßiger Rückschnitt, keinen Intensitäts-Erhöhung zum Ist-Zustand	Pflanzen, Tiere, Landschaft	Jährlich / wenige Tage	Bahngelände
	Lärm	unerheblich im Vergleich zum Zugverkehr	Tiere	nach Bedarf	Nahbereich der Bahntrasse
Feuerwehr-Übung	Lärm	unerheblich aufgrund der geringen Frequenz und der Vorbelastung durch Bahnverkehr		1 Tag pro Jahr	Portalbereiche Cochem und Eller

Anhang 14

Konfliktsituation				Landschaftspflegerische Maßnahmen					
Nr. des Eingriffs, Betroffen-heit	Lage, Strec-ken-km	Art der Beeinträchtigung und zu erwartende Auswirkungen	betroffene Fläche / Art der Beein-trächtigung / Ausgleichbarkeit / erforderl. Komp.-faktor	Nr. der Maß-nahme	Lage, Strec-ken-km	Beschreibung der Maßnahme	Größe der Maß-nahme	Begründung der Maßnahme	Defizit (in m²)
EB1, Land-schaft	48,4	Baustelle im Portalbereich, optische Beeinträchtigung des Landschaftsbildes	indirekter Einfluss / ausgleichbar	MBA3	48,4	Wiederherstellung der Gartenflächen, Verkleidung der Stützmauern mit Natursteinen	1200 m²	Wiederein-bindung des neuen Portals in die Landschaft	-
EB2, Land-schaft	48,2 – 48,4	Baustelle im Ortsgebiet von Cochem, optische Beeinträchtigung des Landschaftsbildes	indirekter Einfluss / ausgleichbar	MBV14	48,2 – 48,4	Bauzeitige Abplankung der Baustelleneinrichtungs flächen	-	Vermeidung von Beeinträchtigun-gen des Stadt-bildes	-
EB3, Pflanzen und Tiere	52,6	bauzeitige Beanspruchung von Gebüschen, durch Errichtung des Südportals bis zum bergmänn. Portal	150 m² / bauzeitiger Totalverlust / ausgleichbar / 1:1	MBA9	52,6	Pflanzung mit standortgerechten Gebüschen (9.1) und Kletterpflanzen (9.2)	150 m²	Wiederherstel-len des Vegetations-standortes	-
EB3, Pflanzen und Tiere	52,6	bauzeitige Beanspruchung des Unterhangbereiches (Laubwald und Ruderalflur) durch Errichtung des Südportals bis zum bergmänn. Portal	740 m² / bauzeitiger Totalverlust / ausgleichbar / 1:3	MBA10	52,6	Anlage einer standortgerechten Silikatschutthalde, möglichst naturnahe Stützkonstruktion (bewehrte Erde oder begrünte Schottergabbionen)	740 m²	Wiederherstel-len des Vegetations-standortes und eines standort-angepassten Unterhang-bereiches	1480 m²
EB3, Boden	52,6	bauzeitige Beanspruchung biotisch aktiver Fläche durch Errichtung des Südportals bis zum bergmänn. Portal	890 m² / bauzeitiger Totalverlust / ausgleichbar / 1:1	MBA9, MBA10	52,6	Bauzeitige Lagerung des Oberbodens in Bodenmieten, Pflanzung mit standortgerechtem Gehölz, Anlegung Silikatschutthalde	890 m²	Wiederherstel-len der ökologischen Boden-funktionen	-
EB3, Land-schaft	52,6	bauzeitige Flächenbeanspruchung von Gebüschen, Laubwald und Ruderalstandorten, Errichtung von Stützwänden	890 m² / ausgleichbar	MBA9, MBA10	52,6	Anlegung einer standortgerechten Silikatschutthalde, Stützwand mit Natursteinverkleidung (MBA10), Gebüschpflanzung (MBA9, 9.1), Pflanzung von Kletterpflanzen entlang neuer Stützmauer (9.2)	890 m²	Wiederherstel-len landschaft-lich angepasster Strukturen, landschaftliche Einbindung der neuen Stützmauern	-
EB4, Wasser	52,7	Einleitung bauzeitig anfallender Bergwässer in den Ellerbach, Wässer sind chemisch und organisch unbedenklich	-	MBV12	52,7	Vorklärbecken mit Absatzbecken und Ölabscheider	-	Vermeidung von Verschmutz-ungen des Ellerbaches	-
EB5, Pflanzen und Tiere	52,8 – 52,9	bauzeitige Flächenbeanspruchung von Robiniengehölzflächen durch BE-Fläche 1	1900 m² / bauzeitiger Totalverlust / ausgleichbar / 1:1	MBA6.1	52,7 – 52,9	Abtrag der bestehenden Aufschüttung um 1 – 2 m, Pflanzung standortgerechter, bachbegleitender Gehölzarten	1900 m²	Wiederherstel-len des Vegetations-standortes	-

Tabelle 11:   Ersatzbilanz

| Beeinträchtigungs-Nr. | Ersatzbedarf | | Maßnahmen-Nr. | Ersatzmaßnahmen | | Ersatz-„erfolg" Zeitpunkt | Weiterer Ersatzbedarf |
	Umfang	Art		Umfang	Art		
EB3, Pflanzen und Tiere	1480 m²	Laubwald im Unterhangbereich	MA4.2 (nördl. Teil) MA3.1	460 m² (nördl. vom Weg) 1050 m² (südl. vom Weg)	Pflanzung standortgerechter Gehölze mit Entwicklungsziel „naturnaher Laubwald"	> 10 Jahre	-
EB5, Pflanzen und Tiere	260 m²	Maßnahme in Bezug auf den Biotopkomplex „Unterlauf des Ellerbaches"	MA3.2 und MA3.3	500 m²	Erweiterung des Augehölzstreifens am Ellerbach, Rückbau von Gewässerverbauungen am Seitenbach des Ellerbaches südlich des Weges	> 10 Jahre	-
EB10, Pflanzen und Tiere	1030 m²	Maßnahme im Bezug auf die bauzeitig beanspruchten standortgerechten Gehölze	MBA12 (teilw.)	2770 m² (davon 1250 m² als Ausgleich für E3 und 450 m² für EB9)	Sukzessionsflächen mit Initialpflanzung standortgerechter Gehölze auf asphaltierter Fläche und rückzubauenden Gleisanlagen	< 10 Jahre	-
E1, Boden	120 m²	Boden als Vegetationsstandort	MA2	230 m²	Abriss des Rottenhauses, Initialpflanzung mit standortgerechtem Gehölz	< 10 Jahre	-

Anhang 15

Maßnahme	Maßnahmen-Nr.: MBA 13	Kurzbezeichnung: Portalbereich Süd

Teilfläche	Nr. der Teilfläche: --	Kurzbezeichnung: Bach Weitere Teilflächen: --
Gemarkung: Eller	Flur: 5	Flurstück: 108/2, 117/2, 231/115, 232/115, 233/115, 234/115, 235/116, 236/116 m²: 1.927

Zum Lageplan der landschaftspflegerischen Maßnahmen:

Anlage-Nr. 19.5neu   Blatt-Nr. 1

Zum Bestands- und Konfliktplan

Anlage-Nr. 19.2   Blatt-Nr. 1

Beurteilung Anlage-Nr. des Eingriffs / der Konfliktsituation EB10

Eingriff   x   ausgeglichen   ☐ nicht ausgeglichen

☐ ausgeglichen i.V.m.   ☐ Funktion ersetzt i.V. m.
Maßn.-Nr.   Maßn.-Nr.

☐ Vermeidungs-,/Minderungs- und   ☐ Ersatzmaßnahme
Schutzmaßnahme

x   Ausgleichsmaßnahme   ☐ Gestaltungsmaßnahme

Entwicklungsziel der Maßnahme: Bachlauf

Begründung der Maßnahme: Wiederherstellung des naturnahen Bachlaufes

Biotopentwicklungs-/Pflegekonzept: siehe Maßnahmenbeschreibung

x   vorübergehende Inanspruchnahme   ☐   dauerhafte Inanspruchnahme

Grunderwerbs-Flächenbedarf in m²: 0

Zeitlicher Ablauf / Realisierung: im ersten Baujahr

Trägerschaft für Umsetzung der Maßnahme: DB ProjektBau GmbH

Durchführung der dauerhaften Erhaltung und Pflege plangemäß durch: Eigentümer

Rechtliche Sicherung der Maßnahme: Nutzung durch bisherigen Eigentümer

Anhang 16

1988 Raumordnungsverfahren	- 15 Trassenvarianten betrachtet, unter 3 verbleibenden Trassen - Auswahl Katzenbergtunnel
ab 1997 Planfeststellungsverfahren	- Stellungnahmen und Einwendungen beim Erörterungstermin
2001 1. Planänderungsverfahren	- Aufgabe der geplanten Überschussmassendeponien, nun Einlagerung des Ausbruchs in einem nahe gelegenem Steinbruch - Zusätzliche Lüftungsschächte - Verbesserung des Rettungskonzeptes (Beschränkung der Einwendungsmöglichkeit auf die Planänderungen – Änderungen in den Plänen farblich hervorgehoben)
2002 2. Planänderungsverfahren	- Änderung der Flächeninanspruchnahme im Bereich des Steinbruchs (beschränktes Anhörungsverfahren – Einwendungen von Grundstückseigentümer konnten im Einvernehmen ausgeräumt werden)

2002
Ausschreibung nach Präqualifikationsverfahren
(Vergabe 2003)
	- europaweit
	- vortriebsneutrale (parallele) Ausschreibung (NÖT und TVM)
	- Auswahl von 4 qualifizierten Bietern
	- 7 Angebote
	- Verhandlungsverfahren unter Berücksichtigung der Auflagen und
	  Nebenbestimmungen des Planfeststellungsbeschlusses, der 3 Monate
	  nach Beginn nachgereicht und Vertragsbestandteil wurde.
	- Bauauftrag im Volumen von ca. 250 Mio. Euro

2002 Planfeststellungsbeschluss	- Keine neuen Trassen untersucht - Übernahme der Ergebnisse des ROV - Bedarfsbegründung (Projekt im Bedarfsplan (BSWAG) 1993) - Abwägung der verschiedenen Belange auf der Grundlage der UVS von 1997 (teilw. 2002 wegen technischen Änderungen angepasst) und weiterer Untersuchungen von 1996 / 97 (Schall, Erschütterung, Geologie, Hydrologie) - Vorbehalte und Auflagen zur Realisierung

2003
Baubeginn
	- Vorbereitende Maßnahmen auf Baustelle
	  (BE-Flächen, Einrichtungen, Einschnitte)
	- nur vorbereitende Maßnahmen ohne Tatsachenschaffung bis zur
	  Unanfechtbarkeit des PFB

2005 PFB rechtskräftig	- Beschluss unanfechtbar nach zahlreichen Klagen und einem Rechtsstreit
2005 Beginn Vortriebsarbeiten	- Anfahrt Juni und Oktober 2005
2008 Ende Vortriebsarbeiten	- Durchschlag – Fertigstellung des Rohbaus
2012 Fertigstellung	geplant

Anhang 17

Prüf- und Genehmigungsvorgang für Ausführungsplanungen [DB Projektbau]

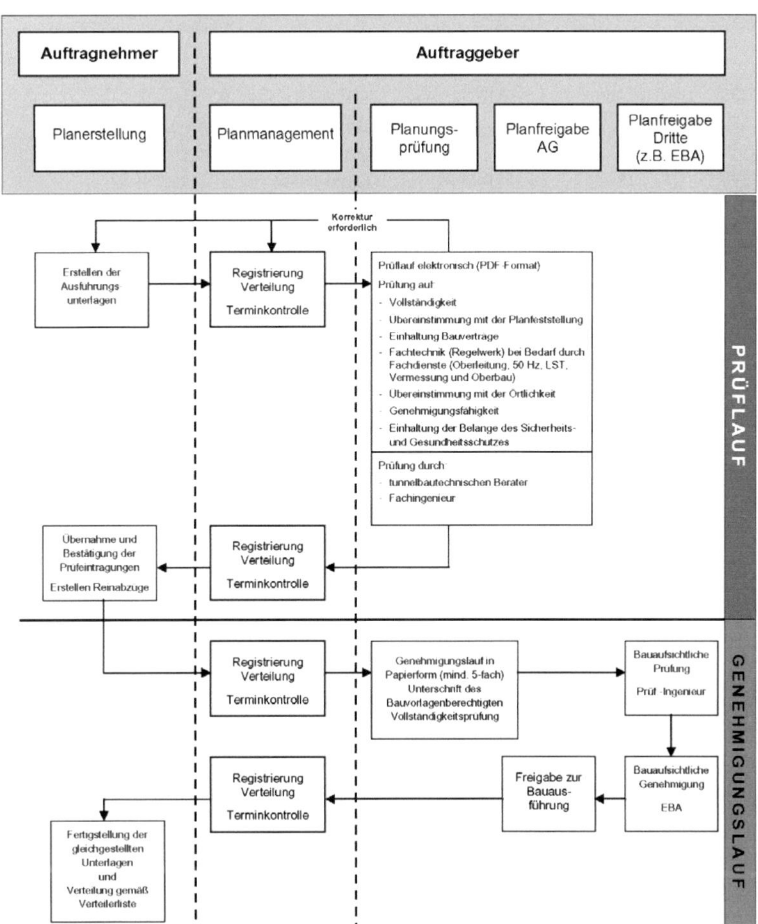

Anhang 18

Genehmigungsverfahren für Detailprojekte in der Schweiz (Gotthard-Basistunnel ATG)

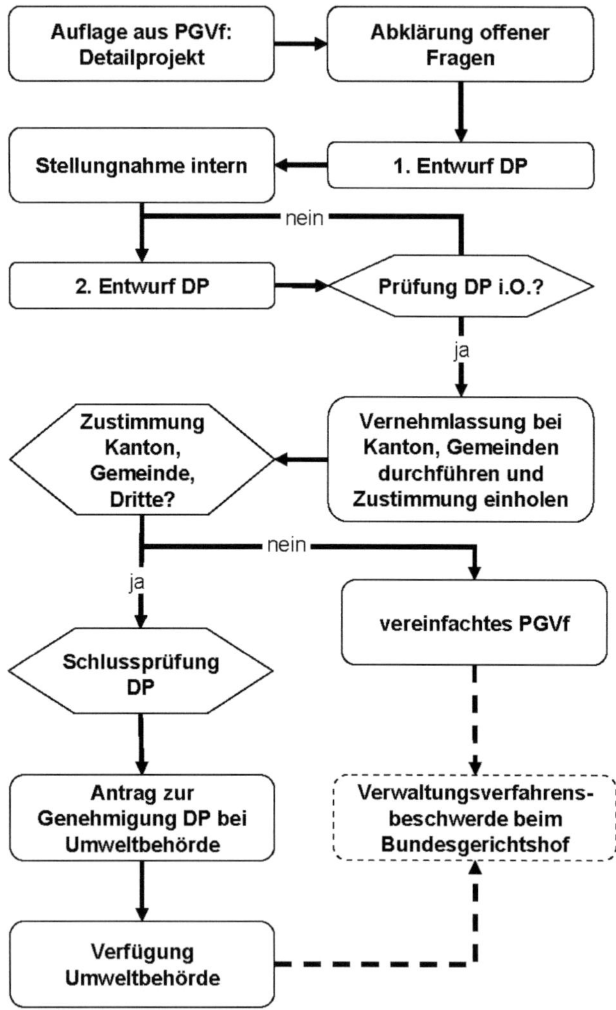

Anhang 19

Prinzipen des Schwedischen „Environmental Code (2000)"

The burden of proof principle

Operators must demonstrate that their operations are undertaken in an environmentally acceptable manner with regard to the rules of consideration. The same applies to persons who are planning operations or measures. The burden of proof is always on the operator. Those who are affected by the operations do not have to prove the opposite.

The knowledge requirement

Persons who pursue an activity must possess the knowledge that is necessary in view of the nature and scope of the activity. The precautionary principle The precautionary principle, which is the fundamental rule of consideration in the Code, means that the mere risk of damage or detriment involves an obligation to take the necessary measures to combat or prevent adverse health and environmental effects. This rule applies to all operations that may be relevant to the objectives of the Code.

Best possible technology

The best possible technology is to be used for professional operations. The term best possible technology applies to the technology used both for the operation itself and for the construction, operation and decommissioning of the plant. An essential condition for using the best technology is that it must be feasible in industrial and economic terms in the line of business concerned.

The Polluter Pays Principle (PPP)

It is always the person who causes or is liable to cause an environmental impact who must pay for the preventive or remedial measures that must be taken to comply with the general rules of consideration. It makes no difference whether the operations are carried out on a commercial basis or not. The Polluter Pays Principle is internationally recognized.

The resource management and ecocycle principles

In accordance with the resource management principle, an operation must be undertaken in such a way as to ensure efficient use of raw materials and energy and minimization of consumption and waste. The preferred sources of energy are solar energy, wind energy and hydropower, as well as biologically renewable energy sources.

The product choice principle

The product choice principle consists in refraining from the use or sale of chemical products that may involve hazards to human health or the environment should be avoided if other, less dangerous products can be used instead.

The reasonableness principle

All the rules of consideration are to be applied in the light of benefits and costs. The conditions associated with operations must be based on environmental considerations while not involving unreasonable expense. A line must be drawn where the benefit to the environment does not make up for the cost of the precautions to be taken.

The stopping rule

Where an operation or measure is liable to cause substantial damage even though the necessary precautions are taken in accordance with the Environmental Code, it must not be permitted unless special reasons exist. This stopping rule is applicable to all operations and measures within the sphere of application of the Code. The risk of damage must not be insignificant and it must be possible to assess the risk with some degree of probability.

Anhang 20

Genehmigungs- und Bewertungsprozess für chemische Produkte **[MCT08]**

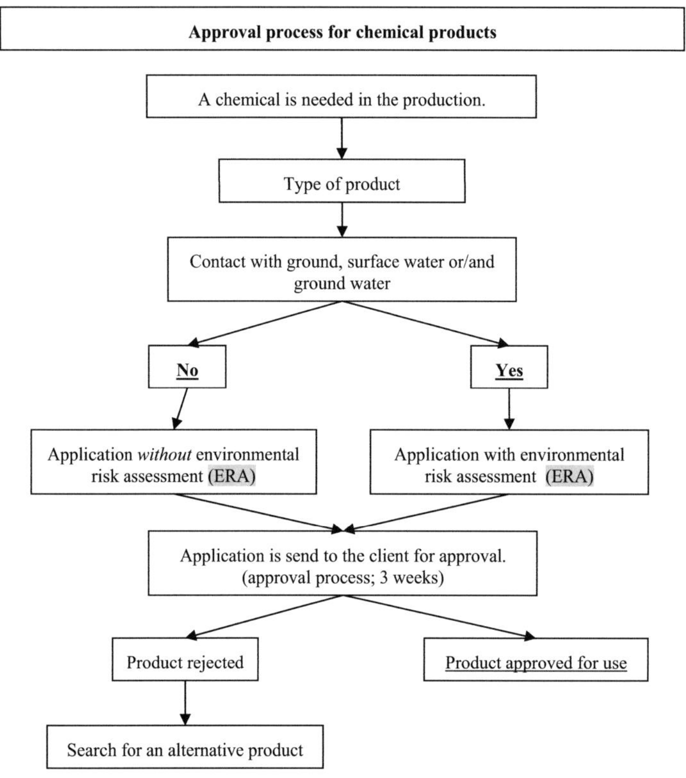

Procedure for environmental risk assessment (ERA)

Product in contact with ground, surface water and/or ground water

- Eco toxic. data
- Working methods
- Exposure
- Recipients
- Impact on the surrounding area and its environment

Environmental risk assessment (ERA)

All environmental risk assessment are site specific and based on a full declaration of product content.

Collecting of data

Calculation of impact on the environment

PEC/PNEC-Calculation

PEC = Predicted Environmental Concentration (based on the actual concentration that can occur in the environment)

PNEC = Predicted No effect Concentration (based on ecotox. data)

PEC divided with PNEC shall be less then 1.

The result shows the maximum concentration of substances allowed with out harming the environment.

Not acceptable environmental impact

Acceptable environmental impact

- Search for an alternative product.
- Change of work procedure
- Minimize contact with water and/or ground

ERA + Application sent to the client and the environmental authorities for review and approval.

ERA not accepted

ERA accepted

New ERA

ERA revised

Product approved for use

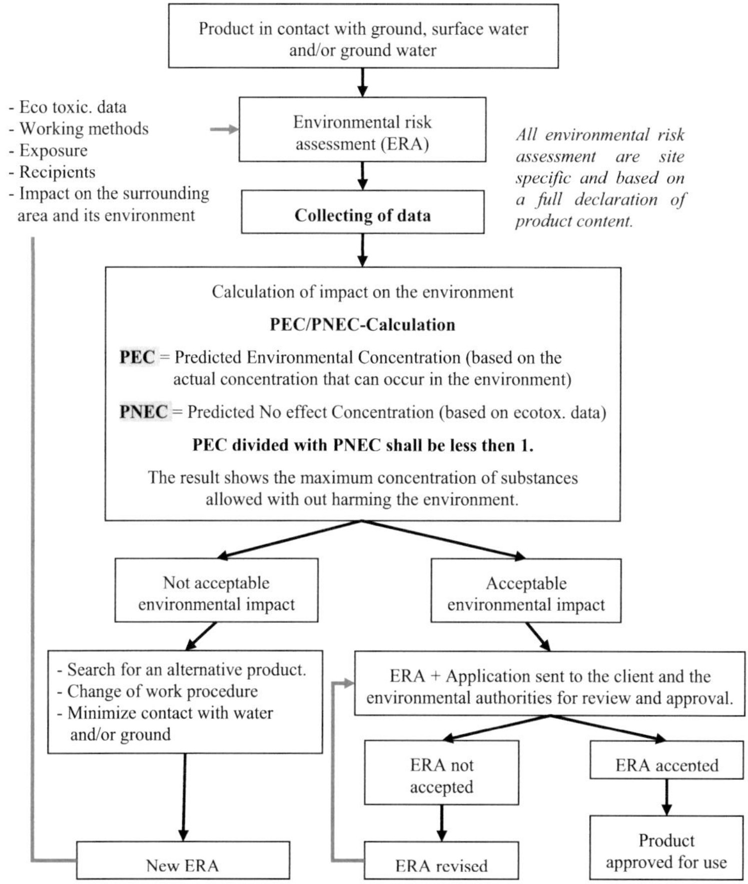

Anhang 21

Auszug aus der MCG-Chemikaliendatenbank [MCT08]

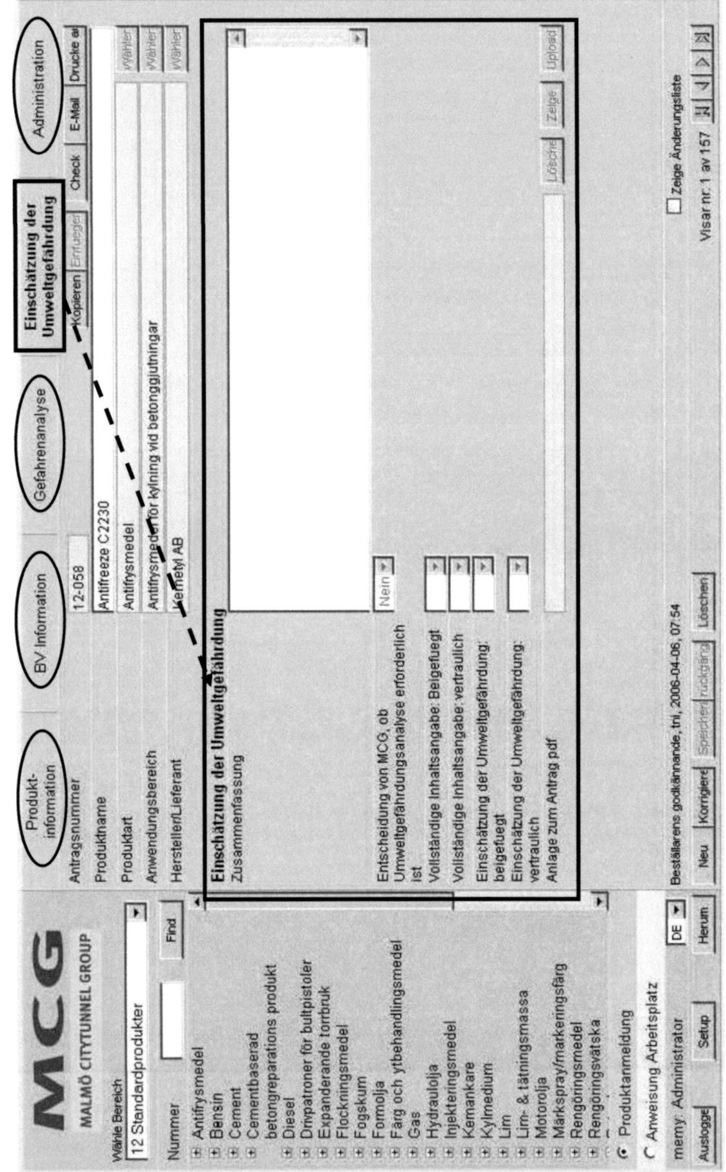

Anhang 22

Ablauf der Eingriffsregelung gemäß §18ff BNatSchG nach [RWHS05 S. 8]

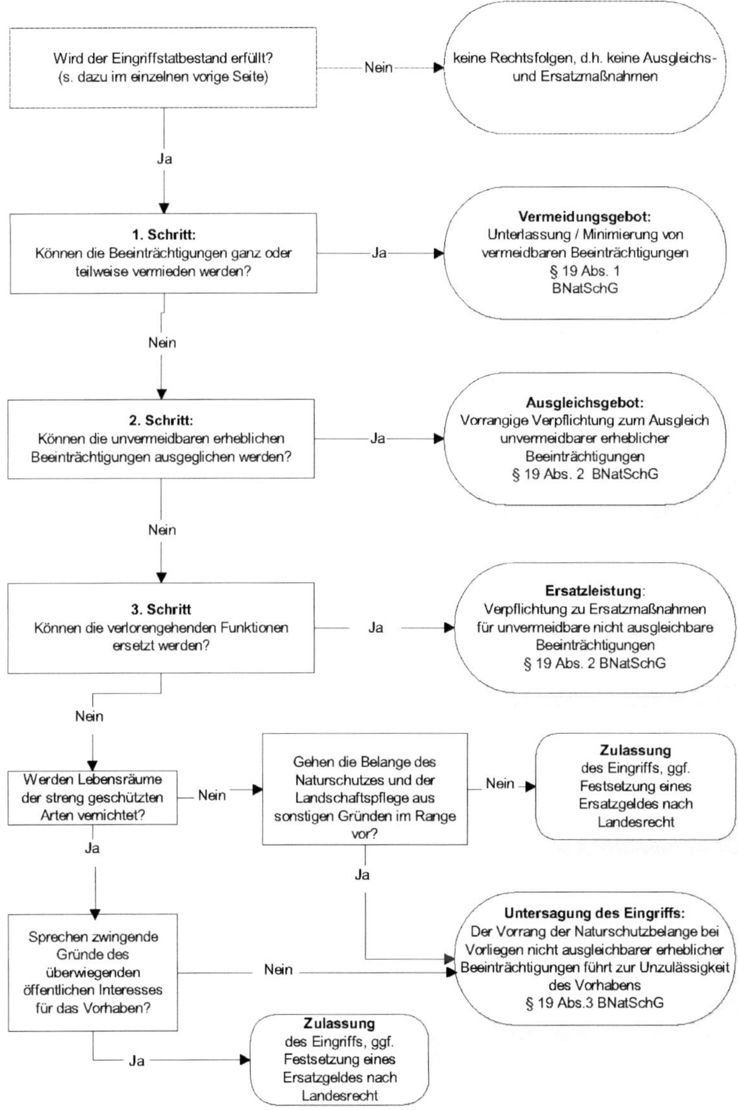

Anhang 23

Abwägung ökologischer Maßnahmen mit einer KNA [DARTS04b S.34]

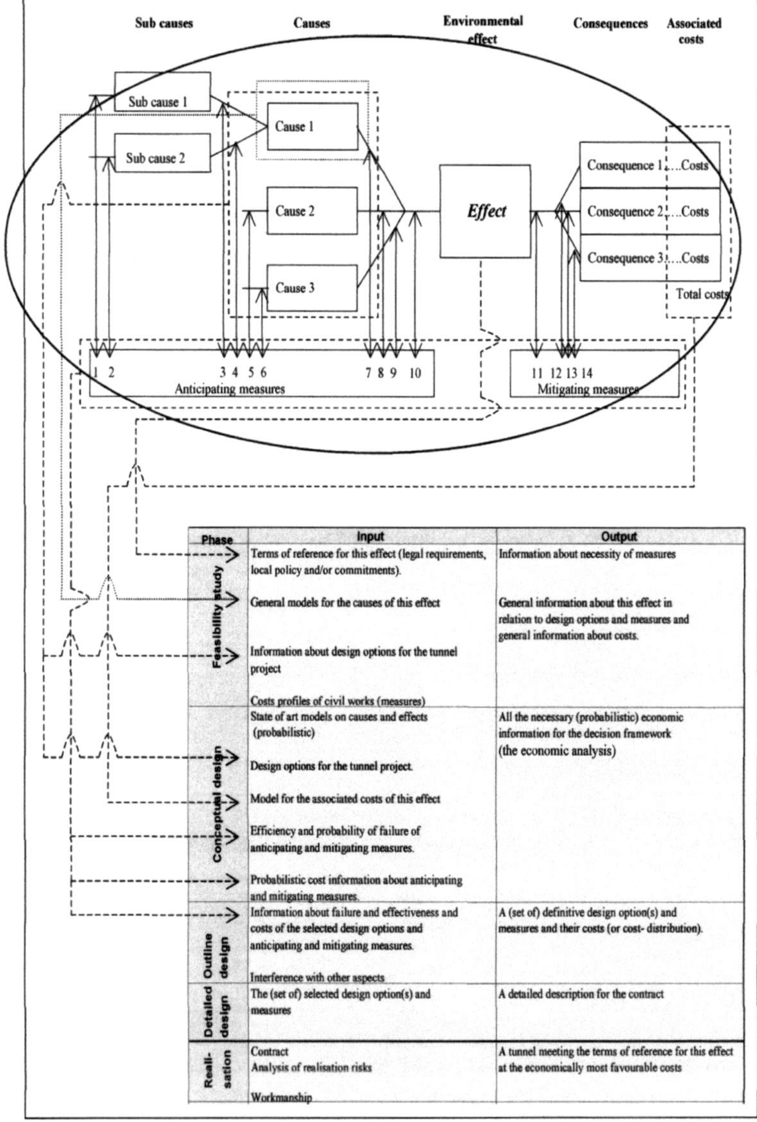

Phase	Input	Output
Feasibility study	Terms of reference for this effect (legal requirements, local policy and/or commitments).	Information about necessity of measures
	General models for the causes of this effect	General information about this effect in relation to design options and measures and general information about costs.
	Information about design options for the tunnel project	
	Costs profiles of civil works (measures)	
Conceptual design	State of art models on causes and effects (probabilistic)	All the necessary (probabilistic) economic information for the decision framework (the economic analysis)
	Design options for the tunnel project.	
	Model for the associated costs of this effect	
	Efficiency and probability of failure of anticipating and mitigating measures.	
	Probabilistic cost information about anticipating and mitigating measures.	
Outline design	Information about failure and effectiveness and costs of the selected design options and anticipating and mitigating measures.	A (set of) definitive design option(s) and measures and their costs (or cost-distribution).
	Interference with other aspects	
Detailed design	The (set of) selected design option(s) and measures	A detailed description for the contract
Realisation	Contract Analysis of realisation risks Workmanship	A tunnel meeting the terms of reference for this effect at the economically most favourable costs

Anhang 24

Ablaufschema zur Umweltbezogenen Bewertung von Bauprozessen mit einer NWA
[Home84]

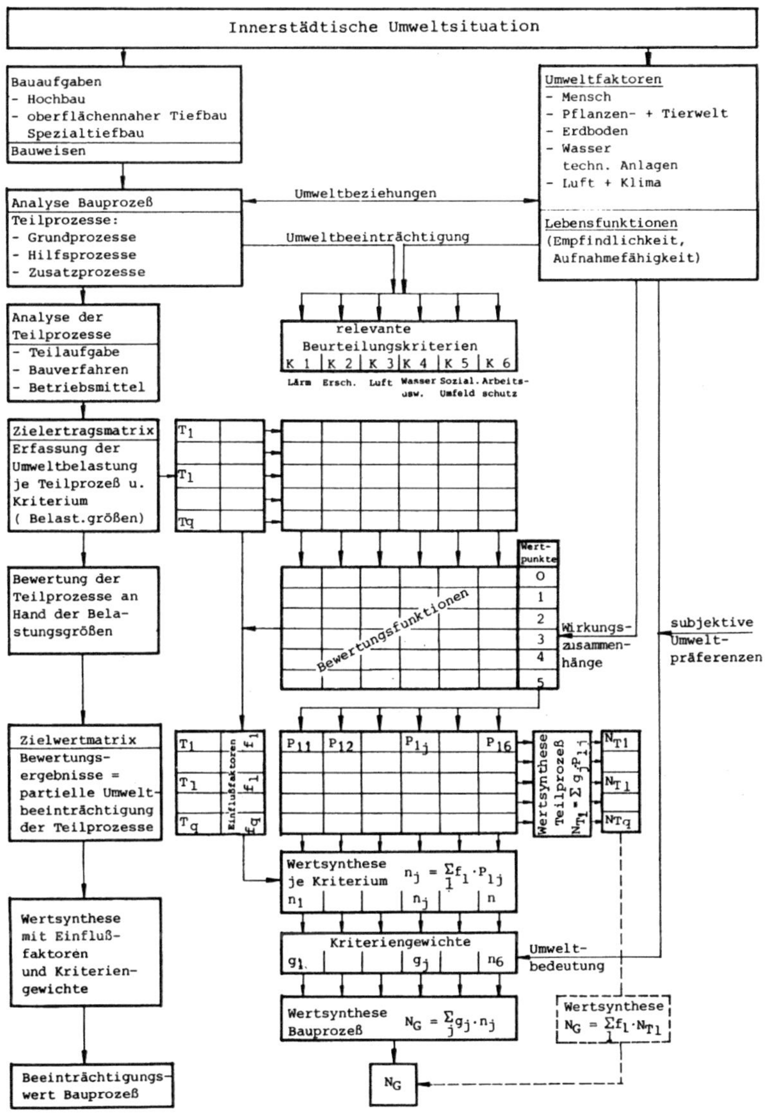

Anhang 25

Einbindung von NISTRA in den Projektablauf [Ecoplan07]

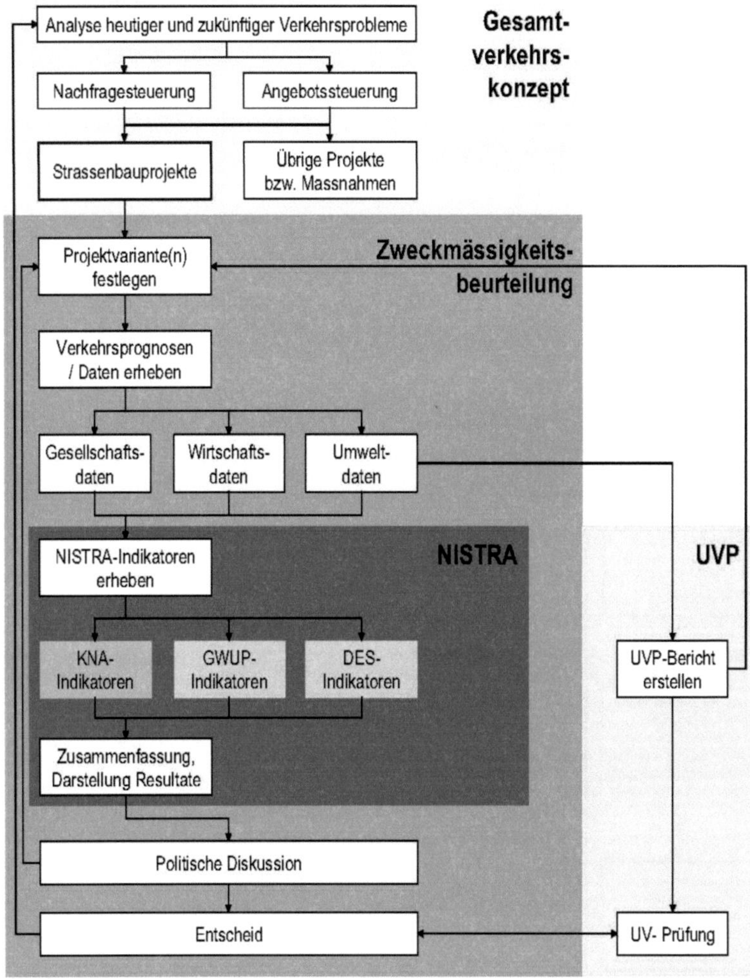

Anhang 26

Ablauf eines Sicherheitsaudits von Straßen nach [FGSV02]

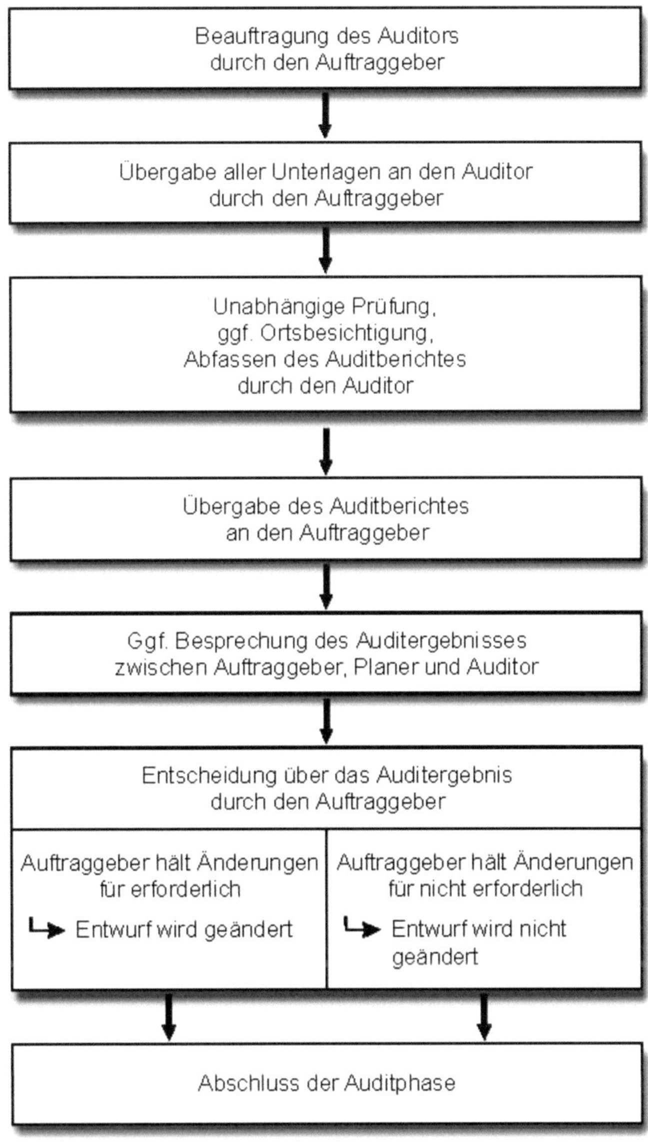

Veröffentlichungen

des Instituts für Technologie und Management im Baubetrieb

Karlsruher Reihe Bauwirtschaft, Immobilien und Facility Management

KIT Scientific Publishing Karlsruhe, ISSN 1867-5867

| Band 1 | Jochen ABEL | 2009 |
| | *Ein produktorientiertes Verrechnungssystem für Leistungen des Facility Management im Krankenhaus* | |

| Band 2 | Carolin BAHR | 2008 |
| | *Realdatenanalyse zum Instandhaltungsaufwand öffentlicher Hochbauten* | |

| Band 3 | Karin DIEZ | 2009 |
| | *Ein prozessorientiertes Modell zur Verrechnung von Facility Management Kosten am Beispiel der Funktionsstelle Operationsbereich im Krankenhaus* | |

| Band 4 | Mandana BANEDJ-SCHAFII | 2010 |
| | *System transferability of public hospital facility management between Germany and Iran* | |

Die Bände sind unter www.ksp.kit.edu als PDF frei verfügbar oder als Druckausgabe bestellbar.

Reihe F – Forschung

Institutsintern verlegt bis einschließlich Heft 62, 2007

Heft 1   Hans PINNOW   1972
Vergleichende Untersuchungen von Tiefbauprojekten in offener Bauweise

Heft 2   Heinrich MÜLLER   1972
Rationalisierung des Stahlbetonbaus durch neue Schalverfahren und deren Optimierung beim Entwurf

Heft 3   Dieter KARLE   1972
Einsatzdimensionierung langsam schlagender Rammbäre aufgrund von Rammsondierungen

Heft 4   Wilhelm REISMANN   1973
Kostenerfassung im maschinellen Erdbau

Heft 5   Günther MALETON   1973
Wechselwirkungen von Maschine und Fels beim Reißvorgang

Heft 6   Joachim HORNUNG   1973
Verfahrenstechnische Analyse über den Ersatz schlagender Rammen durch die Anwendung lärmarmer Baumethoden

Heft 7   Thomas TRÜMPER / Jürgen WEID   1973
Untersuchungen zur optimalen Gestaltung von Schneidköpfen bei Unterwasserbaggerungen

Heft 8   Georg OELRICHS   1974
Die Vibrationsrammung mit einfacher Längsschwingwirkung – Untersuchungen über die Kraft- und Bewegungsgrößen des Systems Rammbär plus Rammstück im Boden

Heft 9   Peter BÖHMER   1974
Verdichtung bituminösen Mischgutes beim Einbau mit Fertigern

Heft 10   Fritz GEHBAUER   1974
Stochastische Einflußgrößen für Transportsimulationen im Erdbau

Heft 11   Emil MASSINGER   1976
Das rheologische Verhalten von lockeren Erdstoffgemischen

Heft 12   Kawus SCHAYEGAN   1975
Einfluß von Bodenkonsistenz und Reifeninnendruck auf die fahrdynamischen Grundwerte von EM-Reifen

Heft 13   Curt HEUMANN   1975
Dynamische Einflüsse bei der Schnittkraftbestimmung in standfesten Böden

Heft 14   Hans-Josef KRÄMER   1976
Untersuchung der bearbeitungstechnischen Bodenkennwerte mit schwerem Ramm-Druck-Sondiergerät zur Beurteilung des Maschineneinsatzes im Erdbau

Heft 15   Friedrich ULBRICHT   1977
Baggerkraft bei Eimerkettenschwimmbaggern – Untersuchungen zur Einsatzdimensionierung

Heft 16   Bertold KETTERER   1977
Einfluß der Geschwindigkeit auf den Schneidvorgang in rolligen Böden
- vergriffen -

Heft 17   Joachim HORNUNG / Thomas TRÜMPER   1977
Entwicklungstendenzen lärmarmer Tiefbauverfahren für den innerstädtischen Einsatz

Heft 18   Joachim HORNUNG   1978
Geometrisch bedingte Einflüsse auf den Vorgang des maschinellen Reißens von Fels – untersucht an Modellen

Heft 19   Thomas TRÜMPER   1978
Einsatzoptimierung von Tunnelvortriebsmaschinen

Heft 20   Günther GUTH   1978
Optimierung von Bauverfahren – dargestellt an Beispielen aus dem Seehafenbau

| Heft 21 | Klaus LAUFER | 1978 |

Gesetzmäßigkeiten in der Mechanik des drehenden Bohrens im Grenzbereich zwischen Locker- und Festgestein
- vergriffen -

| Heft 22 | Urs BRUNNER | 1979 |

Submarines Bauen – Entwicklung eines Bausystems für den Einsatz auf dem Meeresboden
- vergriffen -

| Heft 23 | Volker SCHULER | 1979 |

Drehendes Bohren in Lockergestein – Gesetzmäßigkeiten und Nutzanwendung
- vergriffen -

| Heft 24 | Christian BENOIT | 1980 |

Die Systemtechnik der Unterwasserbaustelle im Offshore-Bereich

| Heft 25 | Bernhard WÜST | 1980 |

Verbesserung der Umweltfreundlichkeit von Maschinen, insbesondere von Baumaschinen-Antrieben

| Heft 26 | Hans-Josef KRÄMER | 1981 |

Geräteseitige Einflussparameter bei Ramm- und Drucksondierungen und ihre Auswirkungen auf den Eindringwiderstand

| Heft 27 | Bertold KETTERER | 1981 |

Modelluntersuchungen zur Prognose von Schneid- und Planierkräften im Erdbau

| Heft 28 | Harald BEITZEL | 1981 |

Gesetzmäßigkeiten zur Optimierung von Betonmischern

| Heft 29 | Bernhard WÜST | 1982 |

Einfluß der Baustellenarbeit auf die Lebensdauer von Turmdrehkranen

| Heft 30 | Hans PINNOW | 1982 |

Einsatz großer Baumaschinen und bisher nicht erfasster Sonderbauformen in lärmempfindlichen Gebieten

Heft 31 Walter BAUMGÄRTNER 1982

Traktionsoptimierung von EM-Reifen in Abhängigkeit von Profilierung und Innendruck

Heft 32 Karlheinz HILLENBRAND 1983

Wechselwirkung zwischen Beton und Vibration bei der Herstellung von Stahlbetonrohren im Gleitverfahren

Heft 33 Christian BENOIT 1985

Ermittlung der Antriebsleistung bei Unterwasserschaufelrädern

Heft 34 Norbert WARDECKI 1986

Strömungsverhalten im Boden-/Werkzeugsystem

Heft 35 Christian BENOIT 1986

Meeresbergbau – Bestimmung der erforderlichen Antriebskraft von Unterwasserbaggern

Heft 36 Rolf Victor SCHMÖGER 1987

Automatisierung des Füllvorgangs bei Scrapern

Heft 37 Alexander L. MAY 1987

Analyse der dreidimensionalen Schnittverhältnisse beim Schaufelradbagger

Heft 38 Michael HELD 1989

Hubschraubereinsatz im Baubetrieb

Heft 39 Gunter SCHLICK 1989

Adhäsion im Boden-Werkzeug-System

Heft 40 Franz SAUTER 1991

Optimierungskriterien für das Unterwasserschaufelrad (UWS) mittels Modellsimulation
- vergriffen -

Heft 41 Stefan BERETITSCH 1992

Kräftespiel im System Schneidwerkzeug-Boden

| Heft 52 | Christian MEYSENBURG | 2002 |

Ermittlung von Grundlagen für das Controlling in öffentlichen Bauverwaltungen

| Heft 53 | Matthias BURCHARD | 2002 |

Grundlagen der Wettbewerbsvorteile globaler Baumärkte und Entwicklung eines Marketing Decision Support Systems (MDSS) zur Unternehmensplanung

| Heft 54 | Jarosław JURASZ | 2003 |

Geometric Modelling for Computer Integrated Road Construction

| Heft 55 | Sascha GENTES | 2003 |

Optimierung von Standardbaumaschinen zur Rettung Verschütteter

| Heft 56 | Gerhard W. SCHMIDT | 2003 |

Informationsmanagement und Transformationsaufwand im Gebäudemanagement

| Heft 57 | Karl Ludwig KLEY | 2004 |

Positionierungslösung für Straßenwalzen – Grundlage für eine kontinuierliche Qualitätskontrolle und Dokumentation der Verdichtungsarbeit im Asphaltbau

| Heft 58 | Jochen WENDEBAUM | 2004 |

Nutzung der Kerntemperaturvorhersage zur Verdichtung von Asphaltmischgut im Straßenbau

| Heft 59 | Frank FIEDRICH | 2004 |

Ein High-Level-Architecture-basiertes Multiagentensystem zur Ressourcenoptimierung nach Starkbeben

| Heft 60 | Joachim DEDEKE | 2005 |

Rechnergestützte Simulation von Bauproduktionsprozessen zur Optimierung, Bewertung und Steuerung von Bauplanung und Bauausführung

| Heft 61 | Michael OTT | 2007 |

Fertigungssystem Baustelle – Ein Kennzahlensystem zur Analyse und Beurteilung der Produktivität von Prozessen

Heft 62   Jochen ABEL   2007
Ein produktorientiertes Verrechnungssystem für Leistungen des
Facility Management im Krankenhaus

Ab Heft 63 bei KIT Scientific Publishing Karlsruhe verlegt, ISSN 1868-5951

Heft 63   Jürgen KIRSCH   2009
Organisation der Bauproduktion nach dem Vorbild industrieller
Produktionssysteme – Entwicklung eines Gestaltungsmodells eines
ganzheitlichen Produktionssystems für den Bauunternehmer

Heft 64   Marco ZEIHER   2009
Ein Entscheidungsunterstützungsmodell für den Rückbau massiver
Betonstrukturen in kerntechnischen Anlagen

Heft 65   Markus SCHÖNIT   2009
Online-Abschätzung der Rammguttragfähigkeit beim langsamen
Vibrationsrammen in nichtbindigen Böden

Heft 66   Johannes Karl WESTERMANN   2009
Betonbearbeitung mit hydraulischen Anbaufräsen

Heft 67   Fabian KOHLBECKER   2010
„Projektbegleitendes Öko-Controlling"
Ein Beitrag zur ausgewogenen Bauprojektrealisierung
beispielhaft dargestellt anhand von Tunnelbauprojekten

Die bei KIT Scientific Publishing verlegten Hefte (ab Heft 63) sind unter www.ksp.kit.edu als PDF frei verfügbar oder als Druckausgabe bestellbar.

Sonderhefte Reihe F – Forschung

Institutsintern verlegt

Heft 1	Vorträge anlässlich der Tagung *Forschung für den Baubetrieb* (15. / 16. Juni 1972)	1972
Heft 2	Vorträge anlässlich der Tagung *Forschung für den Baubetrieb* (11. / 12. Juni 1974)	1974
Heft 3	Vorträge anlässlich der Tagung *Forschung für den Baubetrieb* (12. / 13. Juni 1979)	1979
Heft 4	Vorträge anlässlich der Tagung *Forschung für die Praxis* (15. / 16. Juni 1983)	1983
Heft 5	Vorträge anlässlich der Tagung *Baumaschinen für die Praxis* (04. / 05. Juni 1987)	1987
Heft 6	Vorträge anlässlich der Tagung *Forschung und Entwicklung für die maschinelle Bauausführung* (26. Juni 1992) **- vergriffen -**	1992

Bei KIT Scientific Publishing Karlsruhe verlegt

Heft 7	Stefan SENITZ *Abschlusssymposium 2007 Graduiertenkolleg „Naturkatastrophen"* *– Verständnis, Vorsorge und Bewältigung von Naturkatastrophen*	2007

Heft 7 ist unter www.ksp.kit.edu als PDF frei verfügbar oder als Druckausgabe bestellbar (ISBN 978-3-86644-145-3).

Reihe G – Gäste

Institutsintern verlegt

Reihe G wird künftig in Reihe F fortgesetzt.

Reihe L – Lehre und Allgemeines

Institutsintern verlegt

Heft 1	Günter KÜHN *Baubetrieb in Karlsruhe* **- vergriffen -**	1972
Heft 2	Dieter KARLE *Afrika-Exkursion Gabun – Kamerun* **- vergriffen -**	1971
Heft 3	Gabrielle und Uwe GRIESBACH *Studenten berichten: 52.000 km Afrika – Asien*	1975
Heft 4	Günter KÜHN *Letzte Fragen und ihre Antworten – auch für das Leben auf der Baustelle* **- vergriffen -**	1976
Heft 5	Festschrift 1967 – 1977 zum 10jährigen Bestehen des Instituts für Maschinenwesen im Baubetrieb	1977
Heft 6	Günter KÜHN *Baumaschinenforschung in Karlsruhe – Rückblick auf eine zehnjährige Institutstätigkeit*	1978
Heft 7	Günter KÜHN *Baubetriebsausbildung in Karlsruhe*	1979
Heft 8	Bertold KETTERER/Hans-Josef KRÄMER *Studenten-Exkursionen Saudi-Arabien 1978/79*	1980
Heft 9	Hans-Josef KRÄMER *Baubetrieb – Studium und Berufserfahrung – Referate bei Seminaren für Bauingenieursstudenten*	1980
Heft 10	Christian BENOIT *Studenten-Exkursion Brasilien 1980*	1980

Reihe L wird künftig in Reihe V fortgesetzt.

Reihe U – Untersuchungen

Institutsintern verlegt

Heft 1	Günter KÜHN	1973
	Monoblock- oder Verstellausleger	
	- vergriffen -	
Heft 2	Roland HERR	1974
	Untersuchungen der Ladeleistung von Hydraulikbaggern im	
	Feldeinsatz	
Heft 3	Thomas TRÜMPER	1975
	Einsatzstudie hydraulischer Schaufelradbagger SH 400	

Reihe U wird künftig in Reihe F fortgesetzt.

Reihe V – Vorlesungen und Mitteilungen

Institutsintern verlegt

Heft 1	Heinrich MÜLLER *Management im Baubetrieb*	1974
Heft 2	Erwin RICKEN *Baubetriebswirtschaft B* **- vergriffen -**	1974
Heft 3	Thomas TRÜMPER *Elektrotechnik* **- vergriffen -**	1975
Heft 4	Albrecht GÖHRING *Zusammenfassung des Seminars Anorganische Chemie*	1975
Heft 5	Joachim HORNUNG *Netzplantechnik* **- vergriffen -**	1975
Heft 6	Günter KÜHN *Baubetriebstechnik I* *Teil A: Baubetrieb* *Teil B: Hochbautechnik* **- vergriffen -**	1988
Heft 7	Günter KÜHN *Baubetriebstechnik II* *Teil A: Tiefbau* *Teil B: Erdbau*	1985
Heft 8	Bernhard WÜST *Maschinentechnik I*	1982
Heft 9	Norbert WARDECKI *Maschinentechnik II*	1983
Heft 10	Fritz HEINEMANN *Einführung in die Baubetriebswirtschaftslehre* **- vergriffen -**	1991

| Heft 11 | Fritz GEHBAUER | 1989 |

Wer soll die Zukunft gestalten, wenn nicht wir?

Heft 12   Die Studenten   1989
Studenten-Exkursion 1989 Chile – Argentinien - Brasilien

Heft 13   Mitgliederverzeichnis – Gesellschaft der Freunde des Instituts   1996

Heft 14   *Das Institut*   1996

Heft 15   Die Studenten   1990
Studenten-Exkursion 1990 Deutschland – Dänemark – Norwegen – Belgien

Heft 16   Fritz GEHBAUER   1990
Baubetriebstechnik I
Teil A: Baubetrieb
Teil B: Hochbau
Teil C: Schlüsselfertigbau

Heft 17   Fritz GEHBAUER   1994
Baubetriebstechnik II
Teil A: Erdbau
Teil B: Tiefbau

Heft 18   Die Studenten   1991
Studenten-Exkursion 1991 Deutschland – Polen

Heft 19   Die Studenten   1992
Studenten-Exkursion 1992 Südostasien – Bangkok – Hongkong – Taipeh

Heft 20   Alfred WELTE   2001
Naßbaggertechnik – Ein Sondergebiet des Baubetriebs

Heft 21   Die Studenten   1993
Studenten-Exkursion 1993 Großbritannien

Heft 22   Die Studenten   1994
Studenten-Exkursion 1994 Österreich

Heft 30	Fritz GEHBAUER *Baubetriebswirtschaftslehre* **- vergriffen -**	2001
Heft 31	Die Studenten *Studenten-Exkursion 2000 Deutschland – Rhein/Main – Ruhr*	2000
Heft 32	Die Studenten *Studenten-Exkursion 2001 Goldisthal – Berlin – Hannover*	2001
Heft 33	Die Studenten *Studenten-Exkursion 2002 Essen – Hamburg – Hannover*	2002
Heft 34	Die Studenten *Studenten-Exkursion 2003 Zürich – Luzern – München*	2003
Heft 35	Die Studenten *Studenten-Exkursion 2004 Köln – Hamburg – Hannover*	2004
Heft 36	Die Studenten *Studenten-Exkursion 2005 Schweiz – Österreich – Deutschland*	2005
Heft 37	Die Studenten *Studenten-Exkursion 2006 Innsbruck – Wien*	2006
Heft 38	Die Studenten *Studenten-Exkursion 2007 Köln – Amsterdam*	2007
Heft 39	Die Studenten *Studenten-Exkursion 2008 – Dubai*	2008
Heft 40	Die Studenten *Studenten-Exkursion 2009 – Japan*	2009